Tableau
データ分析
~入門から実践まで~

+ableau®

著者　Tableauユーザー会
　　　小野 泰輔
　　　清水 隆介
　　　前田 周輝
　　　三好 淳一
　　　山口 将央

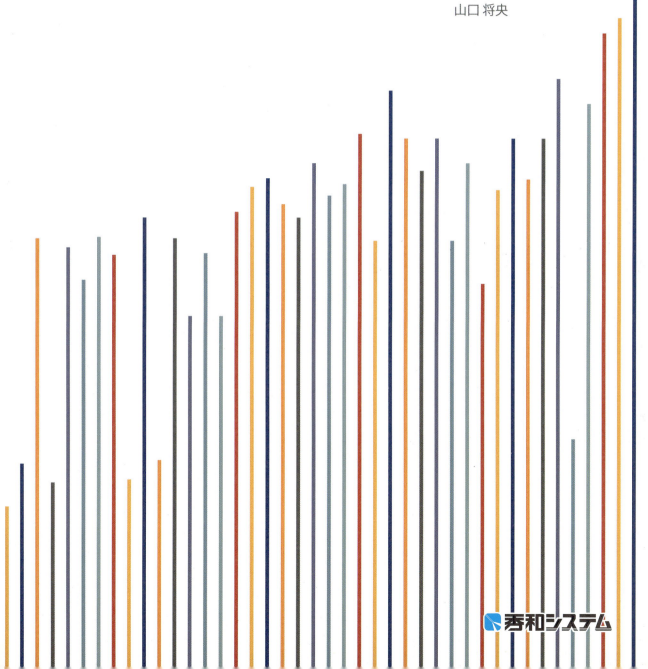

秀和システム

■本書で使われているサンプルデータなどのダウンロードについて

本書で使われているサンプルデータや、第10章および第11章で行った分析のダッシュボードは、秀和システムのサポートページに掲載されています。

http://www.shuwasystem.co.jp/support/7980html/5026.html

また、このページには、皆さまからのご意見・ご感想を受け付けるページへのリンクも掲載されていますので、ぜひフィードバックをお寄せください。

■本書のキーボード操作について

本書では、画面の画像がWindows、Macのいずれかにかかわらず、原則としてキー操作はWindowsで記載しています。WindowsとMacの主なキー対応は以下のとおりです。

Windows	Ctrlキーを押しながらクリック
Mac	Commandキーを押しながらクリック
Windows	右クリックしながらドラッグ
Mac	Optionキーを押しながらドラッグ

その他のキー操作については、以下のTableauヘルプをご覧ください。

https://onlinehelp.tableau.com/current/pro/desktop/ja-jp/shortcut.html

---

■本書について
1. 本書の内容は、Mac OS X、Windows 7 以降に対応しています。

■注意
1. 本書は著者が独自に調査した結果を出版したものです。
2. 本書は内容に万全を期して作成しましたが、万一誤り、記載漏れなどお気づきの点がありましたら、出版元まで書面にてご連絡ください。
3. 本書の内容に関して運用した結果の影響については、上記にかかわらず責任を負いかねますのであらかじめご了承ください。
4. 本書およびソフトウェアの内容に関しては、将来予告なしに変更されることがあります。
5. 本書の一部または全部を出版元から文書による許諾を得ずに複製することは禁じられています。

■商標
Tableau、記載されているすべての Tableau 製品は、Tableau Software Inc. の商標または登録商標です。

はじめに

「日本の分析力を上げたい」。執筆メンバーはそのような思いで立ち上がりました。

「ビッグデータ」や「データサイエンティスト」といった言葉を聞くようになってから、どれくらいの年数が経ったでしょうか。今や、書店に行くと、ビジネスでのデータ分析の利用についての本や雑誌をたくさん見かけます。

しかし、そのような本や雑誌で取り上げられているような事例が、「どこか遠い世界の話」のように思われる方も多いのではないでしょうか。「データを活用して売上や利益が飛躍的に増えた」と紹介されるような会社は確かにすごいけれども、それは、マネジメントの理解や予算、ノウハウがあって、データ分析の専門家を集めたり、ビッグデータを扱うインフラを導入したりできるからこそ実現できる話であって、それに比べて、自分の会社のことを考えると、そのような状況からは程遠いし、やろうとしてもどこから手をつけたらいいか分からない、というのが多くの会社の実態ではないかと思います。

私自身の経験を考えたり、他の会社の方とお話ししたりすると、日本の会社にはまだまだ下のような事情があるようです。

- Excelを使った分析が根強い。ビジネスユーザーが、様々なシステムからダウンロードしてきたデータをもとにExcelで分析しており、データ量が多くなってくると対応できない。Accessなどを使える人もごく一部である。集計が毎回手作業でミスが発生したり、属人的になったりする。

- ビジネス部門のユーザーとシステム部門の技術者との間に溝がある。Excelで扱いきれないデータは、システム技術者に分析を依頼したり、レポートを出力するシステムの開発を行ったりして対応しているが、ユーザーは「技術者はビジネスのことが分かっておらず、なかなか自分の求めるアウトプットを柔軟に出してくれない」と嘆き、技術者は「ユーザーは技術のことを分かっていないし、システム開発の〔要件定義→開発→テスト→導入〕というプロセスには、それなりの時間もお金もかかるということを理解してくれない」と嘆いている。

- 分析にもとづくすばやいアクションが取れない。会議のたびに「Excelで集計してグラフを作成し、PowerPointできれいなプレゼンを作成する」という作業をしているが、アウトプットが固定されており、ちょっと違った視点での分析を求められると、改めて時間をかけた再分析が必要となる。または、レポートすることが目的になってしまっており、毎日、毎週、毎月など、決まった形でレポートを作って提出することで仕事が終わり、その先がない。

この本が扱っているTableau（タブロー）は、そのような日本の会社のデータ分析事情を大きく変える可能性のあるソフトウェアです。「セルフサービスBI」と呼ばれる部類に属し、ビジネスのことを一

はじめに

番良く知っているユーザー自身がデータに接続し、一気に可視化まですることができます。ビッグデータの取り扱いや、分析の切り口の変更、レポートの更新も簡単です。

そのような可能性から、日本でも多くの会社がTableauを使い始めるようになってきています。

しかし「Tableauは誰でも簡単に使える」という触れ込みの反面、お試しで何本かライセンスを買って使い始めてみると、「機能が多すぎて使い方が良く分からない」、「Excelユーザーには理解できない動きをするので混乱する」、「そもそもデータの準備をするのが大変」、「どう分析したらいいか分からない」といった壁に直面します。日本語版の書籍もほとんどなく、結局は「Tableau＋キーワード」を英語で検索して探したりすることになります。「Tableauを使えば、今まで分からなかったことが『即座に』分かる」というわけではないのです。

2015年のTableau Conference Tokyoで私が事例紹介のセッションを持った際、簡単なアンケートをしたところ、多くの参加者がTableauを使ってまだ1年も経っていないと答えました。「Tableauを使って、自分や自分の会社の分析力をアップしたい」と期待して取り組み始めたのに、私と同じように思わぬ壁に直面して前に進めず、ガッカリする人が多く出るのはあまりにもったいない、何かユーザー同士で助け合えないだろうか、そんな考えから、この本の企画が始まりました。

この本は、ソフトウェアメーカーに頼まれたわけでもないのに、Tableauユーザーの何人かが自発的に集まって、Tableauユーザーや、これからTableauユーザーになろうかと考えている方のために本音で書いたTableauのマニュアルです。

Tableauとは何かから始め、その基本的な使い方、実践的な分析手法までをカバーしました。初心者の方が、実践的な分析手法までを一気にマスターすることは難しいかもしれませんが、中級者、上級者になるにしたがって必要になる知識やノウハウも章に分けて掲載していますので、ご自分のレベルに合ったところからご覧いただければと思います。また、すでにTableauを活用しているユーザーに、Tableauを使うようになった経緯や、ビジネスに良い影響があったか、苦労していることは何かなども聞きました。Tableauを使い始めて間もないユーザーや、他の会社にTableauの使い方を教えているようなユーザーには、原稿をレビューしてもらい、自分の知りたいことが書かれているか、分かりやすいかなどをチェックしてもらいました。

私たち執筆メンバーは、専門家が「データサイエンティスト」として分析スキルを磨くことは大切だが、それ以上に、一般のユーザーが、分析の基本的な考え方を押さえつつ、Tableauといったツールを使うことで、自ら分析できるようになるような状況をどう作り出すかが大切だと考えています。

この本が、Tableauを使っている方やTableauに関心を持った方のお役に立てることを、そしてTableauを効果的に使うことで、日本の分析力が上がることを願っています。

謝辞

この本の出版にあたって、貴重なユーザー事例を紹介いただいた以下の会社およびインタビューを受けてくださった方々にお礼申し上げます。

- 喜島 賢志さん（ANA Cargo）
- 鹿内 拓さん（ANAシステムズ）
- 寺田 幸弘さん（Yahoo! JAPAN）
- 林 浩三さん（ANAシステムズ）
- 林 直孝さん（パルコ）
- 平林 和也さん（Yahoo! JAPAN）
- 松尾 泰生さん（ANAシステムズ）
- 光嶋 章さん〔グッデイ（嘉穂無線ホールディングス）〕
- 森山 海太さん（パルコ）
- 柳瀬 隆志さん〔グッデイ（嘉穂無線ホールディングス）〕
- 山崎 茂樹さん（電通デジタル）
- 吉田 美奈子さん（ドワンゴ）

また、「Tableau女子ユーザー会」をご紹介いただいた、安西 麻里子さん、迫屋 奈津美さん、山下 加世子さん、「Tableau大学ユーザー会」をご紹介いただいた相生 芳晴さんにお礼申し上げます。

以下のTableauユーザーの方々には、個人的に原稿レビューにご参加いただき、貴重なご意見をいただきました。お礼申し上げます。

- 相浦 誠さん
- 荒谷 裕介さん
- 井原 真吾さん
- 金澤 克典さん
- 黒木 賢一さん
- 近藤 慧さん
- 藤 俊久仁さん
- 三好 麻友子さん
- 渡部 良一さん

以下のTableau Japan株式会社のご担当者に技術監修をしていただきました。お礼申し上げます。

- 田中 香織さん
- 松島 七衣さん

はじめに

　最後に、この本の作成に多くの時間を費やすことを暖かく見守ってくれた私の家族、および、同様にこの活動に多大なご協力をくださった執筆メンバーのご家族にお礼申し上げます。

この本で使っているソフトウェア環境について

・Windows 7、Windows 10またはmac OS Sierra 10.12、OS X El Capitan 10.11
・Tableau Desktop 10.1

みなさまからのご意見・ご感想について

　本書は、広範囲な利用を想定した「Tableauの解説本」としては、日本で初めての取り組みであり、執筆メンバーはできるだけの注意を持って書きましたが、至らない点も多くあるかと思います。また、ユーザーが書いている本ですので、今後もユーザー読者の方々のご意見を取り入れ、発展させていきたいと考えています。ご意見・ご感想がありましたら、秀和システムのサポートページにリンクが掲載されているサイトまでお寄せください。

執筆メンバーを代表して
2017年2月　小野　泰輔

目次

はじめに ··· III

第1部　Tableauの基礎 ·· 1

第1章　Tableauとは ·· 3

1-1　Tableau Software ·· 4

1-2　Tableauの特徴 ·· 4
- 1-2-1　以前からのBIツールとの違い ··· 4
- 1-2-2　ExcelやAccessとの違い ·· 5
- 1-2-3　その他の特徴 ··· 7

1-3　製品構成と価格、バージョンなど ··· 8
- 1-3-1　製品構成と価格 ··· 8
- 1-3-2　バージョンについての注意 ··· 10
- 1-3-3　多言語対応 ··· 10

1-4　ネットワーク環境 ··· 12

1-5　ライセンスの購入 ··· 12
- 1-5-1　はじめて購入する ··· 12
- 1-5-2　保守契約 ··· 13
- 1-5-3　学生・教員と非営利団体は無料 ··· 13

1-6　カスタマーポータル ··· 13

1-7　インストール ··· 14

1-8　バージョンの更新通知 ·· 15

1-9　プロダクトキーの管理 ·· 16

第2章　Tableauによる データ分析7つのステップ ····························· 19

2-1　ステップの全体像 ··· 20

2-2　下準備　データを準備する ·· 21

2-3　①　データに接続する ·· 21

目次

2-4 ② 中身を確認する 25
　2-4-1 「ディメンション」と「メジャー」の分類の確認と変更 26
　2-4-2 データの型の確認と変更 28
　2-4-3 それぞれのフィールドに含まれるデータの確認 29

2-5 ③ フィールド名を「列」や「行」に配置する 31
　2-5-1 カテゴリごと、出荷日ごとの売上推移（グラフ） 31
　2-5-2 カテゴリごと出荷日ごとの売上推移（クロス集計表）の追加 39

2-6 ④ 「フィルター」で絞り込む 42
　2-6-1 「フィルター」の適用 42
　2-6-2 「フィルターを表示」 47
　2-6-3 「フィルター」の複数のワークシートへの適用 49

2-7 ⑤ 「マーク」で効果を与える 53
　2-7-1 グラフの変更 53
　2-7-2 さらなる視覚的な効果の付与 54
　2-7-3 クロス集計表へのフィールド名の追加 58

2-8 ⑥ ダッシュボードを作成する 60
　2-8-1 「ダッシュボード」の作成とサイズ設定 60
　2-8-2 「ワークシート」の配置 61
　2-8-3 「フィルターとして使用」の設定 63
　2-8-4 タイトルの設定 64

2-9 ⑦ 共有する 65

2-10 まとめ 66

2-11 補足説明：Tableauで扱うデータの形式と注意点 66

第3章　データに接続してみる 71

3-1 「接続」の画面の構成 72

3-2 ファイルを開く 73

3-3 Tableauについて学ぶ 74

3-4 データソースへの接続 77
　3-4-1 Excelへの接続方法 80
　3-4-2 テキストファイル（CSVファイルなど）への接続方法 81
　3-4-3 Access（の「テーブル」や「クエリ」）への接続方法 82
　3-4-4 Tableau Serverへの接続方法 82

	3-4-5	データベースやクラウド上のサービスへの接続方法 ········· 83
	3-4-6	コピー・ペーストによるデータの利用 ········· 87
3-5	複数の接続を作る ········· 89

第4章 データソース画面の操作 ········· 91

4-1 シート（テーブル）のドラッグ＆ドロップ ········· 92

4-2 シート（テーブル）の結合 ········· 95

4-3 クロスデータベースジョイン ········· 100
- 4-3-1 データの準備 ········· 100
- 4-3-2 クロスデータベースジョインの実行 ········· 101

4-4 シート（テーブル）のユニオン ········· 103
- 4-4-1 データの準備 ········· 104
- 4-4-2 ユニオンの実行 ········· 105
- 4-4-3 その他のユニオンの方法 ········· 108
- 4-4-4 マージ処理 ········· 109

4-5 フィールドの加工 ········· 111
- 4-5-1 フィールドの分割 ········· 112
- 4-5-2 フィールドのカスタム分割 ········· 113
- 4-5-3 「計算フィールド」の作成 ········· 115

4-6 「データインタープリター」と「ピボット」 ········· 117
- 4-6-1 データインタープリター ········· 117
- 4-6-2 ピボット ········· 122

4-7 「ライブ」と「抽出」 ········· 124
- 4-7-1 「ライブ」か「抽出」かの選択 ········· 124
- 4-7-2 抽出フィルター ········· 126
- 4-7-3 ワークシートへの移動 ········· 130

4-8 カスタムSQL ········· 130

第5章 ワークスペースの操作 ········· 133

5-1 ワークスペース ········· 134

5-2 ツールバー ········· 134

5-3 データペインとアナリティクスペイン ········· 136
- 5-3-1 データペイン ········· 136

目次

5-3-2 アナリティクスペイン ……………………………………… 140

5-4 シェルフとカード ……………………………………………………… 140
5-4-1 「列」と「行」シェルフ ……………………………………… 140
5-4-2 「ページ」シェルフ ………………………………………… 144
5-4-3 「フィルター」シェルフ …………………………………… 146
5-4-4 「マーク」カード …………………………………………… 150

5-5 ビュー ……………………………………………………………………… 159

5-6 表示形式 …………………………………………………………………… 161

5-7 「キャプション」と「サマリー」 ……………………………………… 165
5-7-1 キャプション ……………………………………………… 166
5-7-2 サマリー …………………………………………………… 168

5-8 シートタブ ……………………………………………………………… 170
5-8-1 ワークシートの追加と操作 ……………………………… 170

5-9 ダッシュボード ………………………………………………………… 171

5-10 ストーリー ……………………………………………………………… 184

5-11 Tableauのファイルの保存方法 …………………………………… 194
5-11-1 ワークブックの保存 ……………………………………… 194
5-11-2 パッケージドワークブックの保存 …………………… 196

第6章　Tableauの基本機能（その1） …… 199

6-1 並べ替えとグループ化 ………………………………………………… 200
6-1-1 並べ替え …………………………………………………… 200
6-1-2 グループ化 ………………………………………………… 205

6-2 ビジュアルグループ …………………………………………………… 209

6-3 階層の設定 ……………………………………………………………… 215
6-3-1 階層化の方法 ……………………………………………… 215
6-3-2 日付の階層化 ……………………………………………… 220

6-4 連続と不連続 …………………………………………………………… 221

6-5 既定のプロパティ ……………………………………………………… 228
6-5-1 「ディメンション」の既定のプロパティ ……………… 228
6-5-2 「メジャー」の既定のプロパティ ……………………… 232

6-6 複数のメジャーを使った単軸グラフの作成 …………………… 237

6-7 複数のメジャーを使った二重軸グラフの作成 241

6-8 セットの作成と散布図 249

6-9 パラメーターでのメジャーの切り替え 255

6-10 アナリティクス 262
6-10-1 平均線、傾向線と予想 262
6-10-2 合計とハイライトテーブル 270
6-10-3 クラスター 276

第7章 Tableauの基本機能（その2） 283

7-1 ツリーマップの作成方法 284

7-2 日のフィルター（不連続と連続の違い） 286

7-3 「セット」のフィルターへの設定 294

7-4 セットを使った色分け 297

7-5 パラメーターによる操作 300

7-6 ランク表示 308

7-7 ランクを行に表示 312

7-8 地図上への円の配置 319

7-9 地図の二重軸グラフ 327

7-10 LOD計算の基礎 332
7-10-1 LOD計算とは 332
7-10-2 FIXED関数と簡易表計算 333
7-10-3 INCLUDE関数 341
7-10-4 EXCLUDE関数 343

7-11 アクション 347
7-11-1 アクションとは 347
7-11-2 フィルターアクション 348
7-11-3 ハイライトアクション 354
7-11-4 URLアクション 360

XI

第2部 「それで？」と言われない Tableau データ分析の考え方 ——365

第8章 やみくもなデータ分析では失敗する ——367

8-1 Tableau を使ったデータ分析が失敗するワケ ——368
8-1-1 導入 ——368
8-1-2 そもそもデータ分析とは ——368

8-2 データ分析をおこなう目的 ——380

8-3 データ視覚化(データビジュアライゼーション)とは？ ——381

8-4 よくある失敗事例 ——383

8-5 データ分析プロジェクトプロセスを理解していないと失敗する ——387
8-5-1 なぜデータ分析が失敗するのか ——387
8-5-2 データ分析プロジェクトプロセスとは ——387

第9章 「それで？」と言われるデータ分析が抱える問題点と対策 ——389

9-1 分析プロジェクトプロセスの概要について ——390
9-1-1 Step 1：プロジェクト設計 ——390
9-1-2 Step 2：データ収集・整備 ——391
9-1-3 Step 3：データ分析・ビジュアライゼーション ——391
9-1-4 Step 4：意思決定、施策の実行、運用 ——391

9-2 分析プロジェクトのプロセス例 ① ——392
9-2-1 Step 1：プロジェクト設計段階 ——392
9-2-2 Step 2：データ収集・整備段階 ——393
9-2-3 Step 3：データ分析・ビジュアライゼーション段階 ——393
9-2-4 Step 4：意思決定・施策の実行・運用段階 ——393

9-3 分析プロジェクトのプロセス例 ② ——393
9-3-1 Step 1：プロジェクト設計段階 ——394
9-3-2 Step 2：データ収集・整備段階 ——394
9-3-3 Step 3：データ分析・ビジュアライゼーション段階 ——394
9-3-4 Step 4：施策の実行、運用段階 ——394

9-4 分析プロジェクトのプロセス別 Tableau利用方法について ……… 395
9-4-1 Step 1 …………………………………………………………… 395
9-4-2 Step 2 〜 Step 4 ……………………………………………… 395

9-5 分析プロジェクトにおける役割、 プロジェクトチームの分類 ……………………………… 396
9-5-1 ビジネス系理解、実行担当者 ………………………………… 397
9-5-2 プロジェクトマネジメント担当者 …………………………… 397
9-5-3 分析・視覚化担当者 …………………………………………… 397
9-5-4 データエンジニアリング担当者 ……………………………… 397
9-5-5 データ分析環境構築担当者 …………………………………… 398
9-5-6 チーム構成の例 ………………………………………………… 398

9-6 プロジェクト推進マップ …………………………………… 399
9-6-1 Tableau プロジェクト推進マップ …………………………… 399
9-6-2 Tableau プロジェクト推進マップの使い方 ……………… 401

9-7 Ⅰ プロジェクト設計プロセス ……………………… 401
9-7-1 事業課題、想定施策の整理(1-1) …………………………… 404
9-7-2 分析要件定義(1-2) ……………………………………………… 407
9-7-3 必要なデータ、加工プロセスの調査・設計(1-3) ……… 411
9-7-4 データ分析環境の調査、設計(1-4) ………………………… 416
9-7-5 各工数概算、システム化費用、スケジュール設計(1-5) … 417
9-7-6 プロジェクト推進判定(1-6) ………………………………… 418

9-8 Ⅱ データ収集・加工のプロセス ………………… 419
9-8-1 データ分析環境の整備(2-1) ………………………………… 419
9-8-2 データ収集(2-2) ………………………………………………… 419
9-8-3 データ整備(2-3) ………………………………………………… 419
9-8-4 分析用データテーブル作成(2-4) …………………………… 421
9-8-5 検算(データチェック)(2-5) ……………………………… 422

9-9 Ⅲ 分析・視覚化のプロセス ……………………… 423
9-9-1 分析対象の理解(3-1) ………………………………………… 423
9-9-2 データ、データ分布のチェック(3-2) ……………………… 427
9-9-3 分析(3-3) ………………………………………………………… 430
9-9-4 データ不足判定(3-4) ………………………………………… 449
9-9-5 分析結果施策実行判定(3-5) ………………………………… 449
9-9-6 分析する余地判定(3-6) ……………………………………… 449

9-10 IV　施策・運用のプロセス ···········450
9-10-1 モニタリング運用要件のすりあわせ(4-1) ···········450
9-10-2 モニタリング用ダッシュボード修正(4-2) ···········450
9-10-3 施策実行、運用環境構築(4-3) ···········450
9-10-4 モニタリング用データ定期更新化(4-4) ···········450
9-10-5 利用マニュアル作成、説明会実施(4-5) ···········451
9-10-6 分析結果を利用する運用テスト(4-6) ···········451
9-10-7 実運用判定(4-7) ···········451
9-10-8 実運用(4-8) ···········452

9-11 データ分析プロジェクトを成功させる要素 ···········452

9-12 参考：簡易要件書とTableau習熟ステップ ···········454
9-12-1 簡易要件書の例 ···········454
9-12-2 Tableau習熟ステップ ···········456

第3部　応用例で見る Tableau データ分析 ···········459

第10章　商品分析 ···········460

10-1 「商品データ」を理解する ···········462
10-1-1 データの理解とは ···········462
10-1-2 データの粒度 ···········463
10-1-3 データの確認 ···········467

10-2 Tableauで商品の全体像を把握する ···········482
10-2-1 データ期間の確認 ···········482
10-2-2 各指標の分布(ヒストグラム) ···········487
10-2-3 基本統計量(ボックスプロット)・外れ値・欠損値 ···········492
10-2-4 欠損値の確認 ···········497

10-3 Tableauで商品データをカスタマイズする ···········497
10-3-1 利益率・リードタイムの追加 ···········498
10-3-2 配送が遅れているかどうかの区分の作成 ···········502

10-4 Tableauで商品トレンドを確認する(売上推移編) ···········503
10-4-1 年次で全体の売上と利益の実数の全体感を把握する ···········504
10-4-2 カテゴリ、サブカテゴリごとの前年比成長率の傾向 ···········508

10-5 Tableauで商品トレンドを確認する（構造把握編） ———— 514
　　10-5-1　構造把握 ———— 514
　　10-5-2　指標の計算式の説明 ———— 516
　　10-5-3　指標の確認 ———— 516

第11章　顧客分析 ———— 523

11-1　顧客分析のステップ ———— 524
　　11-1-1　想定シナリオ ———— 524
　　11-1-2　分析ステップ ———— 524

11-2　ステップ1：データを理解する ———— 525
　　11-2-1　顧客データの例 ———— 525
　　11-2-2　データ構成と加工 ———— 526
　　11-2-3　Tableauでデータを準備する ———— 527
　　11-2-4　分析データの確認 ———— 531
　　11-2-5　重複データに注意する ———— 533

11-3　ステップ2：現状把握 ———— 535
　　11-3-1　大きなメジャーやディメンションで数字感をつかむ ———— 535
　　11-3-2　年平均成長率(CAGR)とは？ ———— 540
　　11-3-3　「ステップ2：現状把握」を終えて ———— 567

11-4　ステップ3：セグメンテーション ———— 568
　　11-4-1　セグメンテーションとは？ ———— 568
　　11-4-2　ディメンションを開発する ———— 568
　　11-4-3　ディメンションの整理 ———— 592
　　11-4-4　ドリルダウンして顧客理解を深める ———— 606
　　11-4-5　セグメントの決定 ———— 621
　　11-4-6　セグメントの集約 ———— 624

11-5　ステップ4：ターゲティング ———— 625
　　11-5-1　キャンペーンを企画する ———— 630

XV

第4部 Tableau ユーザー事例 ————————————————645

第12章 ドワンゴ ————————————————647

第13章 Yahoo! JAPAN ————————————————653

第14章 グッデイ （嘉穂無線ホールディングス） ————————————————661

第15章 パルコ ————————————————669

第16章 ANA Cargo・ANAシステムズ ————————————————679

第17章 電通デジタル ————————————————689

Column

- Tableau 大学ユーザー会 ————————————————703
- Tableau Ladies User Group ————————————————711
- Tableau ユーザー会の発展に向けて ————————————————717

INDEX ————————————————722

著者紹介 ————————————————726

おすすめサイト・書籍 ————————————————727

第1部 Tableau の基礎

第1章
Tableauとは

この章では、Tableauがどのようなソフトウェアなのかについて説明します。「スーパーExcel」や「脱Excel」といった言葉も聞くようになってきていますが、Tableauは必ずしもExcelに取って代わるものではありません。そのコンセプトをきちんと理解しましょう。「使ってみたいけれど、まずどうすればいいか」といった疑問にもお答えします。

ここがポイント

- Tableauは、「BI（ビジネス・インテリジェンス）ツール」という種類のソフトで、従来のBIツールと比べて、「ビジネスユーザーが自ら様々なデータに接続し、素早く可視化することができる」という特徴があります。一度、分析のロジック（レポートの定義）を作って保存しておけば、データの更新も簡単です。
- Excelとはコンセプトが異なります。Excelは「セル」単位でデータを捉えるのに対して、Tableauはデータの縦の「項目名（列）」単位で捉えます。また、元データへの変更は一切しません。基本的な使い方は、Excelのピボットテーブルのようなものと考えれば分かりやすいです。
- PCにインストールするタイプの「Tableau Desktop」を数ライセンス買い、接続先のデータと分析ロジックを一緒に保存し、他のユーザーと共有するところから始める会社が多いです。学生や非営利団体は無料です。他の人と分析やデータを共有できる「Tableau Server」や「Tableau Online」との併用もできます。
- 新しいバージョンで作ったファイルを古いバージョンで開けないので注意が必要です。

第1章 Tableauとは

1-1 Tableau Software

Tableau(タブロー、フランス語で「絵画、ボード」といった意味)は、アメリカの Tableau Software のソフトウェアです。

Tableau Software は、「モンスターズ・インク」や「トイ・ストーリー」など、数々のコンピュータグラフィックス映画を生み出している Pixar(ピクサー)の設立当初のメンバーの一人で、アカデミー科学技術賞を3回受賞したスタンフォード大学の Pat Hanrahan(パット・ハンラハン)氏が、Chris Stolte(クリス・ストルテ)と Christian Chabot(クリスチャン・シャボー)の2人の学生と立ち上げたビジネスです。ニューヨーク証券取引所に上場しており、その株式が取引されるのに使われるティッカーシンボルは「DATA」です。「Tableau helps people see and understand their data」(Tableauは人々が自分のデータを見て理解することを助ける)をミッションとしています。

そのような、ビジネスソフトの会社としては特異な背景から、表現のきれいさや速さ、操作性を重視したソフトウェアを提供しており、Tableauは、アメリカをはじめとした世界各国で急速に普及してきています。業界で有名な、ガートナー社の「マジック・クアドラント」という調査では、5年間連続して「リーダー」の評価を受けました。日本でも、大手企業からスモールビジネス、大学・研究機関、個人に至るまでユーザーが広がっています。

1-2 Tableauの特徴

Tableauは、ソフトウェアの種類では「BIツール」に属します。BIツールとは、データをいろいろな角度から分析するためのツールです。

1-2-1 以前からのBIツールとの違い

以前から、「BIツール」と呼ばれるソフトウェアはありました。そのようなソフトウェアを導入している会社もあるでしょう。しかし、TableauにはこれらのBIツールと比べて以下のような違いがあります。

様々なデータに接続できる「セルフサービスBIツール」であること

以前のBIでは、ビジネスユーザーが分析する前に、いくつかの下準備が必要でした。まず、技術者がデータを「キューブ」といった分析可能な状態にして取り込んでおかな

くてはなりませんでした。また、操作が難しく、データをダウンロードするためだけのツールになっていたりしました。

　Tableauでは、「データを取り込む」のではなく、「データに接続する」という言い方をします。ビジネスを一番理解しているユーザーが、自らデータベースやクラウド上のデータ、Excel、CSVなどのデータに接続し、それらを組み合わせて、分かりやすいインターフェースで思いつくままに素早く分析することができます。

データの更新が簡単にできること

　一度分析のロジックを保存しておけば、データが変わっても、Tableau上で「更新」と選ぶだけでビューが更新されます。またはTableau Serverといった仕組みを使えば、自動でデータが更新されるようにすることもできます。それにより、「データを取得してExcelで加工し、作成したグラフをパワーポイントに貼り付ける」というレポート作成の作業が不要になります。

可視化に優れていること

　Tableauは、ドラッグ＆ドロップなどのマウス操作を「VizQL」という特許技術を使ってクエリ（問い合わせ）に変換し、それをデータに投げます。そして、返ってきた結果をすぐにグラフなどに可視化して表示します。色使いなども人間工学の研究結果を盛り込んでおり、一目で分かりやすく、見栄えも良いグラフやチャートが素早くできます。

1-2-2　ExcelやAccessとの違い

　Tableauを使い始める人には、それまでのデータ分析の経験から二種類の人がいると思われます。一つはExcelの世界からやってきた人です。もう一つは今までもデータベースやBIを扱ってきて、新たにTableauも使うことになった人です。

　Tableauは「セルフサービスBIツール」の名のとおり、「ビジネスユーザーが自らデータ分析できるようになる」との触れ込みですので、多くの人がデータベースの知識を持たずに、Excelの世界からやってきます。Tableauを「スーパー Excel」と言う人がいたり、「脱Excel」といった言葉が出てきたりするくらい、TableauはExcelに取って代わるものとして語られることがあります。

　しかし、ExcelとTableauではソフトウェア設計の思想が違い、Tableauは必ずしもExcelに取って代わるものではありません。それを理解しないと、「Tableauがなぜそのような動きをするのか」、「Tableauではなぜそれができないのか」が分からず、苦しみます。また、Accessユーザーにとっては、AccessもTableauもデータベース言語（SQL）で動いているため、まだTableauを理解しやすいですが、それでも知っておくべきことがあります。理解しておくべき違いは以下のとおりです。

第1章 Tableau とは

元データの変更はできない（しない）

Tableauはデータを可視化して分析するためのソフトウェアで、「Read-only」（読み込み専用）です。Accessを使ったことのある方は、「変更クエリ」や「削除クエリ」を使ったことがあるかもしれませんが、そのような機能もありません。

良い点は、Tableau上でどのような操作をしても、元データが変わることがないので、安心だということです。

気を付けなくてはいけない点は、Tableauは外部のデータに対してクエリを投げるため、「データの入力や変更、削除」と「データの集計、可視化」というプロセスを切り離して考えなくてはならないことです。Excelであれば、ひとつのブックの中で、あるシートに数字を入力していくと、別のシートで集計値が即座に変わったり、グラフが変わったりしますが、Tableauの場合、データ入力用のフォームを別途Excelなどで用意し、そこにTableauから接続することで、分析に反映させるようにしなくてはなりません。

ただし、元データと分析のロジックが切り離されることで、分析のロジックのみを保存しておけば、元データの変更があっても、Tableauのファイルを開きなおすか、「更新」ボタンを押すだけで変更が反映されるという利点があります。

セル単位ではなく、列単位でデータを扱う（基本はピボットテーブルに近い）

Excelはセル単位でデータを扱いますので、「ここの部分だけあと1000円足したい」、「このセルだけ書式を変えたい」といったことができます。また、データの型を気にする必要はほとんどありません。セルに数字が表示されていれば、基本的にそれを使って自由に計算式を組むことができます。

Tableauは、**図1-1**のように、横に項目名が並び、縦にデータが格納された「データリスト形式」のデータを扱うのが基本です。例えば、「計算フィールド」という、関数を作る機能がありますが、その関数は、ある特定のセルに対してではなく、項目（列）単位で適用します。書式設定も基本的には列単位でしかできません。データの型についても、その列に格納されたデータが数字なのか、文字列なのか、日付なのかを意識しないと、関数が組めません。

図1-1：「データリスト」形式と Tableau がデータを扱う単位

⬚	A	B	C
1	拠点名	売上	利益
2	北海道	1000	300
3	東北	500	200
4	関東	800	600
5	中部	400	200
6	関西	700	300
7	四国	200	100

　Tableauを使い始めた当初は、「Excelのこの表をそのままTableauにしたい」という要望も多いでしょうが、基本的にはExcelのピボットテーブル以上のことはできないと考えるのが無難です。表計算ソフトではないのです。あまり表の細かい見栄えを追求しても意味がないことも多く、将来的にはグラフなどでの可視化を目指すべきです。

1-2-3　その他の特徴

　他にも、Tableauには以下のような特徴があります。

SQLが動いているからこその動作

　前述のとおり、Tableauではデータベース言語(SQL)が動いており、ExcelもCSVのファイルも一つのデータベースとして扱いますので、それならではの動きをします。例えば、分析の切り口である「ディメンション」と集計対象である「メジャー」を明確にする必要があるといったことや、関数である「計算フィールド」に「集計」と「非集計」を混ぜられないといったこと、「連続」と「不連続」の区別が必要といったことです。

　これらについては、この後の章で説明しますので、ここでは「そのような言葉があるのか」くらいで受け流していただいて構いません。ただ、「なぜTableauがこのような動きをするのか」を本当に理解したいということでしたら、SQLを学習するのが早道です。

本格的な統計分析やデータマイニングには別の手段が必要

　統計分析やデータマイニングの機能は一部盛り込まれていますが、突っ込んだ分析はできません。無償の統計解析ソフトであるRや、SAS、SPSSといった製品に代わるものではありません。なお、TableauにはRとの連携の機能があるほか、SASやSPSSからの出力ファイルに接続し、Tableauで可視化するような使い方をしている会社もあります。

第1章 Tableauとは

コミュニティーが活発

Tableauの大きな特徴の一つは、コミュニティーが活発なことです。

世界の至るところに、ユーザーが自発的におこした「ユーザー会」があります。「ミートアップ」と呼ばれる、業界やテーマを絞ったユーザー間の交流も盛んです。それらに参加することで、「自分もデータ分析を頑張ってやろう」と勇気づけられますし、自分の属する組織の常識に縛られずに、新しい考え方やノウハウを得ることができます。年に一度、アメリカで行われる「Tableau Conference」や、日本でも行われる「Tableau Conference On Tour」は、ユーザー同士がノウハウを交換する場でもあります。

日本でも、「Tableauユーザー会」や「Tableau Ladies User Group（Tableau女子会）」、「Tableau大学ユーザー会」があります。コラムで紹介していますので、興味がありましたら、ご参加ください（それぞれ特に手続はありません。イベントに参加いただければ、それでメンバーになります）。

1-3 製品構成と価格、バージョンなど

1-3-1 製品構成と価格

Tableauの製品は、「自分で分析するものか」、「それを共有するものか」という目的でまず大きく分かれます。Tableauを使って自分で分析をするには、最低限、PCにインストールするTableau Desktopが不可欠です。

その上で、分析の内容を他の人と共有するには、Tableau ReaderやTableau Server、Tableau Serverのクラウド版であるTableau Onlineを使います。

まずはTableau Desktopを数ライセンス買い、それを使って行った分析を接続先のデータと一緒にファイルに書き出し、メールなどで共有し、他の人にTableau Readerを使って見てもらうところから始める会社が多いようです。PDFに書き出したり、画像を書き出してパワーポイントに貼り付けたりもできます。

利用が広がってきたら、Tableau ServerまたはOnlineが、PCにTableau Readerをインストールする必要がなく、データの自動更新なども可能にするので、非常に有効です。

表1-1：Tableauの製品構成（2017年1月現在）

タイプ	ソフト名	目的・特徴	価格
自分で分析	Tableau Desktop Professional	様々なデータに接続し、分析をするためのソフト。	1ユーザーあたり1年目：24万円（保守を含む）　2年目以降保守：4.8万円／年
	Tableau Desktop Personal	Professionalと同じだが、扱えるデータがExcel、CSVなどに限られる。Tableau ServerやOnlineでの分析の共有ができない。	1ユーザーあたり1年目：12万円（保守を含む）　2年目以降保守：2.4万円／年
	Tableau Public	Personalに近い機能を持っているが、分析した結果をインターネット上で広く公開する必要がある。ファイルをローカル環境に保存できない。	無料
分析を共有	Tableau Reader	Desktopで作成した分析ファイルを開いて見るためだけのソフト。分析ファイルを作った人が設定した「フィルター」などを使って、簡単な二次分析ができる。	無料
	Tableau Server	Desktopで作成した分析を共有する環境。Webブラウザでの分析の閲覧や切り口の変更、データの自動更新、最新のビューのメールでの配信、データソースの共有などができる。	1ユーザーあたり1年目：12万円（保守を含む）　2年目以降保守：2.4万円／年（最小構成：10ユーザー）
	Tableau Online	Tableau Serverのクラウド版で、サーバーの管理はTableau Softwareが代行する。	1ユーザーあたり6万円／年　（最小構成：1ユーザー）

> **Note**
>
> Tableau DesktopとTableau ReaderにはMac版があります。Tableau ServerはWindowsのみです。ほか、Tableau ServerやTableau Onlineのユーザー向けのモバイルアプリとして、Tableau Mobile（無料）があります。

> **Note**
>
> Tableau DesktopとTableau Serverについては、「サブスクリプション」と呼ばれる新しい価格体系が追加されました。これは毎年ライセンス費用を支払うものです。価格はDesktop Professionalが10.2万円/年、Desktop Personalは5.1万円/年、そしてServerが5.1万円/年です。

1-3-2　バージョンについての注意

　Tableauは、次々とバージョンが上がるのが特徴です。バージョンアップには、9から10などへの「メジャーバージョンアップ」、10.0から10.1などへの「マイナーバージョンアップ」、10.1.1などの「メンテナンスリリース」の3種類があります。新しいバージョンへのアップグレードは、ライセンスの保守費を払っている限り、無償です。

　新しいバージョンのTableau Desktop（例えば10.1）で作った分析ファイルは、古いバージョンのTableau DesktopやTableau Reader（例えば9.3や10.0）では開きません（それより細かい単位のアップデートの範囲では開くことができます）。また、その逆、つまり古いバージョンで作った分析ファイルは、新しいバージョンで開けますが、上書き保存すると新しいバージョンのファイルになりますので、注意が必要です。

　他にもすでにTableauを使っている人がいて、その人とファイルを共有したい場合には、必ずバージョンを合わせる必要があります。古いバージョンは、Tableauのホームページ、または、ライセンスキーを購入すると開設される「カスタマーポータル」から入手できます。ホームページのトップからダウンロードできる体験版は、その時点での最新のバージョンになりますので、他の人が古いバージョンを使っている場合は注意してください。また、Tableau ServerとTableau Desktopのバージョンも、同じか、Tableau Serverの方が上位のバージョンでなくてはなりません。なお、Tableau DesktopのWindows版は64 bitと32 bitがあります。

1-3-3　多言語対応

すべてを切り替えたい場合

　Tableauには、日本語版、英語版といった言語別のバージョンはありません。Tableau Desktopであれば、メニューの「ヘルプ」-「言語の選択」で、希望の言語に切り替えできます。なお、Tableau Desktopの再起動が必要になります。

図1-2：言語の選択

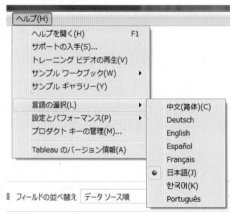

グラフ内の月名などのみ変えたい場合(「ロケール」)

また、メニューやメッセージなどをすべて他の言語に切り替えるのではなく、Tableauが自動的に表示するグラフや表内の「月名」や「曜日名」をはじめとした日付や、数値、通貨の表示形式といった部分だけを他の言語にする、「ロケール」の選択という機能もあります。Tableau Desktopでデータに接続してから行います。

「ファイル」から「ワークブック ロケール」、そして「詳細」を選びます。

図1-3：「ワークブック ロケール」の選択

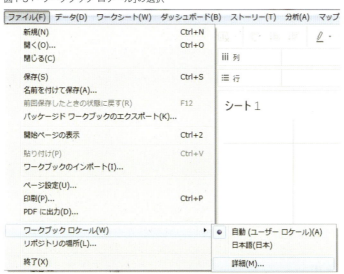

言語のリストが表示されますので、どれかを選びます。

図1-4：言語の選択

1-4 ネットワーク環境

Tableau Desktop や Tableau Reader については、ネットワークにつながない状態でも使えます。ただし、地図を利用する場合、Tableau Desktop で Tableau Server に接続する場合やネットワーク上にあるデータソースを利用するなどの場合には、ネットワーク接続が必要です（地図については、一部制限のあるオフラインの地図も利用できます）。

1-5 ライセンスの購入

1-5-1 はじめて購入する

ライセンスの購入は、Tableauから直接行うか、販売契約をしているパートナー会社を通じて行います。「Tableau　購入」などとインターネットで検索すれば、いくつもの会社が出てきます。

Tableau Desktopには14日間の無料体験版があります。Tableauのホームページ（http://www.tableau.com/ja-jp）からダウンロード、インストールして無償で使えます。引き続き利用したい場合は、プロダクトキーを購入し、そのキーを入力すれば、インストールをし直す必要はありません。ProfessionalもPersonalもソフトウェアは同じで、入力するキーにより、使える機能が変わります。

Tableau ServerやTableau Onlineにも体験版があります。まずはTableau Desktopのみをインストールして使うか、Tableau Onlineも合わせて申し込む場合が多いようです。

図1-5：Tableau Desktop体験版のダウンロード画面（2016年11月現在）

1-5-2　保守契約

　通常、初期費用には初年度の保守費用が含まれており、二年目以降に保守費用のみを支払います(詳しい契約内容については、営業担当者に確認してください)。なお、保守期間が過ぎたにも関わらず、更新しないでおくと、後日、やはり更新したいという場合に、過去にさかのぼって契約を求められたり、更新契約ができずに、古いバージョンのまま使い続けなくてはいけなくなったりしますので、注意してください。

1-5-3　学生・教員と非営利団体は無料

　学生・教員(研究や授業などに使う場合)と非営利団体は無料です。無料で使えるようにするには、学生証の提示などが必要になります。

1-6　カスタマーポータル

　ライセンスキーを購入すると、「カスタマーポータル」が開設されます。ここでは、キーの管理や、Tableau社へのエラー報告・利用方法などについての直接の問い合わせ(ケース(Case)といいます)とその受け答えの履歴の参照、インストールファイルのダウンロードなどができます。

図1-6：カスタマーポータルの画面

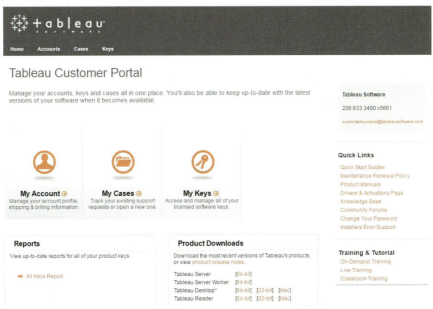

第1章 Tableauとは

1-7 インストール

　Tableau Desktopのインストールは、ダウンロードしたファイルを開いて、画面の指示に従って行います。途中で14日間のお試しとして使うか、プロダクトキーを入力して(アクティベートして)使うかを選択できます。利用者の情報を登録すれば完了です。Tableau社との通信が必要なため、登録はインターネットにつながった状態で行ってください。インターネットに接続できない環境のPCにインストールした場合、「オフラインアクティベート」という方法もあります。

図1-7：インストールファイルのダウンロード

図1-8：インストール画面

> **Note**
> Tableau Desktopは、メールアドレス単位でライセンスが管理されており、登録したメールアドレス1つにつき、2つのPCまでインストールできますので、「自分のWindows PCとMacの両方にインストールする」といったことができます。

> **Note**
> Tableau DesktopとTableau Readerは、一つのPCで複数のバージョンを共存できます。Tableauのファイルをダブルクリックして開いた際には、バージョンの古い・新しいに関わらず、最後にインストールしたものが立ち上がります。もし、「会社では9.3を使っていて、自動で立ち上がるのは9.3にしたいが、別途、自分では10.1を試したい」といった場合には、10.1をインストールし、その後9.3を再度インストールするという作業が必要です。ただし、その場合は、「修復」というボタンが現れますので、それをクリックします。Tableau DesktopとTableau Readerの共存もできます。

1-8 バージョンの更新通知

Tableau Desktopを使っていると、下のような表示が現れることがあります。これは、メンテナンスリリースの更新を促す通知です。バグフィックスやセキュリティ対策の更新などが含まれていますので、可能な限り更新してください。会社のポリシーなどでインストールが難しい場合はスキップしてください。

図1-9：バージョンの更新通知

自動アップデートを無効化するには、メニューの「ヘルプ」から「設定とパフォーマンス」を選び、「製品の自動アップデートを無効にする」にチェックを入れます。

図1-10：自動アップデートの無効化

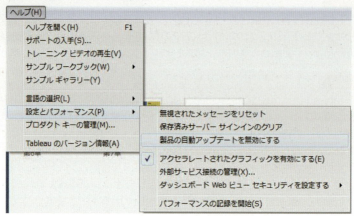

1-9 プロダクトキーの管理

　Tableau Desktopのインストール時に、入力して「アクティブ化」したプロダクトキーを「非アクティブ化」して、他の人が使えるようにしたいときは、メニューの「ヘルプ」の「プロダクトキーの管理」を選択します。

図1-11：プロダクトキーの管理

　ここで、プロダクトキーを選択して「非アクティブ化」をクリックすると、キーが外れ、他の人が使えるようになります。また、保守契約を更新したときには、「更新」をクリックすると「メンテナンスの有効期限」が延びます。

> **Note**
>
> Tableau Desktopを立ち上げると、たまに下のような画面が表示され、Tableauを終了させるしかないときがあります。その場合は、Windowsの更新プログラムが関係していると思われますので、PCを再起動してWindowsの更新プログラムの適用を終わらせてから、立ち上げてください。
>
> 図1-12:「ライセンス確認の進行中」画面
>
>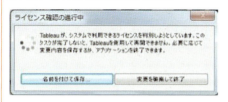

第2章
Tableauによるデータ分析
7つのステップ

Tableauをマスターするには、まずTableauを使った分析の全体の流れを押さえることが重要です。簡単な分析をすることで、Tableauの基本的な使い方も覚えられます。また、データ準備の重要性についても学びましょう。

ここがポイント

- Tableauによるデータ分析には、「データへの接続」から「共有」までの7つのステップがあります。ここでは、簡単なダッシュボード(複数の分析ワークシートを一つにまとめたもの)を作って、その流れを把握します。
- 「～ごと」という分析の切り口のことを「ディメンション」、集計対象となる数値のことを「メジャー」と言います。逆に言えば、「メジャー」の数値を「ディメンション」という切り口で分析することになります。これらに分類された項目(フィールド)を「行」や「列」に配置し、「フィルター」でデータを絞り込み、「マーク」で視覚的な効果を与えるのが基本的な使い方です。
- 「この集計は商品の〔カテゴリ〕単位なのか、〔サブカテゴリ〕単位なのか」といった集計のレベルのことを「データの粒度」または「詳細レベル」といい、とても重要な概念です。
- それらのステップに行く前に、データの準備や確認をすることがとても重要です。

2-1 ステップの全体像

　一連の流れは次のとおりです。まず、データの準備があります。それが終わったら、①Tableauを立ち上げ、データに接続します。さらに、②分析のワークシートで、項目名（フィールド名）が適切に分類されているか、データの型は正しいかといったことを確認します。そして、③フィールド名を「列」や「行」に配置し、④「フィルター」でデータを絞り込んだり、⑤「マーク」でグラフの種類を変更したり、さらに視覚的な効果を与えたりします。複数のワークシートを作ったら、それらを⑥ダッシュボードに配置し、⑦他のユーザーと共有します。

　①以降は、Tableau Desktopをインストールするとサンプルで用意される「スーパーストア」のExcelデータを使って、実際にやってみましょう。その中で、基本的な機能も習得していきましょう。

図2-1：Tableauによるデータ分析の7つのステップ

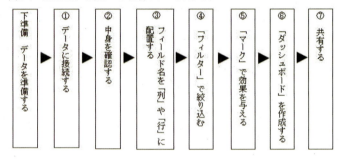

　この章では、**図2-2**のようなダッシュボードを作成します。

図2-2：この章でつくるダッシュボード

　あらかじめ用意されたサンプルデータをもとに、上半分で、カテゴリごと、月ごとの

売上推移のグラフを示し、下半分で、同じ分析内容を表で示します。右側には「フィルター」を用意し、このダッシュボードの分析を見る人が自分でデータを絞り込めるようにします。また、上半分のグラフの一部分をクリックすると、下半分の表のデータが絞り込まれます。

> **Note**
> 今後、明確に区別しない限り、「Tableau」はTableau Desktopのことを指します。なお、この本ではTableau ServerとTableau Online関連の操作は基本的に記述の対象外となっています。

2-2　下準備　データを準備する

　事前にデータを確認し、必要な加工をするのはとても重要です。データ分析では、6割以上、場合によってはもっと多くの時間がデータの準備に費やされると言われています。Tableauとは別に、データベースやETLツール（データの抽出〔Extract〕、変換〔Transform〕、ロード〔Load〕を行うツールのこと）などを使って、事前にデータを準備しておくことが必要なこともあります。

　強調してもしすぎることのないのがデータの準備の必要性で、いざ自分のデータで分析しようとすると、ここでつまずくことが多いです。しかし、今回はTableauの操作の学習用にあらかじめ用意されたデータを扱いますし、まずは、Tableauがどのようなソフトウェアなのかを、実際に手を動かしながら理解していただくため、すぐにデータに接続してみます。なお、ExcelやCSVデータを扱う際の注意点については、この章の最後に**2-11　補足説明：Tableauで扱うデータの形式と注意点**として説明しましたので、ご覧ください。

2-3　① データに接続する

　それでは、Tableauを起動し、データに接続してみましょう。
　デスクトップ上の「Tableau 10.1」のアイコンをダブルクリックします。

図2-3：Tableau Desktopのアイコン

すると、「接続」の画面になり、接続できるデータの選択肢が表示されます。「ファイルへ」から「Excel」を選びます。

図2-4：接続画面

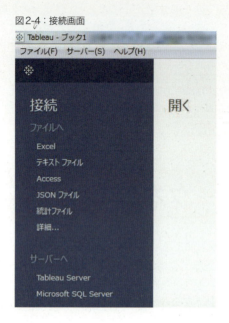

「サンプル - スーパーストア」のファイルを選択し、「開く」をクリックします。

図2-5：データソースの選択

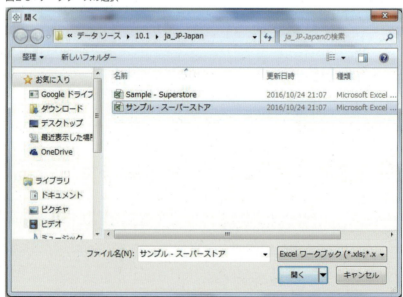

> **Note**
> C（Tableauをインストールしたドライブ）:\Users\（ユーザー名）\Documents\マイ Tableau リポジトリ\データ ソース\10.1\ja_JP-Japan にあります。なお、バージョン10.1以外をお使いの場合、この本と違う結果を返す可能性がありますので、秀和システムのサポートサイトから入手してください（詳しくは巻末をご覧ください）。特に、バージョン9をお使いの方は、サンプルデータに入っている「年」の部分が古く、このあとの「フィルター」などが、画面の例どおりに現れません。今すぐにバージョン10にアップグレードする必要はありませんが、データは最新のものを入手してください。バージョン10.1でも、ダウンロードの時期によって異なるサンプルデータがついてくる可能性があります。

Excelファイルに接続され、クエリ（問い合わせ）が実行されます。

図2-6：クエリの実行

すると、以下のような画面になります。左側の「接続」には接続先のファイル名が、その下の「シート」には接続先のExcelファイルのシート名が縦に並んでいます。

図2-7：接続詳細画面

「シート」にある「注文」のシートを選択し、「ここにシートをドラッグ」に持って行きます。

図2-8：接続先シートの選択

すると、シートに接続され、格納されているデータの内容が表示されます。

図2-9：データ内容の表示

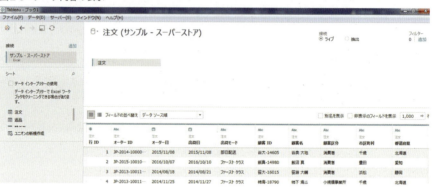

この画面では、さらに複数の表を結合させたり、一つの列を複数の列に分割したり、「抽出ファイル」を作成したりできますが、ここでは何もせず、左下の「シート1」をクリックしてワークシートへ移動します。

図2-10：ワークシートへの移動

> **Note**
> Tableauには、基本的にどこまでも操作を元に戻せるという大きな特徴があります。「元に戻す」ボタンをクリックするか、Windowsの場合、「Ctrl」キーと「z」キーを、Macの場合、「Command」キーと「z」キーを一緒に押すと戻せます。なので、思ったのと違う結果が出たとしても慌てることなく、失敗を恐れずにやってみましょう。いずれにしても元データが書き換わることはありません。

図2-11:「元に戻す」ボタン

2-4 ② 中身を確認する

画面が下のように切り替わり、「ワークシート」が開かれました。

左の「データ」の「ディメンション」と「メジャー」にあるフィールド名を、右の「列」や「行」、「フィルター」、「マーク」などに配置することで分析を進めていきます。Excelのピボットテーブルと同じ要領です。

図2-12：ワークシート

早速、分析に入りたいところですが、その前に必ずデータの中身を確認しましょう。

第2章 Tableauによるデータ分析7つのステップ

2-4-1 「ディメンション」と「メジャー」の分類の確認と変更

　　左側の「データ」の部分(「データペイン」といいます)には、フィールド名が「ディメンション」と「メジャー」に分類されて表示されています。「分析の切り口」と「集計対象となる数値」に適切に分かれているかを確認します。

　　基本的にTableauは、文字列や日付が入っているフィールド名を「ディメンション」に、数値が入っているフィールド名を「メジャー」に分類しますが、まれにこちらが意図しない結果になったり、適切な分類であっても、分析の目的に応じて変えたかったりすることがあります。以下に例を示します。

- 意図しない結果の例
  従業員番号や顧客コードが数値だったために「メジャー」に行ってしまった。これらを足したり、その平均を取ったりしないので、「ディメンション」に行ってほしかった。

- 分析の目的に応じて変えたい例
  顧客名が文字列だったために「ディメンション」に行った。本当はこれでいいが、今回は顧客名を数えたいので、「メジャー」にしたい。

　　ここでは行いませんが、そのような場合は、フィールド名を「メジャー」から「ディメンション」へ、「ディメンション」から「メジャー」へ持っていくことができます。例えば、「ディメンション」にある顧客名を「メジャー」にしたい場合は、「顧客名」を選択し、右クリックするか、小さな下向き矢印をクリックすると表示される「メジャーに変換」を選びます。または、フィールド名をつかんで「メジャー」に持っていきます。

2-4 ② 中身を確認する

図 2-13：「ディメンション」から「メジャー」への変換

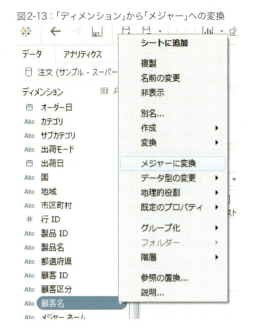

> **Note**
> データペイン内のフィールド名に対して、リストから操作を選ぶときは、「フィールド名を右クリックする方法」と、「小さな下向き矢印をクリックする方法」の二通りの種類がありますが、以後、「フィールド名を右クリックする方法」に統一して説明します。

> **Note**
> ここで実際に「顧客名」をメジャーに変換すると、「メジャー」の中に「顧客名（コピー）（カウント（個別））」というフィールド名ができます。

図 2-14：「顧客名」の「メジャー」への変換結果

　　メジャー
　　　# 利益
　　　# 割引率
　　　# 売上
　　　# 数量
　　=Abc 顧客名 (コピー) (カウント (個別))
　　=# Number of Records
　　　# メジャー バリュー

　ここでの「カウント（個別）」は、この「メジャー」に対する集計方法を示しています。このフィールド名を右クリックし、「既定のプロパティ」、「集計」と選ぶと、「カウント（個別）」になっていることが分かります。Tableauでは、既定の集計方法は合計ですが、ここで「顧客名」は数値ではないため、「〔顧客名〕が〔メジャー〕にあるということは、「カウント（個別）」で集計するのかな」、とTableauが判断しています。

27

図2-15：集計方法の確認

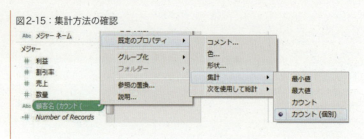

「カウント(個別)」とは、「重複を除いて何種類あるかをカウントする」という集計方法です。

2-4-2 データの型の確認と変更

次に、それぞれのフィールドに設定されたデータの型を確認します。フィールド名の前にアイコンがついており、データの型を示しています。主なものは以下のとおりです。

図2-16：主なデータの型のアイコン

元データにあるフィールド	
Abc	文字列
#	数値
📅	日付
📅	日付と時刻
T|F	ブール
🌐	「地理的役割」
📊	ビン

元データになく、Tableau上で作成されたフィールド（アイコンの前に「=」）	
=Abc	文字列
=#	数値
=📅	日付
=📅	日付と時刻
=T|F	ブール
=🌐	「地理的役割」

> **Note**
> 「ブール」や「ビン」が何かについては、第4章をご覧ください。

なお、色が青のものと緑のものがあり、これは「不連続」値（＝青）か「連続」値（＝緑）かという意味です。「不連続」とは、「家具」、「家電」、「事務用品」のようにそれぞれの値が独立しているものです。「連続」とは、「1」と「2」の間に「1.3」や「1.55」などがあるように、値が連続しているものです。基本的には、文字列は「不連続」、数値は「連続」ですが、日付については、どちらで使うこともあるので、少し難しいです。日付を「不連続」として扱った場合と「連続」で扱った場合の違いについては、第6章と第7章で解説します。

想定していたとおりにデータの型が設定されているかを確認しましょう。例えば、あるフィールドが数値のはずなのに文字列になっている場合、まず、元データの該当

するフィールドのデータに文字列だと判断される何かしらの理由があると考えた方がいいでしょう。Excelのデータに目に見えないスペースが混ざっている、表の下の注意書きを消し忘れているといったことです。また、日付は認識されにくい場合があります。日付が認識されないときの対処方法については、第6章をご覧ください。

さらに、Tableau上で強制的にデータの型を変更することもできます。例えば、「カテゴリ」のデータの型を変更したい場合は(今回は変更する必要はありませんが)、「カテゴリ」を右クリックし、「データ型の変更」を選び、設定したい型を選択します。

図2-17：データの型の変更

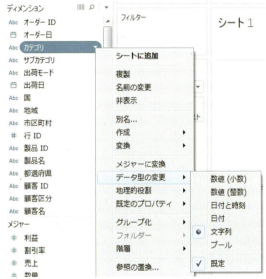

想定されるケースとしては、「カテゴリ」が数値で入力されているような場合(最初の1桁が1だったら「衣服」、次の1桁が1だったら「Tシャツ」というように)には、データの型が数値で設定されていたとしても、文字列に変換しておかないと文字列操作の関数が効かないといったことがあります。関数で文字列に変換することもできますが、ここであらかじめデータの型を文字列に設定しておくことで対応できます。

2-4-3 それぞれのフィールドに含まれるデータの確認

分析をしているうちに、「このフィールドにはどのようなデータが入っているのか」を確認したいときがあります。その場合は、詳しく中身を見たいフィールド名を右クリックし、「説明」を選びます。

図2-18：フィールドの内容の確認

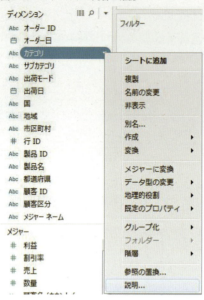

すると、このフィールドが「連続」なのか「不連続」なのか、「ディメンション」なのか「メジャー」なのか、といった詳しい説明が出てきます。特に良く使うのが「読み込み」ボタンで、これをクリックすると、どのような値が入っているのか（「メンバー」といいます）を確認できます。

図2-19：「フィールドの説明」

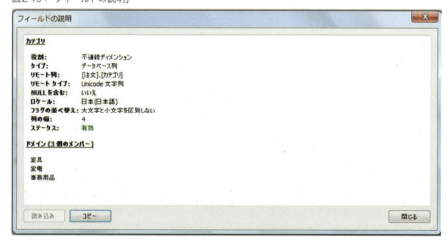

2-5 ③ フィールド名を「列」や「行」に配置する

データの確認が終わったら、いよいよ分析を始められます。繰り返しになりますが、基本的な使い方は、左側の「データ」ペインの「ディメンション」や「メジャー」のフィールド名を、「列」や「行」に配置し、「フィルター」でフィルターし、「マーク」で視覚的な効果を与えることで、様々なグラフや表を作る、というものです。

2-5-1 カテゴリごと、出荷日ごとの売上推移（グラフ）

まず、カテゴリごと、出荷日ごとの売上推移をグラフで示してみましょう。以下のようなグラフを作成します。Tableauに少し触れられたことがある場合は、このあとの手順説明を見ずにやってみてください。

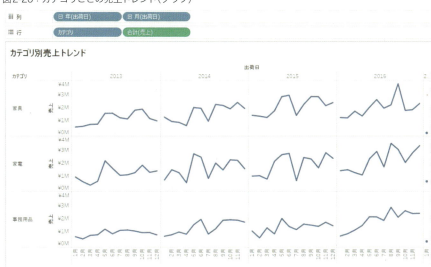

図2-20：カテゴリごとの売上トレンド（グラフ）

「行」や「列」へのフィールド名の配置

まず、「ディメンション」から「カテゴリ」を「行」に配置します。最初は、「行」と「列」のどちらにおけばいいか迷うかもしれません。以下のように覚えてください。

- 「行」はグラフや表を縦に広げる
- 「列」は横に広げる

図2-21:「カテゴリ」を「行」へ

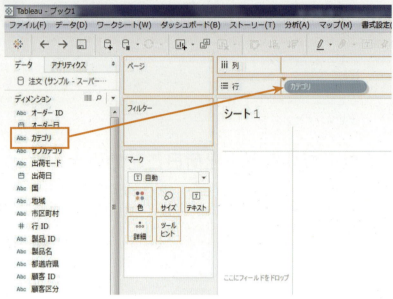

「ピル」と呼ばれる、薬の形をしたアイコンが配置され、表が縦に広がりました。

図2-22:「カテゴリ」を「行」へ(配置結果)

> **Note**
> 　Tableauでは、同じことをするにも様々な操作方法があり、それが便利なところでもあり、混乱のもとにもなっています。
> 　例えば図2-21で、「シート1」という文字の下の縦の「ここにフィールドをドロップ」の部分に「カテゴリ」というフィールド名を持っていっても一向に構いません。
> 　また、「データペイン」内でフィールド名をダブルクリックする、といった操作でも構いません。ただし、その場合は、「そのフィールド名をどこに持っていけばいいか」を

Tableauが判断するので、それが自分の意図どおりでないときは、混乱します。
　まずは着実にやっていき、慣れたら、その中で自分なりの使い方を模索していくほうが賢明です。ここでは、標準的な操作方法の一つを示しています。

> **Note**
> ここで、「列」や「行」、その左にある「ページ」や「フィルター」の部分を「シェルフ」（棚という意味）と呼びます。

次に、「出荷日」を「列」に配置します。するとグラフが横に広がります。

図2-23：「出荷日」を「列」へ

最後に、「メジャー」から「売上」を「行」に配置します。すると、折れ線グラフが現れます。

図2-24：「売上」を「行」へ

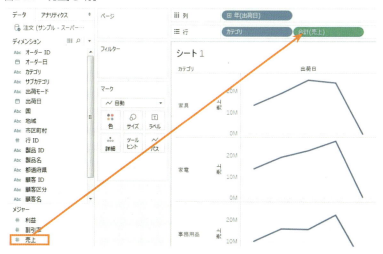

いきなりグラフが現れたので、驚いたかもしれません。Tableauが、「元データにクエリを投げ、〔カテゴリ〕別、〔出荷日〕別の〔売上〕を選択して表示しなさい、そのときに適切なグラフで表示させなさい」という命令を処理したのです。「出荷日」という「日付」にしたがって表示させる、という命令だったので、Tableauは「折れ線グラフがいいのでは」と判断しました。Tableauの判断が想定と違う場合は、グラフの種類を変えることができます。詳しくは **2-7 ⑤「マーク」で効果を与える** をご覧ください。

> **Note**
> ここで、青いピルと緑のピルがあることに気づきましたか。フィールド名の前のデータの型のアイコンの色と同じく、青いピルは「不連続」値、緑のピルは「連続」値であることを示します。

> **Note**
> ここで、縦軸に「10M」、「20M」といった目盛ラベルが表示されました。これは、Tableauが自動的に表示させていますが、「1G」または「1B」が「十億」、「1M」が「百万」、「1K」が「千」の意味です。なじみがない場合は、「百万円」、「千円」といった形にしたり、十億や百万、千円で割った数字にしたりできます。

「年」から「月」までの日付の詳細化（ドリルダウン）

さて、「列」に入れた「出荷日」を見ると、「年(出荷日)」となっており、その前に小さな「＋」のボタンができていることが分かります。これは、このフィールドが階層化されていることを示しており、ここをクリックすると、「四半期」、「月」、「日」へと詳細な方向へ下りていくことができます。これを「ドリルダウン」といいます。

図2-25：ドリルダウンのボタン

「＋」を一つずつクリックしていき、「月」まで下ります。

図2-26：「月」までのドリルダウン

同様のことが、グラフの下の年の項目部分の左側にカーソルをかざすと現れる「+」
をクリックすることでも行えます。

図2-27：年の項目の左側のドリルダウンボタン

ここでは、「四半期」を取り除きます。「四半期(出荷日)」のピルを右クリックして「削除」を選ぶか、「列」からピルをつかんで、ビューの外に出します。

図2-28：「四半期」の削除

図2-28では見えませんが、実際には小さな赤いバツが現れ、取り除かれることを示します。

図2-29：「四半期」が削除された状態

Note

「+」が現れるには、データが階層化されている必要があります。今回は日付だったので、Tableauがデータから「年」、「四半期」、「月」、「日」というように自動的に階層を作りました。階層が認識されない場合や、日付以外で階層を作りたい場合の操作方法は、第6章をご覧ください。

> **Note**
> データが年単位なのか、四半期単位なのか、月単位なのかといったことを「データの粒度」または「詳細レベル(Level of detail)」といい、とても大事な概念です(日付に限りません。また、第7章に出てくる「LOD計算」よりも、もっと広い、概念の話です)。分析をするときには、どの粒度での分析が求められているかを必ず確認します。

> **Note**
> 「ディメンション」や「メジャー」内のフィールド名を操作しているうちに、データペインが消えてしまうことがあります。その場合は、左下の「データ」の右側にある小さな上下矢印をクリックして、再表示させてください。
>
> 図2-30:データペインの再表示
>
>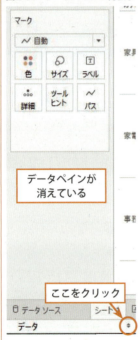

シート名の付与

これで下のようなグラフが完成しましたので、シート名を付けます。

図2-31：カテゴリごとの売上トレンド（グラフ）

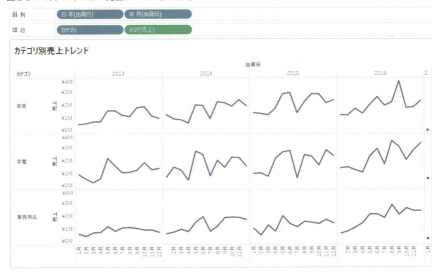

上のようなタイトルを表示させるためには、左下のシートタブをダブルクリックして、シートに名前をつけます。

図2-32：シート名の付与

すると、グラフ左上のタイトルがシート名にしたがって自動的に設定されたことが分かります。ちなみに、タイトルをダブルクリックすると、「<シート名>」と入っていることが分かります。ここを編集すると、シート名とは異なるタイトルを設定したり、「挿入」から選ぶことで、他の値を表示させたりすることができます。

> **Note**
> バージョン9では、グラフ左上にタイトルは表示されていませんので、メニューの「ワークシート」から「タイトルの表示」を選んでください。

図2-33：タイトルの自動設定

> **Note**
> シートタブを右クリックすると、シートに対して様々な操作をすることができます。ファイル（ブック）を超えてのシートのコピー・ペーストなどもできます。

ファイルの保存

ここでいったんファイルを保存します。メニューバーの「ファイル」から「保存」を選びます。

図2-34：ファイルの保存

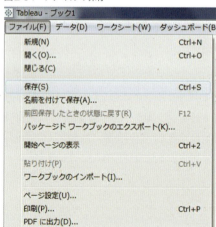

> **Note**
> ここでは、「パッケージド ワークブックのエクスポート」や「PDFに出力」といった保存オプションがあります。保存形式については第5章の**5-11　Tableauのファイルの保存方法**をご覧ください。

「売上分析」をいう名前をつけて保存します。ここでは「Tableau ワークブック(*.twb)」として保存します。これは、分析のロジックだけを保存することを意味します。

図2-35：Tableau ワークブックとしての保存

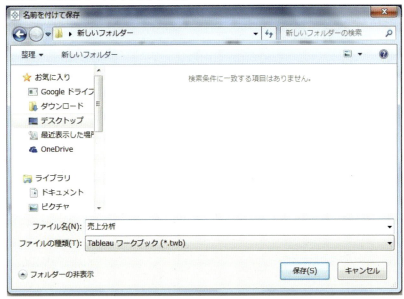

以下のようなファイルができます。

図2-36：Tableau ワークブックファイル

2-5-2　カテゴリごと出荷日ごとの売上推移（クロス集計表）の追加

次に、もう一つ新しいワークシートを用意し、今度は同じ売上推移を表で出してみます。まず、ワークシートを追加します。左下からワークシートの追加アイコンをクリックします。

図2-37：ワークシートの追加

> **Note**
> 3つのアイコンの一番左です。真ん中は、複数のワークシートを一枚にまとめて表示するダッシュボードの追加、右は、複数のダッシュボードやワークシートを一連のストーリーに組み立てて表示する「ストーリー」の追加のためのアイコンです。「ストーリー」については、第5章で触れます。

クロス集計表の作成

「シート2」が開いたら、「ディメンション」から「出荷日」のフィールド名を列に配置し、ドリルダウンして「四半期」、「月」と表示させ、そのあと「四半期」を削除します。さらに、同じように「ディメンション」から「カテゴリ」のフィールド名を行に配置します。分からない場合は、**2-5-1　カテゴリごと、出荷日ごとの売上推移（グラフ）**を振り返ってみてください。

図2-38：「列」と「行」への配置

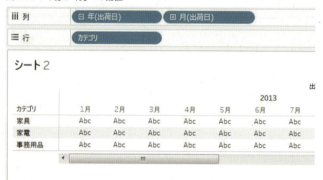

このあと、「メジャー」から「売上」のフィールド名を「行」に持っていくと、折れ線グラフができてしまいます。グラフではなく、表（「クロス集計表」といいます）を作成するには、「売上」を「マーク」の「テキスト」に持っていきます。

図2-39：クロス集計表の作成

すると、下のようなクロス集計表ができます。

図2-40：クロス集計表

> **Note**
> なお、ここではクロス集計表の作り方を示すために上のような説明をしましたが、今回のように別シートで作成したグラフと分析内容が同じ場合は、クロス集計表をもっと簡単に作成する方法があります。「カテゴリ別売上トレンド」のシートタブを右クリックし、「クロス集計として複製」を選ぶだけです。
>
> 図2-41：「クロス集計として複製」
>
>

シート名の付与と上書き保存

「シート2」となっているシートタブをダブルクリックして、「カテゴリ別売上表」というシート名をつけます。

図2-42：シート名の付与

さらに、画面の上の方のディスクのアイコンをクリックして、上書き保存します。

図2-43：上書き保存

これで、グラフとクロス集計表の2つのワークシートができました。

2-6 ④ 「フィルター」で絞り込む

ワークシートができたら、次はデータを絞り込みます。ここでは、ワークシートのデータペインの右側にある「フィルター」シェルフを使って、データを絞り込みます。

2-6-1 「フィルター」の適用

「フィルター」の適用には、大きく分けて、「ディメンション」で絞り込む場合と、「メジャー」で絞り込む場合があります。ただし、実際には、データの型が「文字列」なのか「数値」なのか「日付」なのかや、「連続」値なのか「不連続」値なのかによって動作が違います。ここでは、「ディメンション」での絞り込みでデータ型が「文字列」の場合と「日付」の場合をやってみます。

「ディメンション」（文字列）での絞り込み

まず、「カテゴリ別売上トレンド」のシートタブをクリックして、そちらに移動します。その上で、「ディメンション」にある「カテゴリ」（データの型は「文字列」）が「家具」と「家電」のデータだけに絞り込んでみます。

「ディメンション」から「カテゴリ」のフィールド名を「フィルター」に持っていきます。

図2-44:「カテゴリ」の「フィルター」への配置

すると、「文字列」を持つフィールド名を「フィルター」に持っていったため、値のリストが現れ、どれをフィルターするかを選ぶように求められます。

図2-45:「フィルター」(カテゴリ)の内容選択前

ここでは、「事務用品」のチェックを外し、「家具」と「家電」のみにチェックを入れた状態にします。

第2章 Tableauによるデータ分析7つのステップ

図2-46：「フィルター」（カテゴリ）の内容選択後

「OK」をクリックすると、ワークシートのビューが「家具」と「家電」に絞り込まれました。

> **Note**
> ここで、「OK」ではなく「適用」をクリックすると、「フィルター」選択の画面を閉じないまま、適用がグラフに反映されますので、「このようにフィルターしたらどうなるか」といった試行錯誤ができます。「フィルター」の内容が最後に決まったら、「OK」をクリックします。試行錯誤が必要なければ、「適用」をクリックせずに「OK」で構いません。

図2-47:「フィルター」の適用結果

「ディメンション」(日付)での絞り込み

次に、「ディメンション」にある「出荷日」(データの型は「日付」)で、「2014年以降」に絞り込みます。

「出荷日」を「フィルター」に持っていきます。

図2-48:「出荷日」の「フィルター」への配置

図2-49の画面が表示されますので、「年」を指定し、「次へ」をクリックします。

図2-49：フィールドのフィルター（出荷日）

すると、今回、「不連続」である「日付」を持つフィールド名を「フィルター」に持っていったために、値のリストが現れ、どれをフィルターするかを選ぶように求められます。
ここでは、「2013」のチェックを外して、「OK」をクリックします。

図2-50：フィルター（出荷日の年）

図2-51:「フィルター」の適用結果

> **Note**
> ほかにも、「メジャー」(数値)でのフィルターなどの方法があります。それぞれでフィルターの画面が異なりますので、「連続」、「不連続」の違いも意識しながら、「なぜこの画面が現れるのか」考えてみましょう。

2-6-2 「フィルターを表示」

　ここまでは、Tableau Desktopで分析をする人しかできないフィルターの設定でしたが、Tableau ReaderやTableau Serverで分析を見るだけの人が、あらかじめ設定された範囲で、絞り込みの内容を変更できる「フィルター」を表示することができます。これを使うと、今までExcelでフィルターの内容ごとに別のシートを作っていたような場合は、一枚のシートの中で切り替えて表示できるようになるので、便利です(以前、「クイックフィルター」と呼ばれていた機能です)。

　「フィルター」を表示させるには、「フィルター」内の対象のピルを右クリックして、「フィルターを表示」を選択します。

> **Note**
> ピルに対する操作リストを表示させるには、「ピルを右クリックする方法」と、「小さな下向き矢印をクリックする方法」の二通りがありますが、以後、「ピルを右クリックする方法」に統一して説明します。

図2-52:「フィルターを表示」

「列」や「行」に配置したフィールド名を右クリックすると出てくる「フィルターを表示」からも選択できます。

図2-53:「列」や「行」からの「フィルターを表示」

データペイン内のフィールド名からも選択できます。

図2-54:データペインからの「フィルターを表示」

「年(出荷日)」でも同様に「フィルターを表示」を選択します。すると、グラフの右側に下のように「フィルター」が表示されます。表示される「フィルター」の種類は、対象のフィールド名が「ディメンション」であるか「メジャー」であるか、データの型が「文字列」なのか「数値」なのか「日付」なのか、「連続」値なのか「不連続」値なのかによって変わります。

図2-55:「フィルター」の表示

それぞれの「フィルター」のタイトル部分にカーソルをかざしてみます。すると、小さな下矢印が表示されるので、クリックすると、フィルターのオプションを設定できます。ここでは、タイトルやフィルター形式の変更、すべての選択肢を表示させる(「データベース内のすべての値」)か、他のフィルターで絞り込んだあとの選択肢のみを表示させる(「関連値のみ」)か、といった選択ができます。

図2-56：「フィルター」のオプション

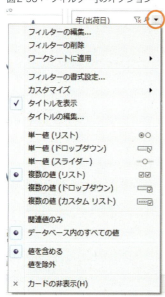

2-6-3 「フィルター」の複数のワークシートへの適用

　次に、今「カテゴリ別売上トレンド」のシートに適用したフィルターを、「カテゴリ別売上表」のシートにも適用します。「カテゴリ別売上表」のシートを開き、「ディメンション」や「メジャー」からフィールド名を「フィルター」に持っていく方法もありますが、下のようにシートにまたがって一律に適用する方法の方が、すべてのシートに個別に設定する必要がなく便利です。

　「フィルター」に入っている「カテゴリ」を右クリックして、「ワークシートに適用」から「このデータソースを使用するすべてのアイテム」を選択します。

図2-57:「このデータ ソースを使用するすべてのアイテム」への適用

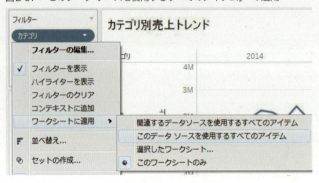

すると、「フィルター」の「カテゴリ」の前にデータベースを表すアイコンが追加され、「カテゴリ別売上表」のシートに表示を切り替えても同様になっていることが分かります。

図2-58:「このデータ ソースを使用するすべてのアイテム」への適用結果

または、「元に戻す」で一つ前に戻り、「フィルター」に入っている「カテゴリ」を右クリックして、「ワークシートに適用」から「選択したワークシート」を選択します。

図2-59:「選択したワークシート」への適用

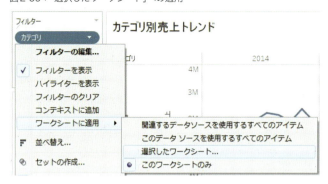

すると、ワークシートの指定画面になりますので、フィルターを適用するワークシートにチェックを入れ、「OK」をクリックします。

図2-60:「ワークシートにフィルターを適用」

すると、「フィルター」の「カテゴリ」の前に複数のシートを表すアイコンが追加され、「カテゴリ別売上表」のシートに表示を切り替えても同様になっていることが分かります。

図2-61:「選択したワークシート」への適用結果

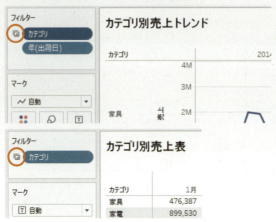

「カテゴリ別売上トレンド」シートでは、「カテゴリ」から事務用品を外すフィルターを設定していました。それが「カテゴリ別売上表」にも反映されていることを確認しましょう。

次に、「カテゴリ別売上トレンド」のシートの「フィルター」で、「カテゴリ」の「事務用品」にチェックを入れてみます。

図2-62:「カテゴリ別売上トレンド」の「フィルター」のチェック変更

すると、図2-63のように、「カテゴリ別売上トレンド」のシートでも、「カテゴリ別売上表」のシートでも、「事務用品」が表示されるようになりました。その上で、「年(出荷日)」についても、フィルターから「ワークシートに適用」の「選択したワークシート」を選び、「カテゴリ別売上トレンド」と「カテゴリ別売上表」の両方に同じフィルターを適用させ、「2013年」にチェックして、うまく反映されるか、確かめてみてください。

図2-63：複数シートへのフィルターの適用結果

2-7 ⑤ 「マーク」で効果を与える

次に、ワークシートのデータペインの右側にある「マーク」を使って、グラフの種類を変更したり、さらに視覚的な効果を与えたりします。この部分を「マーク」カードといいます。

図2-64：「マーク」カード

2-7-1 グラフの変更

「マーク」カードは、グラフの種類を選択する部分と、グラフに視覚的な効果を付与する部分の二つに分かれます。一つは、「自動」と表示されている部分で、Tableauが自動的に適切と思われるグラフを選択している状態から、別のグラフに変えたい場合に使います。

「カテゴリ別売上トレンド」シートの「マーク」の「自動」をクリックし、リストから「棒」を選択してみましょう。

図2-65：グラフの変更

すると、折れ線だったグラフが棒に変わります。

図2-66：棒グラフへの変更結果

他にも、様々なグラフに変えられますので、やってみましょう。なお、ここでは棒グラフにします。

2-7-2 さらなる視覚的な効果の付与

もう一つは、下の「色」、「サイズ」、「ラベル」といったボタンの部分で、この部分にはさらに二通りの使い方があります。

一つは、「それぞれのボタンを直接クリックする」という使い方、もう一つは、「フィールド名をそれぞれのボタンに持ってきて重ねる（ドラッグ＆ドロップする）」という使い方です。

それぞれのボタンを直接クリックする使い方

例えば、「色」を直接クリックします。すると、カラーパレットが現れますので、オレンジを選択してみます。

図2-67：「色」の直接クリック

グラフの色がオレンジに変わりました。

図2-68：「色」の変更結果

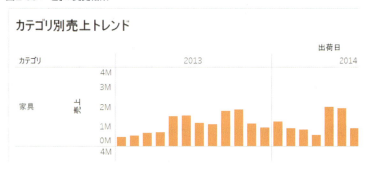

次に、「サイズ」を直接クリックします。スライダーを左右に動かすことで、棒の太さを変えられます。

図2-69:「サイズ」の直接クリック

棒の太さが変わりました。

図2-70:「サイズ」の変更結果

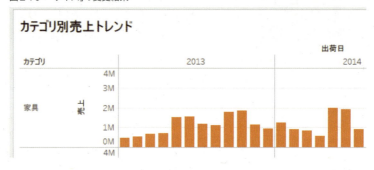

> **Note**
> さらに、「ラベル」をクリックし、「マークラベルの表示」にチェックを入れることでグラフ上に数値を表示させたりできます。

なお、よく見ると、選択するグラフにより、並ぶボタン(シェルフ)の内容が変わってくることに注意してください。

フィールド名をそれぞれのボタンにドラッグ&ドロップする使い方

効果を与えたい種類のボタンの部分に「データペイン」からフィールド名を持ってきて重ねます。

例えば、「データペイン」から「利益」のフィールド名をつかんで「色」のボタンにドロップしてみます。

図2-71：「利益」の「色」へのドラッグ＆ドロップ

すると、利益のレベルに応じてグラフに色がつきました。これにより、どの月が売上の大きい月で、そしてその月の利益がどうだったのかを1つのグラフで示すことができました。

図2-72：「利益」による色づけ

ここで改めて「色」を直接クリックすると、「色の編集」から色を変更できます。「パレット」から色のパターンを選んだり、左右に設定する色を選択したり、「ステップドカラー」（何段階かによる塗りわけ）の設定ができます。

図2-73：色の編集

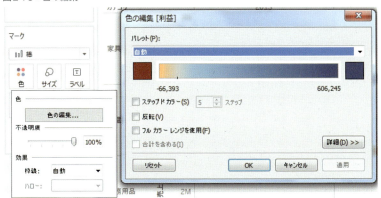

第2章 Tableauによるデータ分析7つのステップ

> **Note**
>
> 　色の設定画面も、「色」を直接クリックした場合と、フィールド名をドラッグ＆ドロップした場合では違うものが現れたことが分かります。また、上では「利益」という「連続」値の色づけでしたが、「不連続」値の場合は、一つ一つの値に色を設定する違う画面が現れます。

2-7-3　クロス集計表へのフィールド名の追加

　ここまでの手順で、「カテゴリ別売上トレンド」のワークシートに、「売上」だけでなく「利益」の集計結果も反映させましたので、「カテゴリ別売上表」のワークシートにも「利益」のフィールド名を加えます。

　「カテゴリ別売上表」のシートタブをクリックして、そちらに移動します。最初、クロス集計表で「売上」を表示させたときは、「売上」のフィールド名を「マーク」の「テキスト」に持っていきましたが、そこに「利益」という「メジャー」を追加するときは、「利益」のフィールド名を「テキスト」にではなく、**表の集計部分にドラッグ＆ドロップ**します。

図2-74：クロス集計表への「メジャー」の追加

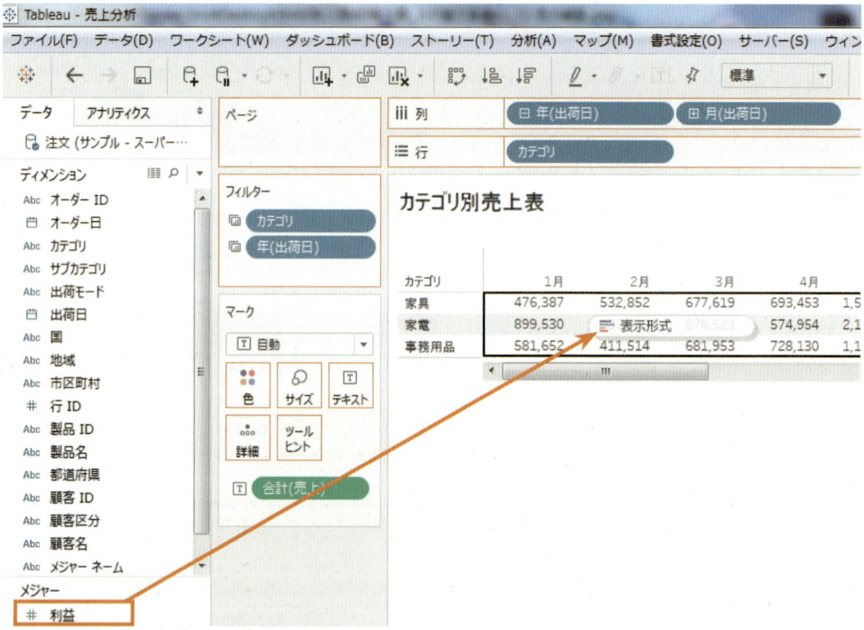

　すると、「利益」が追加されます。

図2-75：クロス集計表への「メジャー」の追加結果

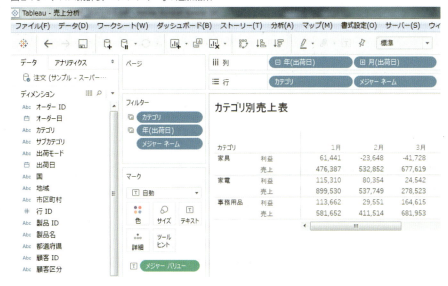

「売上」のラベルの部分をつかんで、「利益」と順序を入れ替えます。

図2-76：ラベルの順序入れ替え

その結果、下のようになります。

図2-77：ラベルの順序入れ替え結果

> **Note**
> ここで、「メジャーネーム」と「メジャーバリュー」というピルが突然現れたので混乱するかもしれません。「メジャーネーム」とは、「〔メジャー〕に入っているすべてのフィールド名を一つのピルで集合的に表したもの」、「メジャーバリュー」とは、「それらの〔メジャー〕の数値を一つのピルで集合的に表したもの」と定義でき、Tableauがそれらを自動的に配置しました。本来、「メジャー」に入っているフィールドがすべて表示されるところを、「フィルター」で絞っている形です。

2-8 ⑥ ダッシュボードを作成する

これでワークシートが2つでき、「フィルター」でのデータの絞込みや、「マーク」による視覚的な効果の付与もできました。これらの2つのワークシートを1枚のシートに貼り付けて、ダッシュボードを作成しましょう。

2-8-1 「ダッシュボード」の作成とサイズ設定

まず、左下のシートタブの終わりから2番目にある、「新しいダッシュボード」のアイコンをクリックして、ダッシュボードを作成します。

図2-78：新しいダッシュボードの作成

ダッシュボードは下のようになっており、左の「シート」の一覧から、作成したワークシートをドラッグ&ドロップで右側の部分に配置していきます。「オブジェクト」から、テキストや画像を配置したり、ホームページを埋め込んで表示したりもできます。

図2-79：ダッシュボード

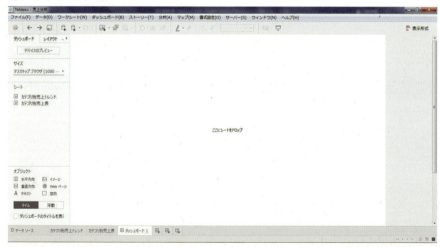

ダッシュボードを作成したら、まずは全体のサイズを設定します。左にある「サイズ」から、「自動」を選びます。

図2-80：ダッシュボードサイズの設定（自動の場合）

「自動」に設定すると、分析を見る人の画面の大きさにしたがって、Tableauがダッシュボードの大きさを自動で調節してくれます。

2-8-2 「ワークシート」の配置

次に、以前に作った2つのワークシートを配置していきます。まず、左にある「シート」の一覧から、「カテゴリ別売上トレンド」を「ここにシートをドロップ」の部分にドラッグ＆ドロップします。

図2-81：ワークシートの配置

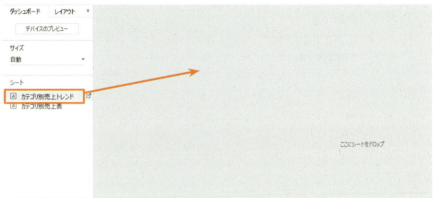

さらに「カテゴリ別売上表」を加えます。「シート」の一覧から、「カテゴリ別売上表」を右側にドラッグ＆ドロップすると、このシートをどこに加えるのか、領域の一部が灰色になることで聞いてきますので、すでに入っている「カテゴリ別売上トレンド」のワークシートの下の部分が灰色になったところで手を離します。

図2-82：ワークシートのさらなる配置

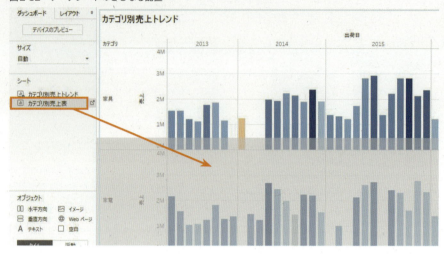

次のようになりました。

図2-83：ワークシート配置後のダッシュボード

　もし、このようにならなかった場合は、「元に戻す」をクリックして戻してから、もう一度試すか、ワークシートの真ん中のハンドルの部分をつかんで(アイコンが十字になります)、移動させます。

図2-86：ワークシートの移動

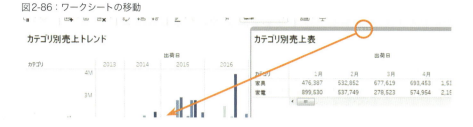

2-8-3 「フィルターとして使用」の設定

　ダッシュボードでは、あるワークシートを別のワークシートの「フィルター」として使うことができます。ダッシュボードの上半分にある「カテゴリ別売上トレンド」の部分をクリックすると灰色の枠が現れます。その右上にある、小さな下矢印をクリックし、メニューから「フィルターとして使用」を選びます。またはその下矢印の右側にある小さな「漏斗（ろうと）」のマークをクリックします。

図2-85：「フィルターとして使用」

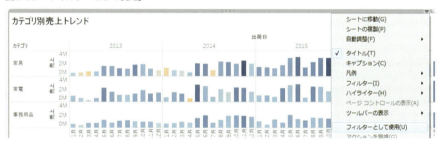

　その上で、例えば「カテゴリ別売上トレンド」の「カテゴリ」で「家具」を選択すると、「カテゴリ別売上表」も「家具」だけに絞り込まれます。

図2-86：「フィルターとして使用」の適用後

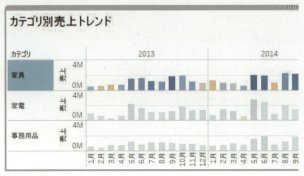

> **Note**
> 絞込みを解除するには、「Esc」キーを押します。

2-8-4 タイトルの設定

最後にタイトルを設定します。左下のシートタブでシート名を「売上分析」とします。

図2-87：ダッシュボード名の付与

その上で、そのさらに左にある「ダッシュボードのタイトルを表示」にチェックを入れるか、上のメニューの「ダッシュボード」から「タイトルを表示」を選択します。

図2-88：タイトルの表示

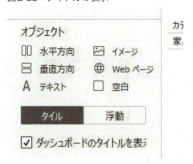

ダッシュボードが出来上がりました。メニューバーの「ウィンドウ」から「プレゼンテーションモード」を選択するか、プレゼンのアイコンをクリックすると全画面表示になります。

図2-89：ダッシュボードの完成とプレゼンテーションモード

メニューの「ファイル」から「保存」を選択するか、その下のディスクのアイコンをクリックして、上書き保存します。

2-9 ⑦ 共有する

分析ができたら共有します。共有には以下の方法があります。

- Tableau ServerやTableau Onlineにパブリッシュし、Webブラウザで他の人に見てもらう。
- 「パッケージドワークブック」と呼ばれる、分析のロジックと接続先データを一つのファイルにまとめたもので保存し、それを電子メールや共有フォルダなどを通じて共有し、分析を見る人は、Tableau Desktopか無料のTableau Readerを使って開く。
- PDFに出力する。
- 画像として出力して、パワーポイントに貼り付ける。
- ExcelやAccessのデータとして出力する。

第2章 Tableauによるデータ分析7つのステップ

2-10 まとめ

　以上がTableauによる分析の一連の流れです。ステップに沿って繰り返し練習してみてください。この章だけで基本動作が身につくようにしています。Tableauは、人間の思考の流れ（「フロー」といいます）を止めずに分析を進められるようにすることを重要視していますので、慣れてきて、ある線を越えると、スムーズに分析できるようになってきます。もっと詳しい機能や、実践的な分析の方法については、第3章以降をご覧ください。

2-11 補足説明：Tableauで扱うデータの形式と注意点

　Tableauで分析するにあたって、まずExcelやCSVのデータを扱う場合も多いでしょう。ここでは、その場合に扱うことのできるデータの形式や注意点について説明します。
　Tableauで分析するには、基本的にそれらのデータが「データリスト形式」である必要があります。「データリスト形式」とは、第1章にもあったとおり、横にフィールド名が並び、縦にデータが格納された形式のことです。

図2-90：データリスト形式

	A	B	C
1	拠点名	売上	利益
2	北海道	1000	300
3	東北	500	200
4	関東	800	600
5	中部	400	200
6	関西	700	300
7	四国	200	100

　さらに、同じ「データリスト形式」でも、二通りのデータの持たせ方があります。ここでは、それを**「横持ち」**と**「縦持ち」**といいます。「横持ち」とは、集計対象となる数値のフィールド名を「横方向に持つ」という持たせ方です。「縦持ち」とは、数値のフィールド名は「数値」の一つだけで、その種類は「指標」というフィールドのデータとして「縦方向に持つ」という持たせ方です。

2-11　補足説明：Tableau で扱うデータの形式と注意点

図2-91：データの「横持ち」と「縦持ち」

＜横持ち＞

	A	B	C
1	拠点名	売上	利益
2	北海道	1000	300
3	東北	500	200
4	関東	800	600
5	中部	400	200
6	関西	700	300
7	四国	200	100

＜縦持ち＞

	A	B	C
1	拠点名	指標	数値
2	北海道	売上	1000
3	北海道	利益	300
4	東北	売上	500
5	東北	利益	200
6	関東	売上	800
7	関東	利益	600
8	中部	売上	400
9	中部	利益	200
10	関西	売上	700
11	関西	利益	300
12	四国	売上	200
13	四国	利益	100

　ここで、「拠点名」は、「拠点ごとの売上」、「拠点ごとの利益」といった分析をすると
きの切り口であり、これを「**ディメンション**」（直訳は「次元」）といいます。また、「売上」
や「利益」は、合計したり、平均したりといった集計対象の数値であり、これを「**メジャー**」
（ものさしの「メジャー」）といいます。今後、様々なところで出てくる大切な用語です
ので、必ず覚えましょう。

　「横持ち」には、「拠点名」という「ディメンション」が1つ、「売上」と「利益」というメ
ジャーが2つあります。「縦持ち」には、「拠点名」と「指標」という2つのディメンション
があり、「メジャー」は「数値」の1つだけです。

　「縦持ち」は、左の「横持ち」データをばらした形です。データベースの世界では、「で
きるだけデータはばらす」（テーブルを分けるといったことも含めて）という考え方があ
りますが、Tableauで分析するときは、必ずしもそうとは限りません。どのような分析
をするかにより、どちらのデータの持たせ方をしたらいいかが違ってきます。

　例えば、「縦持ち」のデータから「利益率」を計算しようとするとします。すると、「数値」
は1つのフィールドにまとめられてしまっており、このままでは計算できません。ま
ず、Tableau上で「数値」を「指標」が「売上」なのか「利益」なのかによって関数で2つの「メ
ジャー」に分け、その2つで計算する必要があります。「横持ち」では、「売上」と「利益」
があらかじめ2つの「メジャー」に分かれているため、そのような作業は必要ありません。

　しかし、それではいつも「横持ち」がいいかというと、「売上」と「利益」といった「メ
ジャー」がたくさんあるときには、Tableau上でそれらを一つ一つ配置していかなくて
はならず、大変になります。「指標」と「数値」というそれぞれ1つのフィールド名を配
置したほうが、簡単に済むことも多いのです。

67

つまり、どのようなグラフや表を作るかにより、データの持ち方が変わってきます。何度か繰り返すうちに分かってきますが、データを準備する際に、作るグラフをイメージし、それに応じた構造のデータを用意する必要がある、ということです。まず、手書きでダッシュボードのラフ案を書き、その上で必要なデータやその持ち方について検討していくのもいい方法でしょう。

変換ツール（Reshaper）の利用

このような「縦持ち」、「横持ち」を変換するツールがTableauから提供されています。Excelのアドインで、数値の部分だけを選択して変換（Reshape）すると、変換後のデータが別シートに出力されます。Tableauの外で使うものであり、この本では詳しく扱いません。

また、Tableau自身にもそのようなものに近い機能が実装されるようになっています。詳しくは第4章をご覧ください。

注意点

①タイトルや注意書きなどの削除

Excelデータの場合、表のタイトルなどが入っていることがあります。これらは表を見やすくするためについているものですが、人間には見やすくても、Tableauにとっては、どこが扱うべきデータの範囲か分からなくなる原因になりますので、削除します。表の下についている注意書きなども同様です。また、1つのExcelシートに複数の表が入っているような場合は、別のシートに分けてください。

こちらも、Tableau自身の中に「データインタープリター」という機能があり、それを使うと、どこがデータなのかが自動認識されます。詳しくは第4章をご覧ください。ただし、認識がうまく行かず、結局、元データを編集した方が早いこともあります。

②データ型の確認

Excelデータの場合にありがちなのが、一つの列に複数のデータの型が混ざっていることです。数値だけが入っていると思っていても、実際には文字列が入っていたり、目に見えなくても、文字と認識されるような余計なスペースが入っていたりしませんか。一度、Excelでフィルターや検索、置換などを使って確認し、修正しておきましょう。

③データ内容の把握

他にも、Excelデータの場合は、Excelでファイルを開いて確認できますので、データの件数やどのようなフィールド名が並んでいるかを把握しておきます。実際に、「サンプル - スーパーストア」のExcelファイルの内容を確認してみましょう。Tableauをインストールした際に、下の場所に自動的に保存されています。

図2-92：「サンプル - スーパーストア」の保存先

「サンプル - スーパーストア」のファイルをダブルクリックしてExcelで開きます。横に「行ID」、「オーダーID」、「オーダー日」といったフィールド名が並び、縦にデータのレコードが格納された10,000件のデータであることが分かります。

図2-93：「サンプル - スーパーストア」の中身

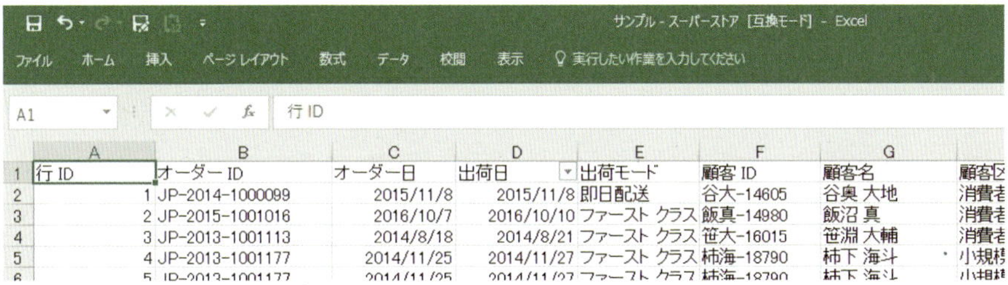

第3章
データに接続してみる

Tableauによる分析の基本的な流れをつかんだところで、次はTableauの様々な機能について一つひとつ見ていきましょう。分析はデータへの接続から始まりますので、まずそこからマスターしましょう。

ここがポイント

・この章では、最初にTableauを開いた時に現れる「接続」の画面について説明します。ここからTableauのすべてが始まります。

・「接続」の画面は、新たにデータに接続しにいくための「接続」の部分、既存のTableauワークブックを開くための「開く」の部分、そして学習資料などを見ることができる「詳しく学ぶ」の部分の3つに分かれます。

・ExcelやCSV、様々なデータベースやクラウドサービスのデータに接続できます。また、他のアプリケーションやWebページからコピー・ペーストでデータを取り込むこともできます。

・データソースへの接続を複数作ることもできます。その場合は、「接続」の部分を呼び出します。

3-1 「接続」の画面の構成

Tableauを立ち上げると、図3-1のような画面が開きます。この画面の構成は以下のとおりです。

- 左側の青い部分の「接続」では、新たにデータに接続しにいくことができます。
- 画面中央の白い部分の「開く」では、既存のTableauワークブックを開くことができます。第2章でワークブックを作成した人は、作成したファイルがここに表示されているはずです。
- 画面右側の薄いグレーの部分の「詳しく学ぶ」では、学習資料や世界中のTableauユーザーがTableau Publicに公開した**Viz**(ビジュアライゼーションの略で、Tableauで可視化されたダッシュボードやチャートなどのこと)の紹介、コミュニティなどにつながっています。

> **Note**
> 「詳しく学ぶ」は、インターネットにつながっているときだけ表示されます。

図3-1:「接続」の画面

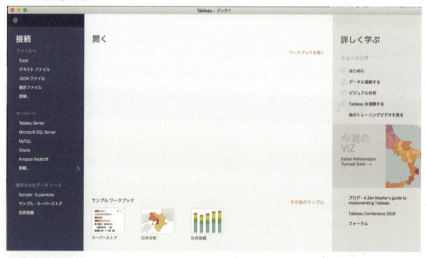

3-2 ファイルを開く

　データに接続しに行く前に、他の部分をひと通り見てみましょう。まず、中央の「開く」について説明します。この部分は、上の空白部分と、下の「サンプルワークブック」の部分に分かれます。
　上の空白部分には、自分が過去に開いたワークブックのファイルがサムネイル(小さな画像)で表示されます。前回の操作の続きを行いたい場合に便利です。

> **Note**
>
> 　サムネイルにカーソルをかざすと、保存した時期に関わらず「常に表示」させるようにしたり、逆に表示させないようにしたりするボタンが現れます。これにより、表示したいファイルを選べます。
>
> 図3-2:「常に表示」と「表示しない」

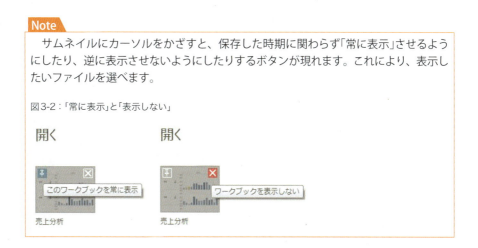

　下の部分には「サンプルワークブック」があります。「スーパーストア」、「日本分析」、「世界指標」の3つが表示されています。そのうち、「スーパーストア」を開いてみると、**図3-3**のような完成されたVizを見ることができます。

図3-3:「スーパーストア」のViz

さらに、「サンプルワークブック」の文字の右側に「その他のサンプル」というリンクがあり、これをクリックすると「Tableau Viz ギャラリー」が開きます。この中からいろいろなサンプルを見ることができ、Tableauの世界の広さを知ることができます。

図3-4:「Tableau Viz ギャラリー」

3-3 Tableauについて学ぶ

次に、右側の「詳しく学ぶ」について見ていきましょう。「トレーニング」の下には、Tableauのオンライントレーニングへのリンクが揃っています。動画形式のトレーニングをすべて無料でみることができます。

図3-5: Tableauのオンライントレーニング

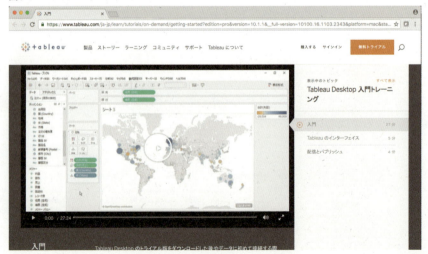

「今週のVIZ」は、「Tableau Public」にアップロードされた最新のVizが表示されるコーナーです。世界中の「Tableau使い」が毎週7000を超えるVizを「Tableau Public」にPublishしており、その中で「今週のVIZ」に選ばれたものがここに表示されます。様々な技術を駆使したり、美しさを追求したりしたVizがアップロードされているので、真似したいVizを見つけてダウンロードしてみましょう（ただし、すべてがダウンロードできるわけではありません）。ダウンロードしてTableau Desktopで開いてみると、そのVizがどのようにして出来上がっているのかを見ることができます。

図3-6：「Tableau Public」上の「今週のVIZ」の例

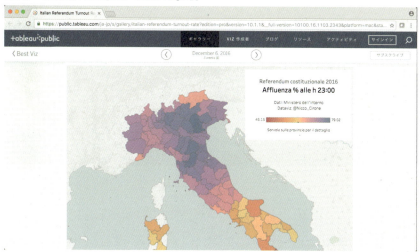

最下部には、Tableauからの案内を載せたリンクが並びます。ここでは、Tableauのブログが表示されています。このリンクをクリックすると最新のブログが開きます。

図3-7：Tableauのブログ

最新のブログの左上に「←BACK TO BLOG」という表示があり、そこをクリックすると「BIブログ」に飛ぶことができます。ここでは、過去のブログ記事が見られます。初期表示では英語ですが、日本語で表示することも可能です。ブラウザ設定が日本語であれば、画面上部にガイドが出ますので、ガイドに従って変更します。また、ガイドが出ない場合も画面最下部にて言語設定ができます。

図3-8：「BIブログ」

最後に、「フォーラム」をクリックすると表示される、「Tableau Community」を紹介します。ここでは、世界中のTableauユーザーがTableauの技術について、「Forum」を設けて語り合っています。また、自身の課題についても投稿すると、他のユーザーから回答が返ってきます。日本語で質問できる、日本のForumもあります（https://community.tableau.com/groups/japan）。過去のForumを検索することにより、課題が解決することも多いです。ぜひ活用してください。

図3-9：「Tableau Community」

「Tableau Community」でもう一つ重要なのが「Ideas」です（https://community.tableau.com/community/ideas）。ここでは、「こういう機能がほしい」、「ここを改善してほしい」といった要望を投稿することができます。また、すでに投稿されている要望に投票することができます。投票が多い要望は、早く実現する可能性があります。

図3-10：「Ideas」

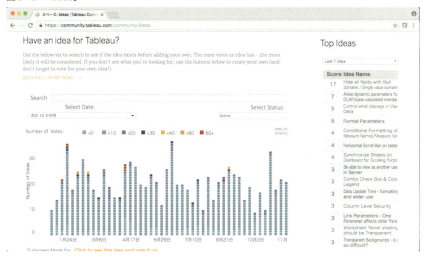

3-4 データソースへの接続

それでは、左側の青い部分の「接続」から、新たにデータソースへ接続します。Tableauを使うと様々なデータソースに接続できます。また、新たに出現したデータソースや、多くのユーザーに利用されているデータソースに対応したコネクターが次々と追加されています。

接続は、その接続先のデータソースの種類によって、大きく「ファイルへ」、「サーバーへ」、「保存されたデータソース」の3つに分かれます。

図3-11:「接続」の種類

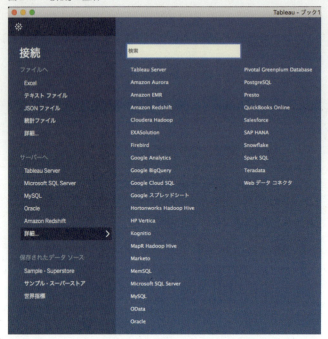

「ファイルへ」には、ローカルのPCに保存されているデータに接続する場合のオプションが並んでいて、主に「Excelファイル」や、CSVやタブ区切りなどの「テキストファイル」、Accessの「テーブル」や「クエリ」といった「Accessファイル」、「JSONファイル」、SASやSPSS、Rといった「統計ファイル」に接続できます。

> **Note**
> ここで、「Excelファイル」や「テキストファイル」などのことを、「フラットファイル」と呼びます。

「サーバーへ」には、ネットワーク上にあるデータベースや、クラウド上のサービスなどに接続する場合のオプションが並んでいます。図3-11では、「サーバーへ」の中にある「詳細」をクリックしたため、右側に接続可能なサーバーの名前がたくさん現れています。

> **Note**
> Tableau Desktop Personalのプロダクトキーを使っている場合は、ここで接続できるデータの種類の表示が制限され、扱えるデータが、「ファイルへ」にある接続先に限られます。

「保存されたデータソース」は、Tableauのワークシートへ移動したあと、メニューバーの「データ」から該当のデータ接続を選び、「保存されたデータソースに追加」を選んで保存しておくと、ここにそのデータの名前が表示されるようになるものです。

図3-12：「保存されたデータソースに追加」

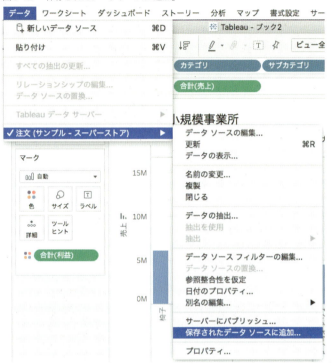

これは、データを「Tableauデータソース」または「Tableauパッケージドデータソース」として保存するもので、元データでの定義以外に、Tableau上で設定した追加のデータ定義（「メタデータ」といいます）、つまり、データ型の情報や書式設定、「別名」の定義、「計算フィールド（計算式や関数のこと）」といったものを含めた形でデータを保存したり、そのような情報とデータをパッケージにして保存したりする機能です。このようにして保存しておくと、「接続」の画面の「保存されたデータソース」のリストにデータの名前が現れますので、よく使うデータにすぐ接続することができるとともに、「Tableau上で行った様々な追加定義をその都度やり直さなくてもいい」ため、すぐに分析に入れるという利点があります。

第3章 データに接続してみる

図3-13：データソースの保存画面

　以降、よく使うデータソースへの接続方法について説明します。また、**3-4-6　コピー・ペーストによるデータの利用**では、ExcelやCSVファイルを作ることなく、MicrosoftのOfficeソフトウェアやWebページ上にある表などをコピー・ペーストで取り込み、分析する方法についても説明します。

　それぞれのデータソースに接続すると、「データソース画面」に移ります。それ以降の操作方法については、第4章で説明します。

3-4-1　Excelへの接続方法

　「ファイルへ」から「Excel」を選びます。Excelファイルを開く画面になりますので、接続したいファイルを選択し、「開く」をクリックします。

図3-14：Excelファイルを開く

3-4-2　テキストファイル（CSVファイルなど）への接続方法

「ファイルへ」から「テキストファイル」を選びます。テキストファイルを開く画面になりますので、接続したいファイルを選択し、「開く」をクリックします。どのような拡張子のファイルに接続できるかも、下の図であわせて確認してください。

図3-15：テキストファイルを開く

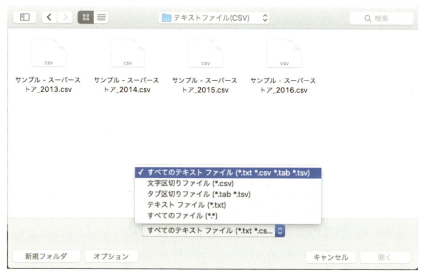

3-4-3　Access（の「テーブル」や「クエリ」）への接続方法

「ファイルへ」から「Access」を選びます。Accessのファイルを開く画面になりますので、接続したいファイルを選択し、必要に応じて情報を入力したあと、「開く」をクリックします。なお、Windows版でのみの利用となります。

図3-16：Accessファイルを開く

3-4-4　Tableau Serverへの接続方法

Tableau Serverは、Tableau Desktopで行った分析を他のユーザーと共有するための環境ですが、データソースを共有するための環境でもあります。Tableau Serverに保存されたデータソースに接続するには、「サーバーへ」から「Tableau Server」を選びます。

「Tableau Serverサインイン」が開きます。Tableau Serverのサーバー名を入力して、「接続」をクリックします。サーバー名が分からない場合は、Tableau Serverの管理者に確認してください。また、アクセスの許可の設定をしておいてもらい、「ユーザー名」と「パスワード」を知っておく必要があります。なお、Tableau Serverのクラウド版であるTableau Onlineの場合は、サーバー名に「Tableau Online」と入力して接続をクリックするか、左下の「クイック接続」から「Tableau Online」をクリックします。

図3-17：Tableau Serverサインイン（その1）

すると、Tableau Serverの画面になりますので、Tableau Serverのユーザー名とパスワードを入力します。

図3-18：Tableau Server サインイン（その2）

3-4-5 データベースやクラウド上のサービスへの接続方法

　データベースへの接続には各種ドライバーが必要になります。Tableau Softwareのホームページに、各データベースへ接続するためのドライバーが用意されています（あらかじめドライバーが入っていて、すぐに接続しにいくことができる場合も多くあります）。

　ドライバーは以下のリンクからダウンロードできます。また、それぞれのデータソースごとに、詳しい接続方法についての資料がまとまっていますので、ドライバーをダウンロードする必要がない場合でも、役に立つ情報が得られます。

http://www.tableau.com/ja-jp/support/drivers

　「データソース」から接続するデータソースを選んでください。接続元を自動で判断して、オペレーティングシステムとバージョンは自動で選ばれます。別の環境用のドライバーをダウンロードする場合などは、選択し直してからダウンロードしてください。

図3-19：ドライバーのダウンロード画面

次に、いくつかの主要なデータベースやクラウド上のサービスへの接続の例を示します。まず、それぞれのデータソースの種類をクリックすることから始まります。

MySQLのドライバー
MySQLに接続するために必要なドライバーは以下のとおりです。

＜Windowsの場合＞
mysql-connector-odbc-X.X.X-win32.msi

＜Macの場合＞
mysql-connector-odbc-X.X.X-macosXX.XX-x86-64bit.dmg

ドライバーの準備ができたら、次はTableauからMySQLへの接続ですが、これは必要事項を記入して「サインイン」をクリックするのみです。必要事項が分からない、または、うまく接続ができない場合には、データベース管理者に問い合わせてください。

図3-20：MySQLの接続画面

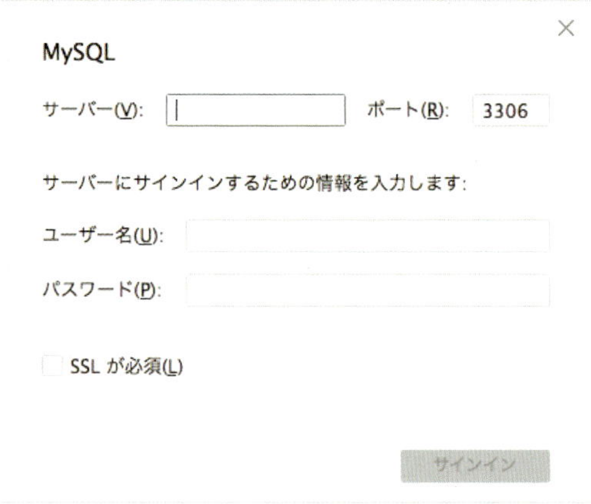

MySQL ×

サーバー(V): ［　　　　　　　　　　　］　ポート(R): ［ 3306 ］

サーバーにサインインするための情報を入力します：

ユーザー名(U): ［　　　　　　　　　　　　　　］

パスワード(P): ［　　　　　　　　　　　　　　］

☐ SSL が必須(L)

［ サインイン ］

その他接続可能なデータベースの代表例

　MySQL以外にも多くのデータベースへの接続が可能です。それぞれドライバーのインストールなどの環境設定が必要になります。接続の設定に関しては、データベース管理者に問い合わせてください。

- Microsoft SQL Server
- Oracle
- Amazon Redshift
- Google BigQuery

Google Analytics

　「Google Analytics」は、Webサイトへのアクセスログ情報をクラウド上に蓄積し、それに対する様々な分析をWebブラウザで見ることができる、Googleのサービスです。蓄積されたアクセスログ情報にTableauから直接接続することで、Google Analyticsの標準の機能ではできない分析などが可能になります。

　なお、Google Analyticsでは、「ライブ接続」はできず、「Tableau抽出ファイル」を作成しての利用になります。

> **Note**
> 　Google Analyticsのデータに接続してのウェブアクセス分析については、『できる100の新法則 Tableau タブロー ビジュアル Web分析 データを収益に変えるマーケターの武器』(木田和廣＆できるシリーズ編集部著、インプレス)が詳しいです。

Salesforce.com

「Salesforce.com」(セールスフォース・ドットコム)は、CRM(Customer Relationship Management、顧客管理)の機能を提供するクラウド上のサービスです。「Salesforce. com」は、ウェブ上で様々なレポートを表示しますが、Tableauから、その元データに接続して、分析することができます。

Google スプレッドシート

「Google スプレッドシート」は、Googleが「G Suite(旧名称:Google Apps)」で提供する表計算のサービスです。Tableauではバージョン10からこのデータソースに対応しました。「Google ドライブ上」で共有した「Google スプレッドシート」にデータを複数のユーザーで入力したり、「Google フォーム」から入力したデータを「Google スプレッドシート」に流し込んだりと、「読み取り専用」で、データを入力する口がないTableauに、データを流し込んでいく手段として使えるので、便利です。

ODBC

Tableauでは、標準的なデータベースドライバーであるODBC(Open Database Connectivity)を使うこともできます。これにより、「接続」のリストに載っていない種類のデータベースやクラウドサービスに接続することができる可能性もあります。リスト上の「その他のデータベース〔ODBC〕」を選びます。ODBCの設定は別途必要です。なお、Windows版でのみの利用となります。

Web データコネクタ

「Web データコネクタ」とは、Web上のいろいろなデータに接続するためのものです。「Web データコネクタの使用方法」にしたがって、データに接続します。

図3-21：Webデータコネクタの接続画面

3-4-6 コピー・ペーストによるデータの利用

　　ここまでのデータ接続の方法は、あらかじめExcelやCSV、データベースなどに保存したデータに接続しに行くものでしたが、MicrosoftのOfficeソフトウェアやWebページ上にある表などをコピー・ペーストで手軽に取り込み、分析する方法もあります。また、Tableauで分析・集計した結果をコピー・ペーストして別のデータとして取り込み、分析することができます。

　　Excelの表をコピー・ペーストで取り込み、Tableauで分析する例を示します。下のようなExcelの表があったとします。範囲を指定し、右クリックすると表示されるメニューで「コピー」を選びます。

図3-22：事務所ごと売上（Excel）

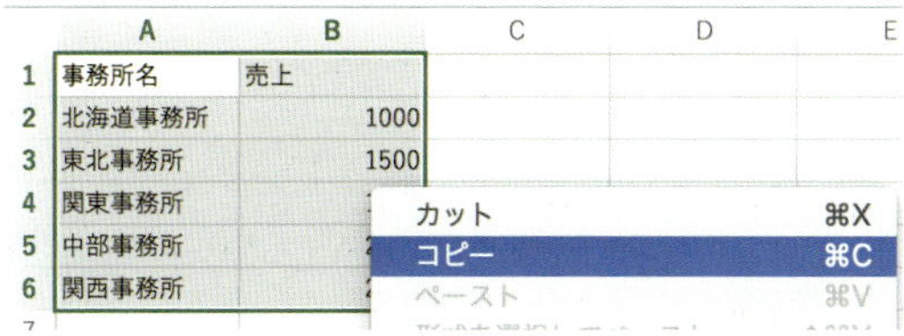

Excel上で範囲が選択された状態で、Tableauの「接続」の画面で、メニューバーの「ファイル」から「貼り付け」を選びます。

図3-23:データの貼り付け

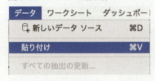

すると、自動的にワークシートが開いて、「ディメンション」や「メジャー」のフィールドが配置され、Excelの表が再現されます。

図3-24:貼り付け結果

データがどこに格納されたかを確認するには、「データ」の「Clipboard」から始まる接続を右クリックし、「データ ソースの編集」を選びます。

図3-25:データ保存先の参照(その1)

その上で、「接続」の下にある、同じ名前の接続を右クリックし、「接続の編集」を選ぶと、保存先が表示されます。

図3-26:データ保存先の参照(その2)

3-5 複数の接続を作る

「接続」の画面の「接続」の部分は、ワークシートに移動してからも開くことができます。この方法は、主に複数のデータ接続を作るときに使います。Tableauでは、複数のデータソースにつないで、一つのワークシートやダッシュボードのビューを作ることができます。

ワークシートに移動してから、「接続」の部分を開くには、メニューバーの「データ」から、「新しいデータソース」を選ぶか、その下の、データベースのマークに「＋」のついたアイコンをクリックします。

図3-27：「新しいデータソース」の選択

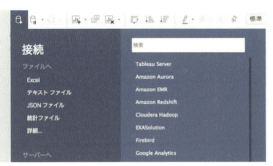

または、左上のTableauのマークをクリックすると、**図3-28**に示すように、最初の「接続」の画面（ここでは「開始ページ」と表示されます）に移動します。

図3-28：「開始ページ」への移動　　図3-29：複数のデータ接続の作成結果

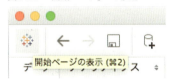

複数の接続を作成すると、ワークシート上は**図3-29**のようになります。このまま、複数のデータソースから別々にデータを集計して、一つのダッシュボードにまとめたり、「データブレンド」という方法で、複数のデータソースの共通のキー項目を使って、それぞれのデータソースでの集計結果を結びつけて、一つのワークシート内で集計したりすることができます。特殊な使い方として、同じデータソースへの接続を複数作成することもできます。

第4章
データソース画面の操作

　データに接続すると、次に現れるのは「データソース画面」です。分析を始める前に、ここで様々なデータ準備をすることができます。一つひとつ学んでいきましょう。

ここがポイント

・正しく、スムーズに分析するには、データの準備が重要です。データの取り込み、テーブル結合、データ加工、データフィルターなど、Tableau上でできることがたくさんあります。データソースが美しい状態の場合は、このような作業のほとんどが必要ないかもしれません。しかし現実には、そのようなことはほとんどありません。この章では、Tableauではどのようなデータ準備ができるのかを理解しましょう。

第4章 データソース画面の操作

4-1 シート(テーブル)のドラッグ＆ドロップ

データに接続すると、図4-1のような画面になります。

図4-1：データソース画面

Excelがデータソースの場合、左側の「接続」の下には、Excelのファイル(ブック)名が、「シート」の下には、そのブックに含まれるシート名が表示されています。

> **Note**
> ここで、テキストファイル(CSVファイルなど)の場合には、同じフォルダに入っているテキストファイルの一覧が、Accessの場合には、テーブルやクエリの一覧が、データベースやクラウドサービスの場合には、接続するテーブルなどを選択するための画面が表示されます。ここでは、第2章と同様に「スーパーストア」のExcelデータで進めます。自分のデータでやってみるのも効果的です。

最初に、「注文」シートのデータに接続するため、このアイコンを右側のキャンバスにドラッグ＆ドロップします。オレンジに囲まれている部分です(ダブルクリックでもできます。)

図4-2：シートのドラッグ＆ドロップ

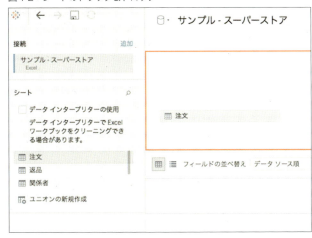

すると、**図4-3**のように、接続したデータの中身が「データリスト形式」で画面下部に表示されます。この時、Tableauがデータの中身からデータ型を自動で判断します。

図4-3：データの中身の表示

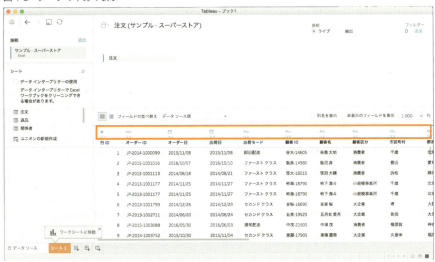

赤い枠で囲った部分が、Tableauが判断したデータ型です。データ型には、アイコンとともに**図4-4**のような種類があります。

第4章 データソース画面の操作

図4-4：主なデータ型とそのアイコン（再掲）

元データにあるフィールド		元データになく、Tableau上で作成されたフィールド（アイコンの前に「＝」）	
Abc	文字列	＝Abc	文字列
#	数値	＝#	数値
📅	日付	＝📅	日付
📅	日付と時刻	＝📅	日付と時刻
T|F	ブール	＝T|F	ブール
⊕	「地理的役割」	＝⊕	「地理的役割」
ⅲ	ビン		

Column ヒント：データ型とアイコンの様々な種類

- 「数値」には「数値（小数）」と「数値（整数）」があり、同じアイコンが使われていますが、違いを意識して使うことが必要なこともあります。

- 「ブール」（「ブール値」や「ブーリアン」と呼ばれることもあります）とは、「はい（真、True）」か「いいえ（偽、False）」の二者択一のデータのことです。例えば、ワークシート上で「実績が目標値に達している」（「SUM([実績])>=SUM([目標値])」）という式（計算フィールド）を作り、「色」に持っていくと、その条件式を当てはめた結果が「はい」か「いいえ」かによってグラフの色を変えられます。

- 「ビン」とは、数値を一定間隔で区切った範囲のことです。「0から100までの値は何個、100から200までの値は何個」といった、「ヒストグラム」を描くときなどに使います。

- なお、第2章で触れたとおり、アイコンには色が青のものと緑のものがあり、これは「不連続」値（＝青）か「連続」値（＝緑）かという意味です。

　ここで、データ型が適切に認識されているかどうかを確認しましょう。「スーパーストア」データは、きれいな状態になっているので、そのようなことはないですが、例えば、あるフィールドが「数値」のはずなのに「文字列」になっている場合、まず、元データの該当するフィールドのデータに「文字列」だと判断される何かしらの理由があると考えた方がいいでしょう。Excelのデータに目に見えないスペースが混ざっている、表の下の注意書きを消し忘れているといったことです。また、日付は認識されにくい場合があります。これについては第6章をご覧ください。

　さらに、データ型のアイコンをクリックすると、強制的にデータ型を変更することができます。

図4-5：データ型の変更

4-2 シート（テーブル）の結合

　次に、異なるシート（テーブル）のデータ同士を結合〔「Join（ジョイン）」と言います〕する方法のうち、「内部結合」や「外部結合」について説明します。ここでは、同じExcelのブックに含まれる複数のシートのデータを結合し、一つのテーブルの状態にします。今回のデータでは、同じブックにある「注文」と「返品」のシートのデータに、「オーダーID」という共通のフィールドがあるので、これをキーにして、2つのシートのデータを結合したいと思います。その際、「注文」を左側にした「左外部結合」（「Left outer join」と言います）を使います。なぜ「左外部結合」なのかについては、のちほど説明します。

　「内部結合」や「外部結合」には以下の種類があります。

図4-6：「内部結合」や「外部結合」の種類とアイコン

内部	内部結合 (Inner join)	2つのテーブルのキー項目で、両方のテーブルに同じ値があるデータだけが残ります。
左	左外部結合 (Left outer join)	左側のテーブルは全件残ります。また、右側のテーブルは左側のテーブルと同じキーがあるデータだけが残ります。右側のテーブルに該当のデータがない場合には「NULL」がセットされます。
右	右外部結合 (Right outer join)	右側のテーブルは全件残ります。また、左側のテーブルは右側のテーブルと同じキーがあるデータだけが残ります。左側のテーブルに該当のデータがない場合には「NULL」がセットされます。
完全外部	完全外部結合 (Full outer join)	左右のテーブルの全件が残ります。キー項目に同じ値があれば、結合されます。お互いに該当のデータがない場合には「NULL」がセットされます。

第4章 データソース画面の操作

> **Note**
> ここで、「Null」(「ヌル」、「ナル」などと呼びます)とは、「(値が)何もない」ということです。「ゼロ」とは違います。「ゼロ」は、「ゼロ」という値がありますが、ここでは該当する値がまったくないことを表します。

今回のデータでは、「〔注文〕については、すべてのレコードを集計に含みつつ、同時に〔返品〕されたものがどれかを分かるようにしたい」、と考えます。よって、「注文」のシートにあるデータからはすべてのレコードを取り出し、その上で、同じ「オーダーID」を持つレコードのみを右側の「返品」のデータから取り出して結合することとし、「左外部結合」を使います。

この操作が、Tableauではたったの3ステップで終わります。具体的に操作を見ていきましょう。

①＜ステップ1＞
「注文」シートをドラッグ＆ドロップします(すでに行いました)。

②＜ステップ2＞
「返品」シートを、「注文」シートと同じように右側のキャンバスにドラッグ＆ドロップします。

図4-7：追加のシートのドラッグ＆ドロップ

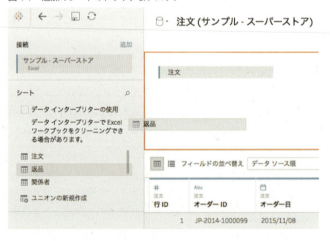

この段階で、「注文」シートと「返品」シートが結合されます。

図4-8：「注文」シートと「返品」シートの結合結果

よく見ると、**図**4-9のように、「注文」シートと「返品」シートの間に「ベン図」のアイコンが出ています。**図**4-6と照らし合わせると、「内部結合」となっているので、「注文」と「返品」の両方のシートに含まれるオーダーIDのデータのみが下に表示されます。

図4-9：内部結合

これでは、「注文」と「返品」の両方に出てくる「オーダーID」のレコードしか出ませんので、結局、返品のデータだけになってしまいます。そこで、ステップ3で「左外部結合」に変更します。

③＜ステップ3＞

　ベン図のアイコンをクリックして、「結合」ウィンドウから結合方法を選択します。今回は「左外部結合」なので、「左」と書いてあるアイコンを選びます。また、結合キーが「オーダーID」になっていることを確認します。確認が終わったら、「結合」ウィンドウを「×」ボタンで消します。

図4-10：結合方法の選択

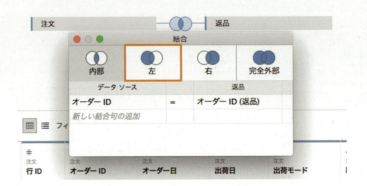

> **Note**
> ここでは、左側の「注文」データと右側の「返品」データに、「オーダーID」という同じフィールド名が含まれているため、Tableauが、「このフィールド名で結びつけるべきなのでは」と判断しています。左側と右側で名前が異なるフィールドで結びつけたいときや、結びつけが間違っている場合、結合すべきフィールド名を追加したいといったときは、ここで編集します。場合によっては「＝」以外の選択ができることもあります。

以上の3ステップで、「注文」シートと「返品」シートの左外部結合が完了です。実際に出来上がったデータを見て、正しく結合されているかを確認しましょう。

図4-11：左外部結合の結果

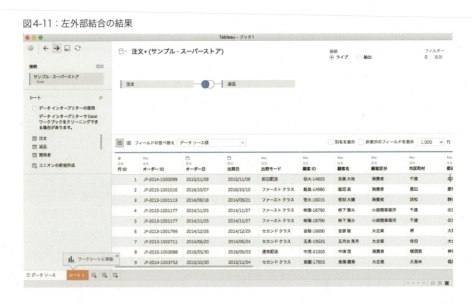

最後に、結合を解除したい場合ですが、外したいシートのアイコンをドラッグして、キャンバスの枠外でドロップします。これはたったの1ステップです。

図4-12：結合の解除

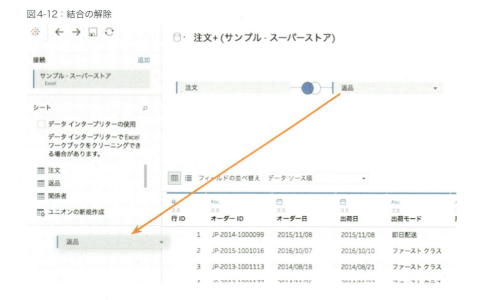

> **Column** ヒント：「内部結合」や「外部結合」をもっと正確に、便利に活用するために
>
> - 「左外部結合」は、Excelの「vlookup」関数の代わりとして使うことができます。例えば、左側に「取引明細データ」を、右側に「マスタデータ」を置き、左外部結合するという使い方です。しかし、右側の「マスタデータ」に不備があると、不適切なテーブル結合が行われ、集計結果が、別途Excelのピボットテーブルなどで集計したものと合わない事態になるので注意してください。「マスタデータ」では、通常、共通のキーとなるコードは一つずつしかない状態（一意）でなくてはいけませんが、それが重複していると、1つの「取引明細データ」のレコードに対して、2つの「マスタデータ」のレコードが結びつき、2つのレコードが生成されます。すると、その重複した共通のキーについては、金額が倍になってしまいます。「vlookup」関数では、「マスタデータ」を垂直方向(vertical)に検索(lookup)して、最初に当たったセルの内容だけを結びつけるので、不備が悪影響を与えませんが、Tableauのようにデータベースの動きをするソフトでは、「n対n」の組み合わせをすべて作るため、思ってもみない結果を生じさせます。

第4章 データソース画面の操作

- 2つだけではなく、同じExcelのブックに含まれるシートをいくつも配置して、結合させることもできます。ただし、前に述べた結合の動作を良く理解した上で行うようにしてください。むやみに結合させても、思ったとおりの結果になりません。例えば、2つの「取引明細データ」を結合すれば、双方に複数回出てくる共通キー同士で「n対n」の組み合わせができ、そしてさらに「n対n」の結合を繰り返せば、レコード数が爆発的に増加し、いつまでも結合が終わらなかったりします。

- ここで説明した結合ではなく、「データブレンド」という別の機能を使った方がいいこともあります。「データブレンド」は、いきなりレコード同士を結合するのではなく、それぞれのデータ内で一度集計を済ませたあと、共通のフィールドにしたがって集計結果を結合させる機能です。

- 「結合はしなくてもよく、単に複数のデータソースを使ってビューを作りたい」という場合は、ここで結合するとおかしくなります。**3-5　複数の接続を作る**にしたがって、個別のデータ接続の操作を複数回繰り返してください。

- 結合させるのは、実は別のシート同士でなくても構いません。同じシートを2つ持ってきて、結合させるという使い方もできます（「注文」をドラッグ＆ドロップしたあと、さらに「注文」をドラッグ＆ドロップする）。例えば、同じ人が何と何を組み合わせて注文しているかといった分析をするといった場合です。

- CSVファイルなどのテキストファイルの場合、Excelのように同じブック内に複数のシートを格納しなくても、フォルダ内にある複数のファイルのデータを結合して分析することができます。

- 異なるデータソース間でのテーブル結合については、**4-3　クロスデータベースジョイン**をご覧ください。

4-3 クロスデータベースジョイン

　「クロスデータベースジョイン」は、Tableau 10から加わった機能で、これを使うと「ExcelとCSV」、「Excelとデータベース」など、データソースが異なるデータ同士を「内部結合」や「外部結合」し、テーブルを作って分析することができます。ここでは、ExcelとCSVを結合する方法について説明します。

4-3-1 データの準備

　「スーパーストア」データの「関係者」シートをExcelで開きます。ここでは、クロスデータベースジョインの説明をするため、あえてCSVファイルに変換します。

100

図4-13：Excelで開いた「スーパーストア」データ

これを、「ファイル」メニューの「名前をつけて保存」でCSVファイルとして保存します。ファイル名は「サンプル - スーパーストア関係者.csv」とします。

CSVファイルをテキストエディタ（メモ帳）等で開くと以下のように表示されます。

図4-14：「サンプル - スーパーストア関係者.csv」の内容

4-3-2　クロスデータベースジョインの実行

第3章で説明した方法で、「サンプル - スーパーストア.xls」に接続し、**図4-15**のようになったところで、「注文」シートを右側のキャンバスにドラッグ＆ドロップします。

図4-15：1つ目のデータへの接続

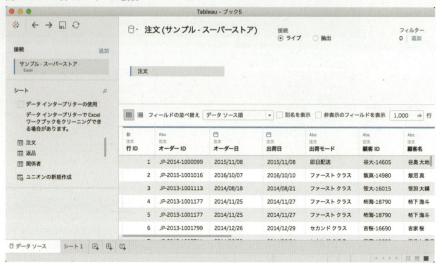

さらに、「接続」部分の右側にある「追加」をクリックします。すると、**図4-16**のように、新たなデータ接続を追加することができます。

図4-16：新たなデータ接続を追加

ここで、「テキストファイル」を選択して、先ほど作成した「サンプル - スーパーストア関係者.csv」を選択します。

「サンプル - スーパーストア関係者」が「接続」内に「テキストファイル」として読み込まれると同時に、右側のキャンバスにも読み込まれ、さらに「注文」シートと結合された状態で表示されます。

図4-17：クロスデータベースジョインの結果

ベン図のアイコンをクリックして開いてみると、両方のデータに存在する「地域」のフィールド名で内部結合されています。前に述べたとおり、同じフィールド名が含まれていたので、データを読み込んだ段階でTableauが自動で判断し、結合まで完了してくれたのです。

図4-18：結合の内容

4-4 シート（テーブル）のユニオン

　Excelファイルで、年度ごとや地域ごとにシートが分かれており、それらのデータを横ではなく、縦に結合して分析したいことがあります。そのような結合方法を「ユニオン」(Union、和結合)といい、Tableauでは、以下の方法でできます。

4-4-1 データの準備

ユニオンは、「スーパーストア」データでは説明できないので、これをコピーして説明用のファイルを作成します。

①**<ステップ1>** 「サンプル・スーパーストア.xls」を、フォルダ内で複製(コピー・ペーストして複製を作成)します。さらに、複製されたファイルの名前を「サンプル - スーパーストア for Book.xls」に変更します。

図4-19：ファイルの複製とファイル名の変更

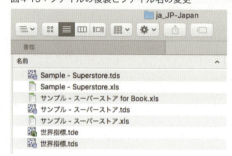

②**<ステップ2>** 複製の結果できた「サンプル - スーパーストア for Book.xls」をExcelで開き、「注文」シートを4回複製(コピーを作成)して、それぞれのシートの名前を「注文_2013」、「注文_2014」、「注文_2015」、「注文_2016」とします。

図4-20：「注文」シートの複製とシート名の変更

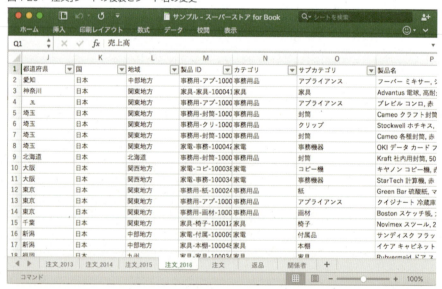

ユニオンを試すだけならここまででもできます。データの内容までこだわりたい方は、このあとの③から⑥を実施してください。それ以外の方は⑦へ進んでください。

③**＜ステップ3＞** 「注文_2013」シートの「オーダー日」でフィルターをかけます。2013年をフィルターから除外して、2014年から2016年のデータのみをエクセル上に表示します。

④**＜ステップ4＞** 表示されているデータを全選択して削除します。

⑤**＜ステップ5＞** フィルターを解除します。

⑥**＜ステップ6＞** 「注文_2014」、「注文_2015」、「注文_2016」のそれぞれのシートについてもステップ③から⑤と同様の作業を行い、各年毎のデータのみにして、重複がないようにします。

⑦**＜ステップ7＞** 「マージ処理」という、列名が違っていても一つの列にまとめる機能を後で使うため、「注文_2016」シートのみ、「売上」というフィールド名をあえて「売上高」に変更にしておきます。

図4-21：「注文_2016」シートでの「売上」の「売上高」への変更

製品名	P	売上	Q	数量	R
フーバー ミキサー, シルバー		52224			8
Advantus 電球, 高耐久性		3420			3
ブレビル コンロ, 赤		112308			3

⑧**＜ステップ8＞** ファイルを上書き保存します。

以上でデータ準備は完了です。

4-4-2 ユニオンの実行

作成したファイルにTableauから接続します。まず、「注文_2013」をドラッグ＆ドロップで右側のキャンバスに配置します。

図4-22：最初のシートの配置

　次に、「注文_2014」も同様にドラッグ&ドロップしますが、先にドロップした「注文_2013」の真下に連ねるようにします。すると、「表をユニオンへドラッグ」と表示され、オレンジのエリアが現れますので、そこにドロップします。

図4-23：2つ目のシートの配置

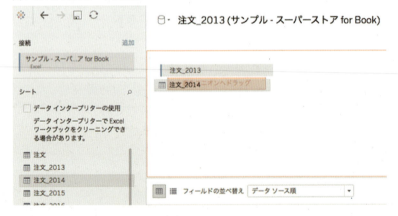

　すると、シートが複数重なった表示になり、「注文_2013+」という風に「＋」が右側につきます。これでユニオンができました。

図4-24：ユニオンの結果

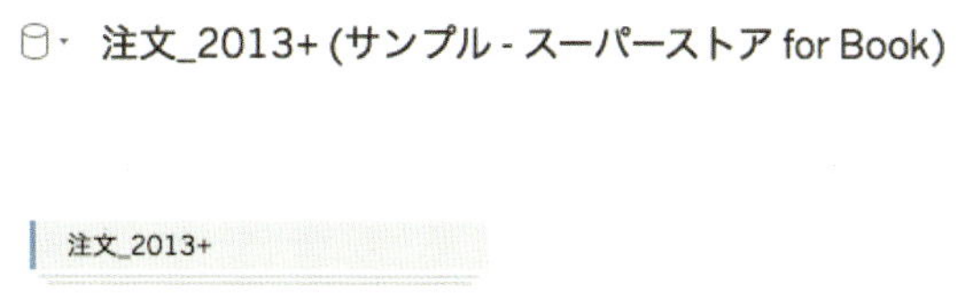

「注文_2015」と「注文_2016」も同様にユニオンしていきます。その後、右側の「▼」からメニューを開き「ユニオンの編集」をクリックします。

図4-25：ユニオンの編集

「ユニオンの編集」画面を開くと、「注文_2013+」に含まれているデータが一覧で表示されますので、ここで、「注文_2013」から「注文_2016」までのすべてのデータが含まれていることを確認します。問題なければ「OK」をクリックして閉じます。

図4-26：ユニオンの編集画面

画面下部に生成されたデータを見ると、一番右側に「Sheet」、「Table Name」という二つの新しいフィールドが自動生成されます。各レコードがユニオン前のどのデータから取得したものかを判別し、分析で使用するためです。つまり、年度ごとや地域ごとにシートが分かれていたExcelのデータをユニオンで一つのテーブルとして扱ったとき、どのレコードがどの年度や地域のシートから来たものかを自動で埋めることで、年度ごとや地域ごとの集計ができるようにしています。

図4-27：ユニオンにより生成されたデータ

製品名	数量	売上	割引率	利益	売上高	Sheet	Table Name
BIC 鉛筆削り, メタル	3	4,237.80	0.300000	-1,276.20	null	注文!2013	注文_2013
サンディスク ルータ, …	2	33,888.00	0.000000	9,824.00	null	注文!2013	注文_2013
サンディスク フラッ…	2	5,472.00	0.000000	1,532.00	null	注文!2013	注文_2013
エナーマックス キー…	3	11,766.00	0.000000	1,878.00	null	注文!2013	注文_2013
フーパー 電子レンジ, …	3	61,878.00	0.000000	6,186.00	null	注文!2013	注文_2013
Ibico 穴あけパンチ, …	7	14,378.00	0.000000	7,182.00	null	注文!2013	注文_2013
Cameo 各種封筒, リサ…	1	1,478.40	0.400000	-517.60	null	注文!2013	注文_2013
キヤノン ファックス, …	3	38,163.60	0.400000	-6,998.40	null	注文!2013	注文_2013
Hon ロッキング チェ…	7	35,893.20	0.400000	-11,972.…	null	注文!2013	注文_2013
Fiskars はさみ, 業務用	5	8,260.00	0.000000	425.00	null	注文!2013	注文_2013
ハミルトンビーチ 電…	3	56,130.00	0.000000	20,202.00	null	注文!2013	注文_2013
エナーマックス マウ…	5	13,430.00	0.000000	4,560.00	null	注文!2013	注文_2013

4-4-3　その他のユニオンの方法

ユニオンの方法は他にもありますので紹介します。

複数シートの一括ユニオン

ユニオンしたいシートを「Shiftキー」を押しながら全部選択し、一気に右側のキャンバスへドラッグ＆ドロップします。これにより、個々にユニオンしなくてもよくなります。

図4-28：複数シートの一括ユニオン

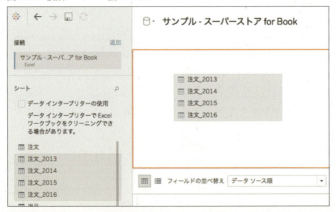

「ユニオンの新規作成」の利用

左側のシート一覧の下にある、「ユニオンの新規作成」から行うことも可能です。

図4-29：ユニオンの新規作成

これをダブルクリックすると、「ユニオンの編集」画面が開きます。この画面は先ほど、ユニオンの状態を確認したときの画面と同じです。ここにシートをドラッグ＆ドロップすることで、ユニオンできます。

図4-30：ユニオンの編集画面

4-4-4 マージ処理

4-4-1 データの準備の⑦で、あえて「注文_2016」シートのみ、「売上」というフィールド名を「売上高」に変更しておきました。その結果、本来同じフィールドに収まっているべき売上が、「売上」と「売上高」という2つのフィールド（列）に分かれてしまいました。実際のデータ分析では、このように「同じ種類の値を表しているが、シートによりフィールド名が違う」ということはよくあります。

このように、同じ種類の値だけれどもデータソースごとに別のフィールドに分かれてしまったデータを、Tableauでは「マージ」という簡単な処理で同じフィールドに収めることができます。

第4章 データソース画面の操作

図4-31：売上のデータが「売上」と「売上高」の2つのフィールドに分かれた例

製品名	数量	売上	割引率	利益	売上高	Sheet	Table Name
BIC 鉛筆削り, メタル	3	4,237.80	0.300000	-1,276.20	null	注文!2013	注文_2013
サンディスク ルータ, ...	2	33,888.00	0.000000	9,824.00	null	注文!2013	注文_2013
サンディスク フラッ...	2	5,472.00	0.000000	1,532.00	null	注文!2013	注文_2013
エナーマックス キー...	3	11,766.00	0.000000	1,878.00	null	注文!2013	注文_2013
フーバー 電子レンジ, ...	3	61,878.00	0.000000	6,186.00	null	注文!2013	注文_2013
Ibico 穴あけパンチ, ...	7	14,378.00	0.000000	7,182.00	null	注文!2013	注文_2013
Cameo 各種封筒, リサ...	1	1,478.40	0.400000	-517.60	null	注文!2013	注文_2013
キヤノン ファックス, ...	3	38,163.60	0.400000	-6,998.40	null	注文!2013	注文_2013
Hon ロッキング チェ...	7	35,893.20	0.400000	-11,972...	null	注文!2013	注文_2013
Fiskars はさみ, 業務用	5	8,260.00	0.000000	425.00	null	注文!2013	注文_2013
ハミルトンビーチ 電...	3	56,130.00	0.000000	20,202.00	null	注文!2013	注文_2013
エナーマックス マウ...	5	13,430.00	0.000000	4,560.00	null	注文!2013	注文_2013

まず、「売上」と、「売上高」の両方のフィールドを選択します。「Ctrlキー」を押しながら、フィールド名の部分をクリックしてください。

図4-32：フィールドの選択

数量	売上	割引率	利益	売上高	Sheet
3	4,237.80	0.300000	-1,276.20	null	注文!2013
2	33,888.00	0.000000	9,824.00	null	注文!2013
2	5,472.00	0.000000	1,532.00	null	注文!2013
3	11,766.00	0.000000	1,878.00	null	注文!2013
3	61,878.00	0.000000	6,186.00	null	注文!2013

そして、「売上」の部分にカーソルを当てると表示される「▼」をクリックすると表示されるメニューから、「一致していないフィールドをマージ」を選びます。

図4-33：「一致していないフィールドをマージ」

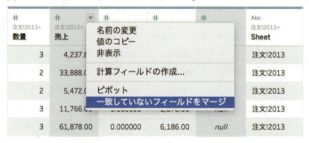

すると、「売上」というフィールド名が「売上＆売上高」に変わり、「売上高」というフィールド名はなくなります。これだけで、「売上」と「売上高」のマージは完了です。

図4-34：マージ結果

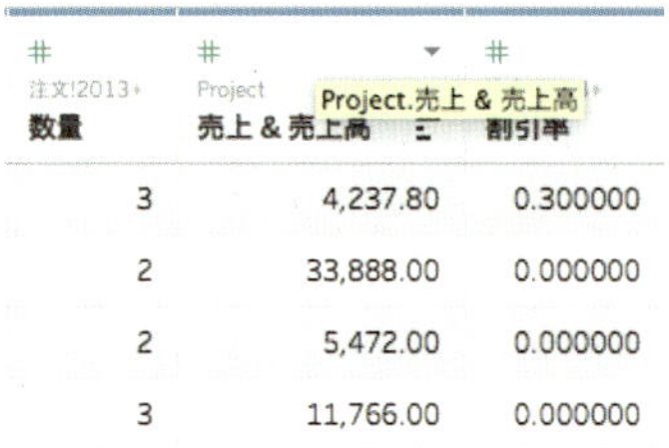

注文!2013+ 数量	Project 売上 & 売上高	割引率
3	4,237.80	0.300000
2	33,888.00	0.000000
2	5,472.00	0.000000
3	11,766.00	0.000000

ここで、「売上&売上高」というフィールド名だと分析時に分かりづらいので、変更しておきます。「▼」をクリックして、表示されるメニューから「名前の変更」を選び、「売上」に変更します。

図4-35：「名前の変更」

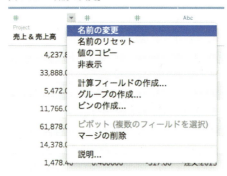

すると、フィールド名が「売上」に変更されました。

図4-36：「名前の変更」の結果

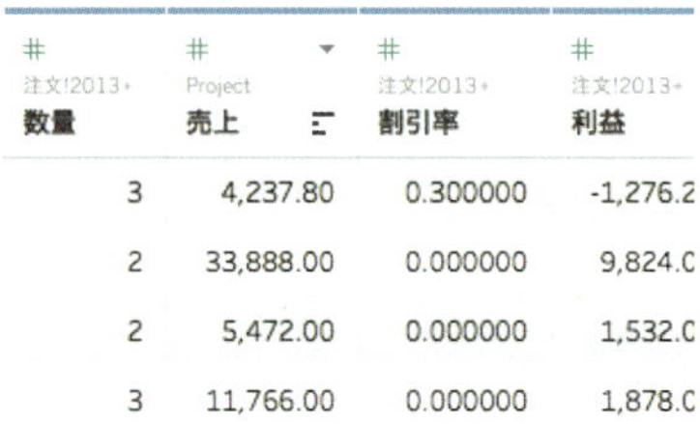

注文!2013+ 数量	Project 売上	注文!2013+ 割引率	注文!2013+ 利益
3	4,237.80	0.300000	-1,276.2
2	33,888.00	0.000000	9,824.C
2	5,472.00	0.000000	1,532.C
3	11,766.00	0.000000	1,878.C

4-5 フィールドの加工

すでに見たように、フィールド名にカーソルを当てると「▼」が現れ、これをクリックすると、メニューが出てきます。ここから機能を選ぶことで、様々なデータ加工ができます。主なものについて説明します。

図4-37：データ加工のメニュー

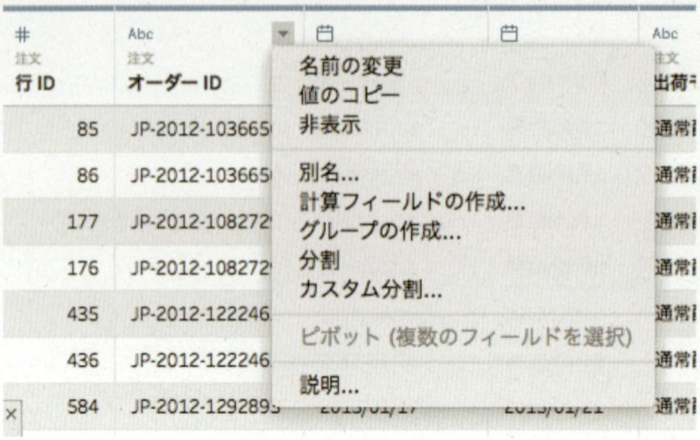

4-5-1　フィールドの分割

　1つのフィールド(列)を分割して、別々のフィールドとして利用したいということがよくあります。ここでは例として、「顧客ID」を分割します。
ここで「顧客ID」は、顧客の「姓と名それぞれの頭一文字」と「数字のID」を「-」でつないだ形となっています。これを分割してみましょう。
　「顧客ID」のフィールド名にカーソルを当て、「▼」をクリックしてメニューを開くと、「分割」というメニューがあるので、これを選びます。

図4-38：フィールドの「分割」

　分割の結果を見ると、「顧客ID」の右側に「顧客ID-分割済み1」と「顧客ID-分割済み2」の2つのフィールド項目ができていることが分かります。値を見ると、「顧客ID-分割済み1」は「姓と名それぞれの頭一文字」となっており、「顧客ID-分割済み2」は「数字のID」になっています。Tableauが「-」を区切り文字として自動判別し、分割してくれているのです。この結果を得るのに、特に設定は必要ありません。

図4-39：フィールドの「分割」の結果

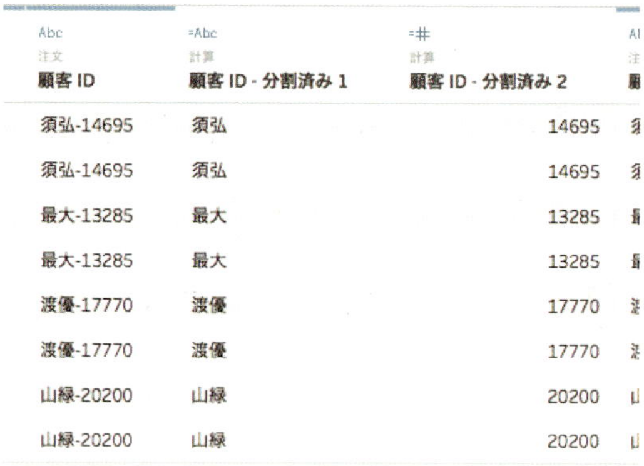

顧客ID	顧客ID - 分割済み1	顧客ID - 分割済み2
須弘-14695	須弘	14695
須弘-14695	須弘	14695
最大-13285	最大	13285
最大-13285	最大	13285
渡優-17770	渡優	17770
渡優-17770	渡優	17770
山緑-20200	山緑	20200
山緑-20200	山緑	20200

4-5-2　フィールドのカスタム分割

4-5-1では、Tableauが自動判別して分割してくれましたが、必ずしも自動判別の結果が求めている結果とは限りません。その場合には、分割の方法をカスタマイズすることができます。その場合は、同様に「顧客ID」の「▼」のメニューから、「カスタム分割」を選択します。

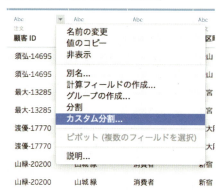

図4-40：フィールドの「カスタム分割」

すると、「カスタム分割」のウィンドウが開きます。ここでは、分割条件を3ヶ所設定できます。

図4-41:「カスタム分割」ウィンドウ

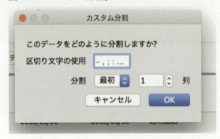

まず、「区切り文字の使用」では、データの中に含まれている区切り文字を設定します。
次に、「分割」を設定します。「最初」、「最後」、「すべて」の3つの選択肢があります。
最初：区切り文字で分割した後、最初から何列までのデータを別のフィールドとして切り出すかを設定します。
最後：区切り文字で分割した後、最後から何列までのデータを別のフィールドとして切り出すかを設定します。
すべて：区切り文字で分割した後、すべての列をそれぞれ別のフィールドとして切り出す場合に設定します。

図4-42:「分割」の設定

今回は、**図4-43**のように「区切り文字の使用」には「-」を、「分割」には「最初」と「1列」を設定します。そして、「OK」をクリックします。

図4-43:「区切り文字の使用」などの設定

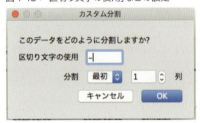

分割の結果を見ると、「顧客ID」の右側に「顧客ID-分割済み1」というフィールドが1つできていることが分かります。値を見ると、「顧客ID-分割済み1」には「姓と名それぞれの頭一文字」の値がセットされています。

図4-44：「カスタム分割」の結果

Abc 注文 顧客 ID	=Abc 計算 顧客 ID - 分割済み 1	Abc 注文 顧客名
須弘-14695	須弘	須見 弘子
須弘-14695	須弘	須見 弘子
最大-13285	最大	最上 大翔
最大-13285	最大	最上 大翔
渡優-17770	渡優	渡部 優香
渡優-17770	渡優	渡部 優香
山緑-20200	山緑	山城 緑
山緑-20200	山緑	山城 緑

4-5-3 「計算フィールド」の作成

「計算フィールド」を使うと、四則演算や関数を使って、Tableau上で新たなフィールドを作成できます。

「売上」のフィールド名にカーソルを当てると表示される「▼」メニューを開き、「計算フィールドの作成」を選びます。

図4-45：「計算フィールド」の作成

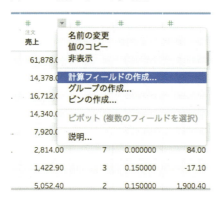

すると、計算フィールドの作成ウィンドウが開きます。「売上」のフィールドから開いているので、「売上」がすでに入力されています。

図4-46：計算フィールドの作成ウィンドウ

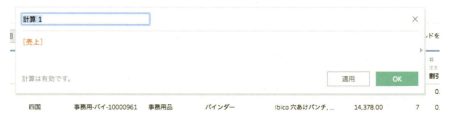

「計算1」と書かれているところは、計算式の名前です。今回は「コスト」を計算式で作成しようと思いますので、「コスト」と入力します。これが、新たに作られるフィールドの名前になります。次に、計算式ですが、コストは「売上」から「利益」を引いたものなので、「[売上]-[利益]」という式を入力します。

図4-47：計算式の名前と式の入力

左下にグレーで「計算は有効です。」と記載されていれば、式が正しく入力されていますので、「OK」をクリックします。

図4-48：式のチェック

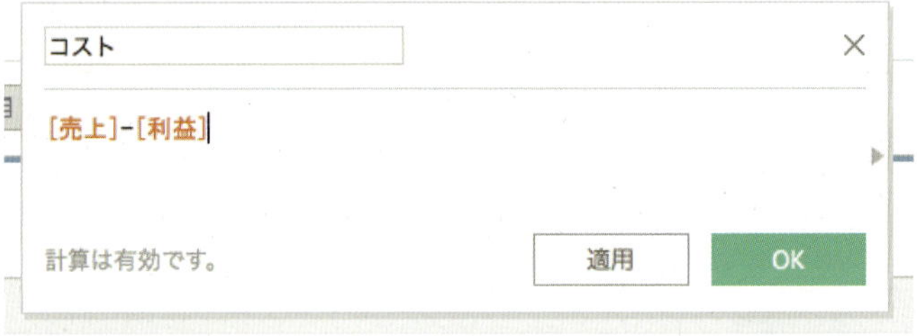

結果を見てみます。「売上」フィールドの右側に「コスト」という新しいフィールドができています。

計算フィールドで作成された項目は、データ型のアイコン（ここでは「＃」）の左側に「＝」がついています。

図4-49：計算フィールドの作成結果

売上	コスト	数量	割引率	利益
61,878.00	55,692.00	3	0.000000	6,186.00
14,378.00	7,196.00	7	0.000000	7,182.00
16,712.00	13,204.00	2	0.000000	3,508.00
14,340.00	7,610.00	5	0.000000	6,730.00
7,920.00	4,120.00	5	0.000000	3,800.00
2,814.00	2,730.00	7	0.000000	84.00
1,422.90	1,440.00	3	0.150000	-17.10
5,052.40	3,152.00	2	0.150000	1,900.40

4-6 「データインタープリター」と「ピボット」

「データインタープリター」と「ピボット」は別の機能ですが、実際の現場では、一緒に使うことが多いので、合わせて説明します。ここでは、**図4-50**のようなExcelの表をTableauで分析するための準備について説明します。つまり、タイトルや日付があったり、データがExcelのシートの端から始まっていないようなデータを扱います。

図4-50：対象とするExcelの表

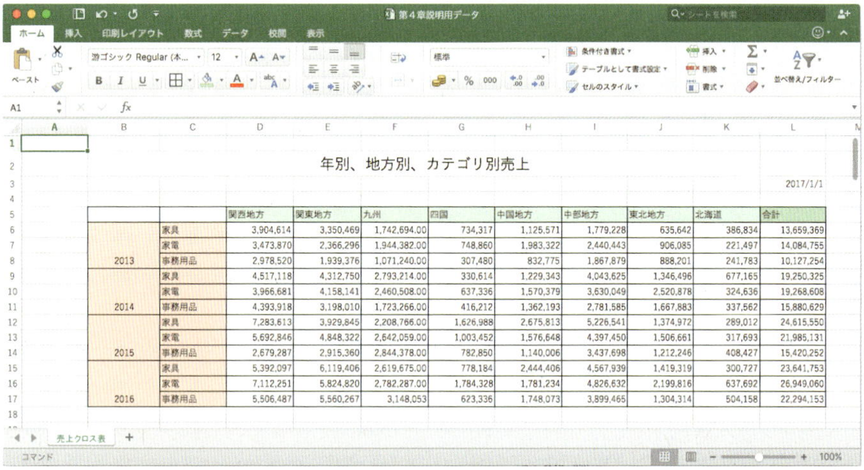

年別、地方別、カテゴリ別売上

2017/1/1

		関西地方	関東地方	九州	四国	中国地方	中部地方	東北地方	北海道	合計
	家具	3,904,614	3,350,469	1,742,694.00	734,317	1,125,571	1,779,228	635,642	386,834	13,659,369
	家電	3,473,870	2,366,296	1,944,382.00	748,860	1,983,322	2,440,443	906,085	221,497	14,084,755
2013	事務用品	2,978,520	1,939,376	1,071,240.00	307,480	832,775	1,867,879	888,201	241,783	10,127,254
	家具	4,517,118	4,312,750	2,793,214.00	330,614	1,229,343	4,043,625	1,346,496	677,165	19,250,325
	家電	3,966,681	4,158,141	2,460,508.00	637,336	1,570,379	3,630,049	2,520,878	324,636	19,268,608
2014	事務用品	4,393,918	3,198,010	1,723,266.00	416,212	1,362,193	2,781,585	1,667,883	337,562	15,880,629
	家具	7,283,613	3,929,845	2,208,766.00	1,626,988	2,675,813	5,226,541	1,374,972	289,012	24,615,550
	家電	5,692,846	4,848,322	2,642,059.00	1,003,452	1,576,648	4,397,450	1,506,661	317,693	21,985,131
2015	事務用品	2,679,287	2,915,360	2,844,378.00	782,850	1,140,006	3,437,698	1,212,246	408,427	15,420,252
	家具	5,392,097	6,119,406	2,619,675.00	778,184	2,444,406	4,567,939	1,419,319	300,727	23,641,753
	家電	7,112,251	5,824,820	2,782,287.00	1,784,328	1,781,234	4,826,632	2,199,816	637,692	26,949,060
2016	事務用品	5,506,487	5,560,267	3,148,053	623,336	1,748,073	3,899,465	1,304,314	504,158	22,294,153

4-6-1 データインタープリター

Tableauから**図4-50**のExcelの表にそのまま接続すると、**図4-51**のような結果になります。

フィールド名の1つ目に表のタイトルが入り、データの1行目にはほとんどのフィールドで「NULL」がセットされ、一番右のフィールドには日付が入っています。これではまったく分析ができません。

図4-51：データインタープリターを使わない場合

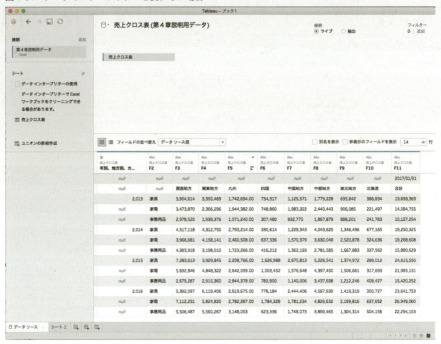

そこで、左にある「データインタープリターの使用」のチェックボックスにチェックを入れます。

図4-52：「データインタープリターの使用」のチェックボックス

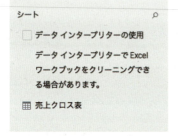

チェックを入れると、「結果のレビュー」というリンクが出てくるのでクリックします。

図4-53：「結果のレビュー」のリンク

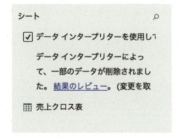

4-6 「データインタープリター」と「ピボット」

すると、データインタープリターを実行した結果を示すExcelが開きます。これには4つのシートがあります。左から順番に説明していきます。

1つ目のシートは、このExcelファイルの説明シートになっています。中段の「コツ」とかかれている部分を読んでください。

図4-54：データインタープリターの実行結果を説明したExcelシート

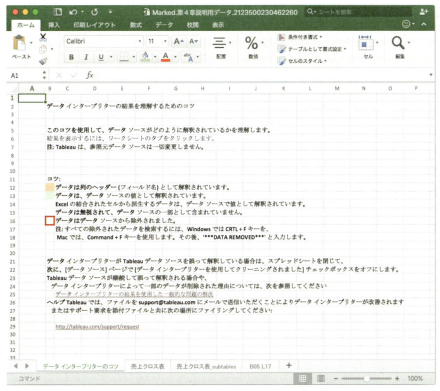

2つ目のシートは、元のエクセルの形そのままで、「データとして扱わないセル」、「無視するセル」、「ヘッダーとして扱うセル」、「データとして扱うセル」がどのように定義されたのかを示しています。「タイトル」や「年」など、セルを結合した状態で入力されている部分は結合が解除され、すべてのセルに同じ値がセットされた状態になっています。

図4-55：各セルの定義結果を示したExcelシート

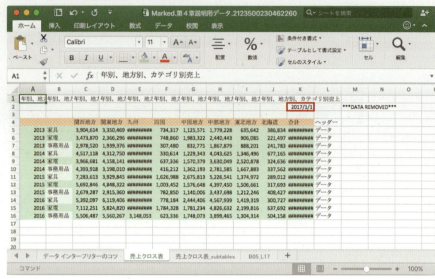

3つ目のシートは、取り込まれる範囲を罫線で囲んで示しています。

図4-56：取り込まれる範囲を示したExcelシート

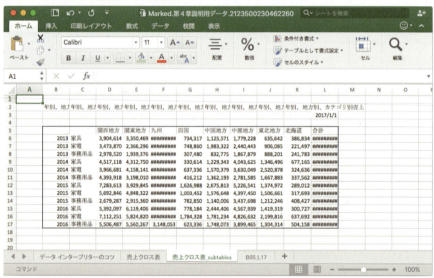

4つ目のシートは、Tableauに取り込まれる形に整形された状態のデータを示しています。

図4-57：取り込まれる状態にデータを整形したExcelシート

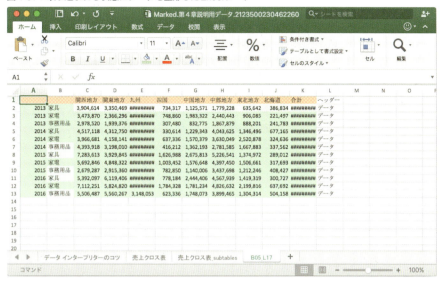

Tableauから接続した結果を見てみると、**図4-57**のExcelの4つ目のシートと同じ結果になっているのが分かります。

しかし、このままではまだ分析に適した形とはなっていません。「ピボット」でさらにデータを修正していきます。

図4-58：データインタープリターを使った場合の接続結果

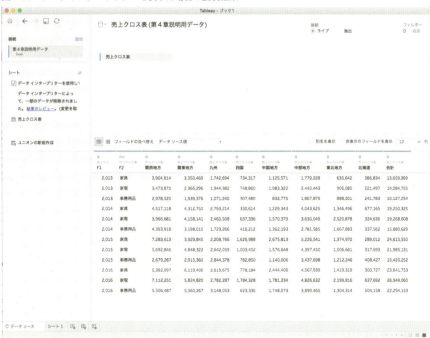

4-6-2 ピボット

ピボットでは、データを「縦変換」することができます。

まずは不要な合計列を分析対象から外すために、「合計」のフィールドを選択し、「▼」のメニューから「非表示」を選択します。

図4-59：フィールドの非表示

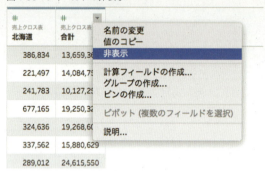

縦横変換したいフィールドが選択された状態にします。「関西地方」をクリックしたあと、「Shiftキー」を押しながら、「北海道」をクリックします。

図4-60：フィールドの複数選択

F1	F2	関西地方	関東地方	九州	四国	中国地方	中部地方	東北地方	北海道
2,013	家具	3,904,614	3,350,469	1,742,694	734,317	1,125,571	1,779,228	635,642	386,834
2,013	家電	3,473,870	2,366,296	1,944,382	748,860	1,983,322	2,440,443	906,085	221,497
2,013	事務用品	2,978,520	1,939,376	1,071,240	307,480	832,775	1,867,879	888,201	241,783
2,014	家具	4,517,118	4,312,750	2,793,214	330,614	1,229,343	4,043,625	1,346,496	677,165
2,014	家電	3,966,681	4,158,141	2,460,508	637,336	1,570,379	3,630,049	2,520,878	324,636
2,014	事務用品	4,393,918	3,198,010	1,723,266	416,212	1,362,193	2,781,585	1,667,883	337,562
2,015	家具	7,283,613	3,929,845	2,208,766	1,626,988	2,675,813	5,226,541	1,374,972	289,012
2,015	家電	5,692,846	4,848,322	2,642,059	1,003,452	1,576,648	4,397,450	1,506,661	317,693
2,015	事務用品	2,679,287	2,915,360	2,844,378	782,850	1,140,006	3,437,698	1,212,246	408,427
2,016	家具	5,392,097	6,119,406	2,619,675	778,184	2,444,406	4,567,939	1,419,319	300,727
2,016	家電	7,112,251	5,824,820	2,782,287	1,784,328	1,781,234	4,826,632	2,199,816	637,692
2,016	事務用品	5,506,487	5,560,267	3,148,053	623,336	1,748,073	3,899,465	1,304,314	504,158

次に、「関西地方」の「▼」メニューから、「ピボット」を選択します。

図4-61：ピボット

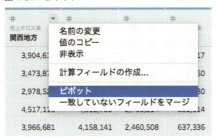

ピボットが働き、縦横変換されます。結果を見ると、「地方」と「売上」のフィールドができています。分析しやすい形の「データリスト形式」になりました。

図4-62：ピボットの結果

ピボットのフィー...	ピボットのフィー...	F1	F2
中国地方	1,125,571	2,013	家具
中国地方	1,983,322	2,013	家電
中国地方	832,575	2,013	事務用品
中国地方	1,229,343	2,014	家具
中国地方	1,570,379	2,014	家電
中国地方	1,362,193	2,014	事務用品
中国地方	2,675,813	2,015	家具
中国地方	1,576,648	2,015	家電
中国地方	1,140,006	2,015	事務用品
中国地方	2,444,406	2,016	家具
中国地方	1,781,234	2,016	家電
中国地方	1,748,073	2,016	事務用品
中部地方	1,779,228	2,013	家具
中部地方	2,440,443	2,013	家電

最後にフィールド名をそれぞれ変更して、データ加工は完了です。フィールド名の変更方法（名前の変更）については、**図4-35**をご覧ください。

第4章 データソース画面の操作

図4-63：フィールド名の変更結果

Abc ピボット 地域	# ピボット 売上	# 売上クロス表 年	Abc 売上クロス表 カテゴリ
中国地方	1,125,5...	2,013	家具
中国地方	1,983,3...	2,013	家電
中国地方	832,775	2,013	事務用品
中国地方	1,229,3...	2,014	家具
中国地方	1,570,3...	2,014	家電
中国地方	1,362,1...	2,014	事務用品
中国地方	2,675,8...	2,015	家具
中国地方	1,576,6...	2,015	家電
中国地方	1,140,0...	2,015	事務用品
中国地方	2,444,4...	2,016	家具
中国地方	1,781,2...	2,016	家電
中国地方	1,748,0...	2,016	事務用品
中部地方	1,779,2...	2,013	家具
中部地方	2,440,4...	2,013	家電

4-7 「ライブ」と「抽出」

データの加工が終わったら、いよいよワークシートに移動して分析を始めることになりますが、その前に、Tableauではデータへの接続の仕方を2種類から選ぶことができます。それが、「ライブ」と「抽出」です。

- ライブ：その都度、直接ファイルやデータベースのデータに対して問い合わせ（クエリ）を投げて必要なデータを取得します。
- 抽出：「Tableau抽出ファイル」と呼ばれるファイルを作り、そこに接続して分析します。

4-7-1 「ライブ」か「抽出」かの選択

「ライブ」か「抽出」は画面右上のラジオボタンで選択できます。

図4-64：「ライブ」か「抽出」の選択

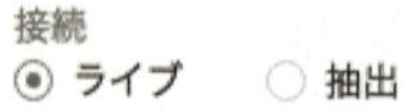

接続
◉ ライブ　　○ 抽出

4-7 「ライブ」と「抽出」

「抽出」を選ぶと、右には「編集」というリンクと「更新」という文言が、その下には「抽出にはすべてのデータが含まれる予定です。」の文言が出てきます。

図4-65：「抽出」を選択した場合

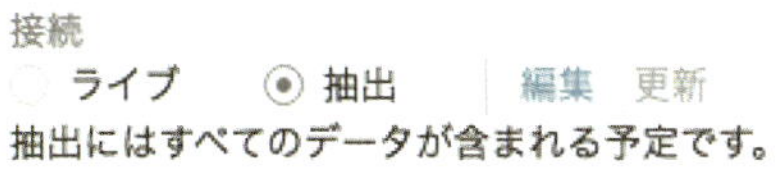

接続
○ ライブ　　⦿ 抽出　　編集　更新
抽出にはすべてのデータが含まれる予定です。

「ライブ」か「抽出」のどちらかを選ぶかの基準は、以下の表を参考にしてください。あとから変更することもできるので、まずは、分析に入りたいのであれば、「ライブ」接続を使うことも一案です。頻繁にデータが更新される場合も同様です。ただし、特に扱うデータ量が多い場合は、「抽出」の方が、メリットが多いです。

図4-66：「ライブ」と「抽出」の特徴

選択項目	特徴
ライブ	・元データでの変更がタイムリーに分析結果に反映される。
	・接続先のデータベースが高速であれば、集計処理をデータベース側で実施できる。
	・データ量が多く抽出が困難な場合でも分析ができる。
抽出	・「インメモリ技術」を使った「カラムナー型」のデータファイルを作成し、それに接続するため、ワークシートでの分析がすばやくできる。
	・4-7-2で説明する「抽出フィルター」が使えるため、条件にあったデータだけを抽出したり、ある粒度であらかじめ集計したデータでデータソースファイルを作ったりできる。分析に使わないフィールドのデータは含めないこともできるため、データセットが軽くなり、分析がすばやくできたり、「パッケージドワークブック」による共有がしやすくなったりする。
	・抽出では、データをTableau上に保持するため、接続先のデータソースに依存せずあらゆる関数が使える。

Column ヒント：インメモリ機能とカラムナー型のデータファイルとは

　インメモリ機能とは、データを処理ごとにハードディスクに読み書きするのではなく、メモリ上で処理する機能のことで、これにより処理速度が非常に速くなります。また、カラムナー型のデータファイルとは、あらかじめ集計しやすいように、カラムナー（列）の形でデータを持たせたファイル形式です。

125

4-7-2 抽出フィルター

「抽出」を選ぶと、分析に入る前に「Tableau抽出ファイル」を作成します。そのファイルを作成するにあたって、最初から分析に不要な部分が分かっていれば、そのデータは保持しないようにフィルターすることで、データ量を抑えられます。また、あらかじめ分析で求められる粒度が分かっていて、例えば明細データは要らないということであれば、「年ごと」、「地域ごと」といった形で、あらかじめ集計したデータを作ることで、データ量を大幅に削減できます。さらに、分析に使わないフィールドのデータを最初から除外することもできます。

「抽出」のラジオボタンの右側にある「編集」をクリックすると、「データの抽出」ウィンドウが開きます。

図4-67:「データの抽出」ウィンドウ

「フィルター (オプション)」には設定がないのがわかります。そこで、「追加」ボタンをクリックして、新規のフィルターを設定してみます。

「フィルターの追加」ウィンドウが開きます。フィルターを設定するために、フィールド名の一覧が表示されますので、オーダーの年が2014年から2016年のデータだけを「Tableau抽出ファイル」に含めるようにします。

図4-68:「フィルターの追加」

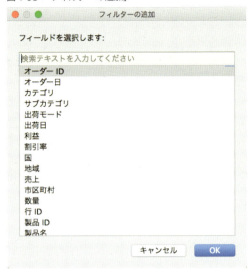

「オーダー日」を選び、「OK」を押します。

図4-69:「オーダー日」の選択

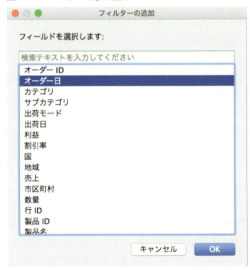

「オーダー日」をどのレベルでフィルターするかを選びます。今回は「年」レベルでフィルターをかけるので、「年」を選択して「次へ」をクリックします。

第4章 データソース画面の操作

図4-70:「オーダー日」のフィルターレベルの選択

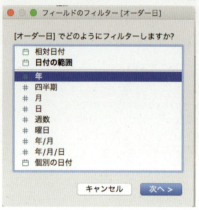

すると、「フィルター[オーダー日の年]」のウィンドウが開きます。「全般」、「条件」、「上位」のタブがありますが、ここでは、「全般」を選択して「2014」、「2015」、「2016」にチェックをし、「OK」をクリックします。

図4-71:「オーダー日の年」によるフィルター

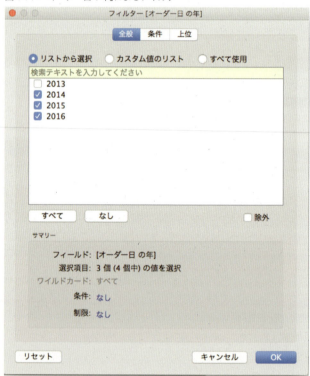

すると、「フィルター（オプション）」項目に設定した内容が表示されます。

128

図4-72：設定内容の表示

結果を見ると、2014年から2016年までのデータだけが抽出されていることが分かります。

図4-73：フィルター設定の結果

「接続」の下の文も、「抽出にはデータのサブセットが含まれる予定です。」という記述に変わります。これは、抽出でフィルターが適用されていることを示しています。

図4-74：フィルター適用の明示

最後に、図4-67の「データの抽出ウィンドウ」で「使用していないフィールドをすべて非表示」を選ぶと、分析に使っていないフィールドのデータを抽出ファイルに含めないようにすることができます。

4-7-3 ワークシートへの移動

「この状態で接続して分析を始めて構わない」という状態になったら、左下の「シート1」をクリックして、ワークシートに移動します。

図4-75：ワークシートへの移動

4-8 カスタムSQL

次の章に移る前に、「カスタムSQL」について説明します。「カスタムSQL」とは、Tableauの様々なメニューから機能を選択するのではどうしても対応できないデータ接続の方法を取ろうとした場合に、データベース言語である「SQL」を記述することにより、データを取得する方法です。また、「パラメーター」という機能を使用することができるので、取得するデータを動的に変化させることができます。大量のデータから一部のみを抜き出したい場合などに非常に有効です。

新規で「カスタムSQL」を作成するには、**図4-76**の画面で「新しいカスタムSQL」をダブルクリックします。

図4-76：「新しいカスタムSQL」

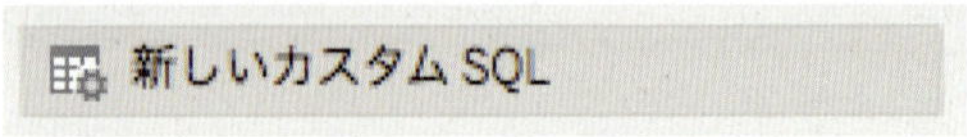

「カスタムSQLの編集」ウィンドウが開きますので、ここにSQLを記述します。

図4-77：カスタムSQLの記述例

パラメーターを使用して、動的に取得するデータを変更したい場合は、「パラメーターの挿入」から「新しいパラメーターの作成」を選択します。

図4-78：「新しいパラメーターの作成」の選択

「パラメーターの作成」ウィンドウが開き、パラメーターを作成できます。「パラメーター」については、第6章で詳しく説明します。

図4-79：「パラメーターの作成」

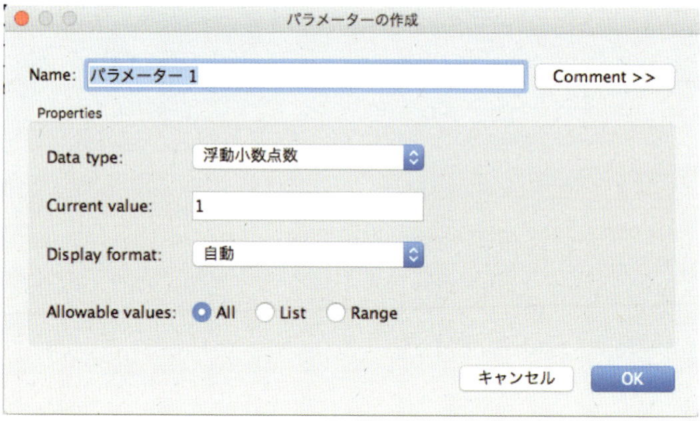

> **Note**
> Excelなどでも「カスタムSQL」を作成できますが、データ接続でファイルを開く際に「レガシー接続を開く」を選ぶ必要があります。

第5章
ワークスペースの操作

データソース画面でひと通りデータの準備を終えたら、いよいよ分析となります。この章では、分析を行う場所である「ワークスペース」の操作について説明します。

ここがポイント

・「ワークスペース」の画面構成を覚えましょう。
・それぞれの部分の機能やその使い方などを学ぶ事で、分析をスムーズに進めることができます。

第5章 ワークスペースの操作

5-1 ワークスペース

「ワークスペース」とは、第4章のデータソース画面からワークシートに移動したあとに表示される、**図5-1**の画面全体のことを言います。

図5-1：ワークスペースの構成要素

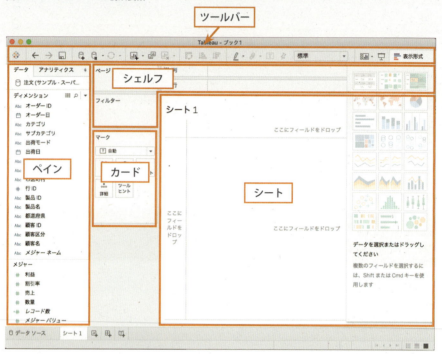

ワークスペースは、「**ツールバー**」、「**ペイン**(区画、枠の意味)」、「**シェルフ**(「棚」の意味)」、「**カード**」、「**シート**」で構成されています。

データソース画面から「シート1」をクリックしてワークシートに移動した状態では、シートの部分にワークシートが表示され、ワークシートでの操作に必要なペインやカード、シェルフなどが併せて表示されます。

5-2 ツールバー

ウィンドウの上の方に表示される「ツールバー」は、主要な操作をすぐに使えるようにしたものです。

図5-2：ツールバー

それぞれのアイコンをクリックするとできる操作は以下のとおりです。

図5-3：ツールバーとそれぞれのアイコンの機能

アイコン	名称（カーソルをかざすと表示される内容）	操作
	開始ページの表示	Tableauを最初に立ち上げると表示される「接続」の画面に移動します。
←	元に戻す	一つ前の作業の状態に戻します。どこまでも戻せます。
→	やり直す	一つ先の作業の状態に進みます。どこまでも進めます。
	保存	ブックを保存します（新規保存または上書き保存）。
	新しいデータソース	新たに（または追加で）データ接続を作成します。
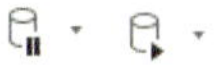	自動更新の一時停止/自動更新の再開	「ワークシートの一時停止/自動更新」と「フィルターの一時停止/自動更新」の設定ができます。
	更新の実行	データを最新の状態に更新できます。
	新しいワークシート/新しいダッシュボード/新しいストーリー	新しいワークシートやダッシュボード、ストーリーを追加します。
	シートの複製（Duplicate）	現在開いているワークシートやダッシュボード、ストーリーを複製します。
	シートのクリア	ワークシートやダッシュボード、ストーリーをまっさらな状態に戻します。右の「▼」をクリックすることで、クリアのオプションを選べます。
	行と列の交換	「行」に入っているピルと「列」に入っているピルを入れ替えることで、グラフの縦横を変えます。「スワップ」とも言います。
	「ＸＸ」で昇順に「ＸＸ」を並び替え	表示された内容で昇順に並び替えます。

第5章 ワークスペースの操作

アイコン	名称	説明
↓↟	「ＸＸ」で降順に「ＸＸ」を並び替え	表示された内容で降順に並び替えます。
✎ ▾	ハイライト	ハイライトの設定ができます。第7章を参照してください。
✐ ▾	メンバーのグループ化	ワークシート上に表示された複数のディメンションの値（メンバーと言います）を「Shiftキー」や「Ctrlキー」で指定し、このアイコンをクリックすると、グループ化されます。
T	マークラベルを表示	数値ラベルを表示させます。
⚲	軸の修正	軸の範囲を固定したり、自動に戻したりできます。
標準 ▾	自動調整	ビューの画面上での表示を調整します。「標準」、「幅を合わせる」、「高さを合わせる」、「ビュー全体」のオプションがあります。
▦ ▾	カードの表示/非表示	「タイトル」や、「行」・「列」といった「シェルフ」などの表示/非表示を切り替えます。
☐	プレゼンテーションモード	ワークシートやダッシュボード、ストーリーを全画面表示にします。
▰ 表示形式	表示形式	表やグラフのアイコンをクリックするだけで種類を変えられる「表示形式」を表示します。

5-3 データペインとアナリティクスペイン

画面左側のペインには、「**データ**」と「**アナリティクス**」の2つのタブがあり、それぞれのペインを切り替えることができます。内容を見ていきましょう。

5-3-1 データペイン

ここには、データソース画面で選択したデータソースに含まれる、ディメンションとメジャーが一覧で表示されます。

図5-4：データペイン

データ	アナリティクス	⌄

🗋 注文 (サンプル・スーパ...

ディメンション   ⊞   🔍   ▾

Abc オーダー ID
📅 オーダー日
Abc カテゴリ
Abc サブカテゴリ
Abc 出荷モード
📅 出荷日
Abc 国
Abc 地域
Abc 市区町村
行 ID
Abc 製品 ID
Abc 製品名
Abc 都道府県
Abc 顧客 ID
Abc 顧客区分
Abc 顧客名
Abc メジャー ネーム

メジャー

利益
割引率
売上
数量
レコード数
メジャー バリュー

データの表示

　「ディメンション」と表示されている右側の**図5-5**のアイコンをクリックすると、この
データソースに含まれるデータを参照することができます。

　「そもそもどのようなデータを分析しようとしているか」を確認したいとき、Excelや
CSVデータであれば、元のファイルを開けばどのようなデータに接続しているのかを
確認できますが、データ量が多い場合や、データベースなどに接続しているときは、
それがしにくいため、第4章のデータソース画面に戻るか、この方法を使うのが便利
です。また、データをダウンロードしたいときも、この方法が便利です。

図5-5：「データの表示」アイコン

すると、データが**図5-6**のように表示されます。

図5-6:「データの表示」

ここで、表の左上の角を選択し、サンプルで確認したい件数を設定することも出来ます。「コピー」をクリックするとクリップボードにコピーされます。

フィールドの検出

また、「データの表示」アイコンの右側の**図5-7**のアイコンをクリックすると、見つけたいディメンションやメジャーを検索することができます。フィールドが多いときに便利です。

図5-7:フィールドの検出

図5-8:フィールドの検索

データペインのメニュー

さらに、一番右側の**図5-9**の「▼」をクリックすると、データペインのメニューが開きます。

図5-9：データペインのメニュー

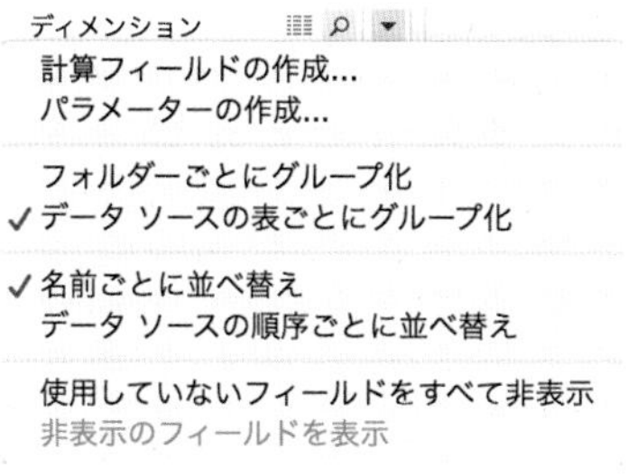

ディメンション　　▦ ♀ ▾
　計算フィールドの作成...
　パラメーターの作成...

　フォルダーごとにグループ化
✓データ ソースの表ごとにグループ化

✓名前ごとに並べ替え
　データ ソースの順序ごとに並べ替え

　使用していないフィールドをすべて非表示
　非表示のフィールドを表示

　ここでは、第4章で出てきた「計算フィールドの作成」をしたり、「パラメーター（後述）の作成」ができたりします。また、「フォルダーごとにグループ化」を選べば、ディメンションやメジャーの各フィールドをフォルダーにまとめることができます。さらに、各フィールドを名前順に並び替えるか、または、データソースで出てくる順番に並び替えるかを切り替えたり、分析で使われていないフィールドを非表示にすることができます。

データペインの4つのエリア

　データペインには、**図5-10**の4つのエリアがあります。「セット」や「パラメーター」は、今の時点では出ていないかもしれませんが、それらの機能を使うと、出てくるようになります。

図5-10：データペインの4つのエリア

ディメンション	「〜ごと」という、分析の軸(切り口)となるフィールド。
メジャー	合計したり、数をカウントしたりといった集計の対象となるフィールド。
セット	データのサブセットを定義したもの(第6章で作成方法を説明します。)
パラメーター	分析を見る人が値を投入する「箱」(変数)。投入された値により、計算フィールドやフィルターの内容を動的に制御するためのもの(第6章で作成方法を説明します)。

　Tableauはデータに接続すると、データ型や中に入っている値を見て、自動でフィールド名をディメンションとメジャーに分類します。基本的に文字列や日付が入っているフィールド名はディメンションに、数値が入っているフィールド名はメジャーに分類しますが、たまに意図しない結果になったり、適切な分類であっても、分析の目的に応じて変えたかったりすることがあります。そのような場合でも、容易に修正が可能です（**2-4-1「ディメンション」と「メジャー」の分類の確認と変更**を参照）。

5-3-2 アナリティクスペイン

次に、「アナリティクス」のタブに切り替えると、「アナリティクスペイン」が表示されます。ここでは、あらかじめ用意された分析機能をドラッグ＆ドロップで簡単に利用することができます。「定数線」や「平均線」、「四分位数の中央値」、「合計」などをビュー上に表示させます。また、「傾向線」や「予想」、「クラスター」などのアナリティクスモデルなどもあります。いくつかは第6章で紹介します。

図5-11：アナリティクスペイン

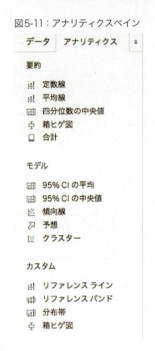

5-4 シェルフとカード

シェルフやカードは、「列」や「行」、「ページ」、「フィルター」といった、フィールド名を配置する先です。それぞれを見ていきましょう。

5-4-1 「列」と「行」シェルフ

「列」と「行」のシェルフでは、データペイン内のディメンションやメジャーから使いたいフィールド名をドラッグ＆ドロップすることで、簡単に横と縦の分析の切り口を決めることができます。

「列」には左側に縦に3本並んだ棒線マークがあり、このシェルフにフィールド名を

配置すると、表やグラフは横に広がります。「行」には横に3本並んだ棒線マークがあり、このシェルフにフィールド名を配置すると、表やグラフは縦に広がります。

図5-12：「列」と「行」シェルフ

iii 列	
≡ 行	

「スーパーストア」データでやってみましょう。左側の「メジャー」から「売上」を「行」にドラッグ＆ドロップします。すると、「売上」というピル（薬の形をしたアイコン）が「行」に配置されます。または、「メジャー」内の「売上」をダブルクリックする方法もあり、シェルフ上に何もない状態でダブルクリックすると、「売上」のピルが「行」に配置されます。

図5-13：「行」シェルフへの「売上」の配置

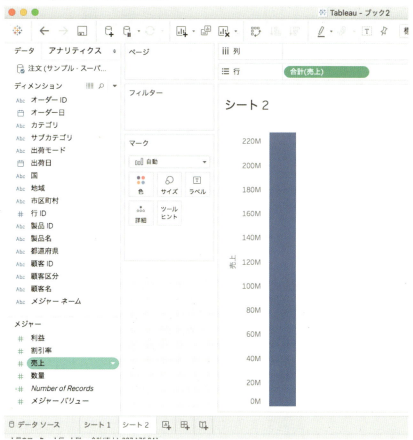

次に、「ディメンション」から「サブカテゴリ」を「列」にドラッグ＆ドロップします。すると、「サブカテゴリ」というピルが「列」に配置されます。または、「ディメンション」内の「サブカテゴリ」をダブルクリックする方法もあり、ここでは、Tableauが自動的に判断して、「列」シェルフに配置されます。

図5-14：「列」シェルフへの「サブカテゴリ」の配置

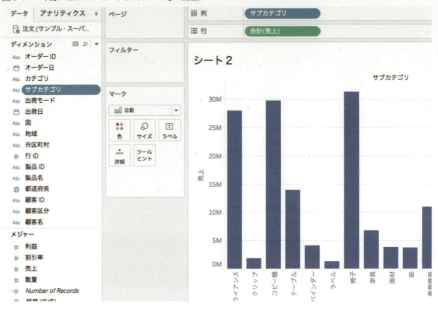

次に、「カテゴリ」を列シェルフに配置します。「カテゴリ」は、すでに配置している「サブカテゴリ」の上位の概念ですから、ここでは、ディメンションから「カテゴリ」を「列」の「サブカテゴリ」の左側までドラッグして、図5-15のようにオレンジの「▼」が出ている状態でドロップします。

図5-15：「カテゴリ」の配置

> **Note**
>
> 「カテゴリ」をドラッグし、「サブカテゴリ」のピルの周りが縁取られたようになった状態でドロップすると、「サブカテゴリ」と「カテゴリ」の入れ替えになります。必ず、オレンジの「▼」が表示された状態でドロップしましょう。
>
> 図5-16：フィールド名の入れ替え
>
>
>
> もし、やりたいことが入れ替えの場合は、この方法を使うことで、「サブカテゴリ」をいったん「列」から削除し、「カテゴリ」を配置しなおすという手間が省けます。覚えておくと便利です。

「カテゴリ」が「サブカテゴリ」の左側に配置されました。グラフ上では、「カテゴリ」ごとに「サブカテゴリ」がまとまった形で表示されています。

図5-17：「カテゴリ」の「列」への配置結果

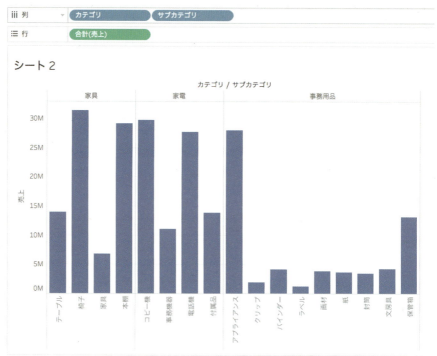

5-4-2 「ページ」シェルフ

「ページ」シェルフを使うと、本のページや紙芝居のように、ディメンションの値によって、次々とシートの中身を差し替えて表示できます。「ページ」にディメンションからフィールド名を配置すると、そのディメンションの値ごとのページが作成されます。さらに、ページを操作するコントロールが表示され、それを操作することでページが遷移します。

ここでは、「ディメンション」から、「顧客区分」を「ページ」シェルフにドラッグ＆ドロップします。

図5-18：「顧客区分」の「ページ」への配置

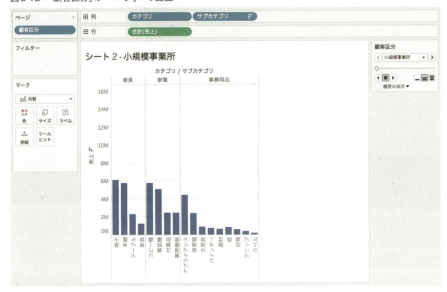

すると、右側に「ページ」カードが表示されます。

図5-19：「ページ」カード

ページカードでは「顧客区分」の値を変更できます。「小規模事業所」と書かれた右側の右矢印をクリックすると、「消費者」、「大企業」という風に切り替わり、それに応じてレポートが変化していきます。また、下の右三角は再生ボタンです。クリックすると自動でページをめくります。左三角は戻るボタンです。

図5-20：「小規模事業所」、「消費者」、「大企業」とページが変わる様子

> **Note**
> 「ページ」カードで「履歴の表示」にチェックを入れ、「▼」をクリックすると、オプションが現れます。折れ線グラフや、地図上に点をプロットするようなグラフでは、それらが遷移する様子を履歴として表示させるといったことができます。

5-4-3 「フィルター」シェルフ

フィルターシェルフでは、データを絞り込むことができます。ここでは、「オーダー日」をフィルターシェルフにドラッグ＆ドロップします。

図5-21：「オーダー日」のフィルターへのドラッグ＆ドロップ

「オーダー日」は日付フィールドなので、どのようにフィルターをかけるかを設定するウィンドウが表示されます。

図5-22：「オーダー日」によるフィルター設定

「年」を選択して、「次へ」をクリックします。

図5-23：「オーダー日」の「年」によるフィルター設定（その1）

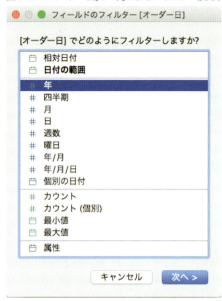

次に、フィルターをかける値を設定します。「年」を選択しているので、年単位の値が表示されます。

図5-24：「オーダー日」の「年」によるフィルター設定（その2）

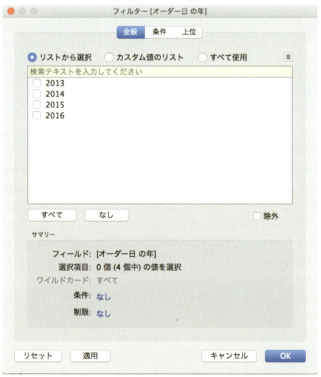

すべての年にチェックを入れていくか、リストの下にある「すべて」をクリックして「OK」をクリックします。

図5-25：「オーダー日」の「年」によるフィルター設定（その3）

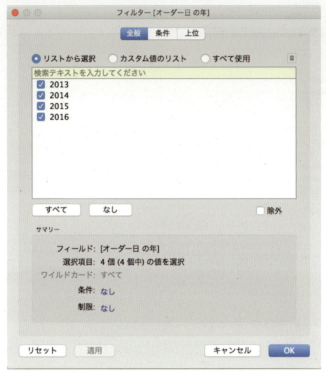

> **Note**
> ここでリスト内のすべての値にチェックをつける場合と、「すべて使用」にチェックを入れる場合を区別しましょう。詳しくは図7-11の下のNoteをご覧ください。

「フィルターを表示」の利用

この状態では、値を絞っていないのでフィルターはかかっていません。フィルターシェルフの「年(オーダー日)」フィールドのメニューから「フィルターを表示」を選択します(以前、「クイックフィルター」と呼ばれていた機能です)。

図5-26:「フィルターを表示」

画面右側に「年(オーダー日)」のフィルターカードが表示されます。すべての値にチェックが入り、フィルターがかかっていないことが分かります。

図5-27:「フィルターを表示」の結果

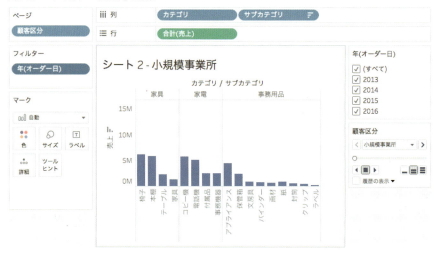

「2013」のチェックを外すと、棒グラフが変わり、2013年のデータが含まれないようになります。

図5-28:「年」の絞り込み

「フィルターを表示」のオプション

フィルターシェルフのメニューを開くと、メニュー中段に「単一値」、「複数の値」それぞれ3種類のフィルター方式があるのが分かります。それぞれ用途によって使い分けてください。

図5-29：「フィルターを表示」のオプション

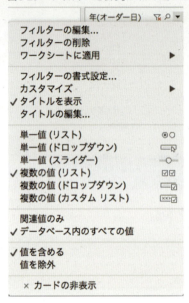

5-4-4 「マーク」カード

マークカードは、作成したグラフや表示に様々な効果を与えるために使います。マークカードは**図5-30**のように、上のチャートの表現方法を決定する「マークタイプ」選択の部分と、下のいくつか四角が並んでいる部分に分かれます。

図5-30：「マーク」カード

「マークタイプ選択」の部分では、棒グラフや線グラフをはじめとしたグラフの種類を選択できます。

下に並んだ四角のうち、「色」、「サイズ」などを利用することで、視覚的に分かりやすい分析を作成できます。また、3次元、4次元の分析をする際も表現が豊かになるため、複雑になりすぎないで一目でわかるレポートが作成できます。「ツールヒント」ではグラフ上でカーソルをかざした際に表示されるヒントを定義できます。

また、各アイコンをクリックすることにより、詳細な設定を行うことができます。

> **Note**
>
> ここで、「3次元」、「4次元」とは、立体の3Dグラフを作ることではありません。Tableauでは、視覚的に誤解を招く恐れのある立体の3Dグラフを作る機能はありません。Tableauでは、縦軸、横軸、色やサイズなどを使うことで、3つ以上の要素を直感的にわかりやすく表現することができます。その一方で、いくつもの要素を一つのグラフに盛り込むと、分かりにくくなりますので、注意しましょう。

タイプ選択

マークカード上部にあるマークタイプのドロップダウンリストを開くとメニューが出てきます。「自動」は、配置されたディメンションやメジャーにより、Tableauが「自動」で表現を選択する設定です。任意の設定にする場合には、ここであらかじめ表現を選択します。

図5-31：タイプ選択

マークカード内のアイコンは、選択する表現によって変わります。

図5-32：選択したグラフにより異なるアイコン表示

アイコン	名称	棒	線	エリア	四角	円	形状	テキスト	色塗りマップ	円グラフ	ガントチャート	多角形
色	色	○	○	○	○	○	○	○	○	○	○	○
サイズ	サイズ	○	○	○	○	○	○	○	○	○	○	—
ラベル	ラベル	○	○	○	○	○	○	—	○	○	○	—
詳細	詳細	○	○	○	○	○	○	○	○	○	○	○
ツールヒント	ツールヒント	○	○	○	○	○	○	○	○	○	○	○
テキスト	テキスト	—	—	—	—	—	—	○	—	—	—	—
パス	パス	—	○	—	—	—	—	—	—	—	—	○
形状	形状	—	—	—	—	—	○	—	—	—	—	—
角度	角度	—	—	—	—	—	—	—	—	○	—	—

アイコンの利用：メジャーを一つ使う場合

　ここまで作成してきた、**図5-33**のような、「カテゴリ」、「サブカテゴリ」ごとの「売上」を示したグラフがあります。そこに「利益」というメジャーの値を表現として加えてみましょう。

図5-33:「カテゴリ」、「サブカテゴリ」ごとの「売上」グラフ

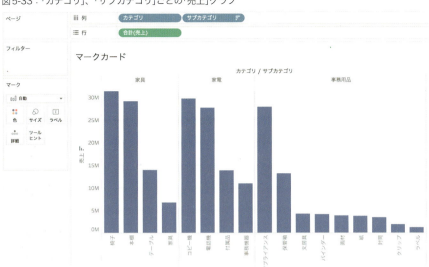

左にあるデータペインから「利益」のフィールド名をドラッグし、「色」にドロップします。

図5-34:「利益」による色の表現の追加

すると、図5-35のように、「売上」の棒グラフ上で「利益」が色で表現されています。「テーブル」の「利益」がマイナスなのが一目で見てわかるグラフになっています。「利益」を「色」で表現するのは非常にわかりやすいと言えます。

図5-35:「利益」による色の表現の追加結果

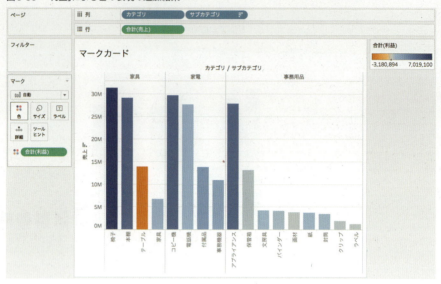

さらに、「色」を直接クリックすることにより、「色の編集」で色を変えたり、「不透明度」、「効果」などを設定することができます。

図5-36:「色」の直接クリック

今度は、色に配置した「合計(利益)」を「サイズ」にドラッグ＆ドロップしてみます。すると、「売上」の棒グラフ上で「利益」が棒グラフの幅のサイズで表現されます。利益がマイナスである「テーブル」については、幅としてマイナスはありえないので、0を境界にさらに細く表現されています。いずれにしても、分かりやすい表現とは言えなさそうです。

5-4 シェルフとカード

図5-37:「利益」によるサイズの表現の追加結果

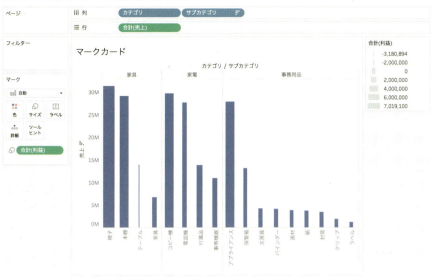

ツールバーから「元に戻す」の矢印のアイコンをクリックし、元に戻したあと、今度は「利益」を「ラベル」にドロップします。すると、「売上」の棒グラフの上部に「利益」の数字がラベルとして表示されます。一瞬分かりやすそうな表現ですが、棒グラフの上に数字が表現されている場合は、一般的にその棒グラフ自体の値を表現します。「売上」の数字と誤解される可能性があり、表現として適しているとは言えません。

図5-38:「ラベル」の追加結果

155

このように、Tableauではいろいろな表現を簡単に試してみることができます。

アイコンの利用：メジャーを複数使う場合

次に、複数のメジャーを使う場合のマークカードについて説明します。

ツールバーの「元に戻す」ボタンで、元の「利益」を「色」にドロップした状態まで戻します。さらに「数量」を「行シェルフ」の「合計(売上)」の右側にドロップします。

図5-39：メジャーの追加

すると、「売上」の棒グラフの下にもう一つ「数量」の棒グラフが現れ、メジャーごとにマークカードが表示されるようになります。さらに、「すべて」というマークカードも現れ、これを使うことで、すべてのメジャーに一括で設定をすることもできるようになります。

図5-40：メジャー追加の結果

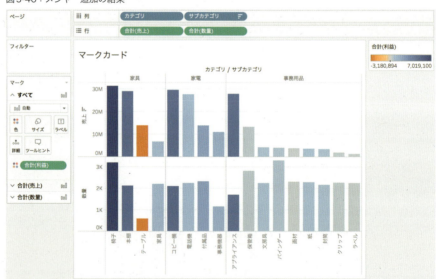

3つの「マークカード」を比較してみると、すべて同じ設定になっています。

図5-41：3つのマークカードの状態

ここで、「合計(数量)」のマークカードだけ、グラフのタイプを「自動」から「線」に変更します。

図5-42：「合計(数量)」のタイプ選択の変更

すると、「合計(売上)」は棒グラフ、「合計(数量)」は線グラフになったので、「すべて」のマークカードのタイプは「複数」という表現に変わりました。

図5-43:「すべて」のマークカードの状態

結果は、「売上」は棒グラフのままで、「数量」のみが線グラフに変わっています。「シート名」をダブルクリックして、名前を「売上数量グラフ」とします。

図5-44:「数量」の棒グラフへの変更結果

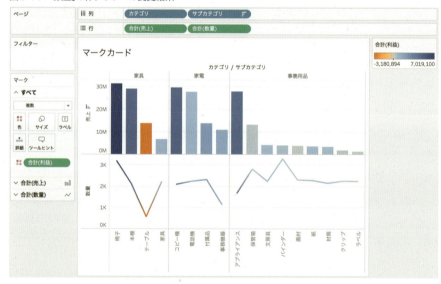

5-5 ビュー

　ビューは、実際にグラフや表が描かれる部分です。ここまで、シェルフやカードにディメンションやメジャーのフィールドを配置することで、グラフや表を作ってきましたが、ビューに直接配置することもできます。「ここにフィールドをドロップ」と書いてあるところに色々と配置してみましょう。配置する場所で結果が変わってきます。

図5-45：ビュー内のフィールドのドロップエリア

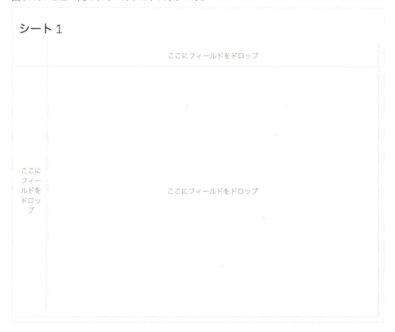

タイトルの編集

　なお、「シート1」の部分はワークシートのタイトルです。この部分をダブルクリックすると、「タイトルの編集」画面が開き、自由に編集できます。

図5-46：タイトルの編集

最初は、「<シート名>」となっていて、ワークスペースの一番下のタブで入力しているワークシート名が自動で表示されます。ワークシート名を変更すると、タイトルの表示も変わります。

挿入できるのは、シート名だけではありません。右上の「挿入」をクリックすると、挿入できるその他の情報が表示されます。また、ビュー上に表やグラフがある状態で「挿入」をクリックすると、使われているフィールド名やパラメーター名などが表示されますので、「今フィルターで何にしぼったものを見せているか」といったことを、動的にタイトルに表示させることができます。また、**5-4-2**で説明したページシェルフでは、「顧客区分」をページシェルフに配置することで、タイトルが自動で「<シート名>-<ページ名>」となり、ページを遷移させるとタイトルが変化します。

図5-47：フィールドの挿入

なお、ここで「挿入」のメニューに現れるのは、ビューの中で使われているフィールドやパラメーターなどの名前だけです。使っていないものを表示させたいときは、まず「使う」というところから始めます。例えば、マークカードの「詳細」にフィールド名を持っていっても、表やグラフに影響を与えないことが多いので、まずそこにフィールド名をドラッグ＆ドロップした上で、「タイトルの編集」を開くといった手順を踏みます。

　また、「＜シート名＞」を消し、その他の文言を固定で表示させるように編集することもできます。

5-6 表示形式

　次に、ワークスペースの右上に表示されている「表示形式」について説明します。「表示形式」は、英語版では「Show Me」という表示になっており、「このフィールドを使ったら、どのようなグラフが描けるか、私に示して」とTableauにリクエストする機能です。

図5-48：「表示形式」

　このボタンをクリックすると、表やグラフが並んだメニューが出てきます。今、何もフィールドを選択していないため、すべてグレーになっていて、どのアイコンもクリックできません。

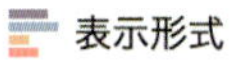

図5-49:「表示形式」を開いた状態

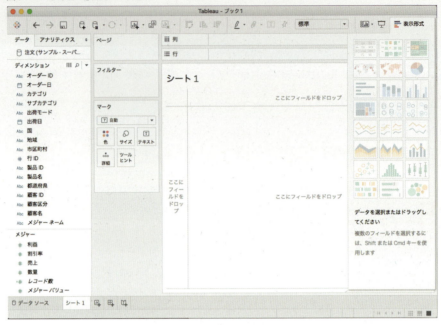

　ここで、グレーになっている表やグラフのアイコンにカーソルをかざしてみます。例えば、**図5-50**のように、左上の「テキスト表」のアイコンにカーソルを当てると、下に「1個以上のディメンション」と「1個以上のメジャー」と出ます。つまり、左側のデータペインで、ディメンションから1個のフィールド名を、そしてメジャーから1個のフィールド名を同時に選択し、このアイコンをクリックすれば、テキスト表(クロス集計)が作れます。

図5-50：それぞれの表・グラフの作成条件

　もう少し高度なグラフを作成してみましょう。データペインで、「Ctrlキー」を押しながら、「オーダー日」、「サブカテゴリ」、「利益」、「売上」の4つを選択します。すると、「表示形式」でいくつかのアイコンがクリック選択できるようになります。また、オレンジで囲まれたグラフは、Tableauがデータの中身などから「推奨」しているものです。

図5-51：複数フィールド選択時の表示形式の状態

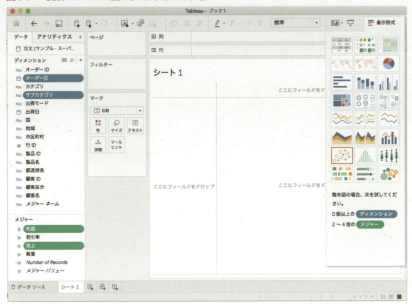

ここでは「散布図」が「推奨」されているので、それを選択します。

図5-52：散布図の選択

すると、「年(オーダー日)」毎に「サブカテゴリ」の「売上」、「利益」の状況が一目で把握できるグラフができ上がります。

図5-53：散布図の選択結果

> **Note**
> 「表示形式」は、フィールド名を一つひとつシェルフなどに配置しなくても、一瞬でグラフが作成される便利な機能です。これを使うことで、新たな発見があったり、表現について学んだりできます。しかし、フィールド名を自動で配置するため、「どうやってこのグラフができたのか」が分からなくなることもあります。いつも「表示形式」に頼るのではなく、自分でフィールド名を配置していって、一つひとつ仕上げていくやり方も大事です。

5-7 「キャプション」と「サマリー」

「キャプション」は、ビューに表示されている表やグラフがどのようにしてできているかを、自動的に文章で記載してくれる機能です。自動で記載された内容でなく、自由に説明文を書くこともできます。

また、「サマリー」は、ビューで集計対象とされたメジャーの特徴(合計や平均など)を表示する機能です。

5-7-1 キャプション

「マーク」カードの下あたりの空いているスペースで右クリックすると、カード表示用のメニューが出てきます。そこで「キャプション」を選びます。

図5-54：カード表示用のメニュー

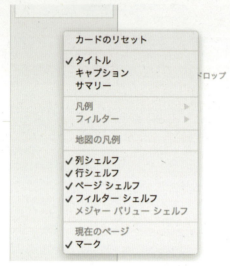

すると、「キャプション」にチェックが入り、キャプションが開きます。

図5-55：キャプション

今はビューに何も表示していないので、キャプションは空白です。右側の「▼」から「キャプションの編集」を選択します。

図5-56：「キャプションの編集」の選択

5-7 「キャプション」と「サマリー」

すると、「キャプションの編集」ウィンドウが開きます。ここでは、自由にビューの内容について記載することができます。

図5-57：キャプションの編集

以下のように記入しました。

図5-58：キャプションの記入

「OK」をクリックすると、キャプションに先ほど記載した内容が表示された状態になります。

図5-59：キャプションの記入結果

もし、これがビューに表やグラフが表示された状態であれば、Tableauがキャプションに説明を自動で表示します。

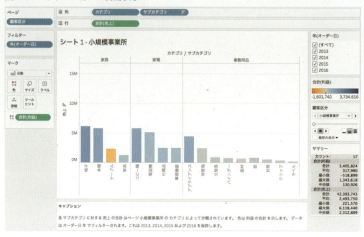

図5-60：キャプションの自動表示

また、ここで「キャプション」の下の内容の部分をダブルクリックして、内容を編集することもできます。

5-7-2 サマリー

先ほど「キャプション」を表示した際のメニューを改めて開くと、すぐ下に「サマリー」とあります。

図5-61：カード表示用のメニュー

「サマリー」を選ぶと、チェックが入り、サマリーが開きます。「サマリー」では、現在ビュー上で集計されているデータに関する情報が表示され、これによりデータの概要を把握できます。

図5-62：サマリー

最上部にデータの個数、次に各メジャーの「合計」、「平均」、「最小値」、「最大値」、「中央値」が表示されます。

なお、ビュー上で表やグラフの一部分を範囲指定すると、その範囲内に含まれるデータのみを対象としたサマリーが表示されます。

5-8 シートタブ

次に、ワークスペースの一番下に表示されるシートタブについて説明します。

図5-63：シートタブ

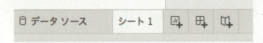

「データソース」をクリックすると、データソース画面に行きます。

ワークシートは、何枚も追加で作成することができます。

ダッシュボードやストーリーのシートも作成することができます。ダッシュボードは、複数のワークシートを一つの画面上に配置するためのシートです。また、ストーリーは、複数のワークシートやダッシュボードを、キャプション(簡単な説明)とともに一連の流れとして並べる機能です。

ワークシートを追加したり、ダッシュボードやストーリーを作成したりするには、ワークスペースの一番下にある**図5-64**のそれぞれのアイコンをクリックします。

図5-64：シートの追加、ダッシュボード、ストーリーの作成アイコン

	新しいワークシート	新しいワークシートが作成されます
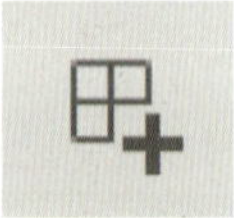	新しいダッシュボード	新しいダッシュボードが作成されます
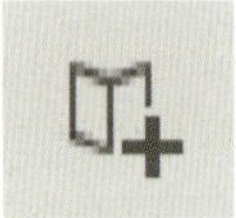	新しいストーリー	新しいストーリーが作成されます

5-8-1 ワークシートの追加と操作

ワークシートのタブを右クリックすると、追加や複製、コピーなどの様々な操作が行えます。「シートのコピー」や「シートの貼り付け」を使えば、Excelと同様にファイル(ブック)を越えてのコピー・ペーストもできます。その時、接続の情報も合わせて引き渡されます。

5-9 ダッシュボード

ダッシュボードは、複数のワークシートを一つの画面上に配置する機能です。また、同じダッシュボード上に配置したワークシート同士を連携させたり、画像イメージや任意のテキスト、Webページなどを追加で表示させたりすることができます。

図5-65：ダッシュボード

左側の表示部分で、「ダッシュボード」のタブを表示させると、「サイズ」、「シート」、「オブジェクト」の3つに分かれたメニューが表示されます。

第5章 ワークスペースの操作

図5-66：ダッシュボードのメニュー

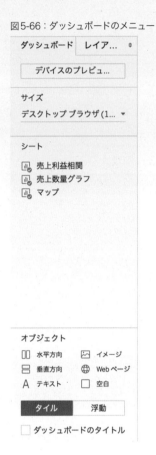

サイズの設定

まずは、ダッシュボードのサイズを設定します。「サイズ」の「デスクトップブラウザ」と表示されている部分をクリックします。

図5-67：ダッシュボードサイズの設定画面

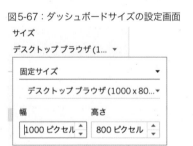

画面は、3つの部分に分かれます。まず、「固定サイズ」と表示されている部分は、大まかなダッシュボードサイズを設定するものです。

図5-68：大まかなダッシュボードサイズの設定

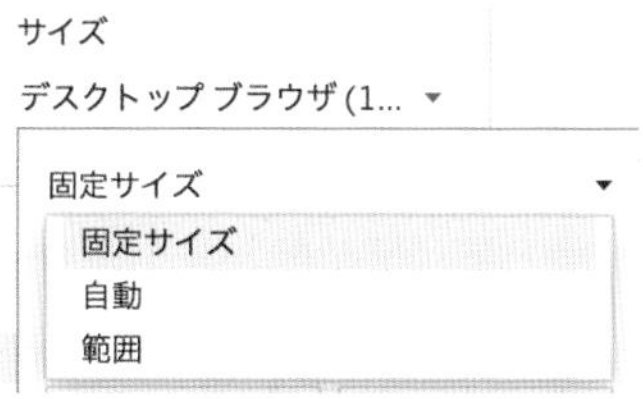

大まかなダッシュボードサイズの設定には、**図5-69**の3種類があります。

図5-69：大まかなダッシュボードサイズの設定オプション

オプション	内容
固定サイズ	あらかじめ決まった大きさ（ピクセル数）を設定します。
自動	画面の大きさにしたがって、Tableauが大きさを自動調整します。
範囲	指定した最小サイズと最大サイズの間でダッシュボードが拡大、縮小されます。

「固定サイズ」を選択すると、あらかじめ用意されたサイズの一覧が表示されます。最初は、「デスクトップブラウザ（1000 x 800）」となっています。

図5-70：固定サイズの選択

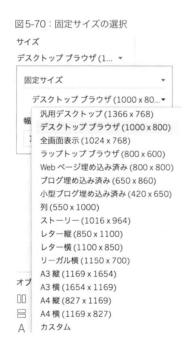

また、その下にある「幅」、「高さ」にピクセル数を入力すれば、「カスタム」の状態になり、自由に大きさを指定できます。

図5-71：カスタムサイズの設定

> **Column** ダッシュボードサイズを固定したい場合は？
>
> 　ここまでの説明を見ると、「とりあえずダッシュボードサイズは〔自動〕に設定しておけばいいかもしれない」となるかもしれません。そうとも言えますが、適切なダッシュボードサイズを固定で設定した方が好ましい場合もあります。
> 　例えば、Tableau Server（またはOnline）にパブリッシュし、Webブラウザで見てもらうようなケースでは、分析を見る人がブラウザの大きさを調整したりする度に、Tableau Serverが画像イメージを生成するため、パフォーマンスに影響を与えます。また、表の数字がつぶれたりすることもあります。
> 　社内で使われているPCの画面解像度を調べたり、社内のイントラサイトのアクセス解析をGoogle Analyticsなどでしていれば、どれくらいの人がどれくらいの解像度で見ているかが分かったりしますので、そのような情報をもとに、できるだけスクロールがなく、かつ広い領域を取れるようなダッシュボードサイズを計算しましょう。

ワークシートの配置

　「シート」には、作成したワークシートが一覧で並んでおり、カーソルを当てると「サムネイル」（小さな画面）が表示されます。

図5-72：ワークシートの一覧

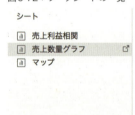
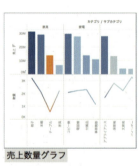

　「売上数量グラフ」を右側の「ここにシートをドロップ」にドラッグ＆ドロップするか、ダブルクリックしてビューに配置します。

図5-73：ワークシートの配置

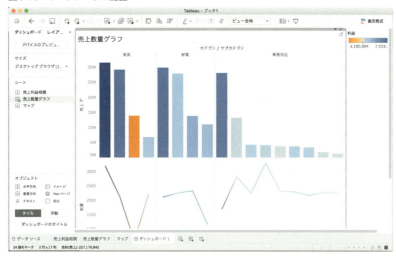

次に、「売上利益相関」をドラッグ＆ドロップで「売上数量グラフ」の下に来るように配置します。右側のビューにドラッグすると、灰色で一部の領域が塗られ、どこに配置するかを聞いてきますので、それをガイドにして行ってください。

図5-74：2つ目のワークシートの配置

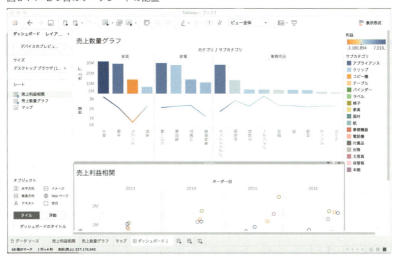

図5-75では、さらに「マップ」というシートを用意し、右下に配置します。

図5-75：3つ目のワークシートの配置

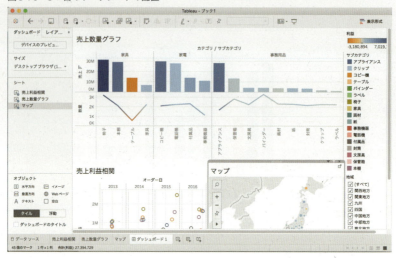

　ここで、下の方に配置されている相関図やマップが半分切れていて、スクロールしないとすべてが見えないようになっていますので、調整します。

「固定サイズ」を「自動」に変更します。

図5-76：サイズの「自動」への変更

画面の大きさが自動調節されて、全体が表示されるようになりました。

図5-77:ダッシュボードの「自動」設定の結果

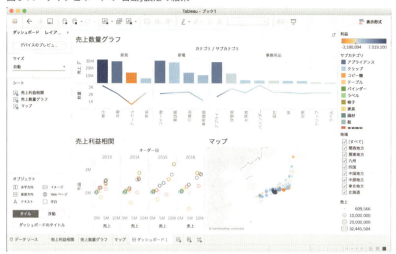

オブジェクトの配置

次に、「オブジェクト」を見ていきます。ここに表示された「オブジェクト」のアイコンをダッシュボードにドラッグ&ドロップすることで、ダッシュボードに配置できます。

図5-78:オブジェクト

配置できるオブジェクトは以下のとおりです。

図5-79:配置できるオブジェクト

オブジェクト	内容
水平方向	オブジェクトを配置する際に、レイアウトコンテナーを配置してから、その中にワークシートやオブジェクトを配置すると、スムーズなレイアウトが可能になります。このコンテナーは水平方向に配置する際に使用します。
垂直方向	水平方向と同じレイアウトコンテナーです。垂直方向に配置する際に使用します。

テキスト	任意の文言を配置します。
イメージ	任意の画像を配置します。ドラッグ＆ドロップすると、参照先の画像ファイルを指定する画面が表示されます。
Webページ	Webページを配置します。
空白	レイアウトを整えるために、空白を配置します。

　ここでは、「Webページ」を挿入してみましょう。「Webページ」をドラッグ＆ドロップでビューの右上に配置します。

　すると、「URLの編集」ウィンドウが表示されます。例えば「http://tableau.com」と入力して「OK」をクリックします。

図5-80：URLの編集

　先ほど配置した部分にTableau社のホームページが表示されます。

図5-81：Webページの挿入結果

「フィルターとして使用」の設定

次に、ダッシュボード上の各ワークシートがお互いのフィルターになる設定をします。

「売上数量グラフ」のシートをクリックすると、周りに灰色の枠がついて、指定された状態になり、右上に「漏斗（ろうと）」のマークが現れます。白いマークですが、この漏斗マークをクリックすると、グレーになります。これで、「売上数量グラフ」は他のシートに対するフィルターになりました。これは、アクションという機能の一つの設定方法です。アクションは第7章で説明します。

図5-82：「フィルターとして使用」の設定（その1）

または、漏斗マークの左にある小さな「▼」マークをクリックすると、このシートに対して行える操作が表示されますので、「フィルターとして使用」をチェックします。

図5-83：「フィルターとして使用」の設定（その2）

うまく設定されたか試してみましょう。「売上数量グラフ」の「家電」をクリックすると、他のワークシートでも「家電」でフィルターがかかります。右側に表示された「サブカテゴリ」の色の凡例を見ると、「家電」に属する「コピー機」、「電話機」、「付属品」、「事務機器」の4つのサブカテゴリのみが表示されています。「売上利益相関」を見ると、「家電」だけしか表示されていないのが分かります。

図5-84：フィルターの結果

ワークシートの移動
　ワークシートの配置を変更したい場合は、配置を変更したいワークシートをクリックすると現れる、灰色の「枠」の上の中央に表示されるハンドルをつかんで移動させます。

図5-85：ワークシート移動のためのハンドル

ワークシートの大きさの変更
　次に、ワークシートの大きさを変更するには、同様に変更したいワークシートをクリックして灰色の「枠」を表示させ、四辺にカーソルを当てると表示される矢印を操作します。
　「マップ」を正方形に変更すると、「売上利益相関」が横長になります。

図5-86：ワークシートの大きさの変更

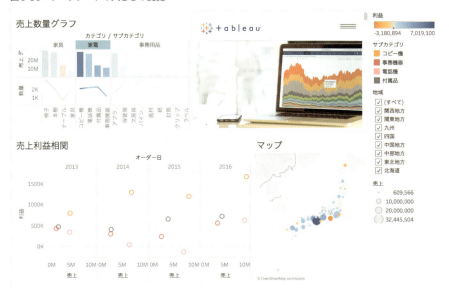

「タイル」と「浮動」

「タイル」ではなく、「浮動」を選択してからオブジェクトをダッシュボードにドラッグ＆ドロップすると、他のシートやオブジェクトと重ねる形で配置できます。

図5-87：「浮動」の選択

「浮動」をクリックした上で、「テキスト」をダッシュボードにドラッグ＆ドロップします。すると、「テキストの編集」ウィンドウが開くので、ここに適当な文章を記入します。フォントの種類や、大きさ、色も変えられます。編集したら、「OK」をクリックします。

図5-88：「テキストの編集」

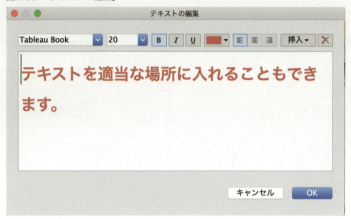

「浮動」に設定しているため、自由な場所にテキストを配置できることがわかります。

図5-89：テキストの自由な場所への配置

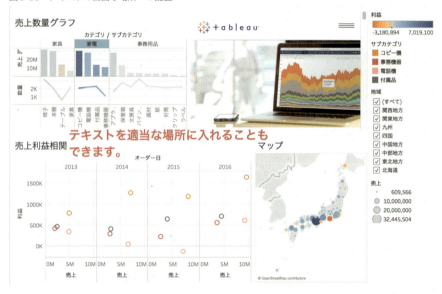

　なお、一度「タイル」で配置されたワークシートや凡例、フィルターなどを「浮動」にすることもできます。浮動にしたいものをクリックし、灰色の「枠」が現れた状態で、小さな「▼」マークをクリックすると、メニューが表示されます。そこで「浮動」を選択します。特に凡例は、「浮動」にし、対象となるグラフの側に置くことで、参照しやすくなったり、ダッシュボードのスペースを節約できたりします。

図5-90:「タイル」から「浮動」への変更

さらに、浮動にすると、表示されるメニューが変わり、浮動の表示順を設定できます。

図5-91:浮動順の設定

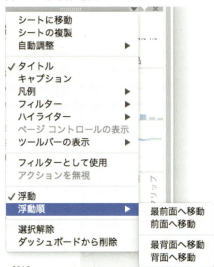

ダッシュボードのタイトル

「ダッシュボードのタイトル」をクリックすると、ダッシュボードのビューの一番上にタイトルを表示できます。

第5章 ワークスペースの操作

図5-92：ダッシュボードのタイトルの表示

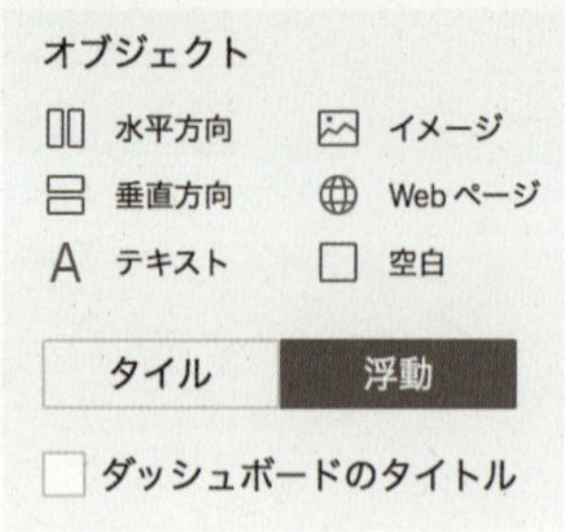

オブジェクト

▯▯	水平方向	🖼	イメージ
▭	垂直方向	🌐	Webページ
A	テキスト	▢	空白

タイル	浮動

☐ ダッシュボードのタイトル

　ダッシュボードのタイトルは、ワークシートと同様に、初めはシートタブで設定したシート名が表示されていますが、変更することもできます。ここでは、ワークスペースの一番下のシートタブで、ダッシュボードの名前を「売上分析」とし、結果として、タイトルにも表示されるようにします。

　ここで、「Esc」キーをクリックして、ダッシュボード上でかかっているフィルターを解除してください。

5-10　ストーリー

　ストーリーは、Tableauで作成したワークシートや、ダッシュボードを使って、プレゼンテーションを作成する機能です。Tableauでいくつものダッシュボードを作り、それを表示させただけでは、それを見る人からすると、「たくさんあってどこを見たらいいか分からない」、「結局、一連のダッシュボードで何がいいたいのか」といったことになりかねません。そこで、この機能を使い、キャプション(簡単な説明)を加えながら、見て欲しいワークシートやダッシュボードを、分析のストーリーにしたがって示すことができます。パワーポイントのように貼り付ける表やグラフは静的ではなく、中のワークシートやダッシュボードでフィルターをかけるといった動的な表現もできます。

　ストーリーのフィルターは、一つひとつのストーリーの構成要素であるストーリーポイントの中でしか影響を与えないため、元データが同じワークシートであっても、ストーリーポイントごとにフィルターの内容を変えることができます。

「新しいストーリー」の作成
　ワークスペースの一番下にある、「新しいストーリー」の作成のアイコンをクリックします。

図5-93:「新しいストーリー」の作成アイコン

すると、ストーリーが開きます。

図5-94:「新しいストーリー」

左にあるメニューを見ると、ワークシートやダッシュボードが一覧で表示されています。

図5-95：ストーリーのメニュー

「ダッシュボード」のメニューと同様、各シートにカーソルをかざすと「サムネイル」（小さな画像）が表示されます。

図5-96：シートのサムネイル表示

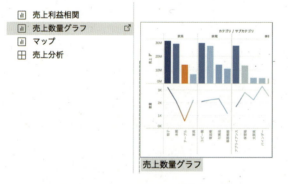

「売上数量グラフ」を右側の「ここにシートをドラッグ」の部分にドラッグ＆ドロップして配置します。

図5-97：シートの配置結果

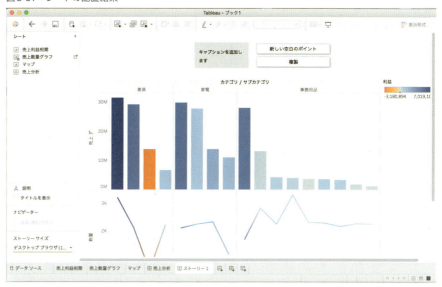

シートが画面上見切れているので、画面の設定を変更します。

図5-98：ストーリーサイズの変更

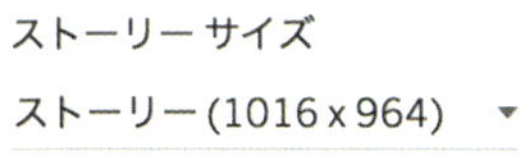

ストーリー サイズ
ストーリー (1016 x 964)

ここでは、「ダッシュボード」と同様に、「固定サイズ」を「自動」に変更します。

図5-99：ストーリーサイズの「自動」への変更

当然、「固定サイズ」の中から適切なサイズを選択したり、カスタマイズで固定サイズを設定したりすることもできます。その際、現在の画面ではなく、実際にプレゼンテーションなどで表示する画面のサイズを設定してください。

画面がきれいに表示されました。

第5章 ワークスペースの操作

図5-100：サイズの変更結果

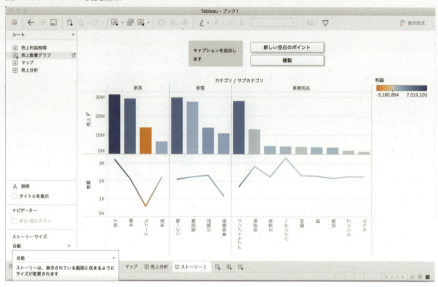

「キャプションを追加します」をクリックして「売上数量グラフ」という説明書きを加えます。

ストーリーポイントの追加

次に、「新しい空白のポイント」をクリックして、「ストーリーポイント」を追加します。

図5-101：「ストーリーポイント」の追加

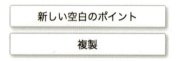

ストーリーポイントが追加されます。

188

図5-102：ストーリーポイントの追加結果

「売上利益相関」をドラッグ＆ドロップして配置します。「キャプション」を「売上利益相関」とします。

さらに、ストーリーポイントを追加して、今度は「売上分析」を配置します。「キャプション」を「売上分析」とします。すると、**図5-103**のようになります。

図5-103：ストーリーの作成結果

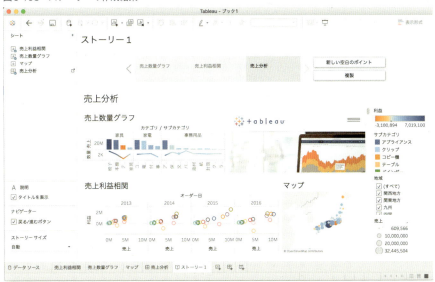

説明の表示

　ストーリーの画面上に、何か説明書きを加えたい場合は、「説明」を使うことができます。やってみましょう。
　キャプションの「売上数量グラフ」をクリックして、このストーリーポイントに戻ります。そこで左のメニューにある「説明」をドラッグして、ビューの適当なところにドロップします。すると、「説明を編集」の画面が表示されます。

図5-104：「説明の編集」画面

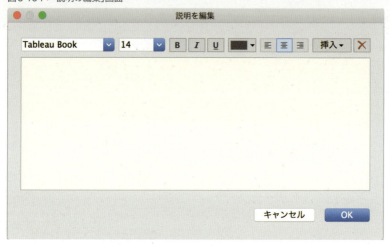

　説明を書き、書式を編集して、「OK」をクリックします。

図5-105：説明の記入

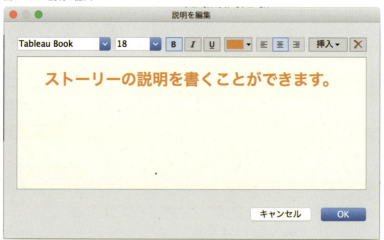

　すると、画面上に「説明」が表示されました。

図5-106：説明の表示

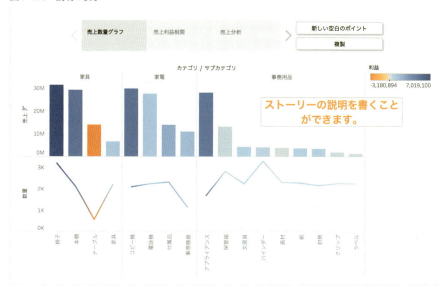

ストーリーポイントごとのフィルター

一つ目のストーリーポイントで表示するワークシートでは「カテゴリ」の「家具」にフィルターをかけていても、次のストーリーポイントに移ると「家電」にフィルターがかかっているといった状態を作ることができます。

「売上数量グラフ」で「家具」をクリックします。

図5-107：「家具」の選択結果

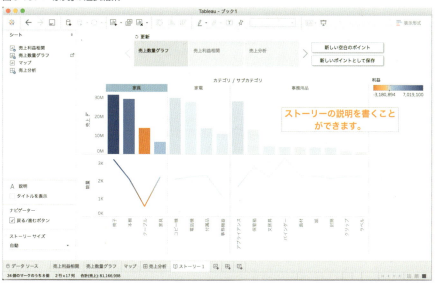

すると、「複製」と書かれていたボタンが、「新しいポイントとして保存」という名前に変更されるので、それをクリックします。

図5-108：「新しいポイントとして保存」

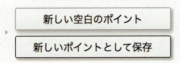

ストーリーポイントが追加されるので、「キャプション」を「家具の売上数量グラフ」とします。

図5-109：ストーリーポイントの追加（家具）

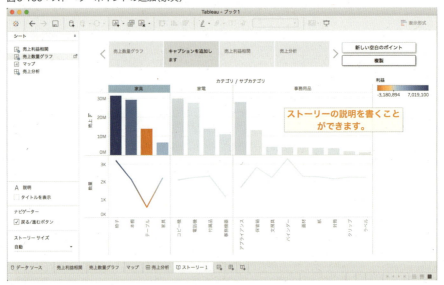

次に、「家電」をクリックして、さらに「新しいポイントとして保存」をクリックします。

図5-110:「家電」の選択結果

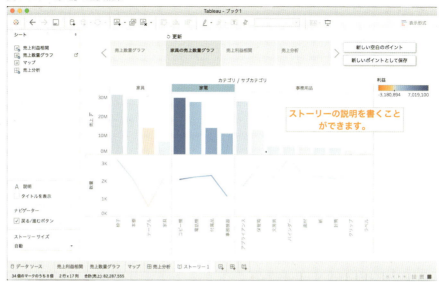

ストーリーポイントが追加されるので、今度は「キャプション」を「家電の売上数量グラフ」とします。

図5-111:ストーリーポイントの追加(家電)

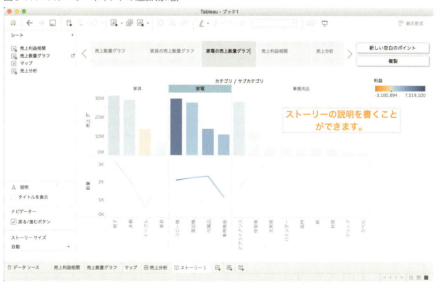

「売上数量グラフ」、「家具の売上数量グラフ」、「家電の売上数量グラフ」のストーリーポイントを順に見ると、それぞれフィルターが別々にかかっているのがわかります。

第5章 ワークスペースの操作

5-11 Tableauのファイルの保存方法

最後に、ファイルを保存します。

Tableauではファイルのタイプが主に**図5-112**のとおり、6種類あります。

図5-112：Tableauファイルの種類

保存の種類	内容	アイコン	拡張子
ワークブックの保存	作業中のワークブックを保存します。分析ロジックが保存されます。		twb
パッケージドワークブックの保存	作業中のワークブックを、接続先のデータとともに保存します。		twbx
ブックマークの保存	作業中のワークシートを保存します。作業中のワークブックがパッケージドワークブックの場合には、ワークシートとともにデータをセットで保存します。		tbm
データソースの保存	元データでの定義以外に、Tableau上で設定した追加のデータ定義（「メタデータ」）を保存します（第3章で説明）。		tds
パッケージドデータソースの保存	データソースを「Tableau抽出ファイル」とともに保存します（第3章で説明）。		tdsx
Tableau抽出ファイルの保存	元データをTableauでの分析に適したファイル形式に変換し、圧縮して抽出します。		tde

以降では、「ワークブック」と「パッケージドワークブック」、「ブックマーク」の保存について説明します。

5-11-1 ワークブックの保存

ファイルメニューから「保存」、または「名前をつけて保存」をクリックします。

図5-113：ワークブックの保存

```
ファイル    データ    ワークシート    ダッシュボード    ストーリー    分析    マッ
  新規                                              ⌘N
  開く...                                           ⌘O
  閉じる                                            ⌘W
  保存                                              ⌘S
  名前を付けて保存...                               ⇧⌘S
  前回保存したときの状態に戻す                      ⌥⌘E
  パッケージド ワークブックのエクスポート...
```

保存画面で名前をつけます。既定の保存場所は「マイ Tableau リポジトリ」内の「ワークブック」フォルダーです。保存場所は任意の場所に変更できます。

図5-114：ワークブックの保存画面

「Tableau ワークブック(*.twb)」が選択された状態で、「保存」をクリックします。

> **Note**
> ワークブック(twb形式)は、接続先のデータを含みません。ですので、情報漏洩の観点では安心な保存形式です。また、データは含みませんが、どのデータに接続しにいくかが記録されています。ここで注意すべきなのは、ExcelやTableau抽出ファイルなどのデータソースに接続していた場合、そのファイルの場所や、ファイルが格納されているフォルダーの名前が変わってしまうと、接続できなくなり、次回、ワークブックを開いた際に、「接続先が見つからない」というメッセージが表示されることです。その場合は慌てずに、「ファイルはここにある」とTableauに改めて教えてあげることで解決します。

5-11-2 パッケージドワークブックの保存

「パッケージドワークブック」は、分析のロジックを保存した「Tableauワークブック」と、元データ(Tableau抽出ファイルやExcelファイルなど)を一つのファイルにまとめ、保存したものです。元データがファイルに含まれているため、それをメールに添付して送れば、受け取った人がTableau DesktopやTableau Readerで開き、ダッシュボードやワークシートを見ることができます。また、Tableau ServerやTableau Onlineで共有すれば、セキュリティーや監査の面でも安心できますので、お勧めです。

ファイルメニューから「保存」、または「名前をつけて保存」を選択します。または、「パッケージド ワークブックのエクスポート」を選択します。

図5-115：パッケージドワークブックの保存

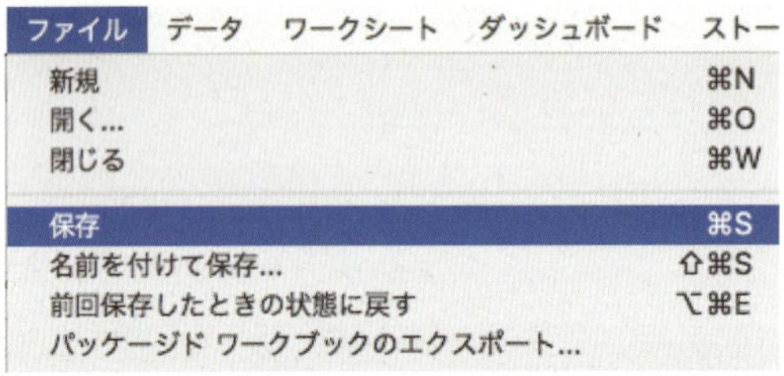

保存画面で名前をつけ、保存形式を「Tableauパッケージドワークブック(*.twbx)」とし、「保存」をクリックします。

図5-116：パッケージドワークブックの保存画面

> **Column** ヒント：パッケージドワークブックをもっと便利に、安全に使うために
>
> - パッケージドワークブックは、Tableauワークブック（拡張子twbのファイル）と、Tableau抽出ファイル（拡張子tdeのファイル）やExcelといった接続先のデータのファイルを「zip形式」で圧縮して一つのファイルにしたものです。「twbx」ファイルを右クリックすると表示されるメニューでアンパッケージ（解凍）することができます。
> - 接続先がデータベースのとき、必要なデータのみをTableau抽出ファイルにした上で、パッケージドワークブックで保存すると、大変便利です。データベースに接続するIDとパスワードを知っている人であれば、誰でも抽出ファイルを更新し、パッケージドワークブックを最新の状態にできるからです。
> - パッケージドワークブックには、パスワード保護がかけられません。また、ワークシートで使っていなくても、接続先のデータが基本的にすべて抽出され、収められているということに十分注意してください。例えば、購買分析や従業員の給与の傾向分析をし、パッケージドワークブックとして保存し、メールで配信したとします。例え、ワークブック上で顧客や従業員を特定するような分析をしていなかったとしても、もし元のデータファイルにそれらが含まれていれば、個々の顧客の購買履歴や従業員の給与といった情報が流出してしまいます。Tableau Server上にデータを置いてアクセスを制限したり、Tableau抽出ファイルを作るときに、不必要な情報は除外したりするなどの対策が必要です。
> - ファイルの容量が重くなることがあるので、注意してください。

ブックマークの保存

ブックマークの保存は、「ウィンドウ」メニューの「ブックマーク」、「ブックマークの作成」と選んでいくことで行えます。

図5-117：ブックマークの保存

「ブックマーク保存A」と名付けて、「保存」をクリックします。

第5章 ワークスペースの操作

図5-118：ブックマークの作成

「ウィンドウ」メニューの「ブックマーク」を見てみると、「ブックマーク保存A」があるのがわかります。

図5-119：ブックマーク保存の結果

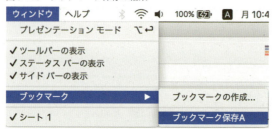

同様にして、「パッケージドワークブックで保存.twbx」を開き、まったく同じ手順でブックマークを保存します。名前は「ブックマーク保存B」とします。

パッケージドワークブックをブックマークで保存すると、ファイルが保存されるのと同じフォルダー内に「ブックマーク保存B.tbm のファイル」というフォルダーができ、その中に「Data」、「ja_JP-Japan」、「サンプル - スーパーストア.xls」が一緒に保存されます。これは、同僚などから受け取ったパッケージドワークブックを保存する際などに、データとともに保存しないと再度開けなくなるからです。

図5-120：ブックマーク保存の結果（パッケージドワークブックの場合）

第6章
Tableauの基本機能（その1）

　データに接続し、ワークスペースの使い方を覚えたら、次は様々な分析を行っていきましょう。この章では、Tableauで分析する上で最低限知っておかなければならない機能について学んでいきます。詳細な操作説明もありますので、実際に操作しながら読み進めてください。

ここがポイント

・「並べ替え」や「グループ化」を使うと、グラフを昇順、降順や任意の順番に並べ替えたり、少額のアイテムを1つにまとめたりすることができます。

・「階層」を作成すると、分析を見る人が「ドリルダウン」（レベルの詳細化）をすることができるようになります。また、日付は最初から階層化されています。

・日付の「連続」と「不連続」の違いと、それがグラフにどのような効果をもたらすかについて理解することが大切です。

・「既定のプロパティ」を設定すれば、ワークシートごとの設定が不要になります。

・「二重軸」を使えば、異なる種類のグラフを組み合わせることができます。

・「セット」は、ある条件に当てはまる値を一つのセットに指定する機能です。

・「アナリティクス」ペインを使うと、平均線や傾向線を引いたり、予想ラインを表示したりすることができます。

・「クラスター」は、コンピュータが自動的にデータをいくつかの集団に分ける機能です。

6-1 並べ替えとグループ化

ここでは、グラフを並べ替える方法や、メンバー（実際に含まれる値）をグループ化する方法について説明します。

6-1-1 並べ替え

ここでは、**図6-1**のように、「サブカテゴリ」ごとの「売上」のグラフを作成し、「売上」の高い順に並べてみましょう。

図6-1：並べ替えの完成イメージ

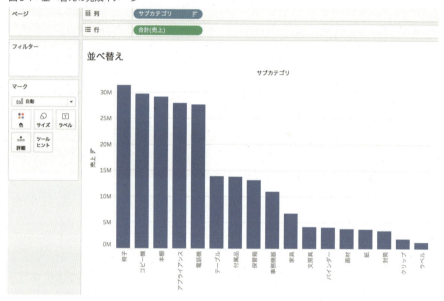

まず準備として、「サブカテゴリ」ごとの「売上」のグラフを作成します。新しいワークシートを開き、データペインの「メジャー」にある「売上」のフィールド名をドラッグ＆ドロップで「行」シェルフに入れるか、ダブルクリックします。

図6-2:「売上」の「行」への配置

次に、「サブカテゴリ」をドラッグ＆ドロップで「列」シェルフに入れるか、ダブルクリックします。すると、「サブカテゴリ」ごとの「売上」のグラフが現れます。

図6-3:「サブカテゴリ」ごとの「売上」グラフ

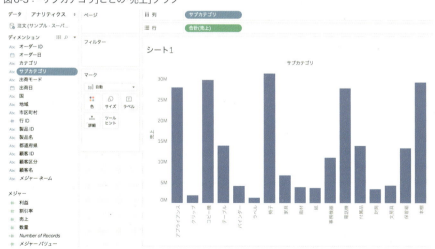

その上で、「売上」の降順に並べ替えます。方法は3つあります。

方法1

グラフの縦軸の「売上」の部分にカーソルを当てると並べ替えのマークが出るので、クリックします。クリックするごとに、「降順」、「昇順」、「元の状態」に切り替わります。

図6-4：軸の「並べ替え」アイコンによる並べ替え

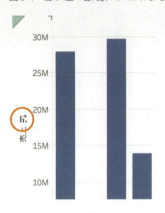

方法2

ツールバーにある、並べ替えのアイコンをクリックします。

図6-5：ツールバーの並べ替えアイコン

方法3

「列」シェルフの「サブカテゴリ」のピルを右クリックするか、もしくはカーソルを当てると表示される「▼」を左クリックすると、メニューが表示されるので、「並べ替え」をクリックします。

図6-6：「列」や「行」に配置したフィールド名からの並べ替え

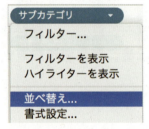

> **Note**
> グラフの軸のアイコンで並べ替える場合は、並べ替えの基準となる「売上」の軸に表示されるアイコンをクリックしますが、「列」や「行」シェルフから並べ替えるときは、並べ替えの対象である「サブカテゴリ」のピルを右クリックすることに注意しましょう。

「並べ替え[サブカテゴリ]」のウィンドウが開くので、並べ替えの方法を設定します。

図6-7:「並べ替え[サブカテゴリ]」のウィンドウ

ここでは、並べ替え順序を「降順」にし、「並べ替え順」は「フィールド」にチェックを入れた上で、「売上」を選択し、「集計」は「合計」に設定します。

図6-8のようになったら、「OK」をクリックします。

図6-8：並べ替え条件の設定

3つの手順のどれでやっても、結果は**図6-9**のようになります。「サブカテゴリ」の「売上」が多い順に並べ替えられました。

図6-9：並べ替え結果

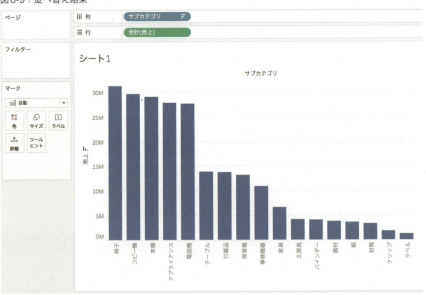

ここで、「列シェルフ」の「サブカテゴリ」のピルに「降順」のマークがついています。これは、「サブカテゴリ」が降順で並べ替えられていることを示しています。

図6-10：降順が設定されていることを示すマーク

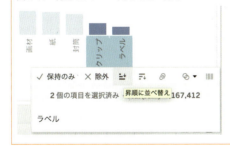

> **Note**
>
> 　図6-7の画面を使えば、データソース順やアルファベット順、さらには手動での並べ替えもできます。また、ここで説明した3つの方法で行う並べ替えは、このワークシート内だけに適用されます。もし、「他のワークシートでも、必ずこの順番に並べ替えたい」といったことがある場合は、「既定のプロパティ」を使えば、新しいワークシートで分析するたびに設定するという手間が省けます。詳しくは**6-5　既定のプロパティ**をご覧ください。
>
> 　他にも、限られたメンバー内だけで並べ替えをすることができます。例えば、図6-9のグラフ上で「クリップ」を選択し、「Ctrlキー」を押しながら「ラベル」を選択して、2つが選択された形にします。そこで、表示されるメニューから「昇順に並べ替え」をクリックすると、「クリップ」と「ラベル」の位置が入れ替わります。
>
> 図6-11：特定のメンバー内での並べ替え

6-1-2　グループ化

　グループ化は、ディメンションにあるフィールドに入っているメンバー（値）をグループ化する機能です。例えば、少し戻って**図6-9**のグラフですが、「紙」、「封筒」、「クリップ」、「ラベル」は売上が小さいので、ひとつのグループにまとめてしまうことができます。その方法を説明します。

　「紙」、「封筒」、「クリップ」、「ラベル」のヘッダー部分を「Ctrlキー」を押しながら選択します。または、今回はそれらが連続していますので、「紙」を選択したあと、「Shiftキー」を押しながら「ラベル」を選択します。

図6-12：グループ化するメンバーの指定

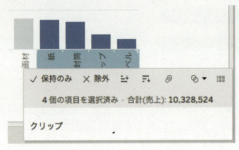

　すると、メニューが表示されるので、クリップのマークをクリックします。メンバーを選択した状態で右クリックすると表示されるメニューの「グループ」を選択しても構いません。

図6-13：メンバーのグループ化（その1）

図6-14：メンバーのグループ化（その2）

　グループ化を行うと、「紙」、「封筒」、「クリップ」、「ラベル」が、「クリップ、ラベル 紙と、さらに1個」という1つのグループ化されたメンバーになります。

図6-15：グループ化の結果

さらに、「クリップ、ラベル、紙と、さらに1個」のメンバーを選択した状態で、右クリックをして「別名の編集」を選択します。

図6-16：「別名の編集」の選択

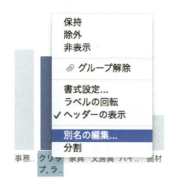

「クリップ、ラベル、紙と、さらに1個」と出ますので、それを「その他少額文具」という名前に書き換えます。

図6-17：「別名の編集」

次のように表示されます。

図6-18：別名の編集結果

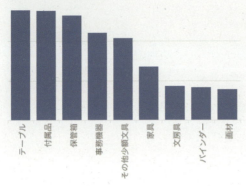

　最後に、タイトルを編集します。ビューの「シート1」と書かれたタイトル部分をダブルクリックすると、「タイトルの編集」ウィンドウが開きます。最初は「＜シート名＞」となっていて、下のシートタブで入力したシート名が表示されますが、ここでは「並べ替え・グループ化」という名前に書き換えて「OK」をクリックします。フォントの詳細な設定も可能ですので、いろいろと試してみてください。

図6-19：「タイトルの編集」

　または、「＜シート名＞」は残しておき、ワークシートのタブでシート名を編集することでも対応できます。これ以降はワークシート名のタブでシート名を編集していきます。
　これで、「並べ替え」と「グループ化」が完了しました。

図6-20:「並べ替え」と「グループ化」の完了

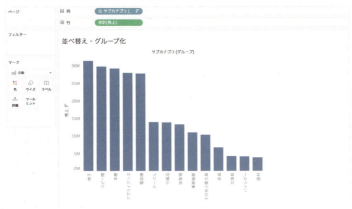

データペインを見ると、新たに「サブカテゴリ(グループ)」というフィールド名ができていることを確認してください。

図6-21:「サブカテゴリ(グループ)」のフィールド名

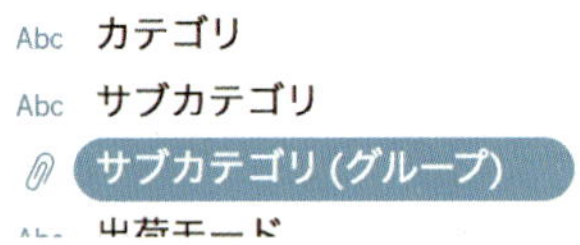

- Abc カテゴリ
- Abc サブカテゴリ
- サブカテゴリ (グループ)
- 出荷モード

この「サブカテゴリ(グループ)」を右クリックして、「グループの編集」を選ぶと、さらに編集ができます。

6-2 ビジュアルグループ

次に、「ビジュアルグループ」について説明します。「ビジュアルグループ」とは、任意のグループを作成して、グラフの内容を色分けする方法です。**図6-22**が完成イメージです。

図6-22：ビジュアルグループの完成イメージ

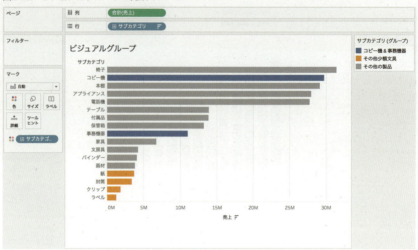

どのディメンションを使って色分けしたいかを選びます。ここでは、**6-1-2　グループ化**で作成した「サブカテゴリ（グループ）」を使用します。データペイン内の「サブカテゴリ（グループ）」を右クリックしてメニューを開き、「グループの編集」を選択します。

図6-23：「グループの編集」の選択

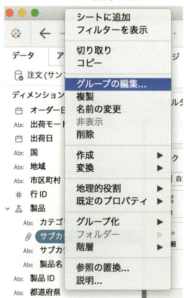

すると、グループの編集ウィンドウが開きます。すでに作成した「その他少額文具」がグループとして存在しています。

図6-24：グループの編集ウィンドウ

ここでは、「コピー機」、「事務機器」を「Ctrlキー」を押しながら選択し、その状態で「グループ」ボタンをクリックすることで、グループを作成します。

図6-25：「コピー機」と「事務機器」のグループ化

図6-26：「コピー機」と「事務機器」のグループ化の結果

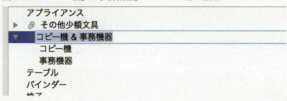

ここで、作成したグループの名前が変更できますが、今回はこのままにします。

さらに、現在グループになっていないフィールド名をまとめて「その他の製品」というグループを作ります。同じように、グループに属していないメンバーを「Ctrlキー」や「Shiftキー」を使って複数選択し、「グループ化」をクリックしても作成できますが、これではその他に含めたい新たなメンバーが増えた場合に対応できません。ウィンドウの左下に「'その他'を含める」とあるので、チェックボックスにチェックを入れると、他のメンバーが「その他」としてまとまります。

図6-27：その他のメンバーのグループの作成

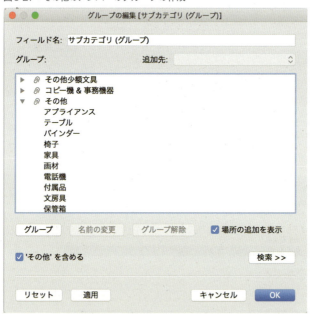

次に、「その他の製品」にグループの名前を変更します。

図6-28：「その他の製品」への名前の変更

すると、**図6-29**のようになりますので、「OK」をクリックします。

図6-29：「その他の製品」グループの作成結果

一番下のワークシートタブの部分で、新しいワークシートを追加するアイコンをクリックします。

図6-30：ワークシートの追加

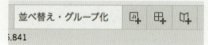

新しいワークシートが追加されたら、データペインから「サブカテゴリ」を「行」、「売上」を「列」に持っていきます。その上で、「サブカテゴリ（グループ）」をドラッグ＆ドロップで「マーク」の「色」に持っていきます。

図6-31：「マーク」の「色」へのグループの配置

すると、サブカテゴリ（グループ）ごとに棒グラフが色分けされます。シート名を「ビジュアルグループ」にしましょう。

図6-32：ビジュアルグループの完成

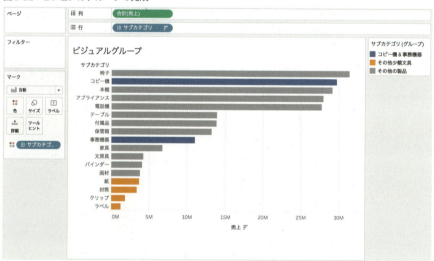

6-3 階層の設定

6-3-1 階層化の方法

「ディメンション」にある複数のフィールドが親子関係にある場合、階層構造にしておくと、分析の際に「ドリルダウン」(詳細化)ができるようになります。

図6-33が完成イメージです。「カテゴリ」のピルに、ドリルダウンが可能なことを示す「＋」が表示され、その「＋」をクリックすると「サブカテゴリ(グループ)」が、さらに「サブカテゴリ(グループ)」の「＋」をクリックすると、「サブカテゴリ」が現れるようになります。

図6-33：階層の完成イメージ

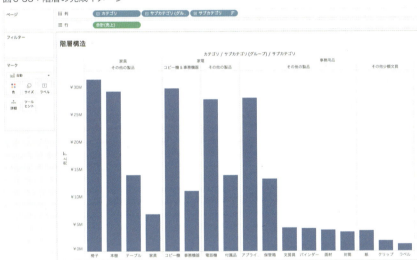

左側のデータペインにある「カテゴリ」を右クリックしてメニューを開き、「階層」、「階層の作成」と選択します。

図6-34：階層の作成

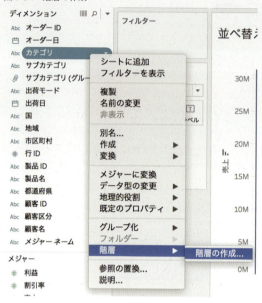

「階層の作成」のウィンドウが開きますので、階層につける名前を入力します。ここでは、最初から「カテゴリ」と表示されていますが、「製品」に変更して、「OK」をクリックします。

図6-35：階層名の設定

すると、「製品」という階層ができ上がります。

図6-36：階層の作成結果

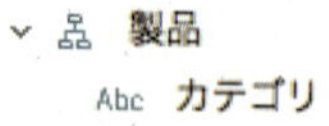

階層を作成したら、そこに「サブカテゴリ(グループ)」、「サブカテゴリ」、「製品名」をドラッグ&ドロップして追加していきます。

図6-37：階層へのフィールドの追加

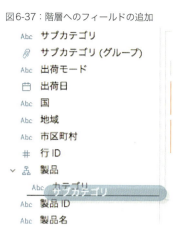

「製品」の階層の中に、「サブカテゴリ（グループ）」を持っていくと、「カテゴリ」の下に黒い線が現れます。そこでドロップすると、階層に追加されます。同様に「サブカテゴリ」、「製品名」を追加していきます。

図6-38のようになれば、完成です。

図6-38：階層の作成結果

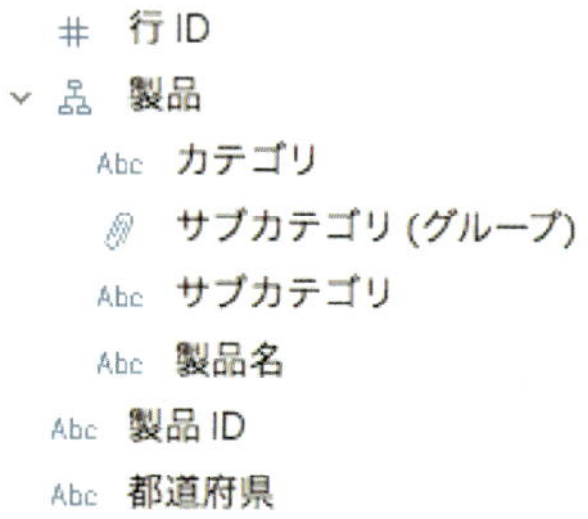

- ＃ 行ID
- ∨ ⿱ 製品
  - Abc カテゴリ
  - ⌘ サブカテゴリ (グループ)
  - Abc サブカテゴリ
  - Abc 製品名
- Abc 製品ID
- Abc 都道府県

> **Note**
>
> 階層の作成は、図6-39のように「サブカテゴリ（グループ）」を「カテゴリ」の上に重ねるだけでもできます。
>
> 図6-39：階層の作成

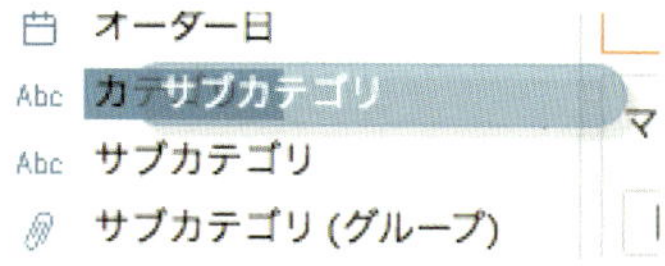

それでは、階層ができたことをビュー上で確認してみましょう。新しいワークシートを開き、「カテゴリ」を「列」に、「売上」を「行」に入れます。すると、図6-40のように、

「カテゴリ」の名前の左に「＋」が表示され、階層化されていることが分かります。

図6-40：階層化された「カテゴリ」

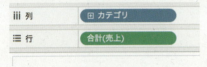

「＋」をクリックすると、一つ下の階層である「サブカテゴリ（グループ）」が右に現れます。これが「ドリルダウン」です。

図6-41：ドリルダウン

グラフは**図6-42**のようになります。

図6-42：ドリルダウン後のグラフ

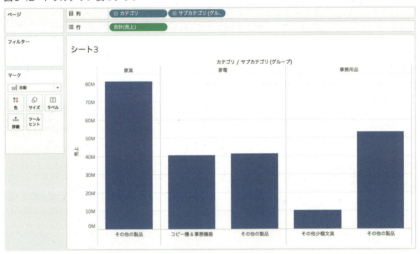

さらに、「サブカテゴリ（グループ）」の「＋」をクリックすると、「サブカテゴリ」が現れます。さらに、「サブカテゴリ」の「＋」をクリックすると「製品名」まで表示されます。

また、ドリルダウンすると、階層の上位にあるフィールド名のピルには「－」が表示されます。これをクリックすると、上の階層へと戻っていきます。これを「ドリルアップ」と言います。「サブカテゴリ（グループ）」まで戻ってみましょう。まず「サブカテゴ

リ」の「−」をクリックして、「製品名」を隠し、次に「サブカテゴリ（グループ）」の「−」を
クリックします。「製品名」の階層を隠すには、その一つ上の「サブカテゴリ」の「−」を
クリックするところがポイントです。

図6-43：ドリルアップ

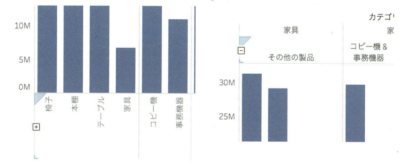

Note

「ドリルダウン」の「＋」や「ドリルアップ」の「−」は、対象となる部分にカーソルを当てることにより、ビューの中にも表示されます。例えば、図6-44のように、ヘッダーの「カテゴリ」のメンバー（値）の部分にカーソルをかざすと「＋」や「−」が表示されます。

図6-44：ビュー内の「ドリルダウン」・「ドリルアップ」アイコン

この機能は重要で、覚えておくべきものです。例えば、無料版のTableau Readerや、Tableau Server（Online）上にパブリッシュ（アップロード）された分析をWebブラウザで見てもらうときには、「ドリルダウン」や「ドリルアップ」の手段は、基本的にこの操作になるからです。

階層を作成すれば、ユーザが必要に応じて見たい階層レベル（「データの粒度」や「詳細レベル」といったりします）にドリルダウンやドリルアップすることができ、フィルターと組み合わせることで、「まず大まかな地域をフィルターで選択し、そのあとドリルダウンで詳細レベルを下げていく」というように、今まで何枚もExcelのシートを作って対応してきたレポートを1枚にまとめることができる可能性があります。

最後に、降順に並べ替えると完成です。シートタブで、ワークシート名を「階層構造」としましょう。

図6-45:作成されたダッシュボード

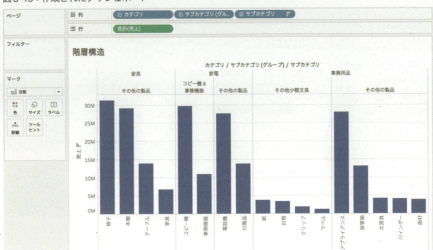

6-3-2 日付の階層化

データペインで、カレンダーのマークがついているものは、Tableauが日付として認識しており、その場合、何もしなくても「年」、「月」、「日」といった階層化ができています。

もし日付なのが明らかなのにも関わらず、カレンダーのマークがついておらず、階層化されていない場合には、まず、それが日付であることをTableauに認識させなくてはなりません。

例えば、「年月」が「201701」といったように「年4桁＋月2桁」で入っている場合、Tableauは数値4桁としか認識しません。計算フィールドを組んで文字列操作をしたり、DATEPARSEという関数を使ったりして、日付と認識されるような形に変換します。

図6-46:計算フィールドによる日付フィールドの作成方法(「年4桁＋月2桁」の数値型のデータがあった場合)

文字列操作	DATE(LEFT(STR([日付]),4)+"/"+RIGHT(STR([日付]),2)+"/01")
	[日付]を文字列に変換(STR)した上で、左側の年4桁(LEFT)と右側の月2桁(RIGHT)と、ダミーで設定する「1日」をスラッシュでつなぐ文字列操作を行い、最後に日付化(DATE)する
DATEPARSE関数の利用	DATEPARSE("yyyyMM",[日付])
	[日付]の最初4文字を年(yyyy)、次の2文字を月(MM)と捉える

Tableauは例えば元データがExcelの場合、以下のように表示されている値を日付と

して認識します。ただし、重要なのは、Excelやデータベースで日付として認識されているかどうかです。

図6-47：日付として認識される値（2017年1月1日の場合の例）

2017/1/1	01-Jan-17
1/1/2017	2017年1月1日
01/01/2017	

Note

　バージョン10.2から、データ型を日付にするだけで、DATEPARSE関数と同様の処理がなされて日付型に変換される機能が実装されました。

6-4 連続と不連続

　第2章で、フィールドには「連続」と「不連続」があること、特に日付のフィールドは「連続」と「不連続」のどちらでも使うことができることを説明しました。ここでは、日付を「連続」にした場合と「不連続」にした場合で、どのような違いが出るかを説明します。

　まず、新しいワークシートを開き、「オーダー日」ごとの「売上」のグラフを作成しましょう。**図6-48**のようにします。すると、「オーダー日」が日付であるため、折れ線グラフが描かれました。

図6-48:「オーダー日」ごとの「売上」グラフ

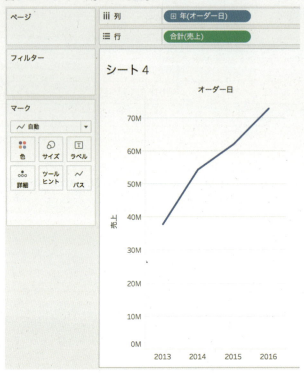

「年(オーダー日)」の「＋」をクリックして「四半期(オーダー日)」へ、さらに「四半期(オーダー日)」の「＋」をクリックして「月(オーダー日)」へドリルダウンします。「四半期(オーダー日)」のピルは、右クリックして、メニューから「削除」を選ぶことで外します(または、このピルをビューの外に出します)。すると、**図6-49**のようになります。

図6-49:「月」までのドリルダウン

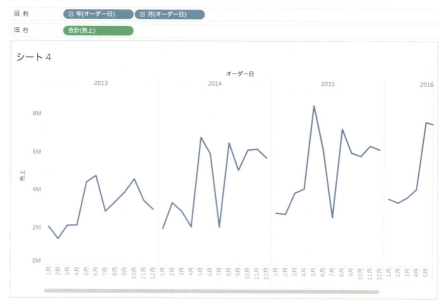

　ここで注意すべきなのは、「年(オーダー日)」や「月(オーダー日)」が青色のピルで示されている、つまり「不連続」として認識されている点です。本来、時間の流れは、「1月1日12:00:01」、「1月1日 12:00:02」と連続していると捉えますが、ここではそうではなく、「年」と「月」のそれぞれで不連続に各年や各月の箱を設け、そこに元のデータを一つひとつ流していって、集計した結果を線で結ぶことで折れ線グラフを作成しています。

　よって、縦方向は、「売上」の軸になっており、軸の「売上」を右クリックすると、「軸の編集」が現れますが、横方向は、軸ではなく、それぞれの「年」や「月」が項目として並んでいるだけのため、「軸の編集」が現れません。

図6-50:「軸の編集」の表示

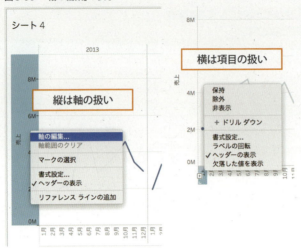

箱を(たまたま)「年」、「月」の順に並べているだけですから、その順番を入れ替えることができます。「列」に入っている「月」のピルをつかんで、「年」の前に持っていってみましょう。

図6-51:「月」のピルの移動

すると、各月ごとの2013年から2016年までの「売上」の変化が表示されました。

図6-52:「月」ごとの4年間の「売上」変化

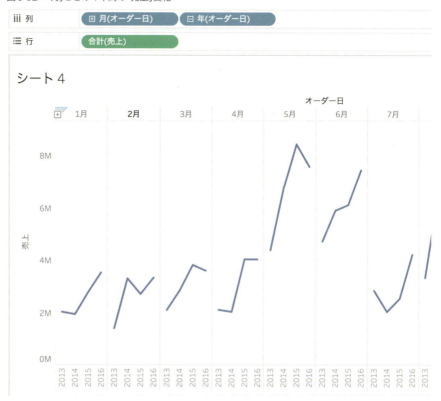

このように時間を連続しない値として扱いたい場合の他の例として、売上の多い月ランキングなどがあります。

では、今度は「オーダー日」を「連続」に切り替え、横方向も軸にしてみましょう。まず、「年(オーダー日)」のピルの「ー」をクリックして、「月(オーダー日)」を消します。

図6-53:「年」へのドリルアップ

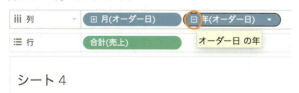

「年(オーダー日)」だけになりますので、そのピルを右クリックすると、**図6-54**のメニューが現れます。「年」や「四半期」などが表示された部分が2回繰り返して出てきますが、少し違っています。上の部分が「不連続」、下の部分が「連続」の日付の選択部分になりますので、ここでは下の部分から「月　2015年5月」を選びます。

図6-54:「連続」への切り替え

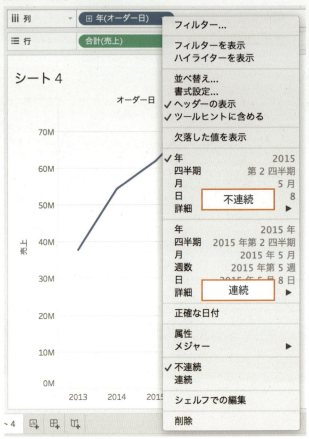

　すると、図6-55のようになり、オーダー日のピルは、「連続」を示す緑の「月(オーダー日)」となり、右方向が軸になったことも分かります。図6-49の「不連続」のときのグラフと比べてみましょう。「連続」では、年ごとでグラフが切れないことも分かります。

図6-55：「連続」への切り替え結果

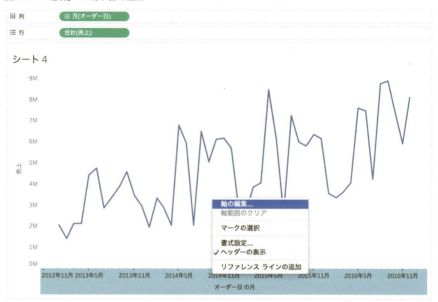

このシートの名前を「連続と不連続」に変えましょう。

> **Note**
> 　日付のフィールド名を最初「不連続」で配置してから「連続」に切り替えたりするのではなく、最初から「不連続」や「連続」、そしてそのレベルを指定しつつ配置したい場合には、フィールド名を「右クリック」しながら（Macでは「optionキー」を押しながら）「列」や「行」にドラッグして配置すると、どのように指定するかを選ぶ画面が表示されます。

図6-56：「右クリックドラッグ」による日付の配置

> 普通、項目をクリックして動かすときは「左クリック」ですが、ここでは「右クリック」を使うという、少し裏技的な操作方法になっています。まず、Tableauの日付の取り扱いについて慣れたら、こちらも使うと便利かもしれません。

6-5 既定のプロパティ

6-1-1で説明した「並べ替え」は、「列」や「行」シェルフに配置したピルを右クリックすることで行いました。しかし、そのようにワークシート内で行った設定は、そのワークシート内でしか適用にならず、他のワークシートでも設定を繰り返さなくてはいけません。「このブックの中では必ずこの並べ替えにしたい」といった場合には、データペイン内でフィールド名を指定し、「既定のプロパティ」を設定します。

図6-57：プロパティの設定方法

ワークシート内に限って設定したい場合	ワークシートで配置したピルを右クリックすると表示されるメニューから設定
ブック全体に設定したい場合	データペイン内のフィールド名を右クリックすると表示されるメニューから、「既定のプロパティ」を選んで設定

6-5-1 「ディメンション」の既定のプロパティ

左側のデータペインで、プロパティを設定したいフィールド名を右クリックすると表示されるメニューから、既定のプロパティ、そして設定したい内容を選びます。そのフィールドに入っているメンバー（値）ごとに色や形状を設定したり、並べ替えを設定したりできますが、ここでは主要なものを見てみましょう。

図6-58：「ディメンション」の「既定のプロパティ」

コメント

「コメント」を選ぶと、このフィールドに対する説明を追加できます。説明を入力したら、「OK」をクリックします。

図6-59：コメントの編集画面

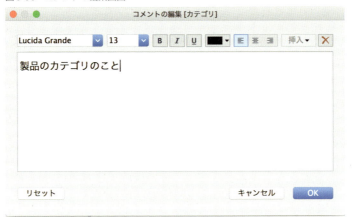

すると、データペイン内でフィールド名にカーソルを当てた際に、その説明書きが表示されます。

図6-60：コメントを追加した結果

並べ替え

「並べ替え」を選ぶと、**6-1-1 並べ替え**で出てきたのと同じような画面が表示されますので、並べ替えの方法を設定し、「OK」をクリックします。

図6-61：既定のプロパティの「並べ替え」

日付形式

日付のフィールド名の「既定のプロパティ」を選ぶと、先ほど出てきた項目に加えて、「日付形式」と「会計年度の開始」が表示されます。これらも見ていきましょう。

図6-62：日付フィールドの「既定のプロパティ」

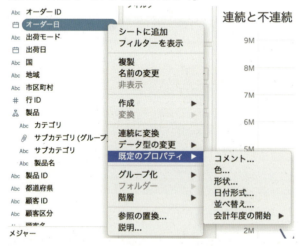

「日付形式」を選択すると、既定の日付形式を設定できます。設定したら、「OK」をクリックします。

図6-63：既定の日付形式

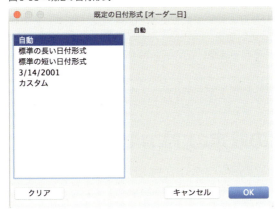

会計年度の開始

　Tableauでは、1年は1月から12月までです。しかし、会計年度が12月で終わらないような会社の場合、1年の始まりを別の月に設定したいことがあります。そのときは、「会計年度の開始」を選択すると、何月からの開始にするかを選ぶことができます。

図6-64：会計年度の開始

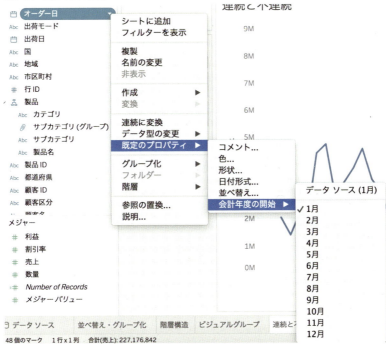

> **Note**
> 日本企業では会計年度の開始が4月の会社も多いと思います。その場合、図6-64で「4月」を選びますが、その場合、1年先として認識されてしまいます。「計算フィールド」で以下の関数を使って年を調整してから使う必要があります。
>
> DATEADD('year',-1,[オーダー日])

6-5-2 「メジャー」の既定のプロパティ

「ディメンション」の場合と同様に、左側のデータペインで、プロパティを設定したいフィールド名を右クリックすると表示されるメニューから、既定のプロパティ、そして設定したい内容を選びます。

図6-65:「メジャー」の「既定のプロパティ」

数値形式

ここでは、「売上」を右クリックして、メニューから「既定のプロパティ」、「数値形式」を選びます。売上は通貨なので、「通貨(標準)」を選びます。さらに、ロケールは「日本語(日本)」を選択し、「OK」をクリックします。

図6-66:既定の数値形式の設定(通貨(標準))

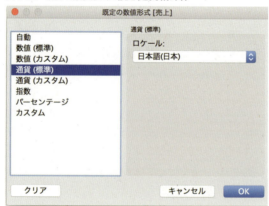

グラフの「売上」の縦軸を見ると、「¥」マークがついていることがわかります。

図6-67：「通貨(標準)」の設定結果

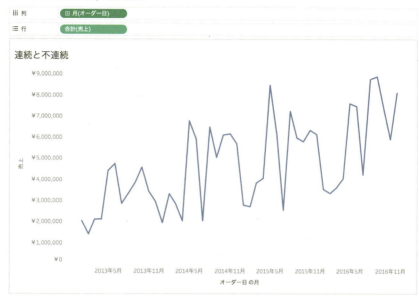

円単位だと桁が多いので、百万円単位に変更します。先ほどと同様に、データペインの「売上」を右クリックし、「既定のプロパティ」、「数値形式」と選び、次は「通貨(カスタム)」を選択します。すると、「既定の数値形式」のウィンドウが開きます。

図6-68：既定の数値形式の設定(通貨(カスタム))

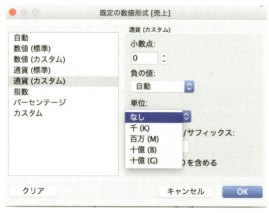

すると、右側で「小数点」(を何桁まで表示するか)、「負の値」(の取り扱いをどうするか)、「単位」(をどうするか)などを設定できます。ここでは単位で「百万(M)」を選択し、「OK」をクリックします。

縦軸の「売上」の単位を百万円単位に変更することができました。

図6-69：「通貨(カスタム)」の設定結果

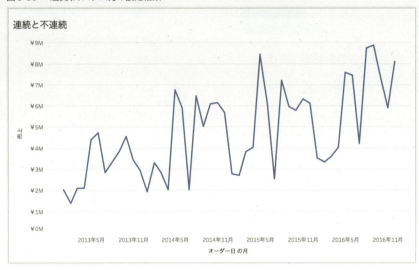

> **Note**
>
> 「M(百万)」や「K(千)」といった表現になじみがない、という方もいらっしゃるかもしれません。その場合は、「M」などを消し、別途、他のところで単位を示しましょう。
> 　まず、「通貨(カスタム)」で「百万(M)」を設定するところは同じです。もし「¥」もいらないのであれば、ここで削除します。
>
> 図6-70：既定の数値形式の設定(通貨(カスタム))
>
>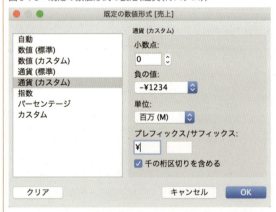
>
> 　必ずここで一度設定をした状態で、「カスタム」をクリックします。すると、図6-71のようになりますので、右側の「書式設定」のところで、「M」を削除します。一つ目の「M」は値がプラスのとき、二つ目の「M」はマイナスのときですので、両方とも削除します(通貨(カスタム)で「負の値」を「自動」にしているときは、一つしか表示されません)。

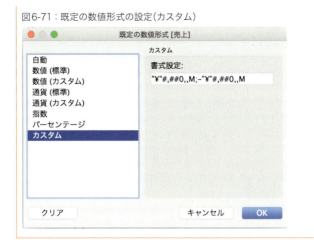

図6-71：既定の数値形式の設定(カスタム)

集計方法

次に、集計方法の設定を見てみましょう。「既定のプロパティ」から「集計」を選ぶと、様々な集計方法が表示されます。Tableauでは既定の集計方法は基本的に「合計」で(文字列など、合計できないようなものは異なります)、元データの各レコードのメジャーの数値を足していきますが、ここで異なった集計方法を設定できます。

図6-72：「集計」方法の設定

例えば、ここで「最大値」を選択します。その上で、改めてデータペインから「売上」を「行」に持っていき、今入っている「合計(売上)」の上に重ねて入れ替えます。すると、「オーダー日」に沿った「売上」の最大値のグラフになります。

図6-73:「オーダー日」ごとの「売上」の最大値のグラフ

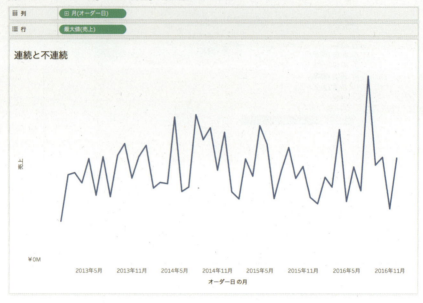

　メニューバーの「元に戻す」ボタンで、既定の集計方法が合計になるところまで戻しておきましょう。

> **Note**
> ここでは、「既定のプロパティ」で設定したため、設定後はどのシートでも「売上」を「列」や「行」に配置すると「最大値」になります。作業しているワークシート内のみで集計方法を変更したい場合には、「列」や「行」内のピルを右クリックして、集計方法を変更してください。

「次を使用して総計」

　「次を使用して総計」からは、「総計」に使用する計算方法を選ぶことができます。
　「総計」とは、メニューの「分析」の「合計」から選ぶことのできる「行の総計を表示」と「列の総計を表示」の機能のことです。

図6-74:「次を使用して総計」

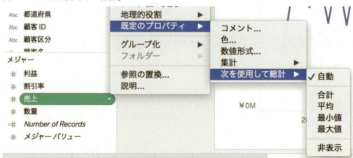

6-6 複数のメジャーを使った単軸グラフの作成

「スーパーストア」のデータを使って、新規に「カテゴリ」別、「顧客区分」別の「売上」と「利益」を示したグラフを作るとします。このデータでは、「売上」と「利益」がそれぞれのメジャーに分かれていますが、これらを使って軸が一つのグラフを作成する方法を説明します。まず、新しいワークシートを作成し、シート名を「グラフの単軸」とします。データペインから「カテゴリ」を「行」にドラッグ＆ドロップし、次に、「顧客区分」を「列」にドラッグ＆ドロップします。その上で、「売上」を「行」にドラッグ＆ドロップすると、図6-75のグラフができあがります。

図6-75：「カテゴリ別」、「顧客区分別」の「売上」グラフ

ここに、「利益」も一緒に表示させたい場合にはどうすればいいでしょうか。今回の「スーパーストア」データの場合、「売上」と「利益」はそれぞれ別のメジャーに分かれていますので、さらに「利益」のメジャーを「行」にドラッグ＆ドロップしてみます。

すると、図6-76のようになります。

図6-76：「カテゴリ別」、「顧客区分別」の「売上」・「利益」グラフ

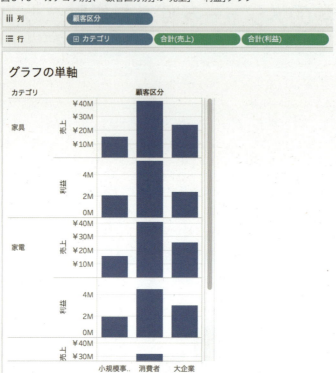

　これでもいいのですが、グラフが縦に長いので、売上と利益を一つの軸にまとめて、「単軸」（ブレンドされた軸）で示すにはどうすればいいかを説明します。つまり、**図6-77**のようなグラフの作成です。

図6-77：複数のメジャーを使ったグラフの完成イメージ

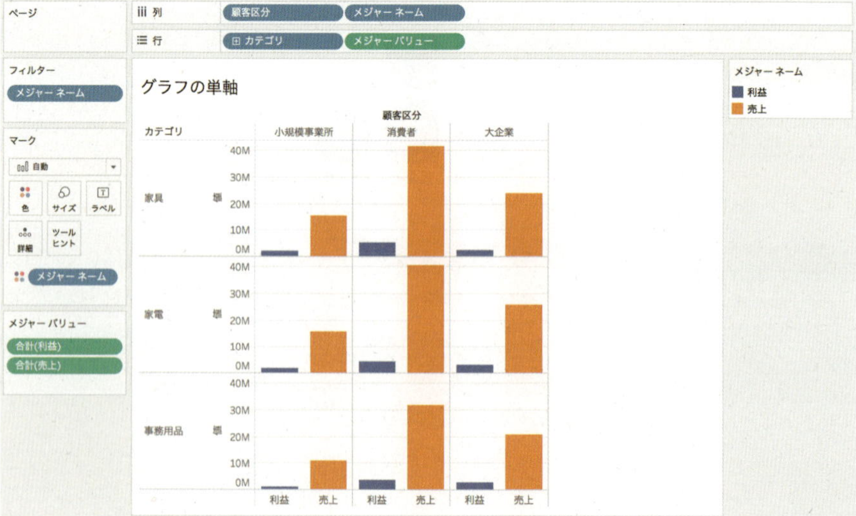

まず、メニューバーの「元に戻す」をクリックして、「売上」だけのグラフに戻します。

図6-78：「元に戻す」アイコン

すると、以下の形に戻りました。

図6-79：「顧客区分」ごと「カテゴリ」ごとの「売上」グラフ

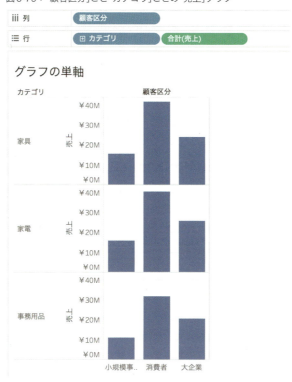

そこで、今後はデータペインから「利益」をドラッグして、「行」ではなく、「売上」の軸の上に持っていきます。すると、緑色で「縦の定規2本」の表示が現れますので、ここでドロップします。

図6-80：単軸を維持しながらの「利益」の追加

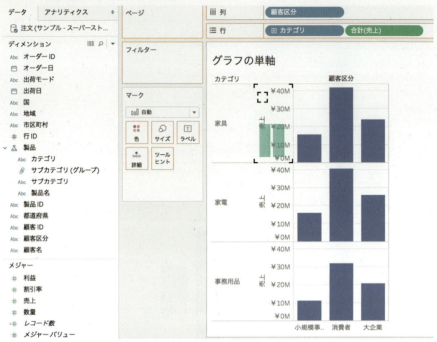

すると、売上の棒のすぐ横に利益の棒が並びました。

図6-81：「利益」の追加の結果

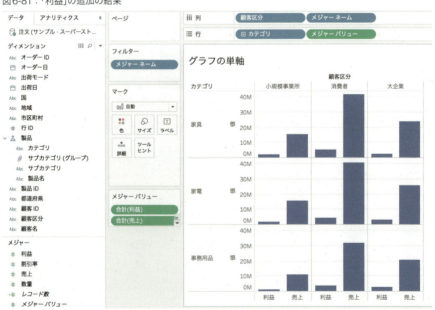

> **Note**
> ここで、お気づきと思いますが、列と行にそれぞれ「メジャーネーム」と「メジャーバリュー」というピルが出てきます。これらが何かについては、第2章をご覧ください。

　表示されているグラフは、売上と利益が同じ色で表現されており、分かりづらいので、「メジャーネーム」をマークの色にドラッグ＆ドロップします。

　すると、「メジャーネーム」の値(つまりここでは、集計されているメジャーの名前である「売上」と「利益」)でグラフの色が塗り分けられました。

図6-82：「メジャー」の内容による色分けの結果

6-7 複数のメジャーを使った二重軸グラフの作成

　6-6では、左側の単軸で「売上」と「利益」の両方をカバーし、どちらも棒グラフで表示するグラフを作成しました。次に、もう少し進んで「売上」は棒グラフ、「利益」は折れ線グラフにし、時系列に沿った変化を見るグラフにしましょう。そのためには、「売上」と「利益」で左右にそれぞれ軸を設定し、軸ごとに異なったグラフの種類を設定する必要があります。つまり、図6-83のようなグラフの作成です。

図6-83:「売上」と「利益」の二重軸グラフ

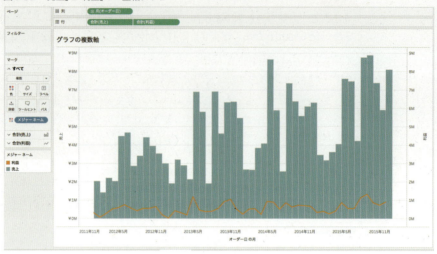

　まず、新しいワークシートを作成し、シート名を「グラフの複数軸」とします。データペインから「売上」を「行」に持っていき、次に「オーダー日」を「列」に持っていきます。すると、「オーダー日」が日付のため、折れ線グラフが現れました。「オーダー日」は「連続」の「月」にします。

図6-84:「連続」した月ごとの「売上」推移グラフ

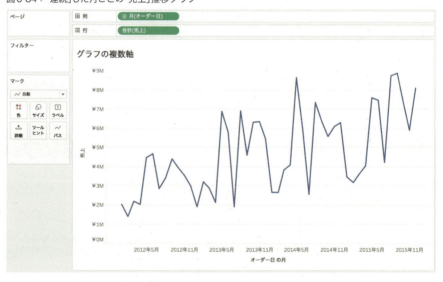

　「オーダー日」を連続の「月」にするには、不連続の「年(オーダー日)」(青)になった状態のピルを右クリックし、「月(2015年5月となっている方)」を選びます。

図6-85:「連続」の「月」への変更

すると、オーダー日のピルは連続の「月(オーダー日)」(緑)に変わり、このあとの**図6-86**にある、「連続」した月ごとの売上推移グラフになります。

次に、データペインから「利益」をドラッグして、グラフの右軸の辺りに持っていきます。すると、**図6-86**のように、右軸のところに点線と緑色の縦棒が表示されますので、ここで、ドロップしてください。

図6-86:二重軸での「利益」の追加

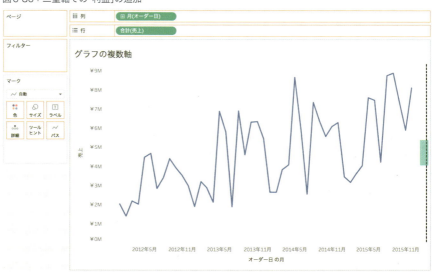

すると、**図6-87**のように、「売上」と「利益」が両方折れ線グラフで表示されます。ここで、行に入っている「合計(売上)」と「合計(利益)」のピルを見てみましょう。通常、ピルは四辺が丸いのですが、二つのピルの間は四角くなり、くっついています。これは、「二重軸」となっていることを表現しています。

図6-87：「利益」の追加の結果

> **Note**
>
> 　二重軸は、次の方法でも作成できます。まず、新しいワークシートを作成し、「オーダー日」を「列」に、「売上」と「利益」を「行」に持っていきます。
>
> 図6-88：「オーダー日」ごとの「売上」と「利益」のグラフ
>
>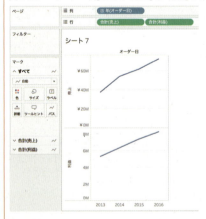

「年(オーダー日)」の青いピル(「不連続」)を右クリックして、「連続」の月にします。図6-85の操作と同様です。

図6-89:「連続」の月の設定

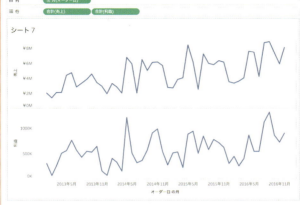

その上で、「行」の「合計(利益)」を右クリックして、「二重軸」を選びます。

図6-90:「二重軸」の設定

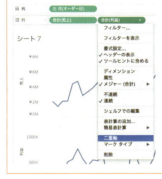

さて、この状態では、左の縦軸が売上、右の縦軸が利益となり、それぞれ軸のものさしが違います。この左右のものさしを同期させます。右軸を選択した状態で右クリックすると軸のメニューが表示されますので、「軸の同期」を選択します。

図6-91：軸の同期

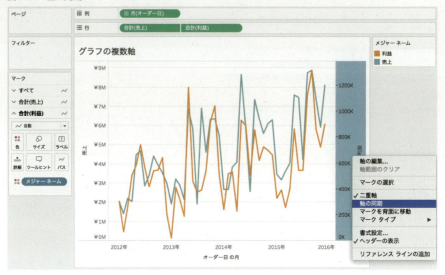

すると、売上と利益の軸が同期されます。

図6-92：軸の同期の結果

6-7　複数のメジャーを使った二重軸グラフの作成

> **Note**
> ここで、「軸の同期」が選べない場合は、二つのメジャーのデータの型が異なっている可能性があります。同じ数字でも、一方が「数値(小数)」で、一方が「数値(整数)」になっていたりしないか、確認しましょう。

図6-93：データ型の確認

ちなみに、ここでは実際には行いませんが、「利益」の軸を右クリックして「ヘッダーの表示」のチェックを外せば、軸が消えます(存在はしますが、見えなくなります)。

図6-94：「ヘッダーの表示」のチェック

すると、左側に「売上」という軸だけがあるように見えます。これに違和感があるようでしたら、「売上」の軸を右クリックして、「軸の編集」を選ぶと、ラベルをマニュアルで「売上・利益」などに編集できます。

247

図6-95：「軸の編集」

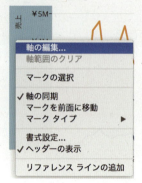

次に、売上だけを棒グラフにします。それには「マーク」カードを使います。

二重軸を使うと、**図6-96**のように「マーク」が複数重なった形になります。今回は、上から、「すべて」、「合計(売上)」、「合計(利益)」が並んでいます。それぞれ右側に折れ線のマークがついています。折れ線グラフが使われていることが表現されています。

図6-96：二重軸の場合のマークカード

「すべて」をクリックすると、下にカードが開き、すべてのグラフの設定を一気に変更できます。「合計(売上)」や「合計(利益)」をクリックすると、それぞれのメジャーに対して個別に様々な効果を設定できます。

ここでは「売上」だけを変更したいので、「合計(売上)」をクリックします。

Tableauが自動でグラフを選ぶ設定になっているので、プルダウンメニューから「棒」を選びます。

図6-97：棒グラフへの変更

すると、「売上」が棒グラフで「利益」が折れ線グラフの月別推移が完成します。

図6-98：完成した「売上」と「利益」の二重軸グラフ

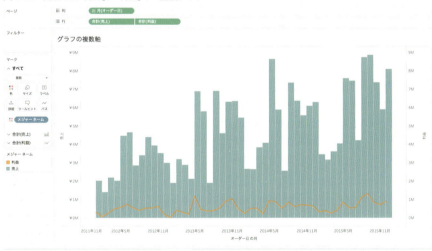

6-8 セットの作成と散布図

セットは、ある条件に当てはまる値(メンバー)を一つのセットとして指定するものです。これを作ることで、その条件に当てはまるメンバーだけをフィルターで取り出

したり、色をつけて区別したりすることなどができます。また、ここでは散布図についても学んでいきます。

図6-99:「セット」を使ったビューの完成イメージ

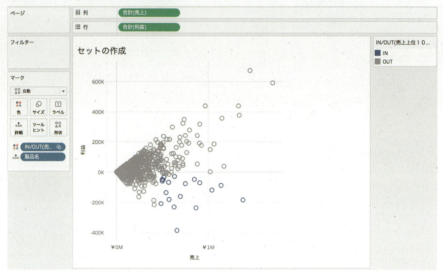

　では、早速セットを作っていきましょう。ここでは、まず「売上上位100位」に当てはまる製品名のセットを作り、次に「利益下位100位」に当てはまる「製品名」のセットを作ります。さらに、この2つの「結合セット」を作り、「売上は上位100位の中に入ってくるが、利益は下位100位に入る」製品名に散布図上で色をつけます。
　新しいワークシートを開き、「セットの作成」という名前をつけます。
　データペインの「製品名」を右クリックしてからメニューを開き、「作成」、「セット」を選びます。

図6-100:「セット」の作成(その1)

「セットの作成」ウィンドウが開きますので、名前に「売上上位100位」と記載します。

図6-101:「セット」の作成(その2)

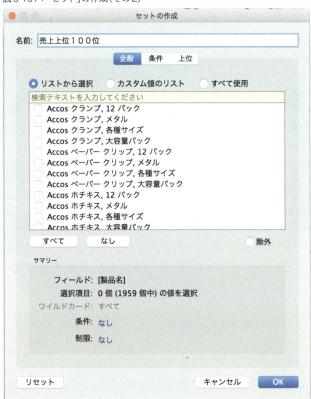

「全般」、「条件」、「上位」のタブから「上位」を選択します。次に、ラジオボタンで「フィールドごと」を選択して、続けて「上位」を選択、「100」を入力したあと、「売上」、「合計」と選択します。「OK」をクリックします。

図6-102：「セットの編集」（売上上位100位）

同様に、「利益下位100位」についても作っていきます。再び図6-100のように、データペインの「製品名」を右クリックしてからメニューを開き、「作成」、「セット」を選びます。

図6-103の画面になりますので、名前を「利益下位100位」とし、「上位」のタブを選択、「フィールドごと」を指定して「下位」を選択、「100」を入力、「利益」を選択、「合計」を選択とします。「OK」をクリックします。

図6-103：「セットの編集」（利益下位100位）

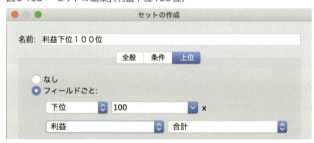

すると、データペイン内に作成した「セット」が2つできています。

図6-104：作成されたセット

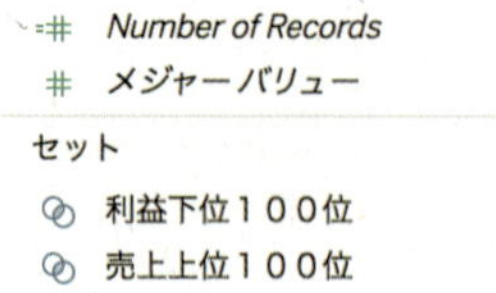

さらに、この2つのセットから「結合セット」を作成します。「結合セット」とは、セットとセットの組み合わせです。データペイン内の「利益下位100位」のセットを右クリックし、表示されるメニューから「結合セットの作成」を選択します。

図6-105：結合セットの作成

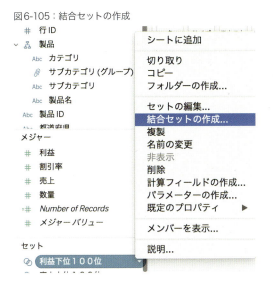

すると、「セットの作成」の画面が開きますので、名前を「売上上位100位と利益下位100位の結合セット」とし、「セット」項目では「利益下位100位」と「売上上位100位」を選択し、組み合わせは「両方のセットの共有メンバー」とします。

図6-106：「利益下位100位」と「売上上位100位」の結合セットの作成

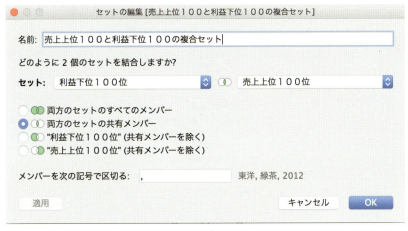

データペイン内に3つのセットができました。

図6-107：でき上がった3つのセット

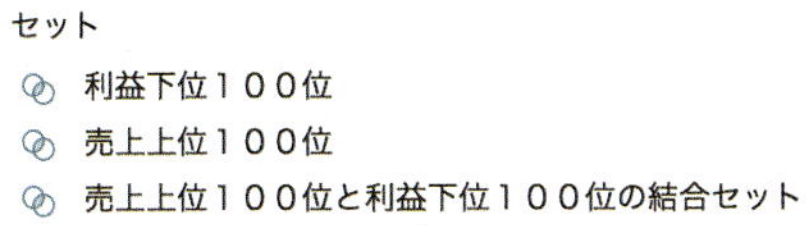

セット
- 利益下位１００位
- 売上上位１００位
- 売上上位１００位と利益下位１００位の結合セット

次に、散布図を作りましょう。データペインから「売上」を「列」に、「利益」を「行」にドラッグ＆ドロップします。さらに、「製品名」を「詳細」に落とすことで、「詳細レベル」を「製品名」のレベルにします。

図6-108：「製品名」の「売上」・「利益」の散布図

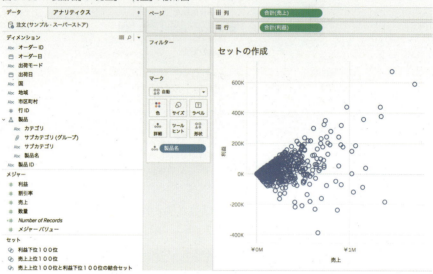

その上で、「売上上位100位と利益下位100位の結合セット」を「色」に配置します。すると、「IN/OUT(売上上位100位と利益下位100位の結合セット)」と表示され、「売上上位100位と利益下位100位の結合セット」に含まれる値は青色、それ以外は灰色になります。

図6-109：セットの「色」への反映結果

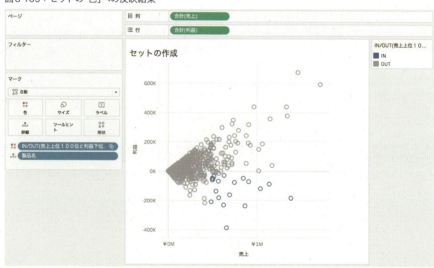

青い色がついた丸にカーソルをかざしてみましょう。すると、「ツールヒント」が現れ、「製品名」や「売上」、「利益」が表示されます。

図6-110：ツールヒントの表示

> **Note**
> ツールヒントの表示内容は、「マーク」カードで「ツールヒント」をクリックすると、「ツールヒントの編集」の画面になりますので、そこで編集できます。「売上」と「利益」の表示順を入れ替えたり、「挿入」から、他の情報を追加したりすることもできます。グラフ上で使われていないフィールドを挿入したい場合には、そのフィールドを「マーク」カードの「詳細」に落とし、まずこのワークシートで使うことをTableauに指示してから行います。

図6-111：「ツールヒントの編集」画面

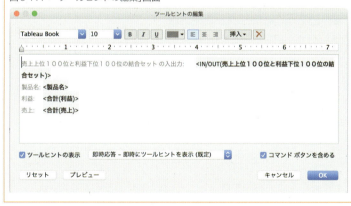

6-9 パラメーターでのメジャーの切り替え

Tableauには、パラメーターという機能があります。この機能を使うことで、分析を見る人が集計対象のメジャーを切り替えられるようにできます。完成イメージは**図6-112**のようになります。

図6-112：パラメーターでのメジャーの切り替え

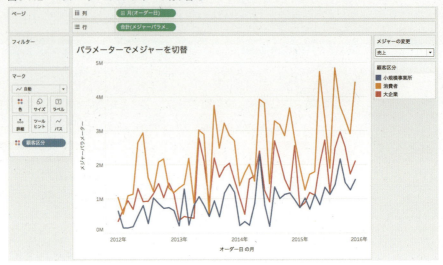

データペインの「ディメンション」の右にある「▼」から、「パラメーターの作成」をクリックします。

図6-113：パラメーターの作成

すると、「パラメーターの作成」の画面が開きます。

図6-114：「パラメーターの作成」画面

名前は任意ですが、ここでは「メジャーの変更」とします。「Data type」は「整数」、

「Allowable values」は「List」にチェックします。「List of values」が現れますので、図6-115のように「値」と「表示名」をセットします。

この値は、Excelなどに記載しておき、ここからコピーして「Paste from Clipboard」から入力することも可能です。

ここでの設定の意味ですが、分析を見る人が、「売上」や「利益」、「割引率」、「数量」という選択肢のリストから、自分が見たいものを選びます。すると、それぞれに対して「1」、「2」、「3」、「4」という整数値が返ってきます。それを、このあと作成する「計算フィールド」で受け、何のメジャーを集計したグラフを表示させるかを指示することになります。

図6-115：パラメーターの作成

> **Note**
> 本書の執筆で使っているバージョン10.1では上の画面がほとんど英語ですが、他のバージョンでは日本語化されています(バージョン10.1でも、その後日本語に修正されたようです)。また、「Data type」からデータ型が選べたり、「Set from Field」で、実際のフィールド内のメンバーからリストを作ったりできます。

すると、「セット」の下に「メジャーの変更」というパラメーターが追加されます。

図6-116：パラメーターの追加

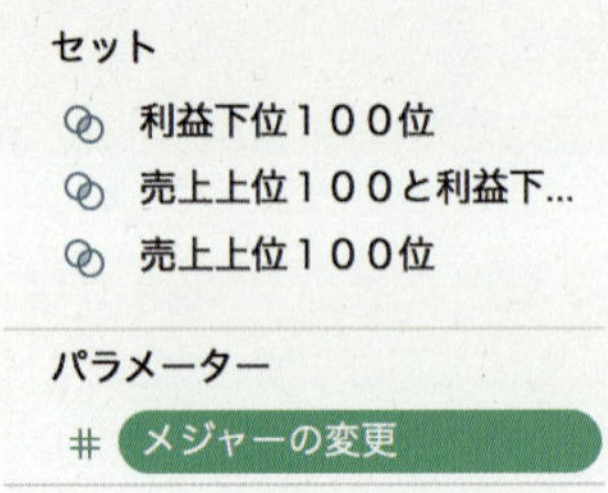

セット
- 利益下位１００位
- 売上上位１００と利益下…
- 売上上位１００位

パラメーター
- メジャーの変更

次に、分析を見る人がパラメーターで選んだ集計対象のメジャーをグラフ表示に反映させるため、「計算フィールド」を作成します。「データペイン」のメニューから「計算フィールドの作成」をクリックします。

図6-117：計算フィールドの作成

まず、この計算フィールドの名前を「メジャーパラメーター」とします。その上で、場合分けをするため、「CASE」という関数を使います。ここで、「CASE」と記載して、半角スペースを入れた後に、「パラメーター」から「メジャーの変更」をドラッグ＆ドロップします。

図6-118：「CASE」関数の記述（その１）

以下の文を完成させ、「OK」をクリックします。「[売上]」といったフィールドは、データペインからドラッグ＆ドロップできます。

図6-119:「CASE」関数の記述(その2)

> **Note**
> 関数の使い方が分からないときには、「OK」の右上にある小さな右向き三角をクリックすると、関数の検索ができます。
>
> 図6-120:関数の検索

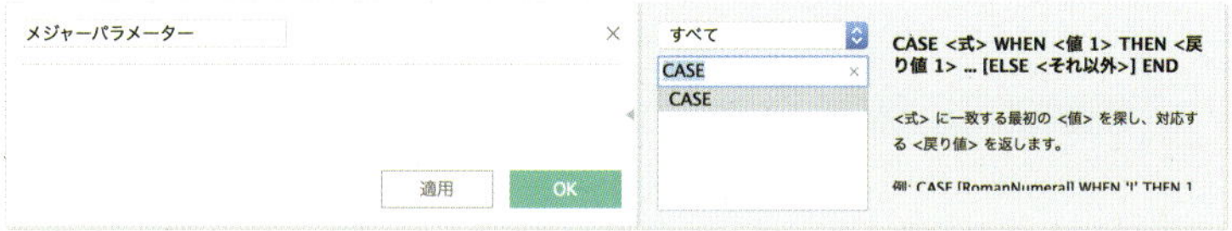

新しくワークシートを作成し、シート名を「パラメーターでメジャーを切替」とします。「メジャーパラメーター」を「行」に、「オーダー日」を「列」に配置し、「オーダー日」のピルを右クリックして、「連続」の「月」にします。

図6-121:「メジャーパラメーター」と「オーダー日」の配置

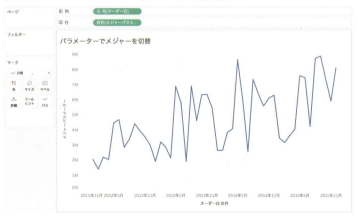

続けて、「パラメーターコントロール」を表示します。これには次の2つの方法があります。

方法1

「メジャーの変更」を右クリックしてメニューを開き、「パラメーター コントロールの表示」をクリックします。

図6-122：「パラメーターコントロールの表示」の選択

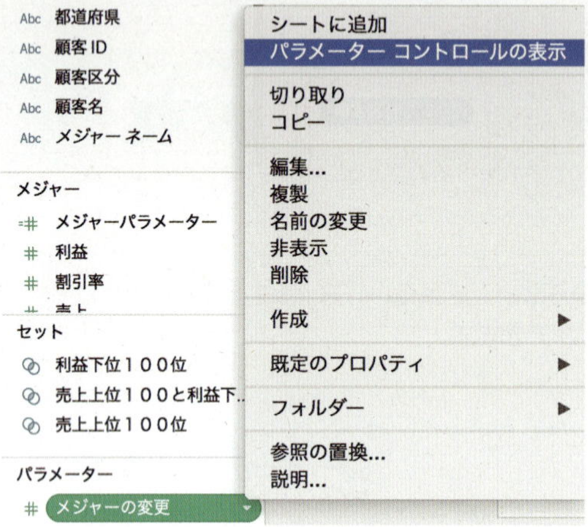

方法2

「カードメニュー」から「パラメーター」、「メジャーの変更」と選びます。「カードメニュー」は「マーク」カードの下などの空いているスペースを右クリックするか、ツールバーの「カード」アイコンから開けます。

図6-123：「カードメニュー」からのパラメーターコントロールの表示

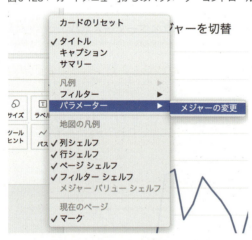

すると、「パラメーターコントロール」がグラフの右側に表示されます。

図6-124:「パラメーターコントロール」の表示

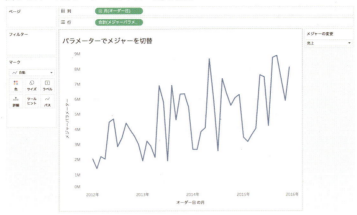

「パラメーターコントロール」はドロップダウンリストになっており、ここからどのメジャーのグラフを表示するかが選択できます。

図6-125：表示するメジャーの選択

最後に、データペインから「顧客区分」を「色」に持っていくと、グラフが3つの顧客区分ごとに分かれます。これで完成です。

図6-126：パラメーターでメジャーを切替

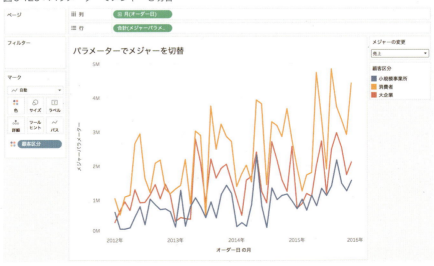

第6章 Tableauの基本機能（その1）

6-10 アナリティクス

ここでは、第5章で紹介したアナリティクスペインの中で、以下を紹介します。

- 平均線
- 合計
- 傾向線
- 予想
- クラスター

6-10-1 平均線、傾向線と予想

まず、平均線と傾向線を引くとともに、予想も示してみます。完成イメージは図6-127のとおりです。

図6-127：平均線、傾向線と予想の完成イメージ

新しいシートを作成し、シート名を「平均線と傾向線と予想」とします。データペインから「売上」と「オーダー日」をドラッグ＆ドロップし、「オーダー日」は「月」までドリルダウンし、「四半期」は削除することで、以下のグラフを作ります。

図6-128：「オーダー日」ごとの「売上」グラフ

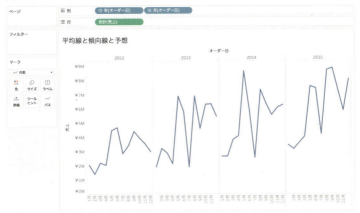

ここに平均線などを引くには、「アナリティクスペイン」のメニューから必要なものをドラッグ＆ドロップするだけです。「アナリティクス」のタブをクリックします。

図6-129：アナリティクスペイン

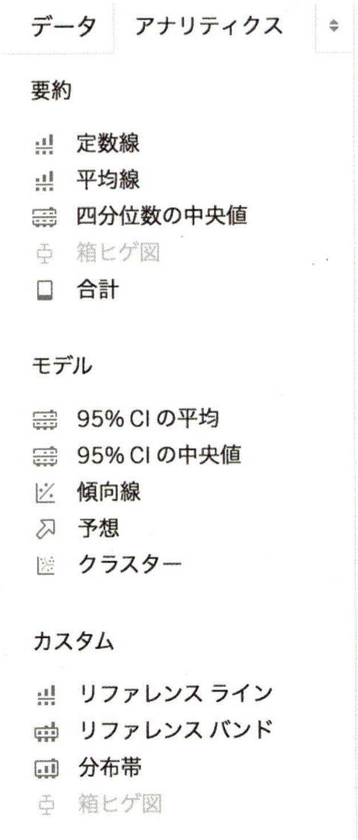

まず、「平均線」をドラッグして、グラフのビューの上に持っていきます（まだドロップしません）。すると、**図6-130**のように、「表」、「ペイン」、「セル」のどの範囲に「リファレンスライン」を追加するかを聞かれます。

図6-130:「リファレンスライン」(平均値)の追加

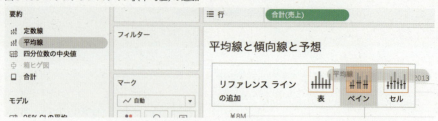

「表」にドロップすると表全体の平均線が引かれます。「ペイン」にドロップすると表中の縦線毎の平均線が引かれます。「セル」にドロップすると各値毎(今の場合、月毎)の平均線が引かれます。ここでは、「ペイン」にドロップしてみます。すると、縦の灰色の線で区切られた「ペイン(枠)」単位で平均が計算され、線で表示されます。

図6-131:「リファレンスライン」の追加結果

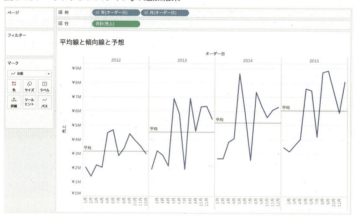

次に、「傾向線」をドラッグして「線形」にドロップしてみます。

図6-132:「傾向線」の追加

すると、**図6-133**のようになります。

図6-133:「傾向線」の追加結果

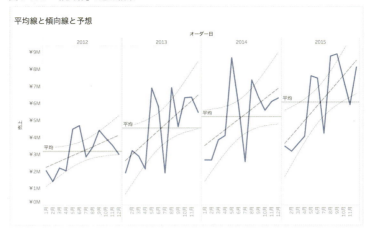

さらに、「予想」をドラッグして「予想」にドロップします。

図6-134:「予想」の追加

すると、**図6-135**のようになります。

図6-135:「予想」の追加結果

ここで何故か、「平均線」が消えてしまいます。再度「平均線」を「ペイン」にドラッグ＆ドロップします。

これで「平均線」、「傾向線」、「予想」が表示されました。

図6-136：平均線と傾向線と予想

> **Note**
>
> ここでは、「アナリティクスペイン」を使う方法を紹介しましたが、平均線といった「リファレンスライン」の追加は、軸をクリックすると表示されるメニューからもできます。すでに「リファレンスライン」が追加されている場合は、その編集や削除もできます。
>
> 図6-137：「レファレンスライン」の追加
>
>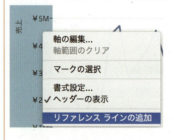
>
> また、「傾向線」の追加は、グラフ内を右クリックすると表示されるメニューからもできます。このメニューでは、「予想」や、グラフの中にメモ書きを入れられる「注釈を付ける」機能、元データを表示する「データの表示」なども選択できますので、覚えておきましょう。

図6-138：「傾向線」の追加

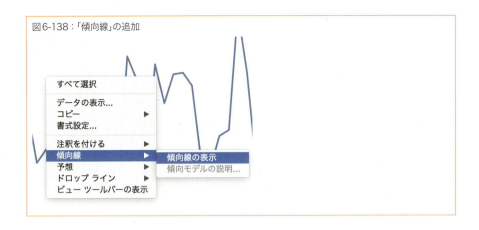

なお、ここで「平均線」の線の上には「平均」という計算方法が文字で記述されています。ここに実際の平均値を追加し、「平均：値」という形にします。まず、「平均線」をクリックしてメニューから「編集」をクリックします。

図6-139：平均線の編集

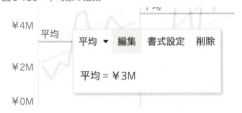

すると、「リファレンス ライン、バンド、またはボックスの編集」ウィンドウが開きます。ここではリファレンスラインに関する様々な設定ができます。

図6-140：「リファレンス ライン、バンド、またはボックスの編集」

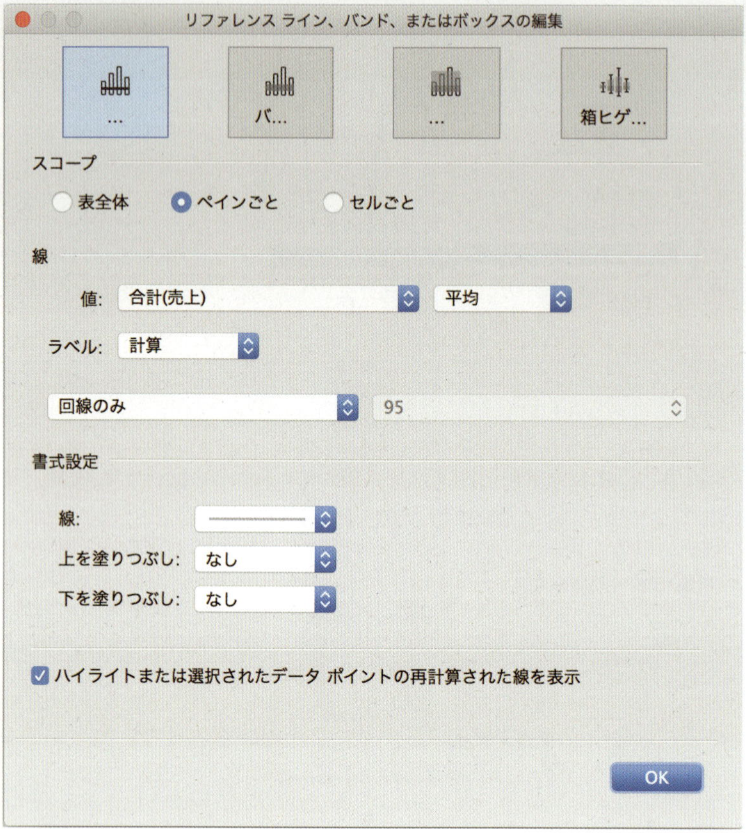

「線」の「ラベル」の値が「計算」になっているので、計算方法である「平均」という文字だけがグラフ内で表示されています。ここで、「カスタム」を選択します。

図6-141：ラベルの選択

「カスタム」の右側の枠が編集可能になるので、枠の右側の矢印をクリックして「計算」を選びます。

図6-142:「計算」の選択

「＜計算＞」と表示されるので、「：」を追記して、矢印から「値」を選択します。
「＜計算＞：＜値＞」という表示になったら、「OK」をクリックします。

図6-143:「計算：値」の設定

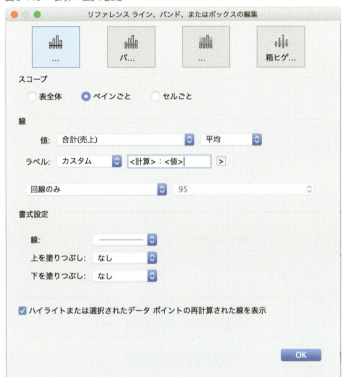

すると、「平均線」の上の値が「平均：値」という形になりました。

図6-144：平均線と傾向線と予想

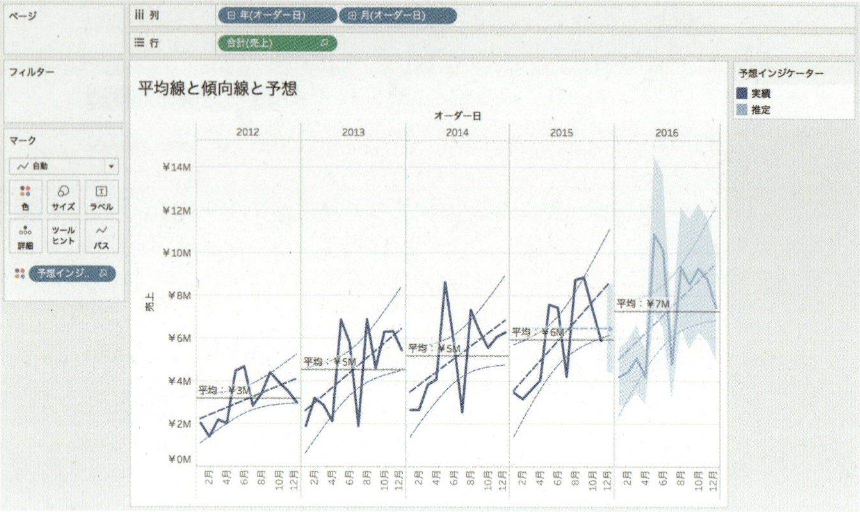

6-10-2 合計とハイライトテーブル

次に、クロス集計表を作り、縦や横の合計を表示させてみます。また、セルに色をつけて「ハイライトテーブル」とします。完成イメージは**図6-145**の通りです。

図6-145：合計とハイライトテーブル

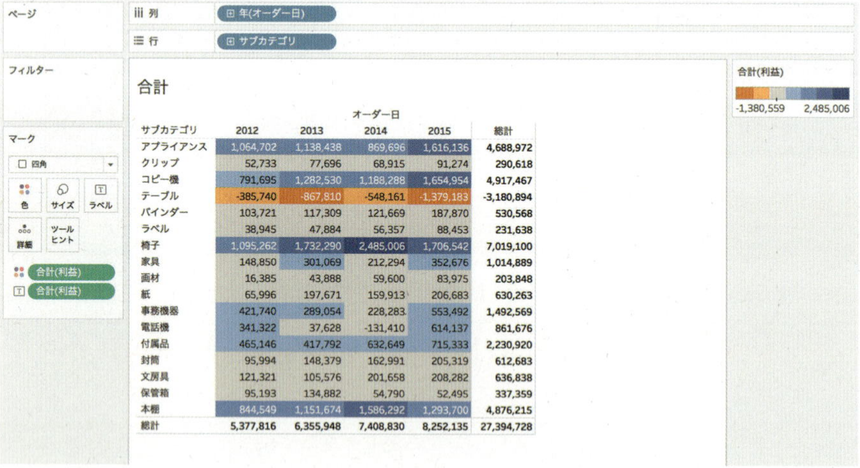

	オーダー日				
サブカテゴリ	2012	2013	2014	2015	総計
アプライアンス	1,064,702	1,138,438	869,696	1,616,136	4,688,972
クリップ	52,733	77,696	68,915	91,274	290,618
コピー機	791,695	1,282,530	1,188,288	1,654,954	4,917,467
テーブル	-385,740	-867,810	-548,161	-1,379,183	-3,180,894
バインダー	103,721	117,309	121,669	187,870	530,568
ラベル	38,945	47,884	56,357	88,453	231,638
椅子	1,095,262	1,732,290	2,485,006	1,706,542	7,019,100
家具	148,850	301,069	212,294	352,676	1,014,889
画材	16,385	43,888	59,600	83,975	203,848
紙	65,996	197,671	159,913	206,683	630,263
事務機器	421,740	289,054	228,283	553,492	1,492,569
電話機	341,322	37,628	-131,410	614,137	861,676
付属品	465,146	417,792	632,649	715,333	2,230,920
封筒	95,994	148,379	162,991	205,319	612,683
文房具	121,321	105,576	201,658	208,282	636,838
保管箱	95,193	134,882	54,790	52,495	337,359
本棚	844,549	1,151,674	1,586,292	1,293,700	4,876,215
総計	5,377,816	6,355,948	7,408,830	8,252,135	27,394,728

まず、新しいワークシートを作成し、シート名を「合計」とします。ここで、「年(オーダー日)」、「サブカテゴリ」、「利益」を使用してクロス表を作ります。

今回は、「オーダー日」、「サブカテゴリ」、「利益」の順にダブルクリックする方法で作成してみます。このようにディメンションからダブルクリックで配置するとクロス

集計表になります。

図6-146：オーダー日とサブカテゴリごとのクロス集計表

次に、「マークカード」の「自動」を「四角」に変更します。表の各値に青い四角が表示されます。

図6-147：グラフ形式の変更

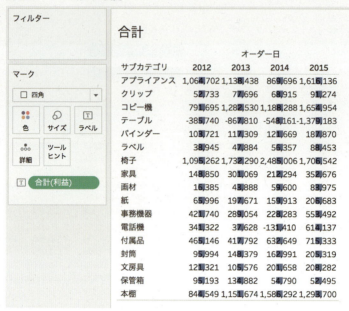

さらに、「マークカード」の「サイズ」をクリックして「サイズ」を「最大」にします。表中の四角が大きくなり、色で埋め尽くされます。

図6-148：「サイズ」を最大にした結果

その上で、新たに「データペイン」から「利益」を「色」に配置します。「利益」の値によって色が変わります。

図6-149：「利益」による「色分け」

さらに、縦と横に合計を表示させます。「アナリティクスペイン」から「合計」をドラッグして、「行総計」、「列総計」それぞれに配置します。

図6-150：「行総計」と「列総計」の配置

すると、「行」、「列」それぞれに「総計」が表示されます。

図6-151：「総計」の表示

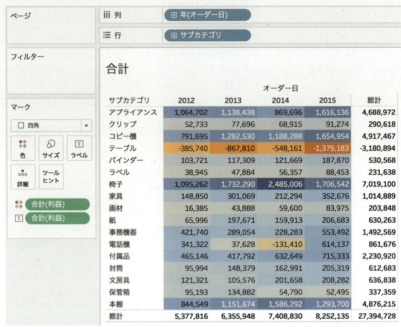

もう少し「色」の違いをはっきりさせましょう。「利益」の凡例の「▼」をクリックし、表示されたメニューから「色の編集」を開きます（または「マーク」カードの「色」から編集します）。

図6-152：「色の編集」の選択

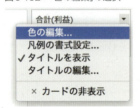

すると、「色の編集[利益]」ウィンドウが開きます。

図6-153:「色の編集」

「ステップド カラー」にチェックを入れて、「7ステップ」に設定します。目的によりますが、「ステップド カラー」を使用する時は中央値が「グレー」になるように奇数を選ぶことをお勧めします。

図6-154:「ステップド カラー」の設定

「ステップド カラー」にすることにより、注目すべき数値に目が行きやすい、メリハリのある表になります。

図6-155：「ステップド カラー」の設定結果

	オーダー日				
サブカテゴリ	2012	2013	2014	2015	総計
アプライアンス	1,064,702	1,138,438	869,696	1,616,136	4,688,972
クリップ	52,733	77,696	68,915	91,274	290,618
コピー機	791,695	1,282,530	1,188,288	1,654,954	4,917,467
テーブル	-385,740	-867,810	-548,161	-1,379,183	-3,180,894
バインダー	103,721	117,309	121,669	187,870	530,568
ラベル	38,945	47,884	56,357	88,453	231,638
椅子	1,095,262	1,732,290	2,485,006	1,706,542	7,019,100
家具	148,850	301,069	212,294	352,676	1,014,889
画材	16,385	43,888	59,600	83,975	203,848
紙	65,996	197,671	159,913	206,683	630,263
事務機器	421,740	289,054	228,283	553,492	1,492,569
電話機	341,322	37,628	-131,410	614,137	861,676
付属品	465,146	417,792	632,649	715,333	2,230,920
封筒	95,994	148,379	162,991	205,319	612,683
文房具	121,321	105,576	201,658	208,282	636,838
保管箱	95,193	134,882	54,790	52,495	337,359
本棚	844,549	1,151,674	1,586,292	1,293,700	4,876,215
総計	5,377,816	6,355,948	7,408,830	8,252,135	27,394,728

第6章

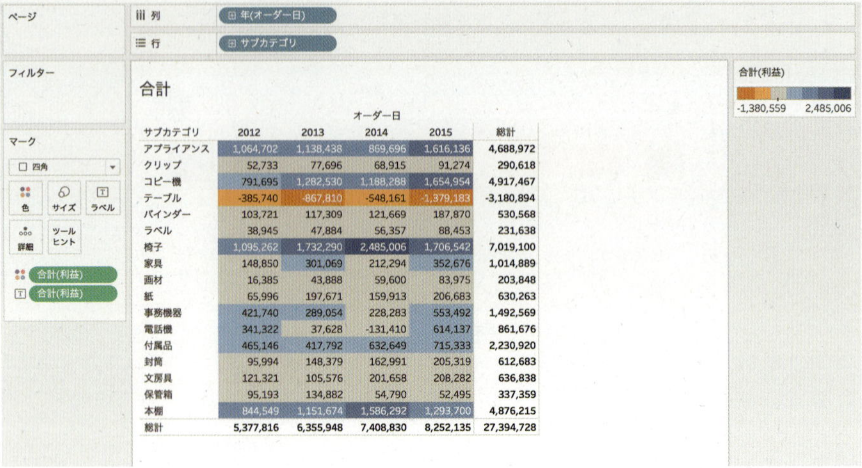

6-10-3 クラスター

この章の最後に、「クラスター」の作成について説明します。「クラスター」とは、「房」や「集団」といった意味で、ここではコンピュータが自動的にグルーピングを行うことを言います。完成イメージは**図6-156**のとおりです。

図6-156：クラスター

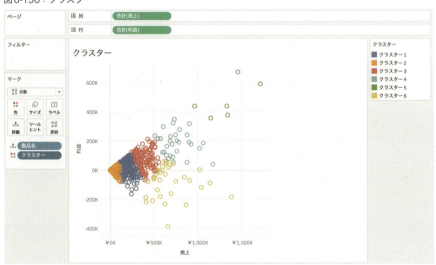

新しいワークシートを作成し、シート名を「クラスター」とします。データペイン内の「売上」を右クリックし、「既定のプロパティ」、「数値形式」と選択します（数値形式の変更がこのワークシート内だけでよければ、「列」に配置した「売上」のピルから変更します）。

図6-157：既定のプロパティの数値形式の設定

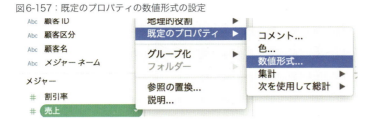

「既定の数値形式[売上]」の画面で、単位を「千(K)」に変更します。

図6-158：既定の数値形式の設定

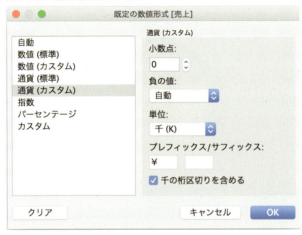

その上で、データペイン内で「製品名」、「利益」、「売上」を「Ctrlキー」を押しながら選択し、「表示形式」から「散布図」をクリックします。

図6-159：散布図の選択

図6-160のように、散布図ができました。

図6-160：散布図の完成

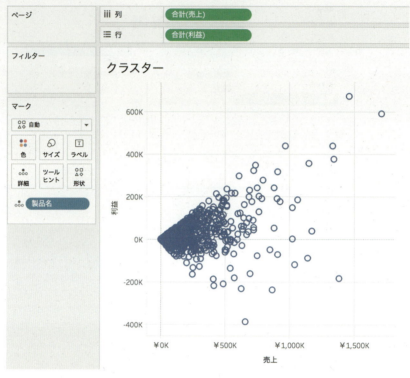

その上で、「アナリティクスペイン」から「クラスター」をドラッグして「クラスター」に配置します。

図6-161：クラスターの設定

すると、「クラスター」ウィンドウが開きます。ここでは、「売上」と「利益」でクラスターを作るので、このままでよく、「×」で閉じます。

図6-162：クラスターの画面

すると、グラフ上に「クラスター」が表示されますが、2つに分かれているだけなので、再度「クラスター」の設定を行います。

図6-163：クラスターの設定結果

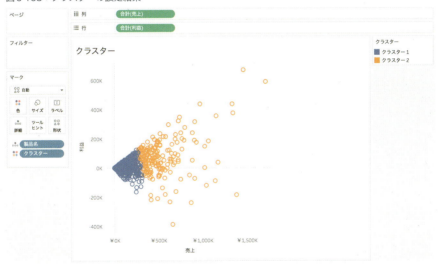

「マークカード」の「クラスター」メニューから、「クラスターの編集」を選択します。

図6-164：「クラスターの編集」の選択

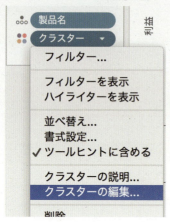

「クラスター」ウィンドウが開くので、「クラスターの数」を「自動」から「6」に変更します。

図6-165：クラスターの編集画面

クラスターの数が6に変更になりました。実際には、この後、クラスターごとの特性や割合などを分析していきます。

図6-166：クラスター

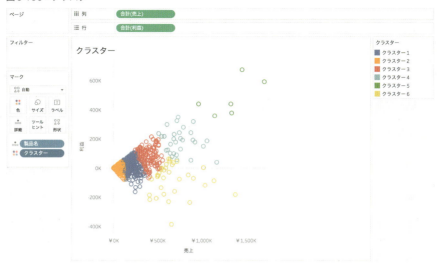

Column　クラスター Tips

　クラスターで分類された各グループの名称を変更したい場合、名称部分を選択して右クリックで出てくるメニューには、「名称変更」という項目がありません。

図6-167：クラスターのメニュー

　そこで、**図6-168**のように、「Ctrlキー」を押しながら、クラスターをディメンションにドラッグ＆ドロップします。すると、**図6-169**のように「顧客名（クラスター）」というディメンションができます。

図6-168：クラスターをディメンション化する　　図6-169：ディメンション化の結果

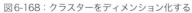

作成された「顧客名（クラスター）」をマークカードの色にある「クラスター」と入れ替えます。

図6-170：クラスターとの入れ替え

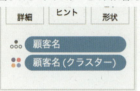

入れ替えた後、再度名称部分を選択して右クリックで出てくるメニューには、「別名の編集」が表示されます。図6-169を再度確認すると、「顧客名（クラスター）」はクリップマークになっており、グループ項目となります。

図6-171：クラスターの名称変更

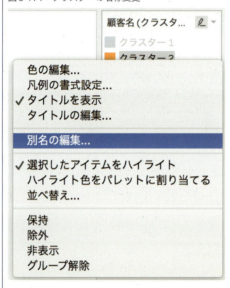

このようにして、章の冒頭の6-1-2　グループ化で紹介したグループとして扱うことができるようになります。

第7章
Tableauの基本機能（その2）

　この章では、さらに分析を深くするためのテクニックについて学んでいきます。そして、第8章以降の「分析のフレームワーク（考え方）」や、実践的な分析手法へとつなげていきます。

ここがポイント

- ツリーマップは、メジャーの大きさを面積で示すことのできる便利なグラフです。その作り方を学びましょう。
- 日付の「不連続」と「連続」の違いについても、フィルターという観点で改めて説明します。
- セットの応用的な使い方についても説明します。
- 「表計算」を使ってランクを表示する方法や、地図の使い方も説明します。
- 「LOD計算」は、このあとの章でも多く出てきますので、きちんと理解しましょう。
- 「アクション」の機能についても説明します。

第7章 Tableauの基本機能(その2)

7-1 ツリーマップの作成方法

ツリーマップとは、メジャーの大きさを面積で示したグラフです。あまり日本人には馴染みがありませんが、視覚的に分かりやすく便利です。Tableauでの作成方法は非常に簡単です。やってみましょう。

図7-1：ツリーマップの完成イメージ

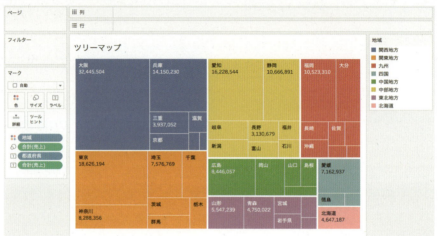

新しいワークシートを作成し、シートの名前を「ツリーマップ」とします。まず、最終的に地域ごとに色塗りしたいため、「地域」を「マーク」の「色」に配置します。

図7-2：「地域」の「色」への追加

次に、「売上」を「サイズ」に配置します。ここまででツリーマップらしくなってきました。

図7-3:「売上」の「サイズ」への配置

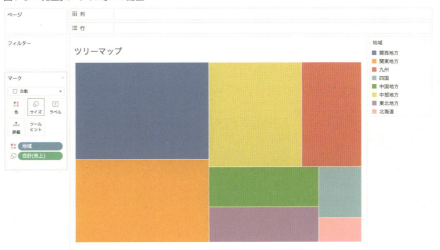

次に、「都道府県」を「ラベル」に配置します。各地域が都道府県毎に分割されます。

図7-4:「都道府県」の「ラベル」への配置

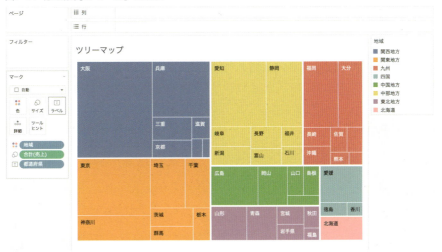

> **Note**
>
> ここで意識するといいのが「詳細レベル」や「データの粒度」という概念です。「都道府県」というフィールドを「ラベル」に落としたことで、単に「都道府県」の名前を表示させただけでなく、集計の単位が「地域」から「都道府県」に一つ落ちたということを意識しましょう。本来、詳細レベルの設定は、「詳細」というところにフィールドを落として行いますが、「ラベル」にフィールドを落とすことで、詳細レベルの設定を行い、かつラベルをつけるという二つの動作をしていることになります。

「売上」も「ラベル」に配置します。都道府県毎の売上数値も表示されます。簡単なステップであっという間に完成です。

図7-5：ツリーマップの完成

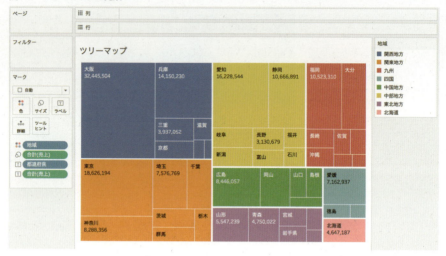

7-2 日のフィルター（不連続と連続の違い）

次に、第6章で説明した日付の「不連続」と「連続」の違いをさらに理解するために、「不連続」の日のフィルターと「連続」の日のフィルターを作り、比べてみましょう。完成イメージは図7-6のとおりです。

図7-6：「不連続」と「連続」の日のフィルターの違い

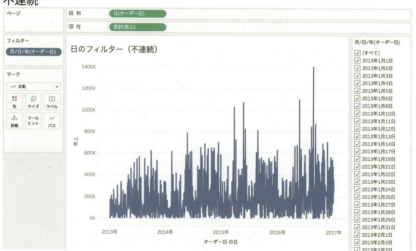

連続

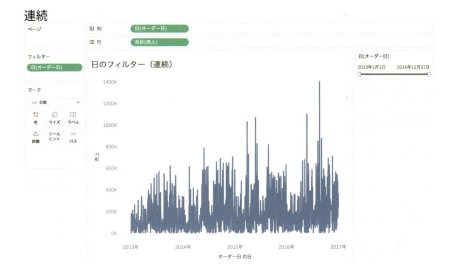

まず、新しいワークシートを追加し、シート名を「日のフィルター（不連続）」とします。「オーダー日」を列に、「売上」を行に配置します。

図7-7：「オーダー日」ごとの「売上」グラフ

「年(オーダー日)」のピルの「▼」をクリックし、連続の「日　2015年5月8日」に変更します（ここでは、このあとかけるフィルターは不連続のものにしますが、グラフの日付については連続にします）。

図7-8：連続の「日」への変更

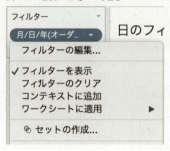

すると、**図7-9**のようになります。

図7-9：連続の「日」ごとの「売上」グラフ

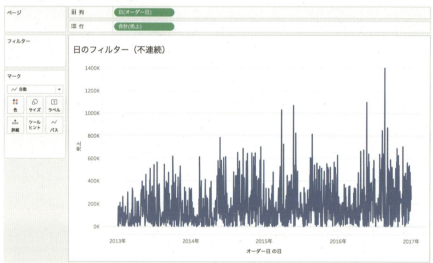

次に、データペインから「オーダー日」を「フィルター」シェルフに配置します。
　すると、「フィールドのフィルター [オーダー日]」ウィンドウが開くので、「不連続」（青い「#」）の日の「年/月/日」を選択し、「次へ」をクリックします。

図7-10：「不連続」の「オーダー日」のフィルター設定(その1)

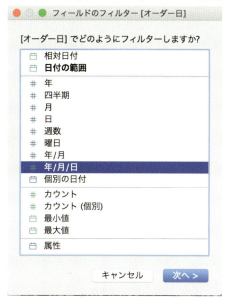

「フィルター [オーダー日の年、月、日]」ウィンドウが開きます。「リストから選択」がチェックされていることを確認して、リストの下の「すべて」をクリックします。すべての値にチェックが付くので「OK」をクリックします。

図7-11：「不連続」の「オーダー日」のフィルター設定（その2）

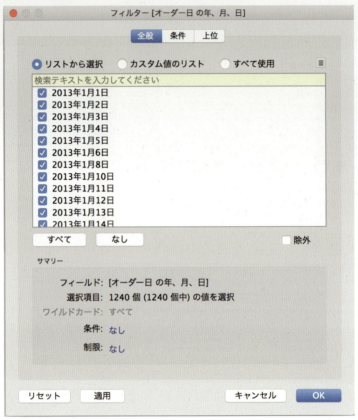

> **Note**
> ここで示しているのは、現在元データに入っている日付をすべて選択する場合です。将来、後の日付のデータが追加されると、その部分はフィルターから除外され、分析に出てこなくなります。将来にわたってすべての日付を表示させたい場合は、「リストから選択」ではなく、「すべて使用」を選んでください。

　次に、分析を見る人が自分で日付を選択できるようにします。「フィルターシェルフ」の「月/日/年(オーダー日)」メニューから、「フィルターを表示」をクリックします。

図7-12：「フィルターを表示」

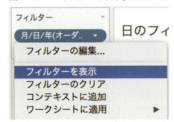

すると、グラフの右側に「日」のフィルターが表示されます。それぞれの日が独立して「不連続」の状態になっています。これで「日のフィルター（不連続）」は完成です。

図7-13：「日のフィルター（不連続）」

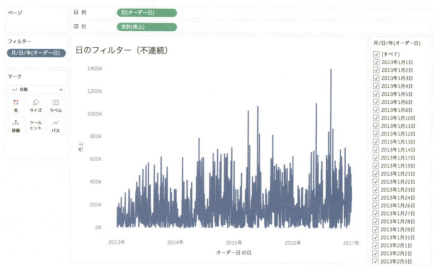

次に、「日のフィルター（連続）」を作成します。フィルターの設定以外は同じなので、シートタブの「日のフィルター（連続）」で右クリックし、「Duplicate」（複製）をクリックします。

図7-14：ワークシートの複製

> **Note**
> 本書の執筆に使っているTableau Desktop 10.1では、「Duplicate」と表示されます。ここは他のバージョンでは「複製」となるところです（バージョン10.1でも、その後日本語に修正されたようです）。同様に「Copy」は「コピー」、「Paste」は「ペースト」、「Delete」は「削除」、「Export」は「エクスポート」です。

複製されて新たに作成されたワークシートの名前を「日のフィルター（連続）」とし、「フィルター」シェルフの「月/日/年(オーダー日)」を右クリックし、メニューから「日 2015年5月8日」を選びます。「年」から「詳細」まで、似たような選択肢が2セットありますが、「連続」は下半分から選ぶことを意識してください。

図7-15：「連続」の「日」への切り替え

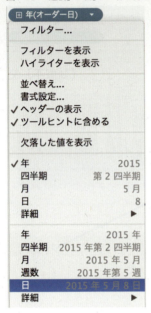

すると、「フィルター [オーダー日の日]」ウィンドウが開くので、「日付の範囲」が選ばれた状態で「OK」をクリックします。「日」を「不連続」にしたときのフィルターの画面である図7-11と、図7-16の違いを確認しましょう。

7-2　日のフィルター（不連続と連続の違い）

図7-16：「連続」の「オーダー日」のフィルター設定

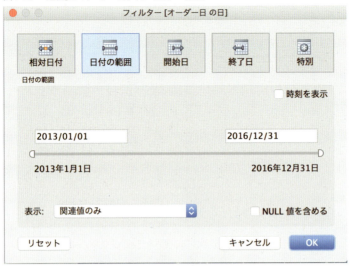

さらに、先程と同様に「フィルター」シェルフの「日(オーダー日)」を右クリックし、「フィルターを表示」を選びます。すると、右側にスライドバーの範囲選択式のフィルターが表示されます。不連続の場合の**図7-13**と比べてみてください。

図7-17：「日のフィルター（連続）」

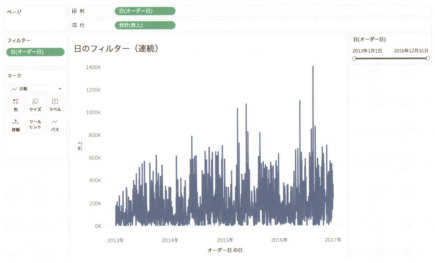

この「連続」の日付のフィルターでは、スライドバーで範囲指定することもできますし、年月日をクリックして直接値を打ち込んだり、表示されるカレンダーで日付を指定したりすることもできます。

第7章 Tableauの基本機能（その2）

図7-18：「日のフィルター（連続）」の変更

日(オーダー日)の右にある小さな「▼」をクリックすると、設定メニューが現れ、タイトルを編集したり、フィルターの表示形式を変えたりできます。

図7-19：「フィルター」の設定メニュー

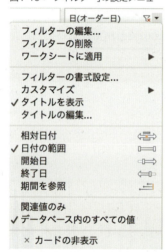

7-3 「セット」のフィルターへの設定

次に、第6章で学んだ「セット」を使って、データをフィルターする方法を試してみましょう。

図7-20:「セット」によるフィルターの完成イメージ

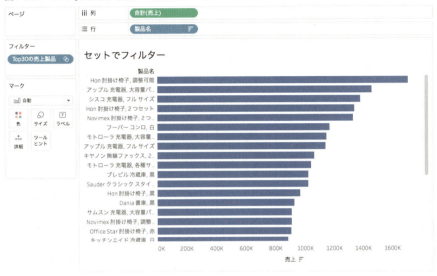

新しいワークシートを作成します。データペインから、「売上」を列に、「製品名」を行に入れて、「製品名」を「売上」の多い順(降順)に並べかえます。並び替えるには、「行」の「製品名」のピルをクリックすると表示されるメニューから「並び替え」を選ぶか、横方向の軸の「売上」の表示の右側にカーソルを合わせると出てくる並び替えボタンをクリックします。

図7-21:「製品名」ごとの「売上」グラフ

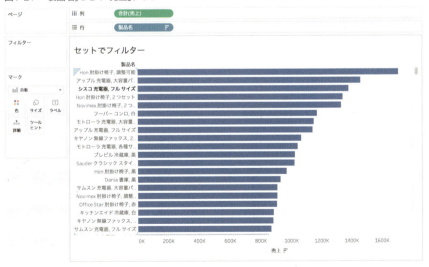

まず、売上 Top 30 のセットを作りましょう。データペイン内の「製品名」の▼から「作成」、「セット」と選択します。

図7-22:「セット」の選択

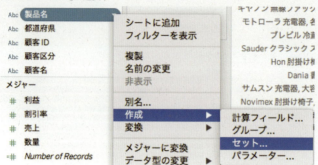

「セットの作成」が開くので、名前に「Top30の売上製品」と記載して、「上位」タブを開きます。その上で、「フィールドごと」にチェックを入れ、ドロップダウンから「上位」を選択、横には「30」と記載します。製品の売上合計のランキングなので、「売上」と「合計」を選択し、「OK」をクリックします。

図7-23:「セット」の作成

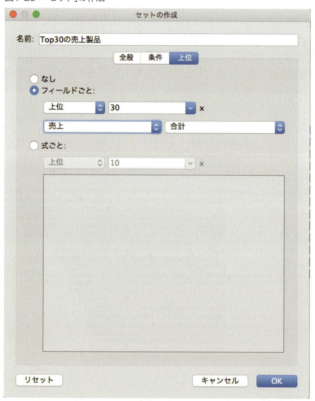

すると、データペイン内に作成したセットが表示されます。

図7-24:「セット」の作成結果

メジャー
 # 利益
 # 割引率
 # 売上
 # 数量
 =# Number of Records
 # メジャー バリュー

セット
 ⊗ Top30の売上製品

これをフィルターに配置すると、売上Top30の製品に絞って表示されます。シート名は「セットでフィルター」としました。

図7-25:「セット」によるフィルター

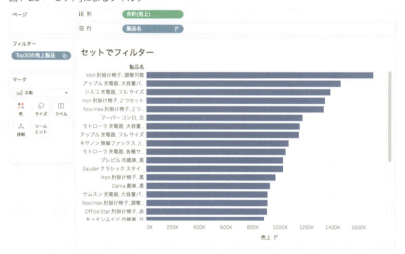

7-4 セットを使った色分け

次に、セットを使った色分けについて見ていきます。ここでは、「Top30の売上製品」に該当すれば青、該当しなければ灰色というように色分けします。完成イメージは図7-26のとおりです。

図7-26：セットを使った色分けの完成イメージ

新しいワークシートを作成し、シート名を「セットで色分け」とします。次に、データペインの「ディメンション」の右側の「▼」をクリックしてメニューを開き、「計算フィールドの作成」を選びます。

図7-27：「計算フィールドの作成」の選択

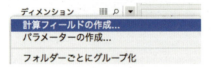

計算フィールドの名前を「Top30売上orその他」とします。式には以下のように記載します。

```
IF [Top30の売上製品] THEN [製品名]
ELSE "その他"
END
```

記載したら「OK」をクリックします。

図7-28：「計算フィールドの作成」

すると、データペインのディメンションに「Top30売上orその他」ができます。

図7-29：新しいフィールド「Top30売上orその他」

「売上」を「列」に、「Top30売上orその他」を「行」に配置します。

続けて、横軸の「売上」のラベルにカーソルを当てると表示される並び替えアイコンをクリックして、売上の降順に並び替えた上で、セットの「Top30の売上製品」をデータペインから「マーク」の「色」に配置します。その結果、「Top30の売上製品」であれば、「真(IN)」となり青色、それ以外は「偽(OUT)」となり灰色になります。

図7-30：セットを使った色分け

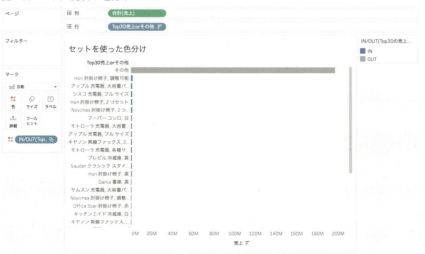

第7章 Tableauの基本機能（その2）

7-5 パラメーターによる操作

次に、「パラメーター」によりグラフを変化させる方法について説明します。「パラメーター」は、第6章で説明したとおり、分析を見る人が値を入力することができる「箱」（変数）です。7-4では、「Top 30」という「30」の部分が、こちらが設定した「定数」でしたが、ここでは、その「30」を、分析を見る人が変えられるようにし、「上位何位までの製品名を表示させると、その他とのバランスが取れるか」を確認してみます。

図7-31：パラメーターによる操作の完成イメージ

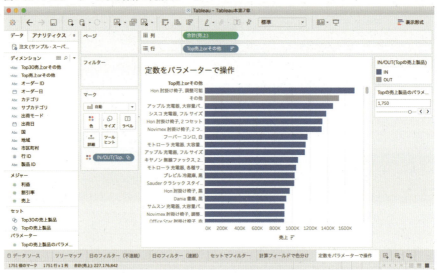

まず、7-4で作成したシートを「Duplicate」（複製）します。「セットで色分け」のシートタブを右クリックしてメニューを開き、「Duplicate」を選択します。

図7-32：ワークシートの複製

新しく作成されたワークシートのシート名を「定数をパラメーターで操作」とします。次に、データペインの「セット」にある「Top30の売上製品」を複製します。

図7-33：セットの複製

すると、複製した「Topの売上製品（コピー）」ができますので、それを右クリックすると表示されるメニューから「セットの編集」を選択します。

図7-34：複製されたセットの「編集」の選択

名前を「Topの売上製品」に変更します。上位タブを開いて「30」と書かれているところで、「新しいパラメーターの作成」を選択します。

図7-35：「新しいパラメーターの作成」の選択

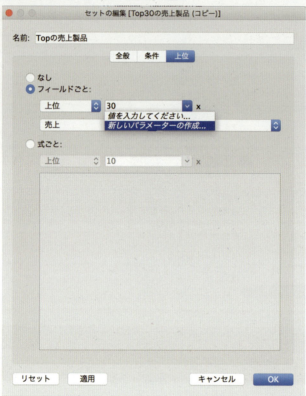

すると、「パラメーターの作成」の画面が開きます。

図7-36：「パラメーターの作成」画面

7-5 パラメーターによる操作

> **Note**
>
> 「パラメーター」の作成方法には、このようにパラメーターを使うことができる画面で作成する場合と、最初から別にパラメーターを作成しておき、それを使う方法があります。別にパラメーターを作成するには、データペインの「ディメンション」の右側の「▼」のメニューから「パラメーターの作成」を選ぶか、「このフィールドの値をリストなどにして、分析を見る人に選択させたい」と思う対象フィールドを右クリックして、「作成」、「パラメーター」と選択します。
>
> 図7-37：データペインからの「パラメーター」の作成
>
> ディメンション
> - 計算フィールドの作成...
> - **パラメーターの作成...**
> - フォルダーごとにグループ化
> - ✓ データ ソースの表ごとにグループ化
> - ✓ 名前ごとに並べ替え
> - データ ソースの順序ごとに並べ替え
> - 使用していないフィールドをすべて非表示
> - 非表示のフィールドを表示

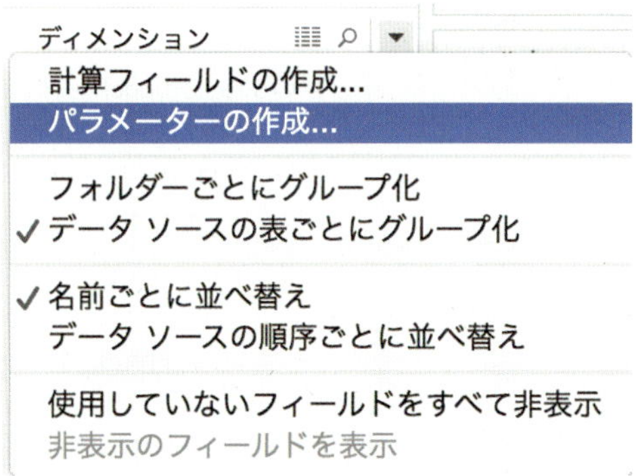

名前を「Topの売上製品のパラメーター」に書きかえます。また、その他の値は以下のように設定します。

Current Value（初期値）	50
Minimum（最小値）	50
Maximum（最大値）	2000
Step Size（パラメーターの間隔）	50

Step Size に値をセットするためにはチェックボックスにチェックを入れてください。すべてセットしたら「OK」をクリックします。

303

図7-38：パラメーターの設定

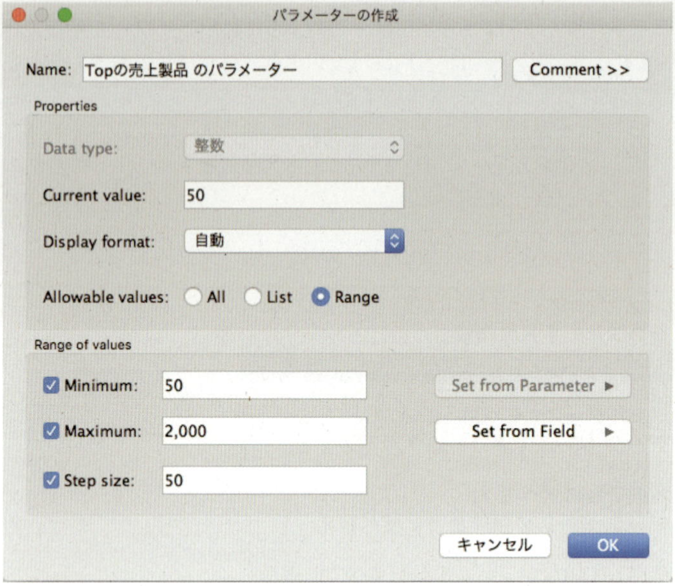

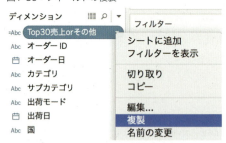

> **Note**
> 本書で使っているバージョン10.1では上の画面がほとんど英語ですが、他のバージョンでは日本語化されています（バージョン10.1でも、その後日本語に修正されたようです）。また、「Data type」からデータ型が選べたり、「Allowable values」を「List（リスト）」にすることによって、分析を見る人にリストから値を選んでもらうようにしたり、「Set from Field」で、実際のフィールド内の値からリストを作ったりできます。

次に、データペイン内の「Top30売上orその他」を右クリックして、「複製」します。

図7-39：フィールドの複製

複製された「Top30売上orその他（コピー）」を編集します。

図7-40：計算フィールドの「編集」の選択

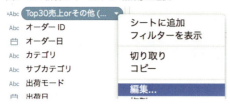

タイトルと内容をそれぞれ以下のように書き換えます（「Top30」の「30」を外します）。

図7-41：計算フィールドの編集

その上で、今できた「Top売上orその他」をデータペインから「行」の「Top30売上orその他」の上に重ね、ピルの周りがふちどられた状態で放すことで、入れ替えます。そして再度、横軸の「売上」ラベルにカーソルを当て、降順に並び替えます。

図7-42：「Top30売上orその他」の入れ替え

グラフの右側に「パラメーターコントロール」が表示されていますので、それを操作することで、グラフの表示が変わります。

> **Note**
> 「パラメーターコントロール」が表示されない場合には、コントロールを表示させたいパラメーターをデータペイン内で右クリックして、「パラメーターコントロールの表示」を選びます。

図7-43：「パラメーターコントロール」の表示

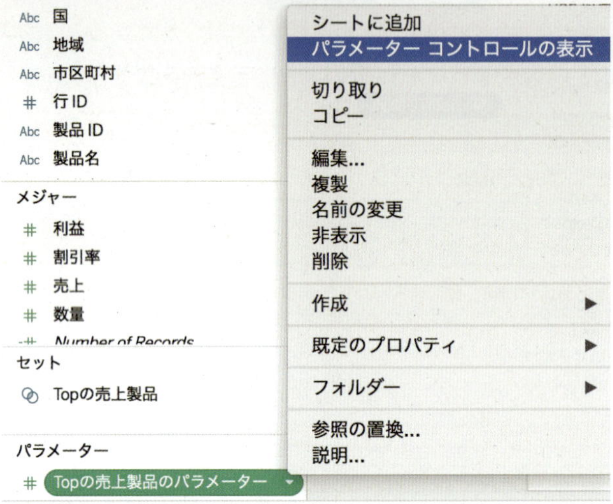

では、実際にパラメーターに投入する値を変えてみましょう。初期値の「売上上位50」では、圧倒的に「その他」の割合が大きいことが分かります。

図7-44：「売上上位50」の場合

どんどんとパラメーターの値を変更していきます。値が「1,750」に変わるときに売上1位の製品がようやく「その他」より大きくなることが分かります。

図7-45:「パラメーター」の値の変更結果

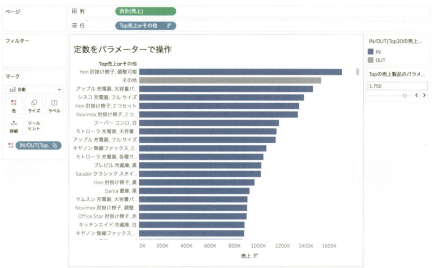

このように、パラメーターでは値を操作することにより、レポートの結果を変えることができます。この機能を応用することにより、様々なシミュレーション（What if 分析）を行えます。

7-6 ランク表示

「ランク」の機能を使うことにより、売上の値ではなく、「何位なのか」といったランクを示すことができます。完成イメージは図7-46のとおりです。

図7-46：ランク表示の完成イメージ

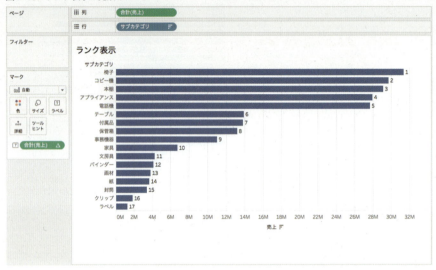

新しいワークシートを作成し、シート名を「ランク表示」とします。「売上」を「列」に、「サブカテゴリ」を「行」にそれぞれ配置して、横軸の「売上」のラベルの側の並び替えアイコンで降順に並べます。また、「売上」をマークカードの「ラベル」に配置し、売上の値をグラフに表示させます。

図7-47:「サブカテゴリ」ごとの「売上」グラフ

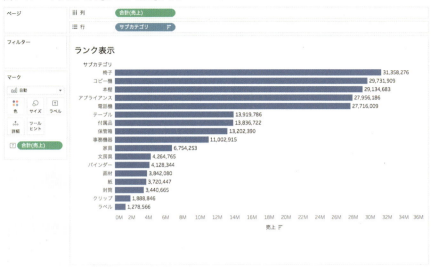

　次に、マークカードの「合計(売上)」のピルを右クリックして、「表計算の追加」を選択します。

図7-48:「表計算の追加」

　すると、図7-49のような「表計算」メニューが開きます。

図7-49：「表計算」の設定メニュー

「計算タイプ」を「ランク」、「次を使用して計算」を「表(下)」に設定して、右上の×で閉じます。

図7-50：「ランク」の設定

すると、表計算を適用する前は「合計(売上)」のラベルが入っていましたが、サブカテゴリの「ランク」に変更されました。「ラベル」に入っている「合計(売上)」のピルには、

表計算が適用されていることを示す「Δ（デルタ）」の記号が入っています。

図7-51：ランク表示の結果

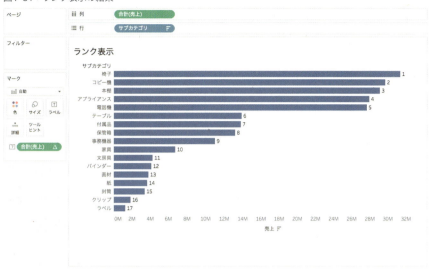

Note

「表計算（簡易表計算とも言います）」は、元データをいったん集計した上で、さらにその集計結果を元にTableau上で計算し、結果を表示する機能です。今回は、「ラベル」に落とした「合計（売上）」に対して表計算を適用させることで、ラベルの表示内容を変えましたが、他の場所でも「表計算」を適用できます。

例えば、「列」に入っている「合計（売上）」のピルを右クリックし、「簡易表計算」から「累計」を選びます。

図7-52：グラフ自体への「累計」の設定

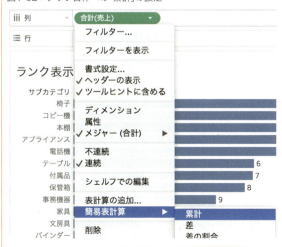

併せて、先ほど「ラベル」の「合計(売上)」に設定した「簡易表計算」も「累計」にします(グラフ自体とラベルのそれぞれに設定することが必要です)。

すると、図7-53のように累計のグラフになります(メニューバーの「行と列の交換」(スワップ)アイコンをクリックすることで、グラフを回転させることもできます)。Excelで累計のグラフを作ろうとすると、横のセルへの足し算を繰り返して続け、元データを作成し、それをグラフ化する必要がありますが、Tableauではこのような形で簡単に行えます。

図7-53:売上の「累計」グラフ

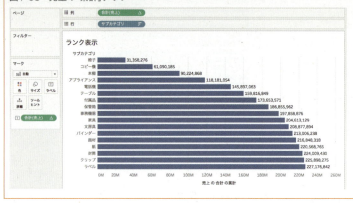

7-7 ランクを行に表示

次に、7-6ではグラフ内のラベルとして表示させていたランクを、行の項目の一番初めに持っていってみましょう。完成イメージは図7-54のとおりです。

図7-54:「ランクを行に表示」の完成イメージ

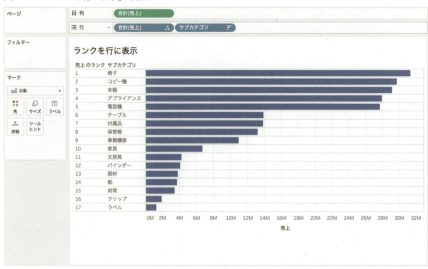

新しいワークシートを開き、シート名を「ランクを行に表示」とします。データペインから、「売上」を「列」に、「サブカテゴリ」を「行」に配置します。横軸の「売上」のラベルにカーソルをかざすと出てくる並び替えアイコンをクリックして、降順にします。

図7-55：サブカテゴリごとの「売上」グラフ

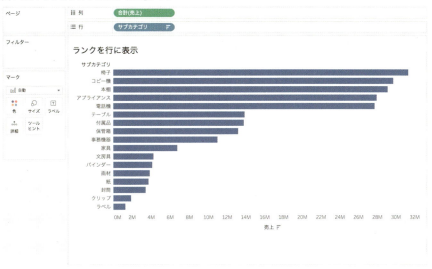

次に、「売上」をデータペインからもう一つ「行」の「サブカテゴリ」の右側に配置します。ここで、グラフの形が大きく変わってしまいます。なぜなら、「列」にも「行」にも「連続」の「売上」を置いたため、縦軸にも横軸にも売上を取ったグラフができたのです。ですが、気にせず進めます。

図7-56：「売上」フィールドのさらなる追加

追加した「行」の「合計(売上)」のピルを右クリックし、表示されるメニューで「簡易表計算」、「ランク」と選びます。

図7-57：「ランク」の設定

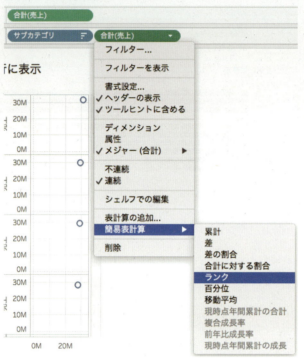

すると、今後は縦軸にランク、横軸に売上を取ったグラフになります。

図7-58：「売上」と「ランク」のグラフ

ここで、再度「行」の「合計(売上)」のピルを右クリックしてメニューを開き、「不連続」に切り替えます。

図7-59:「不連続」への切り替え

すると、「ランク」が「連続」値としてではなく、それぞれ独立した「不連続」値として認識されるようになったため、縦軸が消え、縦にランクの数字が並んだ形となり、元の横棒グラフに戻ります。しかし、ランクがすべて「1」になっています。

図7-60:「ランク」がすべて「1」の状態

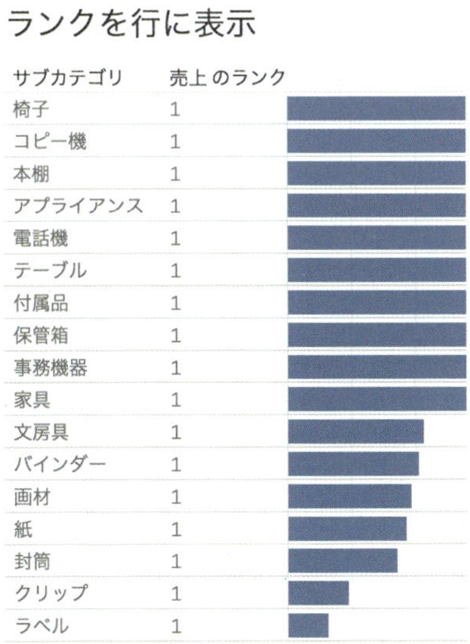

これは「ペイン(枠)」と呼ばれる、図7-60で言えば一つひとつの灰色の線で囲まれた枠の単位でランクを計算している形になっているからです。そこで、もう一度「行」の「合計(売上)」のピルを右クリックすると表示されるメニューから、「次を使用して計算」、「表(下)」を選択します。

図7-61：「次を使用して計算」の設定

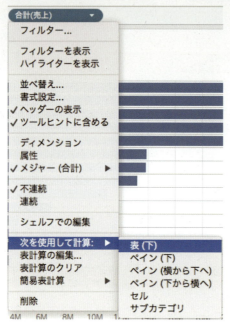

> **Note**
> この「次を使用して計算」は、表計算の範囲と方向を示します。ここでは、ペインを飛び越えて、表全体に対して下方向にランクの計算をする設定をしています。

すると、表の上から下へと売上のランクが上がっていく形で、サブカテゴリの右側に現れます。

図7-62:「ランク」の表示

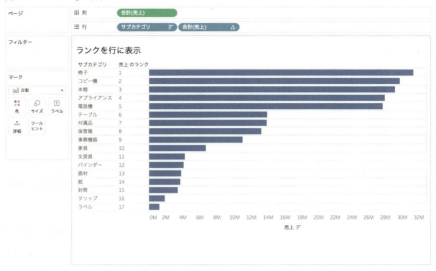

売上のランクを「サブカテゴリ」の左側に表示させたいので、行の「合計(売上)」をドラッグして、「サブカテゴリ」の左側にドロップします。

図7-63:「ランクを行に表示」

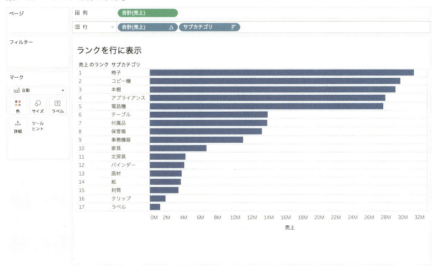

> **Note**
>
> 「簡易表計算」で「ランク」を選んだ後には、「表計算の編集」というメニューが出てきます（不連続に変更する前でも後でも構いません）。
>
> 図7-64：「表計算の編集」の選択
>
>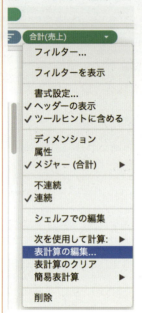
>
> これを選択すると、図7-65のような「表計算の編集」画面が出てきますので、この画面の「次を使用して計算」の項目で「表（下）」を選択する方法もあります。

図7-65:「表計算の編集」

また、ランクであっても累計であっても、裏では関数が設定されています。どのような関数式が組まれているかを確認するには、表計算が設定されたピルをダブルクックします。

図7-66:「関数の表示」

7-8 地図上への円の配置

次に、地図上に円を配置する方法を説明します。完成イメージは**図7-67**のとおりです。

第7章 Tableauの基本機能（その2）

図7-67：地図上への円の配置

まず、元データにある「都道府県」というフィールドに「地理的役割」を与え、これが都道府県であることをTableauに認識させます。データペインの「都道府県」を右クリックして、「地理的役割」、「都道府県/州」と選択します。

図7-68：「地理的役割」の設定

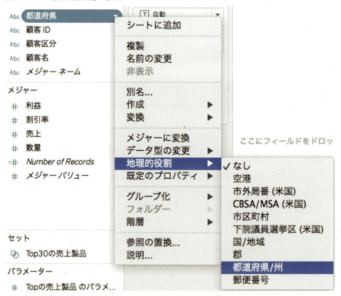

> **Note**
> 以前のバージョンでは、「州」とだけ表示されますが、これを設定してください。

320

すると、「都道府県」の左側のアイコンが「地理的役割」を意味する「地球マーク」に変わります。

図7-69：「地理的役割」のアイコン

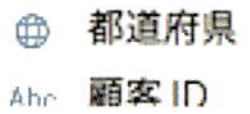

🌐 都道府県
Abc 顧客ID

ここで、「都道府県」をダブルクリックすると、各都道府県の県庁所在地の緯度と経度が自動的に生成され、「経度(生成)」が「列」に、「緯度(生成)」が「行」に配置されます。そして、自動で地図が表示され、各都道府県に円が配置されます。もしくは、「都道府県」をマークカードの「詳細」に配置するといったことでも地図が表示されます。これは、詳細レベルが「都道府県単位」であることをTableauに指示したために、都道府県ごとに円が配置されたものです。

図7-70：各都道府県への円の配置

> **Note**
> 突然地図が現れたので、驚いたかもしれませんが、ここでは「経度(生成)」と「緯度(生成)」の散布図を作り、その背景に地図を表示させています。それは、メニューバーのアイコンから「スワップ」をクリックすると分かります。
>
> 図7-71：スワップのアイコン
>
> すると、「列」と「行」にそれぞれ配置したピルが入れ替わり、ちょうど日本地図を逆さにしたような散布図が現れました。つまり、基本的には散布図で、「経度」が「列」、「緯度」が「行」に配置されると、地図が背景に入ることが分かります。
>
> 図7-72：日本地図を逆さにしたような散布図
>
>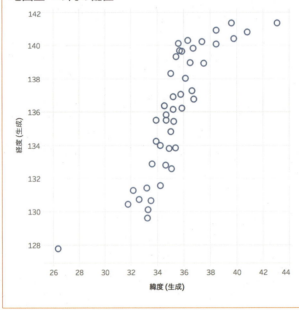

データペインから、「売上」を「マーク」カードの「サイズ」に、「利益」を「色」にそれぞれ配置します。すると、地図上の円の大きさが「都道府県ごとの売上合計」の大きさに変化し、地図上の円の色が「都道府県ごとの利益合計」の色に変化します。

図7-73：地図上での円での表現

　円のサイズを変更したい場合は、「マーク」カードの「サイズ」をクリックすると、調整のためのバー（スライダー）が表示されますので、これを操作することで、見やすい大きさに調整できます。

図7-74：円のサイズの変更

　また、右上に表示されるサイズの凡例の「合計(売上)」にカーソルをかざすと出てくる「▼」をクリックするとメニューが出てきますので、そこで、「サイズの編集」を選択します。

図7-75:「サイズの編集」の選択

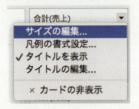

すると、「サイズの編集[売上]」の画面が開きます。こちらでは、より詳細な設定が可能になります。

図7-76:サイズの編集画面

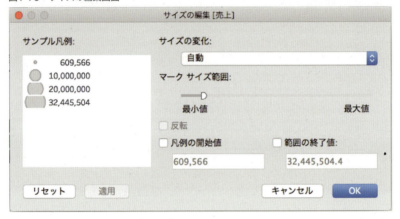

また、「色」を変更する際は、同じく右上に出てくる凡例の「合計（利益）」にカーソルをかざすと出てくる「▼」をクリックするとメニューが出てきますので、そこで「色の編集」を選択します。

図7-77:凡例からの「色の編集」の選択

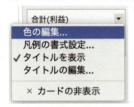

または、「マーク」カードの「色」をクリックし、さらに「色の編集」をクリックしても同じです。

図7-78:「マーク」カードからの「色の編集」の選択

すると、「色の編集[利益]」の画面が開きます。

図7-79:「色の編集[利益]」の画面

「ステップドカラー」にチェックを入れて、ステップ数を「7」に変更します。

図7-80：ステップドカラーの設定

> **Note**
> ステップドカラーとは、グラデーションではなく、何段階かの色に塗り分ける機能です。その他にも、あらかじめ用意されたパレットから塗り分ける色を選択したり、左右の色をクリックして変更したり、「詳細」からどの数値を中央とするかといった設定をしたり（中央を0にして、黒字・赤字を示すなど）することができます。

見やすい大きさ、色に設定したら完成です。

図7-81：地図上への円の配置

7-9 地図の二重軸グラフ

ここでは、さらに発展して、地図の各都道府県を利益で色塗りし、さらにその上に円グラフを配置してみましょう。ポイントは、都道府県を色塗りする軸と、地図上に円グラフを配置する軸の二つが、「二重軸」として設定されていることです。

図7-82：地図の二重軸グラフ(地図上への円グラフの配置)

新しいワークシートを作成し、シート名を「地図の二重軸グラフ」とします。「都道府県」に地理的役割の「州/都道府県」が設定されていることを確認した上で、ダブルクリックします。「経度(生成)」と「緯度(生成)」がそれぞれ「列」と「行」に配置されたことを確認します。次に、行にある「緯度(生成)」を「Ctrlキー」を押しながらドラッグして、すぐ右側にドロップします。

図7-83：「緯度(生成)」の複製

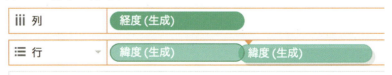

すると、同じ日本地図が上下に二つ表示されます。横には「経度(生成)」という軸が一つですが、縦には「緯度(生成)」という軸が二つできたことになります。

図7-84:「緯度(生成)」の複製の結果

「行」の右側の「緯度(生成)」のピルを右クリックし、メニューから「二重軸」を選択します。

図7-85:「二重軸」の選択

すると、**図7-86**のようになり、地図が元の一つに戻ったように見えます。

図7-86:「二重軸」の選択の結果

　しかし、これは二重軸になった二つの軸がまったく同じものであるために、そのように見えているだけで、実際には左右に軸が設定されています。**6-7　複数のメジャーを使った二重軸グラフの作成**で説明したとおり、二重軸を設定すると、「マーク」カードが複数に分かれます。ここでも、「すべて」、「緯度(生成)」、「緯度(生成)(2)」の3枚のカードがあることから、二重軸になっていることが分かります。一つ目の軸に別の内容を設定し、変化させていきましょう。まず、「緯度(生成)」のカードを開きます。

図7-87:「緯度(生成)」への設定

ここでは、まず都道府県を利益で色塗りする設定をします。まず、「利益」を色に配置します。グラフの種類の部分に世界地図のマークが現れたことが、色塗りマップに切り替わったことを示します。

図7-88：「利益」の色への配置

すると、グラフは**図7-89**のようになります。

図7-89：「利益」の色への配置の結果

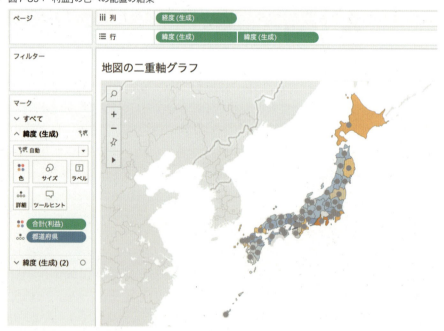

次に、地図上に配置された円を円グラフにするため、二つ目の軸に設定を行います。

7-9 地図の二重軸グラフ

「緯度(生成)(2)」カードを開いて、グラフの種類を「円グラフ」に切り替えた上で、データペインから「カテゴリ」を「色」に(円グラフの中身の色を「カテゴリ」ごとに塗り分けるという意味)、「売上」を「サイズ」にそれぞれ配置します。

図7-90:「緯度(生成)(2)」の設定

完成したのが図7-91のグラフです。都道府県は、「合計(利益)」で色塗りされて、その上に円グラフが表示されます。円の全体の大きさが「合計(売上)」を表現し、円グラフの色分けで「カテゴリ」の割合を表現しています。

図7-91:地図の二重軸グラフ

第7章 Tableauの基本機能（その2）

7-10 LOD計算の基礎

7-10-1 LOD計算とは

「LOD」とは、「Level of Detail」の略です。日本語では「詳細レベル」と訳されます。今まで「詳細レベル」というのは、どのレベル（「カテゴリ」なのか、「サブカテゴリ」なのかなど）で集計するかという概念として説明していましたが、「LOD計算」は、その「どのレベルで計算するのか」ということを関数で明示的に指定する計算方法です。LOD計算用にいくつかの関数が用意されており、これらを使うと、通常データソースで事前にデータの加工をしないとできないような処理をTableau上で行い、表示できます。これらの関数を理解して、使いこなすことができると、ぐっとデータ準備が楽になります。

関数には、「FIXED」、「INCLUDE」、「EXCLUDE」の3つがあります。

図7-92：LOD計算用の関数

FIXED	指定したディメンションの詳細レベルでの集計結果を返す。フィルターに影響されない。
INCLUDE	ビュー上に存在しないディメンションをINCLUDE関数で指定することができ、そのディメンションを含んだ詳細レベルでの集計結果を返す。
EXCLUDE	ビュー上に存在するディメンションをEXCLUDE関数で指定することができ、そのディメンションを除外した詳細レベルでの集計結果を返す。

> **Note**
>
> FIXED関数を使ってもフィルターの影響を受ける場合があります。「抽出フィルター」や「データソースフィルター」、「コンテキストフィルター」といった、今まで説明してきたフィルターとは異なるフィルターの場合です。詳しくは**10-1「商品データ」を理解する**内のコラムをご覧ください。

7-10-2 FIXED関数と簡易表計算

図7-93：FIXED関数を使ったグラフの完成イメージ

　ここでは、FIXED関数の使い方を学ぶとともに、都道府県毎の市区町村の割合を簡易表計算で作成した場合と、FIXED関数を使用した場合の差についても説明していきます。

　新しいワークシートを開き、シート名を「LOD関数-FIXED」とします。「都道府県」を「フィルター」シェルフに配置して、愛媛県のみを表示させるようにします。

図7-94:「フィルター」の設定

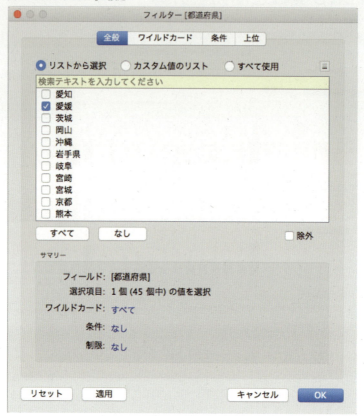

次に、「売上」を「行」に、「都道府県」、「市区町村」を「列」に配置して降順に並べ替えます。ここまでで、都道府県(愛媛県)の市区町村ごとの「合計(売上)」が表示されています。

図7-95:愛媛県の市区町村ごとの「売上」グラフ

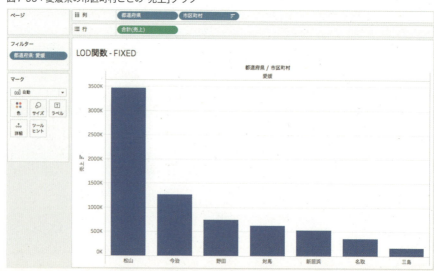

次に、行の「合計(売上)」のピルを右クリックし、メニューから「簡易表計算」、「合計に対する割合」と選択します。これはその名の通り、現在表示されている合計に対する割合を計算してくれます。

図7-96:「合計に対する割合」の選択

すると、「合計(売上)」の右側にΔ(デルタ)マークがつきます。この「合計(売上)Δ」を、「Ctrlキー」を押しながら、マークカードの「ラベル」に配置します。すると、グラフの上部に値が表示されます。

ここで、愛媛県の市区町村の売上割合が表示されました。これは、このあと行うLOD計算と同じ考え方を、簡易表計算で実行したものです。LODの関数を使って実現しようとした場合と、少し結果が異なってきます。

図7-97：簡易表計算による売上割合の表示

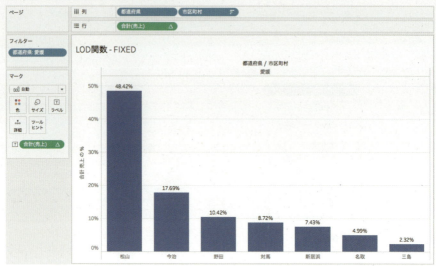

次は、FIXED関数を使って実現します。一番上のメニューの「分析」から、「計算フィールドの作成」を選択して、**図7-98**の内容を記載します。

図7-98：計算フィールドでのFIXED関数の記述

これが一体何を意味するのかを説明します。

分子にある「SUM([売上])」は、シェルフ上に「都道府県」、「市区町村」が存在しますので、「市区町村」毎の売上合計になります。

分母にある「ATTR({ FIXED [都道府県]:SUM([売上])})」は、「都道府県」レベルでフィックスされた(FIXED)売上合計です。つまり、「都道府県毎の売上合計」です。

ATTRは、集計関数の一種で、「ATTR内の結果が一つであれば、その結果を返し、そうでなければNULLを返す」という関数です。当然、「都道府県毎の売上合計」は一つしかないので、結果は一つになります。ただし、分子が「SUM()」という集計関数で囲まれている場合には、分母も集計関数で囲む必要があります。当然、結果が一つなので、実際には、SUM、AVG、MIN、MAXなど何を使っても結果は同じになります。ただ、

ATTRを使うことで、結果が一つであることを確認することができます。

作成した「都道府県毎の売上割合」をデータペインから「行」の「合計(売上)Δ」の右側に配置します。

図7-99：「都道府県毎の売上割合」の配置

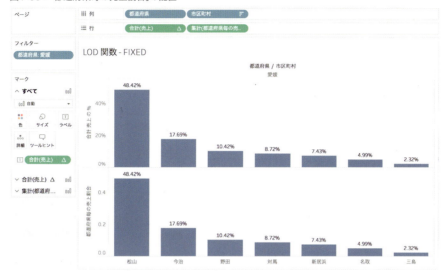

メジャーが二つになったので、マークカードが2枚になります。「集計(都道府県毎の売上割合)」のカードを開き、データペインから「都道府県毎の売上割合」を「合計(売上)Δ」ラベルの上に配置して置き換えます。

図7-100：「都道府県毎の売上割合」への入れ替え

次に、データペイン内の「都道府県毎の売上割合」を右クリックすると表示されるメニューから「既定のプロパティ」、「数値形式」と選択して、「既定の数値形式[都道府県

毎の売上割合]」の画面を開きます。

図7-101：「既定のプロパティ」の「数値形式」の選択

「パーセンテージ」を選択して、「OK」をクリックします。

図7-102：「既定の数値形式」の設定

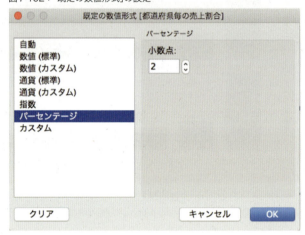

作成方法は異なりましたが、「合計(売上)Δ」と「集計(都道府県毎の売上割合)」のグラフは全く同じになりました。そこで、フィルターにある「都道府県」から「フィルターを表示」を選択します。

図7-103:「簡易表計算」の結果と「LOD計算」の結果の比較

　表示されたフィルターで、「愛知」にチェックを入れます。すると、2つのグラフの結果に違いが出てきます。結果が同じだった「愛媛」で結果が異なっていることがわかります。FIXED関数で作成した結果は「愛知」を追加しても変わらないのですが、簡易表計算で作成した結果は変わりました。

　その理由は次のとおりです。簡易表計算は「合計に対する割合」を設定していますので、この「合計」が意味するのはレポート上に表示されている「合計」になります。なので、分母が「愛知＋愛媛」となっています。それに対して、FIXED関数は「都道府県」レベルでフィックスされた売上合計なので、都道府県ごとに集計されています。よって、「愛知」が加わっても値は変わりません。

　どちらが良いというわけではないのですが、特性をしっかりと理解して、用途により使い分ける必要があります。

図7-104:「簡易表計算」の結果と「LOD計算」の結果の違い

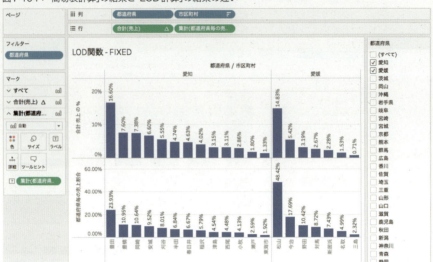

もう一つ、FIXED関数について説明するために、新たな計算フィールドを作成します。図7-105のようにします。「全国に対する売上割合」という名前です。分子は「SUM([売上])」です。先程と同様に「市区町村」毎の売上合計になります。分母は「ATTR({ FIXED :SUM([売上])})」となります。この場合に、明示的にFIXEDしていないので、「すべてのデータの売上合計」を意味します。

図7-105:「全国に対する売上割合」

作成された「全国に対する売上割合」を、「行」シェルフと「マーク」カードにそれぞれ配置します。すると、図7-106のようになります。全国の売上に対する各市区町村の売上になるので、パーセンテージとしては非常に小さい値になっているのがわかります。

お気付きの方もいるかもしれません。ここで注目すべき点は、フィルターで「愛知」、「愛媛」に絞っているにも関わらず、全国(北海道から沖縄まで)の合計値を分母に持つことができているという点です。FIXED関数では、フィルターの影響を受けません(7-10-1のNoteのとおり、一部、影響を受ける場合もあります)。

図7-106:「全国に対する売上割合」の配置結果

7-10-3 INCLUDE関数

図7-107:INCLUDE関数を使ったグラフの完成イメージ

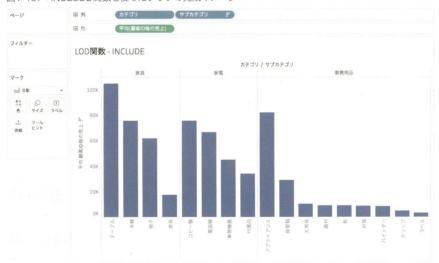

　新しいワークシートを作成し、シート名を「LOD関数-INCLUDE」とします。計算フィールドを作成して、図7-108の記載をします。INCLUDE関数では、ビュー上に存在しないディメンションを計算に含めることができます。
　この場合、「顧客ID毎の合計(売上)」となります。

図7-108：計算フィールドでのINCLUDE関数の記述

作成した「顧客ID毎の売上」を「行」に平均として配置します。列に「カテゴリ」、「サブカテゴリ」を配置して、降順に並べ替えます。「顧客ID」はビュー上に存在していないですが、INCLUDE関数により「顧客ID」毎の売上で平均が算出されています。

図7-109：「顧客ID毎の売上」の配置結果

7-10-4 EXCLUDE関数

図7-110：EXCLUDE関数を使ったグラフの完成イメージ

新しいワークシートを作成し、シート名を「LOD関数-EXCLUDE」とします。データペインから、行に「売上」、列に「地域」、「都道府県」を配置して、降順に並べ替えます。

図7-111：「地域」、「都道府県」ごとの「売上」グラフ

メニューバーの「分析」から「計算フィールドの作成」を選んで、新しい計算フィールドを作成し、図7-112のように記述します。先ほど学んだFIXED関数も出てきます。都道府県ごとの売上合計を算出し、その平均を取っているのですが、ビュー上に都道

府県があると、都道府県毎の平均となります。ただし、EXCLUDE関数で「都道府県」を除外して計算することを宣言しているので、ビュー上にこの値をセットする際には「地域」毎の平均を算出します。

図7-112：計算フィールドでのEXCLUDE関数の記述

今できた「地域毎の平均売上」をデータペインから「行」の「合計(売上)」の右側に配置します。

上に「売上」、下に「地域毎の平均売上」のグラフが表示されました。結果を見る前に整えていきます。まず、「地域毎の平均売上」の軸を右クリックして、「二重軸」にします。

図7-113：「二重軸」の設定

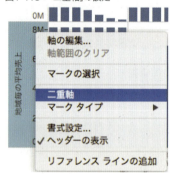

さらに、軸を同期させます。

7-10 LOD 計算の基礎

図7-114:「軸の同期」の設定

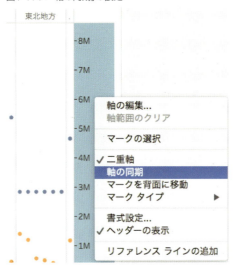

すると、すべてのマークカードが「自動」になっており、「○」が選択されていることが分かります。

図7-115:「マーク」カードのグラフの種類

そこで、「合計(売上)」は棒グラフに、「属性(地域毎の平均売上)」は線グラフに設定します。

図7-116：グラフの種類の設定

結果は以下のようになります。地域毎の平均売上が「都道府県」というディメンションを無視して引かれているのがわかります。ただ、この絵は見たことがあります。アナリティクスの平均線で描ける線です。アナリティクスの平均線との違いは、項目として扱えるかどうかです。

図7-117：計算結果

行シェルフの「合計(売上)」をダブルクリックすると、式を記述できます。そこで以下のように記載していきます。「都道府県毎の売上」と、「地域毎の平均売上」の差を出す式です。

図7-118：式の記述

そして、行シェルフから「属性(地域毎の平均売上)」を外します。また、先ほど作成した行の計算式を、「Ctrlキー」を押しながらマークカードの色にドラッグします。以下のようなグラフが出来上がります。

図7-119：計算結果

7-11 アクション

7-11-1 アクションとは

アクションとは、レポートやダッシュボード、ストーリー上でカーソルをかざしたり、クリックすることにより、意図した動作をさせたりするための機能です。

図7-120：アクションの種類

フィルターアクション	シート間でのフィルタリング機能です。シートで特定の値をクリックなどすることにより、別のシートの関連する値をフィルタリングします。
ハイライトアクション	目立たせたい部分に色をつけて、周囲の色を薄くすることにより、見て欲しい値を際立たせます。
URLアクション	アクションにより、外部のWebサイトやファイルサーバ、メールを開くことができます。

7-11-2 フィルターアクション

　フィルターアクションは動作の動きを説明するので、特に完成イメージはありません。まずは図7-121のようなレポートを作っていきます。新規のワークシートを作成し、シート名を「フィルターアクションA」とします。「行」に「売上」を、「列」に「カテゴリ」、「サブカテゴリ」を配置して、降順に並べ替えます。さらに、「地域」をマークカードの「色」に配置します。

図7-121：フィルターアクション(A)

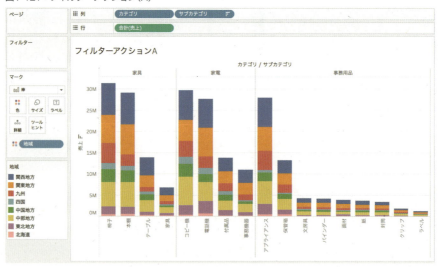

さらに新しいシートを開いて、円グラフを作ります。

図7-122：フィルターアクション(B)

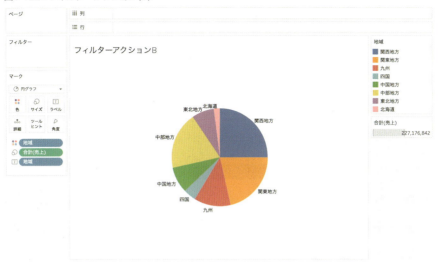

そして、新たにダッシュボードを作成し、2つのワークシートをダッシュボード上に配置します。

図7-123：ダッシュボードへの配置

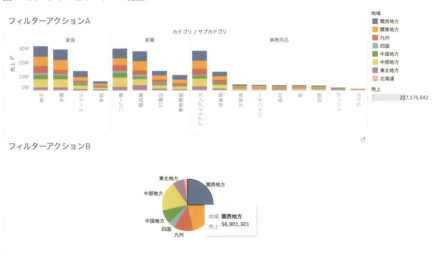

メニューバーの「ダッシュボード」から「アクション」を選びます。

図7-124:アクションの選択

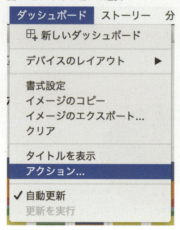

すると、アクションの画面が開きます。

図7-125:アクションの画面

左下の「アクションの追加」をクリックして「フィルター」を選択します。

図7-126:「フィルターアクション」の追加選択

「フィルターアクション」の追加ウィンドウで、名前に「地域フィルター」と記入します。

図7-127:「フィルターアクション」の追加

「ソースシート」では、「ダッシュボード1」を選択して、すべてのシートにチェックを入れます。アクションの実行対象は「ポイント」を選択します。

「ターゲットシート」でも、「ダッシュボード1」を選択して、すべてのシートにチェックを入れます。選択項目をクリアした結果は「すべての値を表示」を選択します。

「ターゲットフィルター」は「すべてのフィールド」を選択します。

最後に「OK」をクリックします。

アクションの画面には、作成した「地域フィルター」が表示されます。「OK」をクリックします。

図7-128：設定済みのアクションの画面

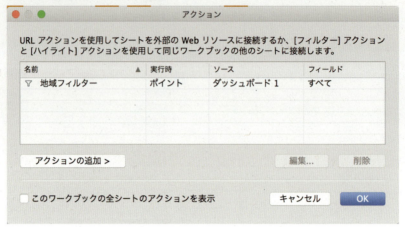

設定したアクションが正しく動くかを見てみましょう。「フィルターアクションB」の円グラフで「関西地方」にカーソルを持っていくと、「フィルターアクションA」では、「関西地方」の値のみが表示されます。

図7-129：「フィルターアクション」の設定結果（関西地方）

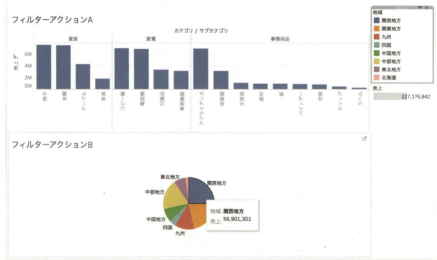

同様に「中部地方」にカーソルを持っていくと、「中部地方」の値のみが表示されます。

図7-130:「フィルターアクション」の設定結果(中部地方)

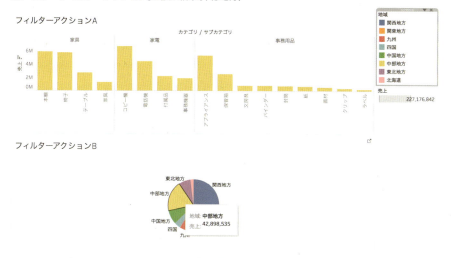

「フィルターアクションA」で棒グラフの「関東地方」にカーソルを持っていくと、「フィルターアクションB」では、「関東地方」の値のみが表示されます。

図7-131:「フィルターアクション」の設定結果(関東地方)

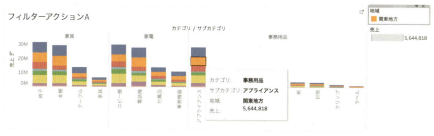

「フィルターアクションA」シートを開くと、フィルターシェルフに「アクション(地域)」が設定されています。同様に「フィルターアクションB」シートを開くと、「アクション(カテゴリ、サブカテゴリ、地域)」が設定されています。

図7-132：アクション設定の確認

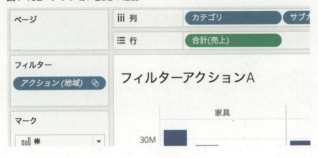

7-11-3 ハイライトアクション

続いてハイライトアクションの作成です。ハイライトアクションとは、選択の結果をグラフ上で示すもので、簡単に作成することができます。新しいワークシートを作成し、シート名を「ハイライトアクション」とします。「列」に「売上」を、「行」に「利益」をドラッグ＆ドロップします。「サブカテゴリ」を「色」に、「市区町村」を「詳細」に設定します。カラフルな散布図が出来上がります。

図7-133：散布図の作成

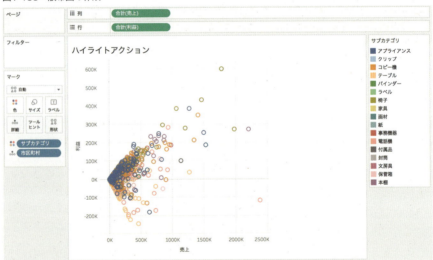

右側に「サブカテゴリ」の「凡例」がありますが、その右の方にカーソルをかざすと、「選択したアイテムをハイライト」と表示されるペンのアイコンが現れます。

図7-134:「選択したアイテムをハイライト」

このペンのアイコンをクリックします。

図7-135:「選択したアイテムをハイライト」アイコンのクリック

凡例がハイライトアクションの選択画面になります。「バインダー」を選択すると、グラフ上で「バインダー」の緑のみが鮮やかな色のままで、他の色はすべて薄い色に変わります。

図7-136:ハイライトアクションの結果

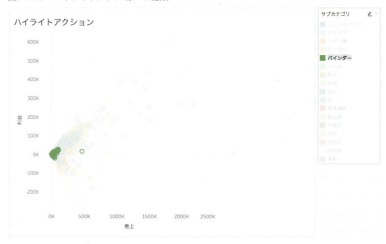

グラフ内のマークを選択すると、そのマークと同じサブカテゴリのマークがハイライトされます。

図7-137：ハイライトアクションの結果（グラフ内のクリック）

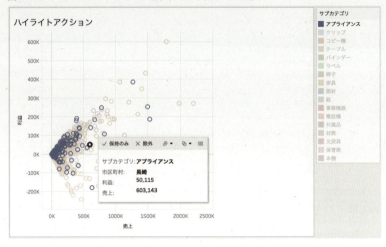

次に、カーソルで範囲指定をします。

図7-138：ハイライトアクション（範囲指定）

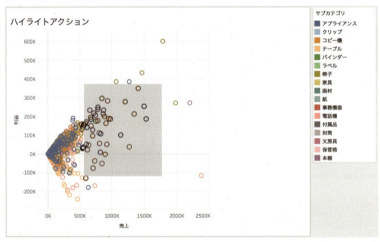

　範囲指定された値は縁に黒い線が表示され、はっきりとします。これもハイライトアクションです。

図7-139：ハイライトアクションの結果（範囲指定）

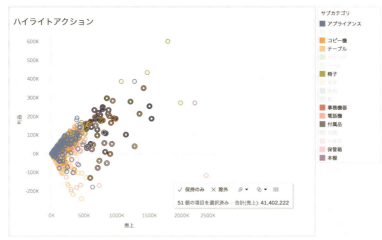

さらに、ツールバーのハイライトメニューについて説明します。先程の凡例の右上にあったボタンと同じようなペンマークのボタンがツールバーにあります。メニューを開くと、下の方に「サブカテゴリ」にチェックが入っています。これは、先ほどの凡例で設定しているからです。

図7-140：ツールバーのハイライトアイコン

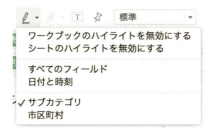

「サブカテゴリ」のチェックを外し、「市区町村」にチェックを入れます。

図7-141：ツールバーのハイライトアイコンの設定

グラフ上で適当なマークを選択すると、今度はすべて色の違うマークがハイライト

されました。市区町村でハイライトするように設定したので、選択された「川崎」でハイライトされています。このようにハイライトメニューでは、簡単な設定ができるようになります。

図7-142：マークの選択結果

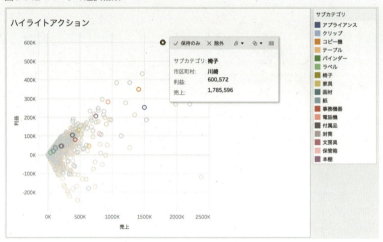

また、メニューバーのアイコンでは、シートやワークブックのハイライトを有効にしたり、無効にしたりすることができます。

図7-143：ハイライトの有効・無効選択

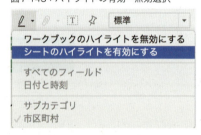

最後に、メニューバーのワークシートを開くと、先ほどのダッシュボードと同様に「アクション」項目があるので選択します。

図7-144:「アクション」の選択

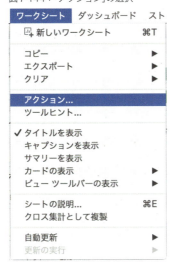

「アクション」の画面が開くので、「アクションの追加」、「ハイライト」を選択します。

図7-145:「アクション」の画面

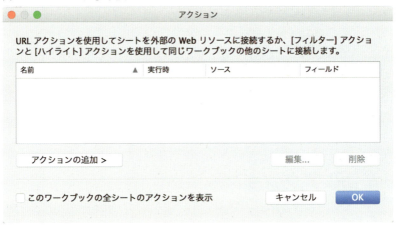

図7-146:「ハイライト」の選択

「ハイライトアクションの追加」ウィンドウが開きます。先ほどのフィルターアクションと同様に、詳細な設定が可能になります。説明は省略しますが、色々と触って設定

して、どのような動きになるのか試してください。

図7-147:「ハイライトアクションの追加」

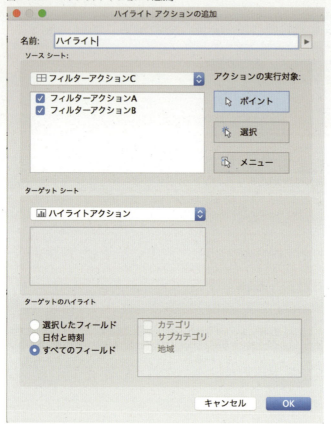

7-11-4 URLアクション

　URLアクションは、インターネット上のサイトに検索の「引数」を渡し、目的のページを表示させるためのアクションです。新しいワークシートを作成し、シート名を「URLアクション」とします。データペインから、「行」に「売上」、「列」に「地域」と「都道府県」を設定し、「都道府県」を降順に並べます。また、「地域」を色に配置します。

図7-148:「地域」・「都道府県」ごとの売上グラフ

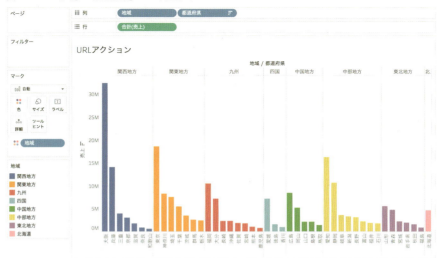

アクションの画面を開き、「アクションの追加」から「URL」を選択します。

図7-149:「アクション」の画面

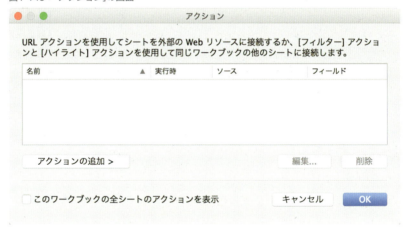

図7-150:「URL(アクション)」の選択

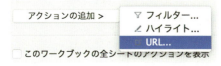

「URLアクションの編集」の画面で「URL」の設定をします。「ソースシート」で「URLアクション」を選び、アクションの実行対象は「選択」を設定します。「URL」にはここでは

ウィキペディアのURL（https://ja.wikipedia.org/wiki/）を記載してみます。
URLの右側のボタンから追加できる項目が出てきます。「都道府県」を選択します。

図7-151：「URLアクションの編集」

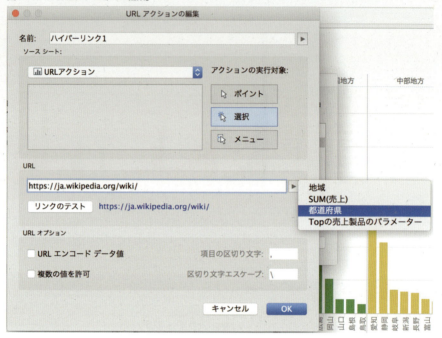

URLのところには（https://ja.wikipedia.org/wiki/<都道府県>）と記載されますので、「OK」をクリックします。

図7-152：URLの設定結果

「アクション」の画面に作成したURLアクションが登録されています。「OK」をクリックします。

図7-153：URLアクションの設定結果

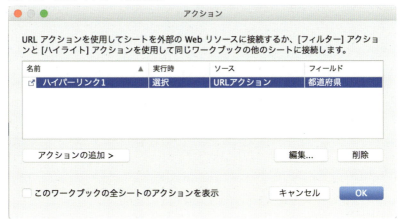

棒グラフのいずれかをクリックします。ここでは「神奈川」をクリックします。

第7章 Tableauの基本機能（その2）

図7-154：URLアクションの実行

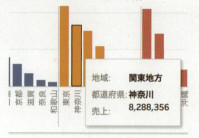

ブラウザが立ち上がり、Wikipediaの神奈川ページが開きます。

図7-155：URLアクションの実行結果

第2部 「それで？」と言われないTableauデータ分析の考え方

第8章
やみくもなデータ分析では失敗する

Tableauを一通り操作してみたら、次はデータ分析の考え方・進め方について学んでいきましょう。

ここがポイント

- Tableauを使えるようになっても、やみくもにデータ分析をすると失敗します。
- データ分析とは、複雑な要因を要素分解することで、構成要素を明らかにし、課題解決をするための手法です。
- データ分析は、データ分析を利用したデータ分析プロジェクトの1つのプロセスであり、データ分析だけできても、他のプロセス（設計、データ整備、施策運用等）が上手くいかないとデータ分析プロジェクトは失敗します。
- データ分析を成功させるには、データ分析プロジェクトを進めるプロセスを理解し、それぞれの落とし穴を回避する必要があります。
- データ分析プロジェクトのプロセスは大きく「設計」「データ収集、整備」「分析」「施策の実行、運用」の4つに分かれます。
- 分析プロセスは、「現状把握」「課題発見」「要因把握」「施策の検証」の4つに分かれます。

第8章 やみくもなデータ分析では失敗する

8-1 Tableauを使ったデータ分析が失敗するワケ

8-1-1 導入

第2部の執筆を担当します三好は現在、データ解析・Tableauを用いたコンサルティングをおこなっております。過去、市場調査データ、POSデータ、TV視聴率データ、WEBログデータ、センサデータ等様々なデータを用いて分析をして参りましたが、データ解析の実務でおこなう上で数々の失敗をしてきました。

Tableauはあまりにも簡単に素早くさまざまなグラフや集計表などを大量に作成することができるため、Tableauを使い始め分析が面白いと思ってしまう人ほど要注意です。かくいう私もその一人で、Tableauを使う前までは、集計やデータ視覚化をEXCELやSPSS、R（統計ソフト）といった製品を使って行っていました。Tableauを使い始めたころは、あまりにも簡単に今まで作成していたグラフが大量に作成できるため、無駄なアウトプットを作ってしまったこともありました。

Tableauの使い方の本で言うのも何ですが、Tableauは大変優れたツールであるものの、いくらTableauのエキスパートになろうと、それだけではビジネス上価値のある分析はできません。データ分析に慣れていない方がやみくもにデータ分析をすると失敗します。Tableauはあくまでもデータ分析のツールであり、データ分析プロジェクトのプロセスをきちんと理解し、実践していく必要があります。

Tableauを導入された、また導入されようとしている皆様に同じ失敗をして欲しくないという思いで、またデータ分析によって社会をより良くして頂きたいという思いで、どのような観点でデータ分析をすると失敗をしないかを説明していきます。

8-1-2 そもそもデータ分析とは

データ分析とは（概要）

この本を手に取られた方は、Tableauで何らかの形でデータ分析を始めようとしているかと思います。それではデータ分析をこれからされる方にお聞きします。そもそも「データ分析」とは何でしょうか？　読者の皆さんが分析しようしているデータを思い浮かべてください。改めて「データ分析」が何かを考え、知ることで使いどころを考えることができます。

「データ分析」の定義は、残念ながらまだ、辞書の大辞泉には載っていません。それならば「データ分析」の定義を考える上で、「データ分析」を「データ」と「分析」に分けて考えましょう。

「データ」を大辞泉で調べると「物事の推論の基礎となる事実。また、参考となる資料」「コンピュータで、プログラムを使った処理の対象となる記号化・数字化された資料」とあります。皆さんがこれからTableauで分析しようとしているデータは事実であり、コンピュータで資料化されたもの、具体的にはCSVやEXCEL、データベースに格納されているデータ（主には数値や文字情報）になるかと思います。

次に「分析」とは何でしょうか？　「複雑な事柄を一つ一つの要素や成分に分け、その構成などを明らかにすること」とあります。ビジネスの現場では複雑な事柄が課題に置き換えられるかと思います。ちなみに定義の通り、「分析」はデータがなくてもおこなうことができます。

つまり、「データ分析」とは「データにもとづき複雑な課題をいくつかの要素にわけ、その構成要素を明らかにする手法」です。ただし、ビジネスでは課題の構成を明らかにしただけでは意味がありませんので、「**データに基づき複雑な課題をいくつかの要素にわけ、構成要素を明らかにし、課題解決をするための手法**」と定義したほうがよいかと思います。

データ分析による課題解決のメリットは3つです。

1つ目は、データという事実に基づき、課題の要素分解をし、課題の要因をつきとめることで、課題解決できる可能性が高まることです。例えば売上が下がっているから、何も考えず広告量を倍にしようだとか、営業マンの数を倍にしようとすると失敗します。売上減少の要因はデータに基づくと新規顧客が減少しているので、新規顧客○○人を増やすため広告量を□□にする。顧客満足度が低い顧客が離脱し売上が減少しているため、満足度の低い顧客が不満に思っているサービス品質を上げようなど、データ分析から発見した課題の要因にあわせた施策をおこなうことで課題解決の可能性が高まります。また、仮に意思決定が失敗したとしても、なぜ失敗したのかをデータから検証し次の施策に活かすことで、課題解決の精度を上げていくことができます。

2つ目は、データという共通言語ができるため、異なる組織が1つの目標に対して整合的に動けるようになることです。データを使わないで意思決定をしようとすると数字という共通言語がないため、部署・人によって課題の重要度、優先度が異なり、さらに課題解決をしようとする方法が異なり組織が整合的に動きにくくなります。共通のデータを見て議論していないため、営業部と製品開発部の間で意見が対立するなどはよくみかけられる構図かと思います。

3つ目は、意思決定の質が属人的にならない、特定の人に依存しなくなることです。誰でもデータに基づきある一定の精度で意思決定をできるようになります。場合によっては、機械やロボット、システム化することで自動化することもできるようになります。自動化することが出来るようになれば、意思決定、施策をおこなう時間を削減することができます。

データ分析の弱点

データ分析の弱点は3つあります。

1番目はデータが無いものはデータ分析できないということです。**図8-1**のように世の中の事実に対してデータ化された事実は一部です。あるデータを渡されTableauで分析しようとしている方はこの点を忘れないようにしてください。

例えば営業に関する事実の場合、自社の営業行動についての事実はデータ化されていることが多いかと思いますが、お客さんとの関係性やお客さんの予算残高、競合情報などはデータ化されていないこともあるでしょう。意思決定をするのに重要な事実・情報がデータ化されていない場合は、そのデータの重要性と収集・管理コストを踏まえ、データ化するか判断をしてください。

図8-1：世の中の事実におけるデータ化された事実

データ化されているもの （データ分析可能）	データ化されていないもの(例) （データ分析不可能）
営業日時	営業先担当者と営業マンの関係性
営業（氏名）	営業先担当者と競合の関係性
所属部署	営業先担当者と上司の関係性
営業先企業	営業先担当者の体調
営業目的	営業先担当部署の予算残高
受注可否	営業先企業担当者の全スケジュール
受注売上額	商談の全会話内容
日報内容	顧客の紹介商品についての感情
訪問回数	競合A社商品の提示価格
・	競合B社商品の提示価格
・	営業先担当者の趣味

2番目は構造的変化に弱いということです。市場構造の変化(革新的な商品が生まれた、リーマンショックなどたまにしか起きない事象が起きた)などが起きると、今まで集めていたデータの価値が無くなることもあります。

3番目は時間と費用がかかることです。データ収集、データの管理、分析するためのデータ整備、分析、共有——それらには時間と費用がかかります。業界、業務について熟練の人が意思決定をするのであれば、一瞬で費用も削減できます。

以上、データ分析による意思決定はメリットとデメリットを鑑みどちらがよいのかを決めていったほうがよいでしょう。

データ分析の流れ

課題解決のためのデータ分析は、4つのStepを踏んでいくと効果的です。

図8-2：分析の流れ

	Step1： 現状把握	Step2： 課題発見	Step3： 要因把握	Step4： 施策検証
概要	何が起きているのか明らかにする。	課題を発見する。	課題が何の要因で起きているのか明らかにする。	どういう手段で要因を解決できそうか検証・シミュレーション(予測)する。
意味合い	課題を発見するための、現状の把握をする。解決すべき課題のスコープを絞り込める様にする。	解決すべき課題を発見し、定義する。管理改善する指標(KGI、KPI)を決める。	課題解決の有効な施策を打つために、課題がおきている要因を明らかにする。	複数ある施策のうちどれが効果的か、施策を行った際の効果を把握する。
例	利益が今年から赤字、昨年は黒字。主事業のA事業の売上が下がった。費用も下がった。	課題：A事業の売上が下がったこと。	売上減少は、リピート顧客が減少していることが要因。離脱顧客は製品価格を割高に感じている。	リピート顧客が離脱しないように、値引きをする。値引きした時の離脱率が下がるか検証する。
メタファー	健康診断	病名の診断	病気になった要因の把握	手術、生活習慣改善

Step 1 現状把握

何が起きているのかを要素分解し、明らかにします。現状を明らかにすることで、何が課題かを発見します。また、Step 2の課題の定義をする際、複数課題がある場合、何にフォーカスしたらよいかの判断材料を作ることが目的です。

要素分解の方法ですが、いつ、どこで、だれが、なにを、だれのために、などの軸で考えると整理しやすくなります。

Step 2 課題発見

課題を発見し定義します。Step 1で明らかになった現状を元に、解決すべき課題を定義します。普段からある程度データをモニタリングしている場合は、Step 2から分析が始まることも多いかと思います。

Step 3 要因把握

課題が何の要因で起きているのかを要素分解し明らかにします。解決すべき課題が明確になった後、その課題がなぜ起きているのかを、指標を分解したり、変数間の因果関係を推測したりしながら検証していきます。

Step 4 施策検証・予測

どういう手段で要因解決できそうか検証します。課題の要因が特定できたら、その要因を解決するための手段を考えます。課題の要因が特定できたら、その要因を解決するための手段を考えます。そして、その手段で課題の要因把握・解決ができそうか、データから検証します。例えば施策を実験的に行い、その効果検証を行ったり、過去行われた施策のデータから効果を予測したりします。

分析プロジェクトは大きく2つのタイプに分かれます。

Step 1の現状把握を始める際に、Step 2の課題、Step 3の要因、Step 4の施策まである程度仮説を持って進める「**仮説検証型分析**」と、Step 1の現状把握をする際に、Step 2の課題、Step 3の要因、Step 4の施策の想定があまりない「**仮説探索型分析**」です。

Step 1　何が起きているのか明らかにする

それでは、分析フローに従ってTableauを用いた具体的な事例を見てみましょう。データはプリインストールされている「スーパーストア」のデータを使用しています。事務用品部門の責任者のあなたは上司から利益が前年比で下がった現状について、データ分析をし、なんとか改善できるよう、施策を提案するよう言われていると想定してください。

あなたが担当をしている事務用品カテゴリの利益は2013年の約202万円から、2014年の約177万円と前年に比べて、約25万円程度下がっています。

図8-3：利益の変化

カテゴリ		出荷日 の年 2013年	2014年
事務用品	利益	¥2,028,991	¥1,774,961
	利益の前年差	¥0	-¥254,030

一呼吸おいて、先ほどの分析の流れからどのように分析するのか考えてみて下さい。

まずは、分析の流れの通り、利益が減少している現状について、**図8-4**のロジックツリーを元に深堀してみましょう。ロジックツリーは左から右に進むにつれて要素分解をし、樹木上で表現する考え方のフレームワークです。

左にある概念をなるべく**MECE**(Mutually Exclusive Collectively Exhaustive)に──モレなく、ダブりなく分解をすると、精度のよい分析ができます。それでは、利益減少を要素分解していきます。

図8-4：利益減少の要素分解のロジックツリー

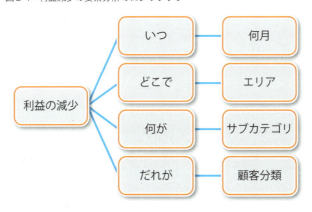

第8章 やみくもなデータ分析では失敗する

図8-5：利益減少の要素分解のダッシュボード

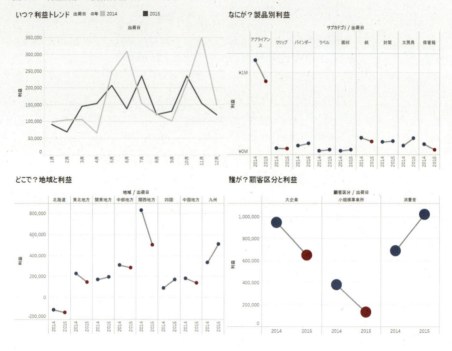

　まず昨年に比べて「いつ」の観点で利益が減少しているのか、月別に確認すると、6月、11月の利益が大きく下がっていることが分かります。他の月はあまり変わらないか、むしろ前年よりも伸びている月もあります。6月、11月に売れていた商品が売れなくなったことが要因かもしれません。あとでさらに昨年6月、11月に売れていた商品に共通性があるか、顧客に共通性があるか深堀をしてもよいかもしれません。

　「どこで」の観点で、エリア別に利益の変化を確認します。関西エリアで利益が大きく下がっていることが確認できます。

　「何が」の観点で、製品サブカテゴリ別に利益の変化を確認します。どうやら主力のアプライアンス商品(冷蔵庫、電子レンジ、コーヒーミルなど)の利益が下がっているようです。

　「だれが」の観点で、利益が下がったかを見ます。3つの顧客区分のうち「大企業」「小規模事務所」のB2B区分が下がっています。消費者向け営業部署と企業向け部署が分かれていれば、後者の部署にヒアリングをかけると、何等か利益減少の仮説がでてくるかもしれません。

まとめると、利益減少は「大企業」「小規模事務所」「関西エリア」「アプライアンス商品」「6月、11月」において起きていました。

Step 2　課題の発見

つまり、利益減少幅の大きい、大企業・小規模事業所を担当しているBtoB部門と関西エリアが部署、組織の観点として利益改善の課題があることが言えます。

次に商品の観点ではアプライアンス商品の利益改善が課題であると言えます。最後に、時系列的な観点では、6月、11月の利益改善が課題と言えます。課題が起きている箇所がある程度特定できてきましたので、次はなぜその課題が起きているのかを明らかにしていきます。

要因を明らかにする方法として、一つは実際にBtoB部門や関西エリアで販売を担当している者に、定性的にヒアリングをする方法があります。ヒアリングの結果からなぜ利益が下がっているのか仮説を抽出できることは往々にしてあります。もう一つは、課題についてのデータと他のデータとの関連性から課題の要因を探る方法があります。今回は、定性的なアプローチではなく、データから何の要因で利益が下がったかを検証していきます。

Step 3　課題が何の要因で起きているのか明らかにする

図8-6のように、利益の増減(前年比で下がってしまったという課題)が何故おきているかを明らかにしたい場合は、利益を売上と費用に分解し、どちらの要因が大きいのか明らかにします。さらに売上の増減は販売数量と単価の掛け算で分解し、どちらの変動が大きいのか明らかにするというように、ある複雑な事柄(この場合は利益)を足し算、引き算、掛け算、割り算などで分解していき、要因を明らかにします。

図8-6：利益指標の要素分解のロジックツリー

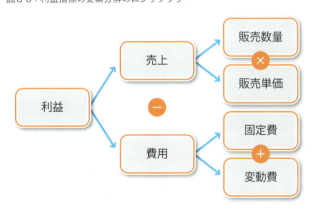

第8章 やみくもなデータ分析では失敗する

　それでは、分析をしていきます。まず利益を売上と費用に要素分解をして確認をしてみましょう（**図8-7**）。売上は、2013年の約1581万円から2014年の約1545万円と前年に比べて36万円下がってしまっています。

　一方、費用は、2013年の約1378万円から2014年の1367万円と、前年に比べて約10万円削減することができています。どうやら利益減少の要因は費用ではなく、売上減少であることが分かりました。これで費用削減施策よりも、売上増の施策をおこなったほうがよいと考えられます。

図8-7：利益の分解1

| カテゴリ | | 出荷日 の年 | |
		2013年	2014年
事務用品	利益	¥2,028,991	¥1,774,961
	利益の前年差	¥0	-¥254,030
	売上	¥15,817,354	¥15,454,840
	売上の前年差	¥0	-¥362,515
	費用	13,788,363	13,679,879
	費用の前年差	0	-108,485

　次に、なぜ売上が下がったのかを検証していきましょう（**図8-8**）。売上を数量と平均価格で要素分解します。数量は意外なことに2013年の5073個から2014年の5716個と前年比で12.6%増えていました。平均価格は逆に2013年の3029円から2014年の2805円へと7%下がっていました。売上減少の要因は、販売価格が下がってしまったことだと分かりました。

図8-8：利益の分解2

| カテゴリ | | 出荷日 の年 | |
		2013年	2014年
事務用品	利益	¥2,028,991	¥1,774,961
	利益の前年差	¥0	-¥254,030
	売上	¥15,817,354	¥15,454,840
	売上の前年差	¥0	-¥362,515
	費用	13,788,363	13,679,879
	費用の前年差	0	-108,485
	数量	5,073	5,716
	数量の前年比	0.00%	12.67%
	平均 価格	3,029	2,805
	平均価格の前年比	0.00%	-7.37%

Step 4　どのような手段で解決できそうか検証する

　では、販売価格が下がってしまった理由をさらに分解して検証してみましょう。
　販売価格が下がる要因として、

①割引する取引が増えた
②割引率が高くなった
③販売価格の高い商品が売れなくなった

などが考えられます。今回は、①と②について確認してみましょう（**図8-9**）。割引した取引数は、2013年の428から2014年には549と、28%も増えてしまっています。また、平均割引率もわずかではありますが、10.8%から11.6%と増えています。割引額の総額を見ると、2013年には184万円だったのが、2014年は218万円と約30万円程度増えてしまっています。

図8-9：利益の分解3

カテゴリ		出荷日 の年	
		2013年	2014年
事務用品	利益	¥2,028,991	¥1,774,961
	利益の前年差	¥0	-¥254,030
	売上	¥15,817,354	¥15,454,840
	売上の前年差	¥0	-¥362,515
	費用	13,788,363	13,679,879
	費用の前年差	0	-108,485
	数量	5,073	5,716
	数量の前年比	0.00%	12.67%
	平均 価格	3,029	2,805
	平均価格の前年比	0.00%	-7.37%
	割引をした取引数	428	549
	割引をした取引数前年比	0.00%	28.27%
	平均 割引率	10.8%	11.6%
	割引額前年差		337,315
	割引額	1,849,824	2,187,138

　つまり、利益額が約30万円程度下がった主要因は、割引取引が増えたことでした。施策レベルまで主要因が特定できたため、利益を増やすためには割引をする取引を減らすことが有効そうであることが分かりました。

　この一連の分析をするまでは、赤字が何の要因でおきていたのか分からず、赤字を防ぐために何をすればよいのか分かりませんでした。データ分析の後、販売価格が下がっているため、販売価格を上げるためには割引を減らす施策が重要であることが分かりました。なお、Tableauの操作に慣れており、課題を要素分解する癖がついていれば、一連の分析は30分から1時間以内に行うことが可能でしょう。

> **Note**
>
> 　割引を減らす施策が重要であると判断する裏には、割引をやめても、受注確率がそこまで下がらないということを前提としています。実際には、割引をしないとどの程度受注できないかという数値を元に、割引施策の指針を決めます。

　さらによくよくデータを見てみますと、割引総額が2013年、2014年ともに利益額と同じ程度であることが分かります（**図8-9**）。2013年利益約202万円、割引額184万円、2014年の利益額は177万円、割引総額は218万円。割引額を減少させられれば、既存の利益を倍増させられるほどのインパクトあることが分かります。

割引率と利益の関係性を念のために確認します(**図8-10**)。2013年、2014年ともに割引率(下軸)が30%、40%と高い取引の利益額は赤字であることがわかります。取引数別の赤字シェアを見ていきますと、割引率が高くなるにつれて赤字の取引が多くなります。つまり、割引率が大きい取引を減らすことで利益貢献につながりそうです。

図8-10：割引率別利益

では、どうやって割引による利益額損失を防ぐことができるのでしょうか？　それには、どの営業マンがどの顧客に割引をしているのか把握をし、顧客リストを元に割引が多く赤字になってしまっている顧客の割引要求に応じないという方法があります。

顧客リストをTableauで作成したイメージは、**図8-11：赤字顧客リスト**と、**図8-12：黒字顧客リスト**です。

顧客区分別に営業マンが分かれていることを想定し、顧客名別に顧客区分を表示し、割引可否表示(例えば利益が赤字であれば値引禁止するなど)、前年の利益額、取引数、平均割引率を視覚化したリストを作成しました。このリストを定期的にTableau Readerで営業マンに配付したり、EXCELで配付したりして、割引施策をコントロールすることが目的です。特に利益が下がっていたB2B領域、関西エリアに周知徹底することが重要です。もし、Tableau Server/Tableau Onlineを使用することができれば、データの自動更新に対応可能で、外出先においてもモバイルで確認することができます。

また、定期的に顧客別利益をモニタリングすることで、割引による赤字を防ぐことができるでしょう。

8-1 Tableau を使ったデータ分析が失敗するワケ

図8-11：赤字顧客リスト

図8-12：黒字顧客リスト

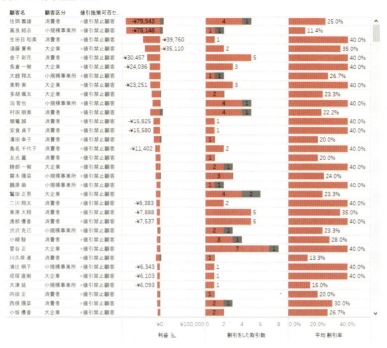

第8章 やみくもなデータ分析では失敗する

以上のようにデータ分析は、

- Step1 何が起きているのか明らかにする（いつ、どこで、何が、だれがについて視覚化）
- Step2 課題を発見する（B2B領域、関西エリア、アプライアンス商品で利益が減少）
- Step3 課題が何の要因で起きているのか明らかにする（販売価格の低下）
- Step4 どのような手段で解決できるか検証する（割引を減らすことで利益が改善することが明らかに）

という手順を踏むと、課題解決に効果的です。

8-2 データ分析をおこなう目的

データ分析のプロセスについて把握できた上で、次の質問をさせてください。皆さんがTableauを使用してデータ分析をする目的は何でしょうか？

上司から言われたから分析する、楽しいから分析をする、自分が知りたいことを知るため、美しいグラフを作成するため、データ分析ができると給料が上がる、Tableauを覚えれば転職に有利になる、などは皆さんがデータ分析の仕事をする上でのきっかけや、動機ですので、目的ではありません。

ビジネスにおけるデータ分析をおこなう目的は、**課題を発見し、課題を解決すること**です。

正しい課題設定をし、正しく課題解決をし続けていけば利益は向上し、データ分析をする皆さんもデータ分析から生み出された利益、解決できた結果を享受できるはずです。これは分析をする上での初心になりますので、忘れないようにしましょう。

どのような部署でどのような目的で使われるのか

データ分析はどのような業界、部署で使用可能なのでしょうか？データ分析はデータが存在すれば、どの業界、どの部署においても活用可能です。**図8-13**のように、部署ごとの目的によって一般的に使用するデータは異なります。また現在、データ分析活用が進んでいない業界、部門はこれからデータ分析を取り入れることが、組織改善、意思決定精度の改善につながる可能性があります。

8-3 データ視覚化（データビジュアライゼーション）とは？

図8-13：組織別保有データ例

組織	目的、KGI	データの種類
経営戦略、財務	会社利益向上、成長	管理会計データ
営業	事業部売上、事業部利益	営業活動データ
広告、宣伝	商品認知率、ブランドイメージ向上	広告出稿データ
製造	生産性向上、不良率削減	製造データ
製品開発	機能性指標の向上	製品データ
人事	優秀な人材の採用、育成	人事データ
労務	従業員パフォーマンスの向上	勤怠データ
経理	ミスの無い正確な会計	会計データ
総務	労働環境の向上	社内環境、備品管理データ
データ分析、調査	データ分析による生産性向上	各部門データ、市場、調査データ

　皆さんの会社、部署では、どのような目的に対してどのようなデータを用い課題解決できそうか想像してみてください。データ分析推進を行われている方であれば、様々な可能性に気づきやすくなっていきます。

　Tableau社のホームページでも様々な業界、部署で利用している事例が紹介されています。

　　　http://www.tableau.com/ja-jp/stories?topic=industries

8-3 データ視覚化（データビジュアライゼーション）とは？

　Tableauは美しいグラフを簡単に作成することができます。そもそもなぜ美しいグラフを作成する必要があるのでしょうか？なぜデータを視覚化（ビジュアライゼーション）する必要があるのでしょうか。

　図8-14の、年別サブカテゴリ別売上の具体例から、考えてみましょう。

　数表を見て、ここから何か特徴や課題を発見することはできますでしょうか。どのカテゴリに売り上げのボリュームがあるのか分かりにくいですし、どのカテゴリが成長しているのかも、分かりにくいかと思います。なぜかというと数字の大きさを比較する際に、いちいち数字どうしを比較してどちらが大きいかを判断しないといけないからです。

第8章 やみくもなデータ分析では失敗する

図8-14：サブカテゴリ別売上数表

サブカテゴリ別売上数表

カテゴリ	サブカテゴリ	2012年	2013年	出荷日の年 2014年	2015年	2016年
家具	テーブル	¥2,692,256	¥3,516,856	¥3,092,662	¥4,618,012	
	椅子	¥4,962,958	¥7,047,418	¥10,828,152	¥8,519,748	
	家具	¥1,189,250	¥1,814,006	¥1,555,568	¥2,187,705	¥7,724
	本棚	¥4,729,707	¥6,553,963	¥9,494,369	¥8,356,644	
家電	コピー機	¥4,865,855	¥6,864,368	¥8,394,603	¥9,224,358	¥382,724
	事務機器	¥1,952,482	¥2,794,582	¥2,579,024	¥3,651,426	¥25,401
	電話機	¥4,745,300	¥6,507,825	¥7,271,218	¥9,068,862	¥122,805
	付属品	¥2,309,078	¥3,014,760	¥3,951,319	¥4,528,463	¥33,102
事務用品	アプライアンス	¥4,698,596	¥7,268,496	¥5,703,866	¥10,266,898	¥18,330
	クリップ	¥316,175	¥479,100	¥443,733	¥643,450	¥6,388
	バインダー	¥698,595	¥916,771	¥1,131,957	¥1,371,578	¥9,444
	ラベル	¥218,371	¥263,760	¥320,917	¥465,282	¥10,237
	画材	¥516,013	¥982,758	¥1,122,450	¥1,215,578	¥5,280
	紙	¥518,244	¥1,050,468	¥995,208	¥1,128,457	¥28,070
	封筒	¥526,070	¥934,627	¥899,665	¥1,069,227	¥11,076
	文房具	¥664,182	¥940,566	¥1,210,990	¥1,417,978	¥31,048
	保管箱	¥1,924,297	¥2,980,808	¥3,626,055	¥4,579,402	¥91,828

一方、データを視覚化したものを見てみましょう。

図8-15の積み上げ棒グラフでは高さは全体の売上の大きさを、色は各カテゴリを表しています。視覚化したことにより、年別に売上全体が成長していっていることが一目で分かります。また2016年データはおそらく数日分しかないことが類推できます。また大カテゴリ別に色の系統を分けているため(青系：家具、緑系：家電、赤系：事務用品)どのカテゴリが成長しているのかが把握しやすくなります。全体に占める割合がどれくらいか一目瞭然です。一度本を閉じて、初めに見た数表とグラフを思い出してください。どちらが思い出しやすいでしょうか?おそらく右肩あがりのグラフではないでしょうか。

このようにデータ視覚化(ビジュアライゼーション)とは、情報を読み取る時間を少なくし、多くの人に情報を伝えやすくし、記憶に残りやすくする手法です。目的別視覚化の方法については第9章でご紹介します。

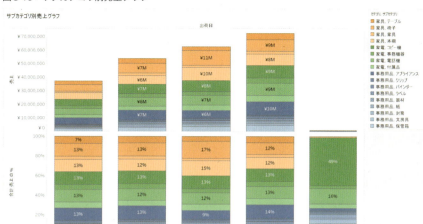

図8-15:サブカテゴリ別売上グラフ

8-4 よくある失敗事例

　第1部で学んでいただいたような機能を覚え、実際にTableauの機能を使い始め、今まで学んだ分析の流れを用い、データ分析をしはじめてみると、会議の場で、分析結果を報告した相手からこんなことを言われることがでてくるでしょう。

①「この分析結果は何に使うの？やる意味あるの？」
②「このデータおかしくない？」
③「この分析結果の見方がよくわからないんだけれど」

　この3つの声がでている時点で、分析は大なり小なり失敗しています。
　まず、①「この分析結果は何に使うの？」の事例を見てみましょう。上司から利益額から課題を洗い出してくれと言われて、2人の分析者がアウトプットしてきたものとしてみてください。上下どちらのアウトプットが役に立たないか考えてみてください。

図8-16：意味のあるグラフはどちらか(1)

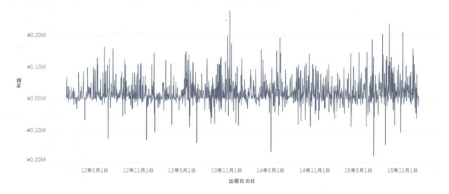

　上の事例では商品カテゴリ別に利益額を算出し、赤字のカテゴリは色を赤くし、問題点を視覚的に分かりやすくしています。その結果、どのカテゴリが稼ぎ頭か、どのカテゴリが問題かを明らかにし、どのカテゴリのてこ入れをしないといけないのか等のカテゴリマネジメントの参考になります。具体的にはテーブルカテゴリが赤字であることが問題なのが分かります。また、家具の椅子・本棚、家電のコピー機、事務用品のアプライアンスカテゴリの利益額が大きいため、重要であることが分かります。

　一方、下の事例は利益額を出荷日別に見たものになります。仮に、特定の日に赤字になるからと言って、その日の販売をやめるかというと、そうではないはずです。このグラフを見ただけでは何に使うのかは不明であり、おそらく「この分析結果は何に使うの？」と言われてしまうでしょう。

> **Note**
> 何か赤字のパターンはないか見つけるため、データ分析の過程で上記のように日別に視覚化することはあります。ただし、それはあくまでも過程の話であり、そこから何かを指し示すわけではありません。

次に②「このデータおかしくない？」の事例を見てみましょう。下のグラフは売上の日次トレンドを確認したものになります。何か気になる点はありますか？

図8-17：このグラフのおかしい点は？

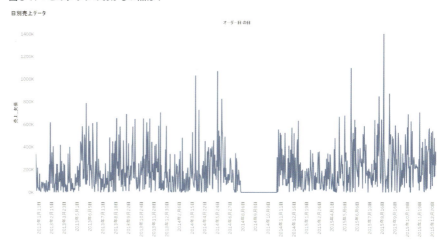

売上データの時系列グラフですが、よく見ると、2014年8月6日ごろから2014年11月11日にかけて売上がゼロになってしまっています。このようなことが起きる要因として、データがサーバーに送られていない、何らかの理由でデータが消えてしまっていることなどがあります。

このデータに対して、「あれ何かおかしい」と気づけず、そのまま依頼者に報告をしてしまうと、「このデータおかしくない？」と言われることでしょう。

データの異常に気付かず年別集計などをしてしまえば、本来前年比で売上が減少しているものを増加しているものとし、課題を正しく認識できず会社に大損害を与えることにつながりかねません。

ちなみに筆者は、あるWEBサービスの利用ログデータを解析しようとし、データチェックをしておりましたら、サービスの会員数が上がっているにもかかわらず、ログデータ件数が減少していることに気づきました。調べてもらうと、ログデータを保管するサーバーのいくつかが止まりデータに誤りがあることが発覚しました。このようにデータ分析をする対象データだけでなく、事業全体の動きや、他のデータの傾向をつかんでおくことによってデータの異常に気付くことができるようになります。

最後に③「この分析結果の見方がよくわからないんだけれど」の事例を見てみましょう。上下ともに同じデータを使用した年月別の売上グラフです。どちらが課題を抽出できるでしょうか？

第8章 やみくもなデータ分析では失敗する

図8-18：意味のあるグラフはどちらか(2)

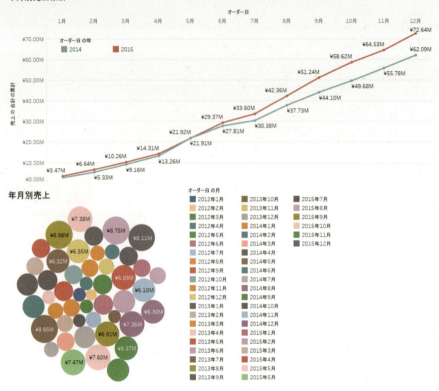

　上のアウトプットは、年月別に売上を累計化したものです。2015年は2014年に比べて7月以降売上が伸び、前年を越えた様子が分かります。7月以降の施策が売上増に起因している可能性があるため、7月以降の施策を調べ何か変えているのであれば、その施策の周知、運用を徹底することで売上が上がるかもしれません。
　一方、下のグラフはデータとしては全く同じものを使用していますが、年月別にそれぞれ売上の大きさを円の大きさで示しているため、前年比で成長しているのかが全く分かりません。
　おそらく、「この分析結果の見方がよくわからないんだけれど」どころか「意味のないアウトプットを出すな」と言われてしまうでしょう。

8-5 データ分析プロジェクトプロセスを理解していないと失敗する

8-5-1 なぜデータ分析が失敗するのか

　なぜデータ分析は失敗するのでしょうか？　ずばり、データ分析プロジェクトプロセスを理解し、プロセス別の落とし穴を回避しないと失敗します。

　料理に例えてみましょう。

　料理を作りたい2人の人がいるとします。やみくもに料理をするAさんと、「作りたい料理のレシピを書き」⇒「食材を集め・下ごしらえをし」⇒「正しい手順で料理をする」⇒「料理が美味しいタイミングで配膳する」Bさん、どちらがおいしい料理を作れ、お客さんに美味しい・栄養があるものだと満足させられるでしょうか。

　言うまでもなく後者の料理のプロセスを理解し実践するBさんかと思います。データ分析プロジェクトも同じで、Tableauという優れた料理道具があったとしても、データ分析という料理ができても、しかるべき時に正しい使い方をしなければ、データ分析結果やグラフは何の価値の無いものとなってしまいます。

8-5-2 データ分析プロジェクトプロセスとは

　Tableauで価値のある分析をするためには、適切なデータ分析プロジェクトの運用が求められます。

　データ分析プロセスは様々な本で取り上げられていますが、本書籍ではシンプルに運用していただくことを目的に最小限のものにとどめました。

図8-19：分析プロジェクトのプロセス

	STEP1	STEP2	STEP3	STEP4	目的
データ分析	プロジェクト設計	データ収集・整備	データ分析、ビジュアライゼーション	意思決定、施策の実行、運用	ビジネス上の成果
料理	レシピ作り	食料集め、下ごしらえ	調理	配膳	食べて美味しい、栄養がある

	STEP1	STEP2	STEP3	STEP4
Tableau利用方法	プロジェクト設計時のプレ分析	データ結合、変数作成	集計、ビジュアライゼーション	レポート共有、定期レポート配信

第8章 やみくもなデータ分析では失敗する

データ分析プロジェクトのプロセスは大きく4つに分かれます。

1. プロジェクト設計
2. データ収集・整備
3. データ分析・ビジュアライゼーション（可視化）
4. 意思決定、施策の実行、運用

この結果、ビジネス上の成果が得られます。さきほどの料理に例えると、

1. 分析設計　＝レシピ作り
2. データ収集・整備　＝　食材集め・下ごしらえ
3. データ分析・ビジュアライゼーション　＝　調理
4. 意思決定、施策の実行、運用　＝　配膳

この結果、「ビジネス上の成果　＝　食べて美味しい、栄養がある」というメリットが得られることになります。
　はじめに挙げた、会議で言われる言葉は、それぞれ1.～3.のプロセスで発生する問題です。

- 「この分析結果は何に使うの？」　＝　分析プロジェクト設計が問題
- 「このデータおかしくない？」　＝　データ収集・加工プロセスが問題
- 「この分析結果の見方がよくわからないんだけれど」＝データ分析・ビジュアライゼーションが問題

　第9章では、それぞれのプロセスで具体的に何をしなければならいのか、どのような落とし穴があり、対策があるのかを見ていきます。また、分析プロジェクトを円滑に進めるための簡易分析要件書、その他のフレームワークについて説明していきます。

第9章
「それで？」と言われるデータ分析が抱える問題点と対策

第8章で説明をしたデータ分析プロジェクトが、具体的にどのようなプロセスで進むのか学んでいきましょう。

ここがポイント

- データ分析プロジェクトは4つのプロセス「設計」「データ収集、整備」「分析、視覚化」「施策の実行・運用」から成り立っています。
- Tableauを用いたデータ分析プロジェクトは、「①ビジネス系理解、実行担当」「②プロジェクトマネジメント担当」「③分析・視覚化担当」「④データエンジニアリング担当」「⑤データ分析環境構築担当」という5つの役割によって構成されます。チームの形態によっては兼任していることもあります。
- データ分析プロジェクトは5つの役割において、専門の業務があり、各業務の正しい運用とそれぞれの業務がかみ合わない場合、失敗します（「それで？」と言われる）。
- 分析に慣れていない分析初心者は押さえるべきポイントが分からないため、簡易分析設計書を作成したほうがよいでしょう。分析に慣れているチームは、設計書なしに素早くプロジェクトを進めることができます。
- Tableauを用いたデータ分析プロジェクトは早いものは数時間から、長いものは数週間から数か月とプロジェクトのタイプによって長さが異なります。
- データ分析プロジェクトでは、「設計」「データ収集、整備」「分析、視覚化」「施策の実行・運用」の各プロセスやプロジェクト自体を早く回すことでより良くなっていきます。

第9章 「それで？」と言われるデータ分析が抱える問題点と対策

9-1 分析プロジェクトプロセスの概要について

第9章では、第8章で取り上げたデータ分析プロジェクトのプロセスについて概要を説明し、次に詳細を説明していきます。初めのうちは設計のための話が多く、Tableau特有のビジュアライゼーションが少ないので、慣れない方はつらいかもしれませんが、分析を成功させるための一番の肝になりますので、しっかり頭に入れていきましょう。それでは、再度プロセスの流れを見てください。

図9-1：分析プロジェクトプロセスの押さえるべき点

	STEP1	STEP2	STEP3	STEP4		目的
データ分析	プロジェクト設計	データ収集・整備	データ分析、ビジュアライゼーション	意思決定、施策の実行、運用	▶	ビジネス上の成果

押さえるべき点	・誰の、何の課題を解決するか ・どのようなチームでおこなうか ・どのような施策で解決するか ・どのような分析、視覚化が必要そうか ・どのようなデータが必要か ・スケジュールはどうするか ・どのような費用対効果が得られるか	・分析に必要なデータテーブルはどのような形か（粒度、カラム、レコード数） ・どのようにデータ収集、格納、加工すればよいか（クレンジング、結合、集計） ・データ格納、分析環境の構築	・何が起きているのか ・課題は何か ・課題が起きている要因はなにか ・施策は有効そうか ・分析する手法は適切か ・分析する手順は適切か ・視覚化の手法は適切か ・伝えたい知見、メッセージは何か	・分析結果をどのような意思決定につなげるか ・定期的にダッシュボードをモニタリングできる環境構築はできているか ・現場は分析結果を活用してくれているか ・成果につながっているか

9-1-1 Step 1：プロジェクト設計

プロジェクトの方向性をずらさないために、いくつかの押さえるべき点があります。「誰の、何の課題を解決するか」「どのようなチームで進めるのか」「どのような施策で解決するか」「そのためにどのような分析、視覚化が必要そうか」「分析するためのデータはどのようなものが必要か」「プロジェクトのスケジュールはおおよそどの程度になりそうか」そして、「どのような費用対効果が得られるのか」。これらを押さえた上で、そもそもプロジェクトを進めるかどうか判断をします。

プロジェクトを進めない方がよいのであれば、別プロジェクトのためのヒアリングや設計に移ります。プロジェクト設計はプロジェクトの大きさによってスピード感や工数が変わります。早いものでは1つのミーティングで関係者が集まりメモ程度のもので済ませてしまうこともあれば、大規模なモニタリングシステム構築であれば数日から数週間かけ要件定義書を書く場合もあるかと思います。ただしTableauの柔軟に素早く分析、視覚化できる良さを生かすのであれば、設計は最低限のものにし、分析しながら得られた知見をもとに関係者と分析による課題解決施策をブラッシュアップしていくのがよいでしょう。

9-1-2　Step 2：データ収集・整備

プロジェクト設計段階で立てた設計を元に、分析に必要なデータテーブルを作成していきます。設計段階で詳細に押さえる観点としては、「分析に必要なデータテーブルはどのような形か（粒度、カラム）」「どのようにデータ収集、格納、加工すればよいのか（欠損値処理などのクレンジング、結合、集計等）」「データ格納、分析環境の構築をどうするか」などです。

9-1-3　Step 3：データ分析・ビジュアライゼーション

Step 2で作成した分析用データを元に分析をしていきます。この分析の進め方は第8章で挙げました通り「現状把握」「課題発見」「要因発見」「施策の検証」という段階を進めていくのがお勧めです。過去他のプロジェクトや前任者が事前に分析をしており、データによる現状把握や課題発見などができていれば、要因発見から進めればよいでしょう。Step 3では、データに基づいた意思決定の示唆、モニタリングツールのプロトタイプを作成することがゴールになります。

9-1-4　Step 4：意思決定、施策の実行、運用

Step 3で得られた分析上の知見をもとに意思決定し、意思決定を継続的に行えるようなデータモニタリング環境の構築・運用をおこないます。ここで押さえる観点としては、「分析結果をどのように施策につなげるか」「定期的にダッシュボードをモニタリングできる環境構築はできているか」「現場は分析結果を活用してくれているか」「成果につながっているかのチェック」などがあります。このStepは実際に現場に行き、データやTableauに慣れていない方に対して見方や使い方の説明をし、苦情を言われその改善をするなど泥臭く、根気がいるステップになります。

実際のプロジェクトでは、Step 1からStep 4まできれいに進むことの方が珍しく、それぞれのStep内で試行錯誤を繰り返したり、設計をして、データ整備をし、分析を行った後、分析結果が施策につながらないものになったので、再度設計をしたりデー

第9章「それで？」と言われるデータ分析が抱える問題点と対策

タを追加したりして分析をし直して、プロジェクトを進めることの方が多いです。途中で分析やダッシュボード要件を柔軟に変えられるTableauはそのように、プロジェクト要件が変わるものに対応しやすいツールかと思います。

　分析プロジェクトのプロセスイメージがつきやすいように、2つの具体的な事例を見ていきます。まず初めに現状把握・課題発見系のモニタリングプロジェクトです。

9-2 分析プロジェクトのプロセス例 ①

図9-2：事例1　現状把握・課題発見モニタリングプロジェクト

事例1　現状把握・課題発見モニタリングプロジェクト				
	STEP1	STEP2	STEP3	STEP4
テーマ	プロジェクト設計	データ収集・整備	データ分析、ビジュアライゼーション	意思決定、施策の実行、運用
現状把握・課題発見モニタリングシステム構築	・全社、各事業部、支店の経営指標が日次で把握できていない ・Tableauダッシュボードとデータベースを連携して、日次で視覚化する ・経営指標データベースを利用 ・1ヵ月で整備したい ・月次レポート作成に年間数百万円かかっていたものが削減できる	・顧客ID×日単位のデータを準備する ・取引データ、顧客マスタ、商品マスタ、支社マスタ、事業部マスタを集計、結合する ・データはサーバー上で管理し日次更新する	・事業部別、支店別に主要指標のトレンドを折れ線グラフで視覚化する ・前年とのかい離が大きい場合は、色を変えアラートとして分かりやすくする	・ダッシュボードを日次で、マネジャーレイヤーに共有 ・指標の見方や、アラートが出た後の行動指針についてのマニュアルを作成し、説明会を開く ・現場利用者の意見を取り入れ改善をしていく

9-2-1　Step1：プロジェクト設計段階

　全社・各事業部・支店の経営指標(利益、売上、費用)を今まで月次でしか見ることができておらず、課題発見が遅れ施策が後手後手であることが課題です。この課題を解決するために日次で各種指標を把握できるTableauダッシュボードを構築していきます。今まで月次で同様のレポートをEXCELやPowerPointなど人手で毎回作成しており、Tableauを用いることでレポート更新が自動化され単年で数百万円、数年間で数千万円の費用を削減する効果が得られます。

9-2-2　Step 2：データ収集・整備段階

　最終的に日別に様々な事業部、支社など組織で集計したいため、事業部、支社に紐づいているデータの一番細かい単位である**顧客単位**別にデータを準備します。また、経営指標や分析軸で見るために、取引データテーブル、顧客マスタ、商品マスタ、支社マスタ、事業部マスタなどのデータを集計結合し、分析用のテーブルを作成します。データはサーバー上で管理し日次で更新することにします。

9-2-3　Step 3：データ分析・ビジュアライゼーション段階

　見るべき指標が決まっており、見るべき軸（事業部、支店など）が決まっているため、それらの時系列変化が分かるように主に折れ線グラフで視覚化します。目標値とのかい離や前年比とのかい離が大きい場合は、問題が発生している部分として、色を変えるなどアラートとして分かりやすくします。

9-2-4　Step 4：意思決定・施策の実行・運用段階

　ダッシュボードを日次でメール配信をし、マネージャー層に共有します。マネージャーによっては指標の見方が何に使えばよいのかわからない人もいますので、ダッシュボードの見方や使い方のマニュアルを作成、利用方法の説明会を開きます。ダッシュボードをリリースしてからは現場の意見を取り入れながら改善をしていきます。

9-3　分析プロジェクトのプロセス例　②

図9-3：事例2　要因探索、施策サポート型プロジェクト

事例2　要因探索、施策サポート型プロジェクト				
	STEP1	STEP2	STEP3	STEP4
テーマ	プロジェクト設計	データ収集・整備	データ分析、ビジュアライゼーション	意思決定、施策の実行、運用
営業改善	・営業マン各人が独自のノウハウで営業しており、分析に基づいた成功確度の高い営業が出来ていない ・顧客の自社サービス利用、購入データを保持している ・営業データ分析により、受注確率の高いターゲティングリストを作成	・①顧客ID×日単位のデータテーブルを用意 ・①に、顧客ID×日単位の取引データ、営業記録データ、顧客属性マスタ、営業マンマスタを左結合する ・データはクラウドで管理し日次更新する	・分析結果から、企業規模セグメント別に受注しやすい提案価格があることが判明 ・セグメント別に最適価格の受注確率を計算	・毎日、営業マンの担当顧客への最適価格をダッシュボードで共有 ・営業日報データを取り入れ、定期的に精度向上のための分析、ダッシュボード改善をおこなう

第9章「それで？」と言われるデータ分析が抱える問題点と対策

2番目の事例は、要因発見、施策サポート型プロジェクトです。

9-3-1　Step 1：プロジェクト設計段階

営業マン各人が独自ノウハウで営業をしており、営業成績の差が人によって大きく異なり、ノウハウが整備されていないため非効率な営業をしている営業マンもいます。顧客の自社サービス利用、購入についてのデータは保持しています。データ分析に基づいた成功確度の高い営業ができるようにし、売上改善をすることが課題です。課題解決施策案は、営業データ分析により、営業をすると受注確率の高いターゲティングリストを毎日営業マンに共有することです。

9-3-2　Step 2：データ収集・整備段階

まず、顧客ID×全日程のデータテーブルを用意します。次に、作成したテーブルに対して、取引データ、営業記録データ、顧客属性、営業マンマスタを左結合します。データはクラウド上で管理し、日次更新できるようにします。

9-3-3　Step 3：データ分析・ビジュアライゼーション段階

営業記録データを元に、受注できた取引と失注した取引にどのような差があるのかをクロス集計（Tableauではハイライト表等）で確認。過去全取引データを分析したところ、企業規模セグメント別に受注確率があがる提案価格帯があることが判明しました。また、企業セグメント以外にもクライアントとの過去取引年数や、クライアントが競合を利用している数などによって受注できる提案価格が異なることが分かりました。

9-3-4　Step 4：施策の実行、運用段階

毎日、営業マン別の担当顧客リストに最適価格と受注確率がアップデートされるダッシュボードを作成、共有をします。営業日報データを定期的に取り込み、受注確率予測のロジックや現場が必要としているデータをダッシュボードに入れ込み改善を進めていきます。

9-4 分析プロジェクトのプロセス別 Tableau利用方法について

図9-4：分析プロジェクトのプロセス別Tableau利用方法

	STEP1	STEP2	STEP3	STEP4		目的
データ分析	プロジェクト設計	データ収集・整備	データ分析、ビジュアライゼーション	意思決定、施策の実行、運用	▶	ビジネス上の成果

| Tableau利用方法 | プロジェクト設計時のプレ分析 | データ結合、変数作成 | 集計、ビジュアライゼーション | レポート共有、定期レポート配信 |

各プロセス別にTableauで利用する機能は異なります。

9-4-1 Step 1

設計段階では使用する機会は少ないかもしれません。既に確認したい課題の状況をTableauダッシュボードでモニタリングできるのであれば、モニタリングしている数値を見ながら課題や施策についてディスカッションをしていきます。またプロジェクト用のデータテーブルが別プロジェクトのものを流用できる場合は、プレ分析をすることもあります。

> **Note**
> 分析用テーブルはなるべく、様々なプロジェクトで利用しやすいように構築しておくのが便利です。顧客別売上データを日別に集計したデータテーブル、よく使う顧客属性(エリア、業種、社内担当、登録日、初回購入日、最後の購入日、年間発注額等)テーブルなどを用意しておくと使い勝手が良いです。

9-4-2 Step 2 〜 Step 4

Step 2では、データ結合や計算フィールドを利用した新たな変数作成、集計などを行います。Step 3では、集計・ビジュアライゼーションを行います。Step 4ではレポートの共有、定期レポート配信を行います。Tableau Serverを用いサーバー上でダッシュボードを共有する方法、メールでダッシュボードを共有する方法、Tableauファイルを関係者に配付しTableau Readerで確認してもらう方法、などがあります。

第9章「それで？」と言われるデータ分析が抱える問題点と対策

> **Column** 分析プロジェクトのプロセスをまたがって使えるツール
>
> 　各プロセスでTableauが連続して利用できることは、課題解決ツールとして強力な意味を持ちます。各プロセスにおいて、利用するツールが異なるとデータ受け渡しや、グラフなどの切り貼りなど工数が発生しますし、各ツールの習熟に時間がかかります。
>
> 　Tableauを使用する前、私はStep 2のデータ加工を実施する場合、EXCELやSQL、統計解析ソフトのR、SPSSを主に使用、Step 3の分析・視覚化はR、SPSS、EXCEL、PowerPointを使用、意思決定に必要な資料はPowerPoint、その他BIツールなどを使用しており、すべてのプロセスでツールが異なっていたため、時間がかかっていました。もちろんTableauで全ての分析業務を賄うことはできませんので、他のツールを使用することはありますが、Tableauを使用しはじめたことにより、Step 2からStep 4までの分析工数を圧倒的に削減することができるようになりました。
>
> 　なお、TableauでもR、SPSS、SASのファイルが読み取れます。またRやPython連携ができるため、それによって時間短縮につながったり、Tableauで一元的に管理しやすくなったりします。

9-5 分析プロジェクトにおける役割、プロジェクトチームの分類

図9-5：分析プロジェクトにおける役割、プロジェクトチームの分類

分析プロジェクトにおける役割	Tableau利用について	チーム1(Tableau導入期)	チーム2(分業化開始期)	チーム3(分析専門チーム発足期)	チーム4(分析チーム拡大期)
ビジネス系理解、実行担当者	ビジネスの課題を整理、どのような解決法があるか提示できること（Tableauの知識はあると話が進みやすい）	立上期の事業担当者	事業担当者	事業担当者	事業担当者
プロジェクトマネジメント担当者	Tableauを用いたプロジェクト課題解決Pjtの推進者。分析プロセスにおけるタスク、人、Tableau機能と工数について把握し、プロジェクト全体を管理。			分析チームリーダー	分析チームリーダー
分析・視覚化担当者	Tableauの分析、視覚化の細かい機能について習熟。PPTなども組み合わせ、レポーティングを行う。高度な統計解析ができればなおよい。		アナリスト		アナリスト
データエンジニアリング担当者	TableauやSQL、EXCELなどによるデータのクレンジング、結合、集計などのデータ整備	情報システム部	データエンジニア	データエンジニア	データエンジニア
データ分析環境構築担当者	Tableauの導入、ライセンス管理、データやデータベースの管理・品質保証		情報システム部	情報システム部	データ基盤エンジニア、情報システム部

分析プロジェクトを進める上で、主に5つの役割・担当者が必要になります。自分が今、どのような役割なのか、どのようなスキルが求められているのか、またどのようなチーム体制なのか理解・把握することで、効率的に組織内で動けるようになります。チームによって5つの役割をだれが兼務するかについてはいくつかのパターンがあります。

5つの役割を見ていきましょう。

9-5-1　ビジネス系理解、実行担当者

ビジネスの課題を整理、どのような解決策、施策があるか提示、データ分析を用いた施策を推進することが役割です。

Tableauの知識があるとプロジェクトを進めやすいですが、無くても大丈夫です。事業責任者、何らかの施策責任者、マーケティング担当、営業などが多いでしょう。主な責任の範囲、関心ごとは、利益、売上を上げられるか、費用を下げられるかなどになります。

9-5-2　プロジェクトマネジメント担当者

Tableauを用いた課題解決プロジェクトの推進者です。

分析プロセスにおけるタスク、人、Tableau機能と工数について把握をし、プロジェクト全体を管理する役割です。多くの担当者を調整する必要があり、プロジェクトを何が何でも解決するという推進力、課題は他人事ではなく自分事であるという意識が必要です。また、筋のいい分析プロジェクトとそうでないプロジェクトを事前に目利きする力や、結果がでない分析プロジェクトに対して素早く止める意思決定力が求められます。プロジェクトマネジメント経験者が多いでしょう。主な責任の範囲、関心ごとは事業への貢献度合い、プロジェクト遂行数などになります。

9-5-3　分析・視覚化担当者

Tableauの分析、視覚化の細かい機能について習熟し、レポーティングをおこなうことが役割です。

ダッシュボード構築のためのデザイン的な素養や、高度な統計分析ができるとなおよいです。何等かのデータ分析経験がある人、データアナリスト、データサイエンティスト、リサーチャー出身者が多いでしょう。主な責任の範囲・関心事は、分析による課題解決の貢献度合い、新しい分析の枠組みを作ったなどになります。

9-5-4　データエンジニアリング担当者

データの調査、管理、TableauやSQL、EXCELその他プログラムを用い、データのクレンジング、結合、集計などのデータ整備をすることが役割です。

何処にどんなデータが存在しているのか、どのようなプロセスでデータが生成され、管理されているか精通している必要があります。システムエンジニア出身者が多いでしょう。主な責任・関心事は、ミスなくデータ整備作成、運用ができているか、効率的なデータテーブル作成ができているかなどになります。

9-5-5 データ分析環境構築担当者

Tableau導入、ライセンス管理、データやデータベースの管理・品質保証を行うことが役割です。

情報システム部門出身者が多くなるでしょう。主な責任・関心事は効率的な分析ができる分析環境の性能指標(速さ、安定性、拡張性、運用性)、システムの運用コストなどになるでしょう。

9-5-6 チーム構成の例

誰がどの役割を担うかパターンがあるかと思いますが、代表的なものをいくつかピックアップします。「チーム4」に行くにしたがって分業度合いが高まります。

チーム1：Tableau導入期(超多能工型)

Tableau分析プロジェクトを立ち上げる際の事業担当者がこれにあたります。一人でTableauの導入からプロジェクトマネジメント、分析環境の整備、データ整備、分析、施策の実行を行います。全て一人で行うため迅速に意思決定を行うことができ、何が何でもビジネス課題を解決しなくてはならないという意欲が強いです。ただし、リソースが限られているため多くの分析プロジェクトを進められないこと、各役割の専門性を深めるには時間がかかり、高度な要件に対応できないデメリットがあります。

チーム2：分業開始期

チーム1で小さな成果がでて、規模を拡大するために分業を始めた段階です。分析専門のアナリストや分析環境整備、データ整備を情報システム部に担ってもらうことが見受けられます。分業することでリソースが増え、対応できるプロジェクトが増えます。チームとして動く経験、ルールを整備していくことが重要になります。チームは小さいのでコミュニケーションミスの問題はまだそこまで大きくありません。

チーム3：分析専門チーム発足期

データ分析によっていくつかの課題解決をしていくと、データ分析の横展開を進めるために専門のチームが発足することがあります。分析チームのリーダーが各事業部担当者にヒアリングを行い、プロジェクトマネジメントを進める形になります。また、様々な分析を扱うにあたり、素早く分析用データテーブルを用意する必要性が高くなり、データエンジニアが所属するようになります。

チーム4：分析チーム拡大期（完全分業制）

　社内でデータ分析による課題解決をすることが当たり前になってくると、多くの課題を解決するため役割別生産性・専門性を伸ばすために、それぞれの役割を完全に分業化することがあります。

　分業化することで、1つ1つの業務の生産性は上がりますが、全体像が見えにくくなるため、各業務で後続業務のことを考えない筋違いなアウトプットが発生したりします。また、事業担当者以外の担当者において、課題解決結果が自分の人事評価と結びついていない場合、目の前の仕事を終わらせることが目的になってしまうこともあります。これを回避させるためには、プロジェクトの解決すべき課題を共有化、解決するところまでが自分たちの業務範囲、責任であるとプロジェクト推進者は管理しなくてはなりません。各担当者も課題解決結果を人事評価と結びつける方法もあり得ます。また、意識的に再度多能工的に他の役割を経験するようプロジェクトを設計していくことで、全体像を見据えた仕事ができるようになっていきます。

> **Column　Tableau Drive**
>
> 　Tableau社が分析を社内に浸透させるメソッド「Tableau Drive」をWEB上で公開しています。分析というカルチャーをどのように浸透させるかについて記載があり、分かりやすいので参考にしてください。
>
> 　https://www.Tableau.com/ja-jp/drive

9-6　プロジェクト推進マップ

9-6-1　Tableauプロジェクト推進マップ

　Tableauを活用した分析プロジェクトの各プロセスで役割別にどのような業務があるかをまとめたものが、「Tableauプロジェクト推進マップ」です。

　横軸は各分析プロセスのStepを意味し、縦が各役割を意味しています。上にいくほどビジネスの意思決定寄りの業務であり、下に行くほど、プログラミング、データ分析環境構築などシステム寄りの業務になります。マップ上では各業務がフローチャートによって表現され、今どの段階か次の業務は何かを示しています。

第9章「それで？」と言われるデータ分析が抱える問題点と対策

図9-6：Tableauプロジェクト推進マップ

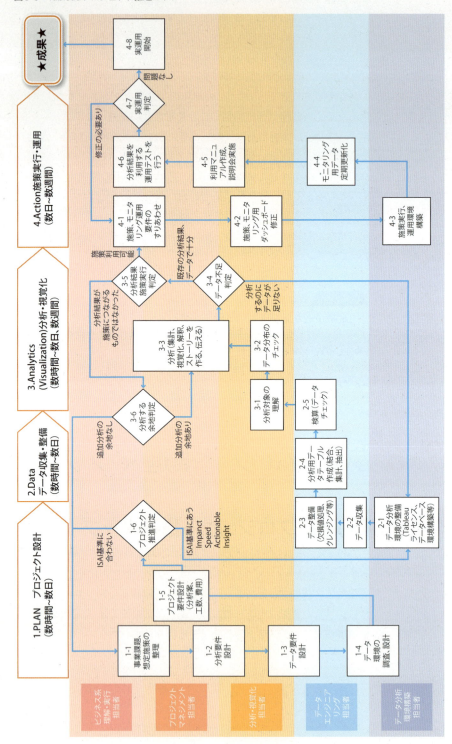

9-6-2 Tableauプロジェクト推進マップの使い方

データ分析プロジェクトに携わったことの無い方は一度、「1-1事業課題、想定施策の整理」から最後の「成果」まで目で追っていってください。なんとなくでよいので全体像をつかんでください。

「1プロジェクト設計」「2データ収集・整備~3分析・視覚化」「4施策実行・運用」の中において矢印が上から下へぐるぐる回るようになっていることにお気づきでしょうか？　これは、設計や分析、運用において、何回も試行錯誤を繰り返し、小さい失敗を乗り越えることでアウトプットの品質を上げようという意図からこのようになっています。

また、「1プロジェクト設計」「2データ収集・整備~3分析・視覚化」の終わりに、プロジェクトを進めるかどうかの判断があります。データ分析は分析してみて、はじめて役に立つか立たないかわかるものであるため、所々で本当にプロジェクトを進める必要があるかを判断するようにしてあります。

分析に慣れていない方は、このフローチャートに基づき今どのタスクをおこなっているのか整理をしていくと、自分が何をしているのか、次に何をすればよいか分かってくるかと思います。ただし、このマップはあくまでも1つの指針です。ある程度分析プロジェクトに慣れているチームであれば、フローチャート通りではなく、複数の業務を同時に進めることや、ある業務からある業務へ飛び越えて進めることもできます。それでは、プロジェクト設計のプロセスから業務を確認していきます。

9-7 ｜ プロジェクト設計プロセス

プロジェクト設計は、多少前後してもよいですが、6つのステップを踏み進めるとよいでしょう。

1-1　事業課題、想定施策の整理をおこないます。

1-2　次にその施策を実行するにはTableauを活用したどのような分析をおこなうか設計をします。

1-3　分析によるアウトプットイメージができましたら、必要なデータを設計していきます。

1-4　必要なデータを設計できましたら、そのデータを取り扱えるだけのデータ環境を整備します。

1-5　アウトプットを出すための設計ができましたら、それらの情報を元にプロジェクト遂行に必要な人・モノ・金、スケジュール概要を洗い出し、プロジェクトを進めるか決めます。

第9章「それで？」と言われるデータ分析が抱える問題点と対策

1-6　このプロジェクトを推進したほうがよいかを、費用対効果、緊急性、実現可能性、知見が得られるかなどの項目を元に判定します。

　プロジェクト設計とプロジェクト推進判定にかかる時間については、ある会議で関係者が集まり1-2時間ほどで決めてしまうこともあれば、事業課題、分析、設計、データ環境それぞれの設計プロセスの担当者が数日かけて要件を決めていくこともあります。プロジェクトが小さく、関係者が少ないほど直ぐに決められ、関係者が多く、考慮する要素が多くなるほど、設計の時間は長くなります。

　繰り返しになりますが、Tableauのよさは素早く、簡単に集計やダッシュボードのプロトタイプを作成できることですので、要件設計にはそこまで時間をかけず、最低限のものに済ませ、アウトプットを作りながら修正していくことをお勧めします。
　設計プロセスでは、最終的に表にあるプロジェクト簡易設計書の項目が埋まっていることが望ましいです。

図9-7：簡易分析設計書　経営指標レポートTableau日次化プロジェクト

No	項目	記入例
	プロジェクト名	001_経営指標レポートTableau日次化プロジェクト
	事業課題要件	
1	依頼組織、依頼者	経営企画部　前田
2	目標とする成果/達成条件	レポート作成費用の削減。3事業部（家具・家電・事務用品）の経営指標をマネジメント層が日次で確認できる様にする
3.	背景、課題	経営指標レポート（パワーポイント30枚分）を手作業で作成しており工数がかかってしまっている。毎月3人×5日＝15人日　1人日あたり単価5万円×15人日×12カ月＝年間900万円。隔週でしか更新できておらず、課題発見が遅れる。
4	施策：課題に対して誰が何をするか	経営企画部が、経営指標レポート作成を日次自動更新化を行える様にする。
5	期限：いつまでに解決したいか	2017年3月末（2017年1月開始）

	分析要件	
	分析目的	///
6	- 誰に	全事業部の管理職に
7	- どんな情報を	月別事業部別に利益、売上、費用の目標額・実績値、予想月末売上高と目標値とのかい離率
8	- どれくらいの頻度で提供するか	毎日
9	- どのような行動を引きおこそうとするか	毎月の目標利益額に到達しなさそうであれば、早期対策を打てるよう様にする
	アウトプットイメージ	///
10	- 作成・共有ツール	tableauファイルを配布、tableauReaderで表示してもらう
11	- 表現方法	事業部別に指標を各種指標を折れ線グラフで表現
12	- 分析手法	データ抽出と集計
13	アウトプットの詳細情報（分析区分等）	・事業部別利益、売上、費用トレンド ・事業部別目標達成率トレンド ・売上を分解する指標として、数量、単価、値引額もトレンドグラフ化

14	アウトプット作成プロセス(手順)	①売上データをデータベース上で日次集計化
		②①に顧客マスタを左結合
		③分析用データを元にtableauでダッシュボード作成
		④ダッシュボードPDFを日次で関係者に配信

データ要件

15	データの粒度	顧客ID×購入日(年月日)
16	必要なカラム	メジャー：目標値、実績値(利益、売上、費用)、数量、単価、値引額 ディメンション：顧客ID、購入日、担当事業部、顧客エリア
17	データ抽出条件	※2013年以前のデータはシステム不具合のため異常値があるため除外。 発注キャンセルflgの立っているデータは集計対象外。
18	検算方法	既存レポートと比較

スケジュール、予算/費用対効果、プロジェクト体制

19	マイルストーン、スケジュール概要	1.キックオフMTG(事業課題ヒアリング)　2017/1/4
		2.アウトプット、データイメージすり合わせ　2017/1/4
		3.データ整備　2017/1/5-2017/1/12
		4.プロトタイプ作成・改善　2017/1/5-2017/1/19
		5.試験運用　2017/1/23-2017/1/27
		6.データ日次更新化　2017/1/30-2017/2/10
		7.本番用ダッシュボード作成・改善　2017/2/9-2017/3/15
20	予算/費用対効果	予算：800万円/費用対効果：年間100万円削減、3年で1900万円削減(既存費用900万円×3年-今回の費用800万円)
	プロジェクト体制	///
21	- プロジェクトマネジメント担当者	小野
22	- 分析担当者	三好
23	- データエンジニアリング担当者	山口
24	- データ、分析基盤担当者	清水

その他特記事項

25		

簡易設計書作成について

　Tableauや分析に慣れない人やそのような人が多いチームの場合は、簡易設計書を作成して進めたほうが良いでしょう。上記のものは参考例です。

　もしTableauプロジェクトに慣れているチームの場合は、簡易設計書を作成しなくても、お互いにどのような進め方をすればよいのかわかっているので、口頭、メールベースで要件についてやりとりをし、Tableauのアウトプットを作成しつつプロジェクトを進めることも可能です。

　簡易設計書作成のメリットは、①要件で押さえるべき項目が一覧になっており、プロジェクトの全体像が分からない初心者でも設計しやすいこと、②複数の関係者がいた場合、業務内容や方向性が可視化されるため、業務遂行における認識の齟齬がおきにくいこと、③数ヶ月後以降にプロジェクトの振り返りをしたい時にドキュメントに

要件が整理されているため、振り返りがしやすいこと、④人が入れ替わった場合、引継がしやすいこと、などがあります。

デメリットは、①設計書作成が人によっては時間がかかること、②プロジェクト推進をしていく過程で要件が頻繁に変わった場合、設計書を更新する工数が発生することです。

メリットがデメリットを上回るケースは利用されるとよいでしょう。

Column プロジェクト推進の落とし穴：データありきのプロジェクト推進の弊害

事業課題からプロジェクトを推進するのではなく、手元にあるデータを元に、分析内容を検討し、分析内容から施策を検討する発想の場合、以下の問題があります。①手元にあるデータに限定された課題解決方法になってしまう、②データ分析できたとしても、施策が実行できない可能性がある、③施策ができたとしても重要な課題でない解決をしている可能性がある、その結果、失敗する可能性が高くなります。

9-7-1 事業課題、想定施策の整理（1-1）

それでは、各プロセスにおいてどのような項目を決めていくのか見ていきます。**図9-8**の例を参考にしてください。

図9-8：事業課題要件例

No	項目	記入例
プロジェクト名		001_ 経営指標レポートTableau日次化プロジェクト
事業課題要件		
1	依頼組織、依頼者	経営企画部　前田
2	目標とする成果/達成条件	レポート作成費用の削減。3事業部(家具・家電・事務用品)の経営指標をマネジメント層が日次で確認できる様にする
3	背景、課題	経営指標レポート(パワーポイント30枚分)を手作業で作成しており工数がかかってしまっている。毎週3人×5日=15人日　1人日あたり単価5万円×15人日×12カ月＝年間900万円。隔週でしか更新できておらず、課題発見が遅れる
4	施策：課題に対して誰が何をするか	経営企画部が、経営指標レポート作成を日次自動更新化を行える様にする
5	期限：いつまでに解決したいか	2017年3月末(2017年1月開始)

事業課題を確認するときには、「依頼組織・依頼者」「目標とする成果／達成条件」「背景、課題」「施策：課題に対して誰が何をするか」「期限：いつまでに解決したいか」を確認してください。

「依頼組織・依頼者」

依頼者がどの組織か、誰なのかを記載します。組織の役割の把握、依頼者の目標とミッション・権限、（可能であれば依頼者の人事評価指標）等も確認をしておくと、役割分担時の参考になります。場合によっては、依頼者の先に他の組織が存在することもありますので、その場合はその組織についても記載をしておきましょう。

「目標とする成果/達成条件」

プロジェクトとして何が達成されると成功となるかを確認します。達成条件が数値化できるものは数値化しておきましょう。

「背景、課題」

<背景>

目の前の課題が起きる前に何が起きていたのかという背景を把握することで、課題の深堀やスコープを決める手掛かりになります。過去同様のプロジェクトをおこなっていないか(おこなっていればその時の分析結果)等を確認します。それらの情報から、依頼者にチームとして誰がどのように動くべきかの指針を決めたり、データ分析プロジェクトの重要性を確認し、その他プロジェクトとのプライオリティを決めたりします。

<課題の定義>

課題は、**理想(あるべき姿) -(引く)現状とのGAP**で表現できます。あるべき姿が組織目標値であれば、現状の数値とのGAPが課題になります。事業が黒字であることが理想像であり、現状が赤字であれば黒字にすることが課題です。売上目標1000万円が理想像であり、現状売上見込みが800万円であれば、200万円の売上を立てることが課題になります。

図9-9：課題＝理想-現状

> **Column** 理想の定義の決め方
>
> 理想(あるべき姿)をどのように定義すればよいか分からないという課題もあります。経営層が「エイヤッ」で目標値を作成されている企業もあるかと思いますが、その場合弊害が出ることもあります。どのような目標値がよいか要素分解し、条件を満たす目標値を立てることをお勧めします(成長性、達成可能性、効率性、持続可能性、達成意欲を推進させるか等)。

第9章「それで？」と言われるデータ分析が抱える問題点と対策

Column　課題の分類とプロジェクトの進め方

　課題は大きく、①売上改善系課題か②コスト削減系課題に分かれます。

　①売上改善系課題で改善すべき指標（KGIやKPI）になるのは利益、売上や、売上を要素分解した指標（販売数量、顧客数、初回購入者数、商品認知者数、等）、また売上を改善するドライバーである営業訪問回数、適正価格、製品品質などがあります。

　売上改善は事前に何をすればよいか分からないことが多く、仮説探索的要素が強くなります。そのため、プロジェクトを現状把握・課題発見分析プロジェクトフェーズ、要因発見分析プロジェクトフェーズ、施策検証分析プロジェクトフェーズ、モニタリング環境整備フェーズなどに分け、次のフェーズに進むかどうかの判定を細かくすることで、無駄な分析を減らしプロジェクト全体が失敗するリスクを下げられます。経営戦略部、営業部、マーケティング部、広告宣伝部、製品開発部、人事部の課題はこちらに該当することが多いかもしれません。

　②コスト削減系プロジェクトは、既存にある分析レポートの定期配信をTableauによって効率化したいAタイプ、社内の各施策の費用対効果をデータから明らかにし、無駄な施策を減らしコストを削減するBタイプがあります。

　タイプA「既存レポートの置き換え」の場合は、作成すべきものの要件が明らかなため、費用やスケジュールの見積もりがしやすいです。

　一方、タイプB「施策の費用対効果算出」は、複数の施策のタイミングが異なっていたり、相乗効果があったり、短期長期効果が分離しにくかったり、多くの部署の利害関係を調整する必要があったりと難易度が高くなることがあります。このタイプのプロジェクトも、売上改善系プロジェクト同様、課題発見分析プロジェクトフェーズ、要因発見分析プロジェクトフェーズ、施策検証分析プロジェクトフェーズ、モニタリング環境整備フェーズなどに分けることをお勧めします。経営管理部、製造部、調査部、情報システム部、経理部、労務部、総務部の課題はこちらに入ることが多いでしょう。

Column　課題が起きている仮説

　課題がなぜ起きているのかを確認します。課題がなぜ起きているかをデータ分析で明らかにすることが、分析プロジェクトの目的であったりもしますが、事前に定性的に分かっている要因を明らかにしておくことで、どのような分析手法、データが必要か分かります。要因が明らかなのであれば、現状把握分析、課題発見分析を行う必要はなく、想定施策検証のための分析を行えばよくなります。課題が起きている仮説は8章で紹介したロジックツリーを使用されることをお勧めします。

　課題の深堀をするためのフレームワークとしていくつかあります。課題が何の要素で起きているのかを分解していくWHATツリー。課題が何故起きているのかを分解していくWHYツリー。マーケティングの分野では、市場環境をCustomer（市場・顧客）、Competitors（競合）、Company（自社）の要素で分解する3C分析。自社がどのような顧客セグメントをターゲットにして、どのようなポジショニングをとるかを決めるSTP分析。消費者が購入するプロセスを整理するカスタマージャーニーモデル、AIDMAモデル、AISASモデル、施策をProduct（製品）、Price（価格）、Promotion（広告）、Place（流通、営業）の4つの要素に考える4P分析などが有名です。

9-7 | プロジェクト設計プロセス

課題に対して誰が何をするか（施策）

　想定課題がどのような施策で解決できそうか、確認します。施策は、いつ、だれが、だれに対して、何を、どうやって、どれくらいの頻度で行い、効果はどれくらいになる可能性（見立て）なのかを確認しましょう。その際に、依頼者が組織階層の上位レベルの方であったり企画職で現場感が無い方の場合、これでいけると考えている施策も、現場では実施が不可能であったり、課題感がずれている場合もありますので、特に想定施策が具体的でない場合などは、早めに現場の方を交えて課題の整理をするとよいです。

　課題に対して何をすればよいかをツリー上で整理するHowツリーを書き出すのも有効です。

「課題はいつまでに解決したいか」

　いつまでに解決したいのか、数週間後なのか、数カ月後なのか、1年後なのか、プロジェクトの優先度を決めるため、緊急性の確認をします。また、スケジュールのマイルストーンを立てるのに確認をします。

> **Column** 事業課題、想定施策の落とし穴　分析が目的化している
>
> 　「うちの部署は沢山データがあるから、分析でなにか結果だしてくれない？」「タブローとかいう凄く便利な分析ツール使ってるんだよね。うちの部署でも使ってなにかやってくれないかな？」などという分析すること自体やツールを使用すること自体が目的化している相談は要注意です。解決したい課題が無いのに分析をすることは、なにも成果を生まないリスクが高くなります。課題をヒアリングして、分析を実施する必要のあるプロジェクトか見極め、無い場合はお断りしましょう。

9-7-2　分析要件定義（1-2）

　事業課題、想定施策がヒアリングできましたら、それらを分析要件定義に落とし込みます。具体的には、「誰に」「どんな情報を」「どれくらいの頻度で提供するか」「どのような行動を引き起こそうとしているか」「アウトプットはどのような表現ツールを使用するか」「アウトプットはどのような表現方法をとるか」「どのような分析手法を使うか」「アウトプットの詳細な情報」「アウトプット作成のプロセス」などがあります。

図9-10：分析要件例

分析要件		
	分析目的	///
6	- 誰に	全事業部の管理職に
7	- どんな情報を	月別事業部別に利益、売上、費用の目標額・実績値、予想月末売上高と目標値とのかい離率
8	- どれくらいの頻度で提供するか	毎日

9	- どのような行動を引きおこそうとするか	毎月の目標利益額に到達しなさそうであれば、早期対策を打てるよう様にする
	アウトプットイメージ	///
10	- 作成・共有ツール	tableauファイルを配布、tableauReaderで表示してもらう
11	- 表現方法	事業部別に指標を各種指標を折れ線グラフで表現
12	- 分析手法	データ抽出と集計
13	アウトプットの詳細情報(分析区分等)	・事業部別利益、売上、費用トレンド ・事業部別目標達成率トレンド ・売上を分解する指標として、数量、単価、値引額もトレンドグラフ化
14	アウトプット作成プロセス(手順)	①売上データをデータベース上で日次集計化 ②①に顧客マスタを左結合 ③分析用データを元にtableauでダッシュボード作成 ④ダッシュボードPDFを日次で関係者に配信

分析目的：誰に

　分析結果やTableauのアウトプット、情報を提供する先の組織、対象者を記載します。依頼者の部署と異なる場合は要注意です。依頼者と情報提供者の部署が異なると情報提供先の部署の課題を正確にとらえきれていない可能性があります。依頼者がデータ分析プロジェクトに慣れていない場合は、直接情報提供先の組織の対象者に会い、課題をヒアリングした方がよいこともあります。

分析目的：どんな情報を

　現状把握のための分析であれば、現状についての情報。課題発見のための分析であれば、課題と思われる情報。課題の要因把握分析であれば要因と思われる情報。施策の検証分析であれば、有効と思われる施策案についての情報になります。具体的には、「KGI」「KPI」「分析区分」で構成されることが多いです。

KGI(Key Goal Indicator)最終的に追うべき指標

　事業課題の整理、施策の整理で決めた、最終的に上げたい(下げたい)指標です。企業活動としては最終的には利益になることが多いですが、プロジェクト・組織によっては、売上や生産数、顧客獲得数、費用削減額などの場合もあります。Tableauではメジャーになります。分析依頼者や分析データ活用者と具体的な定義までしっかり共通認識を持ちましょう。

KPI(Key Performance Indicator) KGIに影響を与える指標

　KGIに影響を与えると思われる指標です。課題がなぜ起きるのかを整理した際に挙げられた指標になります。KGI売上であれば、KPIは製品購入意向度、単価、広告量、営業訪問回数などになります。Tableauではメジャーになります。

分析区分

どのような区分で分析したいかになります。大きく時系列区分(年月日)、エリア区分(国、地方、県、市区町村)、顧客区分(プラン、性別、年代、年収区分、登録年月日、直近購入日まで日数区分、累積購入金額等)、製品区分(大カテゴリ、サブカテゴリ、メーカー名、製品名、SKU名)、営業区分(営業支社、営業支店、営業マン)などが例となります。Tableauではディメンションになります。

分析目的：どれくらいの頻度で提供するか

その情報を、年次、四半期、月次、週次、日次、毎時どの程度の頻度で提供するかになります。データ設計をする際にどの粒度でデータを保持すればよいか、データ更新頻度をどの程度にすればよいかの参考となります。

分析目的：どのような行動を引き起こそうとするか

提供する情報で、どのような行動を引き起こそうかについて記載します。現状把握、課題発見分析であれば、課題を発見するように施す、課題解決策について検討させる。課題の要因把握分析であれば、課題が起きている要因を動かす施策について検討・実行させる。施策の検証分析であれば、どの施策を行えばよいのか明らかにするなどです。

アウトプットイメージ：作成・共有ツール

作成ツールは表やグラフを作成するツール。Tableau、EXCEL、PowerPointなのか等になります。共有ツールは作成したグラフや表を共有するためのツールです。Tableau Server、PDFの共有、Tableau(twbxファイル)のメール共有、画像をはりつけたPowerPoint資料共有等を記載してください。

アウトプットイメージ：表現方法

目的別に分析手法や視覚化の方法は変わります。時系列の変化からの課題発見であれば変化を線の傾きで把握しやすい折れ線グラフ。メイン顧客の発見であれば、売上構成比を見る100%構成比棒グラフ。広告費と売上の関係性、効果を見たければ散布図など、目的別に適している分析手法、視覚化の方法は異なります。

プロジェクトのスピード感にもよりますが、ざっくりこの分析手法、視覚化の方法で進めるとメモや口頭レベルで済ませる場合もあれば、ダッシュボードのアウトプットイメージをきっちりと資料に落とし、進める場合もあります。チームとして分析・視覚化に慣れていない場合は、ホワイトボードにラフスケッチを描くレベルでもよいのでアウトプットイメージのすりあわせをすると、後で「イメージと違う」と言われるリスクを減らせます。

図**9-11**は分析プロセスにおける利用目的別によく使用するグラフの対応表です。各グラフは目的別によく使うものとそうでないものがあります。あくまでも指針ですので、必ずしもこれに従わなくてはならないわけではありませんが、分析初心者の方がグラフを選ぶのも大変だと思いますので参考にしてください。

目的別の表現方法についての詳細は**9-9-3**を確認してください。

図9-11：分析目的とグラフ対応表

利用目的 / グラフの種類	1 テキスト表	2 ヒストグラム	3 箱ひげ図	4 棒グラフ	5 100%棒グラフ	6 積み上げ棒グラフ	7 折れ線グラフ	8 累積折れ線グラフ	9 散布図	10 2軸のグラフ	11 円グラフ	12 エリアチャート	13 ハイライト表	14 地図	15 ヒートマップ	16 ツリーマップ	17 ガントビュー	18 ブレットグラフ	19 パックバブル
1 分析対象の理解、リスト形式での表現	◎																		
2 データ分布の確認		◎	◎	○			○		○										
3 数値の絶対値比較	○		○	◎		◎							○						
4 構成比の確認		○		○	◎						○				○	○			△
5 時系列データの確認				△			◎	○				○					○		
6 時間割分析	◎						○						◎						
7 パレート分析(累積分布)								◎		◎									
8 エリア分析	○			○			△			○			○	◎					
9 ポジショニングマップ										◎									
10 目標値と現状の比較	○			◎			○						○					◎	
11 変数間の関係性把握				○	◎		○		◎	○									

アウトプットイメージ（分析手法）

クロス集計や統計解析の手法（回帰分析、クラスター分析）などを記載します。Tableauでの分析はシンプルなクロス集計（合計、平均値、中央値、標準偏差等）、とクロス集計をグラフ化したものがメインになります。時系列データを用い、折れ線グラフを使用した場合は、過去の傾向が未来に続いた場合どのような値になるかを予測する時系列解析を使用できます。

アウトプットの詳細情報（分析区分等）

アウトプットイメージの具体的な情報を記載します。アウトプットや分析区分が複数ある場合記載していきましょう。

アウトプット作成プロセス（手順）

アウトプットをどのような手順で作成するのか、データ加工（データ結合、集計等）からグラフ作成について記載します。

> **Column** データ加工プロセス設計のポイント
>
> データ加工プロセスはアウトプット要件から逆算して考えます。分析用に使用する最終的なデータテーブルと同じ粒度のデータがあれば、それをベースに左結合していくのが分かりやすいでしょう。もし、最終アウトプットと同じ粒度のデータが無ければ、まずその粒度のデータを作成する必要があります。
>
> 図9-12：データ加工プロセス
>
> **分析用データテーブル（顧客ID×購入日×商品ID）**
>
> | 顧客ID | 顧客名 | 購入日 | 商品ID | 商品名 | 購入額 |
> |---|---|---|---|---|---|
> | A001 | 田中 | 2017/01/01 | P001 | 鉛筆 | 400 |
> | A001 | 田中 | 2017/01/02 | P002 | ボールペン | 200 |
> | A001 | 田中 | 2017/01/03 | P001 | 鉛筆 | 300 |
> | A002 | 鈴木 | 2017/01/01 | P001 | 鉛筆 | 400 |
> | A002 | 鈴木 | 2017/01/02 | P001 | 鉛筆 | 400 |
> | ･ | ･ | ･ | ･ | ･ | ･ |
> | ･ | ･ | ･ | ･ | ･ | ･ |
>
> ①分析用データテーブルの必要なカラムと最小粒度を決める。この場合、必要なカラムは、顧客ID、顧客名、購入日、商品ID、商品名、購入額。最小粒度は顧客ID×購入日×商品ID。
>
>
>
> 分析用データテーブルから、逆算してどのようなテーブルが必要か、どのように結合するか検討
>
> ②必要なカラムから、3つのテーブル・マスタをピックアップ。1.購入履歴データテーブル、2.顧客マスタ、3.商品マスタ。
>
> **購入履歴データテーブル（顧客ID×購入日×商品ID）**
>
> | 顧客ID | 年月日 | 商品ID | 購入額 |
> |---|---|---|---|
> | A001 | 2017/01/01 | P001 | 400 |
> | A001 | 2017/01/02 | P002 | 200 |
> | A001 | 2017/01/03 | P001 | 300 |
> | A002 | 2017/01/01 | P001 | 400 |
> | A002 | 2017/01/02 | P001 | 400 |
> | ･ | ･ | ･ | ･ |
> | ･ | ･ | ･ | ･ |
> | ･ | ･ | ･ | ･ |
>
> **顧客マスタ（顧客ID）**
>
> | 顧客ID | 顧客名 |
> |---|---|
> | A001 | 田中 |
> | A002 | 鈴木 |
> | ･ | ･ |
> | ･ | ･ |
>
> **商品マスタ（商品ID）**
>
> | 商品ID | 商品名 |
> |---|---|
> | P001 | 鉛筆 |
> | P002 | ボールペン |
> | ･ | ･ |
> | ･ | ･ |
>
> 顧客IDをキーに左結合　　商品IDをキーに左結合
>
> ③データ加工プロセスについて検討。分析用データテーブルと同じ粒度の、購入履歴データテーブルをベースに、顧客マスタと商品マスタを左結合して、分析用テーブルを作成する

9-7-3　必要なデータ、加工プロセスの調査・設計（1-3）

分析設計ができましたら、分析に必要なデータが入手、整備できそうかを確認していきます。

①データの粒度(ユニークキー)、②必要なカラム、③データ抽出条件(期間、エリア、顧客属性、除外条件など)、④検算方法を記載します。

図9-13：データ要件例

データ要件		
15	データの粒度	顧客ID×購入日(年月日)
16	必要なカラム	メジャー：目標値、実績値(利益、売上、費用)、数量、単価、値引額 ディメンション：顧客ID、購入日、担当事業部、顧客エリア
17	データ抽出条件	※2013年以前のデータはシステム不具合のため異常値があるため除外。 　発注キャンセルflgの立っているデータは集計対象外。
18	検算方法	既存レポートと比較

データの粒度

データの粒度は、どの単位で集計、分析をしたいかという分析区分に連動します。例えば営業へのデータ共有を日次で行う、日次で分析するためには、データは最低限日次で持たなくてはできません。分析の粒度が決まると、それに合わせてデータの粒度も決まります。データの粒度が決まるとそれより細かい分析はできなくなります。施策につなげるためには、最低限この細かさで分析できるようにしたいという最低ラインを決めるのが重要です。

細かい粒度のデータは、様々な分析を行うことが可能ですが、逆にデータ量が多くなってしまい、分析の効率を落としてしまうこともあります。バランスを鑑みてデータ粒度を決めてください。

必要なカラム

分析に必要なカラムを記載します。全て記載すると膨大な量になるため、主要なものや、顧客属性系(性別、年代、年収等)、などの表現をするとシンプルに収まります。

データ抽出条件

分析をする際のデータ抽出条件を記載します。抽出条件の種類は2つあり、1つは分析条件によるものです。例えば関東エリアだけの分析であればデータ抽出条件はエリアが関東であることになります。

もう1つはデータ起因によるものです。ある期間のデータは欠損値や異常が起きており、そのデータは使用しない、システム上はデータを保持しているが、分析上はデータを使用しないなどが該当します。

検算方法

既存の正解データがある場合は正解データと比較して一致するか検証します。正解データが無ければ、異なった手順で集計した値と一致するかを比較する方法や、データ加工プロセスについて間違いがないか複数人で手順をチェックする方法があります。

厳密に検算をおこなおうとするとかなり時間がかかる場合もあり、プロジェクトで求められているデータの精度とスピード感によって検算の厳密さを変えたりします。

> **Column** データ要件設計時のその他のポイント

データの管理者を探す

分析に必要なKGI、KPI、分析区分が明らかになりましたら、その各種データが存在しているかヒアリングできるよう、データについて知っている管理者（担当組織・担当者）を探しましょう。大企業であれば、情報システム部門やデータ基盤部門、中小企業であれば、データ管理が分業化されていないため事業部にいることが多いかもしれません。

担当組織・担当者が見つかったものの、業務ミッションにデータ分析への協力が含まれていない、忙しくて協力できないという場合は、経営層や意思決定の上位層に話をして、動いてもらえるように調整しましょう。プロジェクトによっては、頻繁にデータ定義について確認をし調査することも多いものもあります。膨大なデータ、複雑なデータを扱うプロジェクトはデータの管理者のリソースをあらかじめ確保する、諸所聞きやすい関係性を築いておくとプロジェクトがスムーズになります。

プロジェクトに必要な情報が「顧客取引データ」「顧客マスタ」「営業マンマスタ」「営業日報データ」「製品マスタ」「顧客への市場調査データ」「社内費用データ」「広告データ」など多岐にわたる場合、管理する部門が異なりデータ量が多くなります。またWEB系サービスの場合は1サービスだけでも数十から数百テーブルのデータが存在することもあり、データ収集だけでもかなりの時間を要してしまうこともあります。データはあるにこしたことはありませんが、データ収集、管理コスト（時間、費用）もあるため必要最低限のものにすることを意識しましょう。

データエンジニアリング担当者のデータ分析業務が主業務ではない場合、一度に必要なことは聞けるようにしましょう。またプロジェクトの重要性や意義などをきちんと説明すると、スムーズに対応してくれる可能性が高まるはずです。

データテーブル定義表、データの確認

データの管理者が判明しましたら、分析設計に基づき、以下の点を確認していってください。

必要なデータがそもそもあるか

分析に欲しいデータをそもそも収集していなかったり、保持していなかったりすることもあります。データが無いことは、プロジェクト推進判断に影響します。データについての調査結果は、プロジェクトチームに共有し、新たにデータを収集する必要があれば、データ収集について協議をしはじめてください。もし、データ収集に時間やコストがかかり過ぎ、他のプロジェクトに取り組んだ方が良ければこのプロジェクトはいったんストップすることになります。

テーブル定義表の確認

　データのあることが確認できましたら、テーブル定義表（データのカラム名、データ型の種類、データ生成方法等が記載されている資料）を確認しましょう。テーブル定義表はデータのカラムが何かを確認しやすくするものであり、データの理解を早めてくれます。主な確認事項は、分析に必要なカラムがあるかと、ユニークキーはどのカラムかになります。テーブル定義表が無いこともあります。

実データの確認

　テーブル定義が確認できましたら、実データも確認しましょう。実データの主な確認事項、①データ量、②テーブル定義とのかい離が無いか、③おかしな値が入っていないか、NULL値の扱いなどです。

①データ量

　データテーブルによっては、データ量が膨大過ぎて、1集計に数分から数十分、場合によっては1時間かかってしまうこともありえます。データ量、集計速度によっては、分析環境を新しく構築する必要があります。あらかじめ何レコードあるのか、おおよそでもよいので確認をしておきましょう。

②テーブル定義表とのかい離

　テーブル定義表が更新されていないことで起こることがあります。（本来あるべきカラムが削除されている、新しいカラムが追加されている、カラムの定義が変わっているなど）。また、テーブル定義表がないことも往々にしてあります。その場合は、データの管理者に最新のカラム定義を確認しましょう。そして、以降データ分析をする際にカラムの間違った解釈で分析をしないように、テーブル定義表を作成するか、このデータテーブルについてのメモを残しましょう。

③おかしな値が入っているか

　例えば本来日付が入っている必要のあるカラムによくわからない文字列や数値がある、顧客IDが1つしか入らない所に複数入ってしまっているなどです。システム構築プロセスやデータ加工プロセスでおかしなことになっていたりすることもあります。その場合は、新しくカラムやデータテーブルを分析用に作り直す必要があることもあります。

　全データにアクセスするのに時間がかかるようであれば、サンプルデータを入手するのも有効です。

データへのアクセス権限

　個人情報の取り扱いのため、データにアクセスできなかったりすることがあります。その場合は、個人情報をマスキングするための個人IDを作成したり、アクセスできるためのデータ分析環境を構築したり、アクセス権限を得る必要があることもあります。

データ生成プロセス

　データ生成プロセスを理解することは大事です。なぜなら、そのデータ品質に何が影響するか推測可能になるからです。データ生成プロセスの確認は以下を確認してください。

①データ生成元は何か（システムか、人手で記入したものか等）

　システムでデータが生成されているのであれば、システム稼働の安定性などでデータ品質がきまります。システムが稼働してさえいればデータは収集できます。一方、アンケートデータや営業日報データなどは人手で記入したものになるので、適当に入力されたデータや運用がいい加減な場合はデータ欠損が起きたり、データ精度が低い可能性があります。

②途中で集計など行われているか

　システムから生成されるデータなどは、データの粒度が細かすぎて全データを保持するとデータ容量が大きすぎて管理コストがかかってしまうことから、集計して保持していることもあります。例えばWEBページのアクセスログについて、全トランザクションデータは重いので、ページ別ページビュー数などに集計して保持しておくなどがあげられます。

③更新頻度はどれくらいか

　データを元にダッシュボードを作成し定期的に更新させたい場合、元データの更新頻度よりも頻繁にデータを更新することはできません。元データが週次更新であれば、Tableauダッシュボードの更新頻度は最低でも週次になります。データ更新頻度を確認しておくことで、ビジネス上の要件に合うダッシュボードを提供できるか事前にチェックできます。

分析できるデータが存在している期間

　履歴データの場合、データ保持期間がプロジェクト要件のものに満たない場合もあります。データ容量が重すぎるので、過去数年分しかないなど、場合によっては履歴データは保持しておらず、直近の状態の1日分しかデータを保持していないこともあります。1年たったらアクセスしにくい場所にデータがうつされていることもあります。

　また、そもそもデータが正確に取れていない期間があることもあります。例えば、システム実装ミスで、WEBサービスのアクセスログが正しく取れていないことは往々にしてあります。またシステムに障害などが起きると、その日のデータが欠損になったり、購入量が極端に減少したりと異常値になっていることもあります。これらは、データの管理者も把握していないこともあり、分析をする前の実データチェックなどで明らかになることもあります。

例外処理

　分析目的に合わないデータがデータテーブルに一部含まれている場合は、データの一部を例外処理として除外・加工します。例えば、ある操作や商品購買履歴データは、操作された時や購入されたときにデータが追加されますが、直後にキャンセルされることもあります。その場合は、その操作や購買がキャンセルされたレコードであればカラムに1を入れるなどで表現することがあります。購買データ分析をするのであれば、データ抽出条件にキャンセルされたデータは除外しなければなりません。もしキャンセル率などの分析をするのであれば、除外する必要はありません。

第9章「それで？」と言われるデータ分析が抱える問題点と対策

9-7-4 データ分析環境の調査、設計（1-4）

　データ分析プロジェクトを行うにあたり、適切なデータ分析環境は必須です。適切なデータ分析環境が構築できない場合、データ分析の生産性（主には集計速度）は著しく落ちます。

> **Note**
>
> 　あるプロジェクトではデータ容量がデータ分析環境のキャパシティを超えたため、1つのクロス集計をおこなうのに1分から2分かかってしまうこともありました。これくらいかかってしまうとTableauでの試行錯誤の回数が減り、気軽に様々な分析をすることができなくなってしまいます。

　必要なデータ、加工プロセスの調査・設計ができると、その分析をおこなうのにどのようなデータ分析環境が必要かを決めるための材料がそろってきます。既存のデータ分析環境の調査を行い、新しいプロジェクトにおけるデータ分析環境が既存のもので問題ないかを確認し、新たにデータ分析環境が必要であれば設計をおこなっていきます。分析環境は一度構築してしまえば、複数プロジェクトでしばらく使用できることが多いため、簡易分析要件書には記載していません。

データ分析環境の調査

　データ分析環境設計にあたり、調査・確認する事項は下記になります。

①データ量と集計速度

　データ量が多く集計速度が遅い場合は、改善をする必要があります。

②利用者数、利用権限

　利用者数が1人なのか、十数人なのか、数百人なのか、何人いるのか確認をしてください。

③セキュリティ

　誰にどのデータを開放してよいのかを確認してください。

④運用頻度

　データ分析環境はどのくらいの頻度（毎日、週数回、月数回等）で利用するのか確認をしてください。

データ分析環境

　データ分析環境設計のための調査をした項目より、データ分析環境の要件を決めていきます。

416

①データ格納環境

データをどこにためていくかを決めます。

②ETL環境

データの抽出(Extract)、変換・加工(Transform)、ロード(Load)をすることをETLと呼びます。ETLをどのようなツールで行うのかを決めます。

③集計環境

集計をどのツールで行うかになります。Tableau DesktopやTableau Serverなどで行うのか、データベースと連携しデータベース上で集計してしまうかなどがあります。

④プロジェクトファイル共有環境

プロジェクトに関する資料をどのように共有するかを決めます。社内サーバー上におけるフォルダ管理であったり、チャットサービス(slack、ヒップチャット、チャットワーク等)になります。

費用、構築スケジュール

データ分析環境の仕様が決まりましたら、費用と導入スケジュールについて見積もります。

9-7-5 各工数概算、システム化費用、 スケジュール設計(1-5)

プロセスに沿って、データ環境の設計までをおこなうことで、データ環境整備、データ整備、分析工程における、工数と費用算出の材料がそろいます。それらをもとに、「マイルストーン、スケジュール概要」「予算/費用対効果」「プロジェクト体制」を下記のようにまとめていきます。

図9-14：スケジュール、予算/費用対効果、プロジェクト体制例

スケジュール、予算/費用対効果、プロジェクト体制		
19	マイルストーン、スケジュール概要	1.キックオフMTG(事業課題ヒアリング)　2017/1/4 2.アウトプット、データイメージすり合わせ　2017/1/4 3.データ整備　2017/1/5-2017/1/12 4.プロトタイプ作成・改善　2017/1/5-2017/1/19 5.試験運用　2017/1/23-2017/1/27 6.データ日次更新化　2017/1/30-2017/2/10 7.本番用ダッシュボード作成・改善　2017/2/9-2017/3/15
20	予算/費用対効果	予算：800万円/費用対効果：年間100万円削減、3年で1900万円削減(既存費用900万円×3年-今回の費用800万円)
	プロジェクト体制	///
21	-プロジェクトマネジメント担当者	小野

第9章「それで？」と言われるデータ分析が抱える問題点と対策

22	- 分析担当者	三好
23	- データエンジニアリング担当者	山口
24	- データ、分析基盤担当者	清水

Column スケジュール設計のポイント

データ分析プロジェクトは分析を進めてみないと、その分析に意味があるかどうかわからないため、不確定要素の多さでスケジュール設計形態を変えるとよいでしょう。

①既存のデータ分析環境を利用、既存のデータを利用する場合
不確定要素が少ないため、工数見積もりの精度が高くなります。よって、プロジェクト依頼者に対して納期を約束しても大丈夫なケースが多くなります。

②新しくデータ分析環境を構築、新規に分析用データ収集、分析用データテーブルを構築する場合
このケースは、データ分析プロジェクトに取り掛かってみると、想定よりも工数がかかってしまうことがあります。そのため、プロジェクト依頼者にはあらかじめ工数が変動するリスクを伝えることと、マイルストーンから大幅に遅延しそうなことが分かった場合は迅速に進捗報告をし、プロジェクトを推進するか、止めるかについて早期に判断をしてもらうことが大事です。

9-7-6 プロジェクト推進判定（1-6）

分析プロジェクトの要件が固まりましたら、進めるかどうかと他プロジェクトとの優先度を決めます。いくつか絞り込む際の観点はあるかと思いますが、ISAI（異才）基準をご紹介します（合同会社データマネジメントの井原真吾氏が提唱）。

4つの基準は、Impact（ビジネスへの影響度合い・費用対効果）、Speed（緊急度）、Actionable（行動可能か、実現可能か）、Insight（新たな知見はあるか）の観点です。**データ分析はISAI（異才）が重要**と覚えてください。

Impactはこの分析プロジェクトに取り組むことで得られる費用対効果です。コスト削減系プロジェクトの金額換算はしやすいですが、売上改善系プロジェクトの金額は効果が読みにくいため、概算値になるか施策検証分析段階にならないと、効果が事前に想定しにくいことも多々あります。

Speedはこのプロジェクトにとりくむ緊急性です。1週間後には分析結果がでていないといけないのか、1ヶ月後なのかの時間軸になります。

Actionableは行動可能性です。分析プロジェクトを設計したものの、施策に落とす際に現場の仕事を増やすような施策であったり、データが実際には入手しないようなものをベースに施策を検討していることもあります。その場合は、プロジェクトを進めないほうがよいでしょう。

Insightは新たな知見があるかどうかです。この観点を忘れてしまうと、分析プロジェクトを進めたものの、知っていることの再分析になってしまうこともあります。

これらISAI基準に照らし合わせて、プロジェクトの推進する価値があるかどうかを決めると、プロジェクトの失敗するリスクを減らせるでしょう。

9-8 Ⅱ データ収集・加工のプロセス

9-8-1 データ分析環境の整備（2-1）

設計段階でプロジェクト推進について承認が得られましたら、データベース環境については、データ設計段階で必要と想定されたものについて、構築をしていきます。

9-8-2 データ収集（2-2）

データ環境整備ができましたら、使用するデータ収集をし始めていきます。まず設計段階で調査をした、テーブル定義表、データテーブルの確認をしていきます。実際に確認をしていくと、当初想定していなかったデータテーブルが必要になったりすることもあります。その場合は、設計段階と同じくデータの管理者に必要なデータテーブルがどこにあるのか確認をしましょう。

9-8-3 データ整備（2-3）

分析に使用するデータの収集ができましたら、欠損値処理やデータクレンジングなどのデータ整備をします。

欠損値処理

欠損値処理については、まず欠損値に意味があるかどうかを確認してください。

例えば、売上データにおいて購入が無い場合欠損値で表現されていると、**図9-15（左）**のように集計されます。顧客別に商品A、B別に存在する売上データにおいて、商品別に売上の平均を算出します。売上がないことが欠損値で表現されると、購入者ベースの平均値が算出されます。一方、売上が無いことが0で表現されている場合、全顧客ベースの平均値が算出されます。

どちらの値を使いたいかで、欠損値処理をするかが変わってきますが、0に変換をしておいたほうが様々な集計に対応しやすくなります（SQLなどであるテーブルを集計したものを結合して使用する場合、欠損値があると集計ができないことがあるため）。

複数のデータテーブルを結合していく段階で、数値の欠損値が出てきますので、どのカラムの欠損値を0変換したほうがよいかそうでないか検討したうえで変換をしてください。

図9-15：欠損値がある場合の集計について

欠損値の場合

顧客ID	商品A売上	商品B売上
A001	100	200
A002	100	NULL
A003	100	200
A004	100	200

平均値	100	**200**

購入顧客が分母

0の場合

顧客ID	商品A売上	商品B売上
A001	100	200
A002	100	0
A003	100	200
A004	100	200

平均値	100	**150**

全顧客が分母

なお、アンケートデータなどにおける欠損値は、そもそもその質問に分岐条件などで回答していないことを意味したりしています。その場合は、0などの値で値を補完してしまうと、回答する機会がなかったのか、その回答でNoを選んだのか識別ができなくなってしまいます。

クレンジング

クレンジングとはデータを分析できる状態に整備することを言います。「表記のゆれ」の修正や、データ型の修正、重複レコード処理などが挙げられます。

「表記のゆれ」とはある商品名が漢字表記、ひらがな表記、カタカナ表記などのように、表記が複数にゆれているもの、複数存在しているものを指します。例：「筆箱」「ふでばこ」「フデバコ」「筆ばこ」。表記のゆれがある状態で商品別分析をしようとすると、それぞれの表記別に合計値や平均値が算出されてしまい、商品別に指標を確認することができません。表記のゆれに意味が無い場合は、どれかの表記に値を変換させる必要があります。

データテーブルに格納されているデータ型が分析したい単位でない場合は、データ型を修正することがあります。よくあるケースは、どのカラムも全て文字列ではいっている場合です。数値データが文字列になっている場合、文字列のままでは集計できないため、数値に変更します。

重複レコードチェック、処理

システムエラーや、人為的なデータ加工ミスにより、データテーブルに全く同じ重複レコードが存在することがあります。分析上はこのようなレコードがあると、売上

9-8　Ⅱ　データ収集・加工のプロセス

が増えてしまったりしますので削除してください。共有されたデータテーブルは本当に正しいものであるかという疑う姿勢を常に持ちましょう。

9-8-4　分析用データテーブル作成(2-4)

アウトプット作成プロセス通りに分析用データテーブルを作成していきます。最終的に使用する分析用データテーブルの粒度のデータを用意して、左結合をしていくのが分かりやすいかと思います。

> **Column** 分析用テーブルの工夫
>
> 　購入履歴などのトランザクションテーブルの分析をする際、分析用テーブルに工夫をすると、様々な分析がしやすくなります。
>
> 　例えば、購入者IDと存在しうる日付の全組み合わせの行を作り、その行に売上のデータを左結合します。図の例では元は4日分の購入データ4行が、31日分の31行にデータが増えています。この形式でデータを持たせると、様々なメリットがあります。例えば1日当たりの売上を算出する際に、売上が無い日も含んだ平均売上をそのまま計算できます。また、累積売上(顧客セグメントに使用)、初回売上からの日数、直近売上日までの日数(離脱日数分析用)、直近1週間以内に購入した状態の判別(アクティブユーザー判定)、その他購買頻度などのカラムをもたせやすかったり、購入率の計算もしやすくなります。さらには1週間後や1ヶ月後の商品アクティブ状態、離脱状態について時間をずらしてカラムに持たせることで、簡易的に予測のための集計分析をおこなうことができます。
>
> 　データ量はかなり増えてしまいますが、様々な分析がしやすくなりますので、分析環境上可能であれば是非試してみてください。

第9章「それで？」と言われるデータ分析が抱える問題点と対策

図9-16：分析用テーブルの工夫

元のトランザクションデータ

ID	購入日	売上
A001	2017/01/01	100
A001	2017/01/05	100
A001	2017/01/10	100
A001	2017/01/15	100

ID×購入日の全組み合わせで、トランザクションデータを分析しやすくした分析用テーブル

ID	購入日	売上	累積売上	初回購入日	直近購入日	初回購入から日数	直近購入日まで日数	1週間以内購入有無	1週間後‐1週間以内購入有無
A001	2017/01/01	100	100	2017/01/01	2017/01/01	0	0	1	1
A001	2017/01/02	0	100	2017/01/01	2017/01/01	1	1	1	1
A001	2017/01/03	0	100	2017/01/01	2017/01/01	2	2	1	1
A001	2017/01/04	0	100	2017/01/01	2017/01/01	3	3	1	1
A001	2017/01/05	100	200	2017/01/01	2017/01/05	4	0	1	1
A001	2017/01/06	0	200	2017/01/01	2017/01/05	5	1	1	1
A001	2017/01/07	0	200	2017/01/01	2017/01/05	6	2	1	1
A001	2017/01/08	0	200	2017/01/01	2017/01/05	7	3	1	1
A001	2017/01/09	0	200	2017/01/01	2017/01/05	8	4	1	1
A001	2017/01/10	100	300	2017/01/01	2017/01/10	9	0	1	1
A001	2017/01/11	0	300	2017/01/01	2017/01/10	10	1	1	1
A001	2017/01/12	0	300	2017/01/01	2017/01/10	11	2	1	1
A001	2017/01/13	0	300	2017/01/01	2017/01/10	12	3	1	1
A001	2017/01/14	0	300	2017/01/01	2017/01/10	13	4	1	0
A001	2017/01/15	100	400	2017/01/01	2017/01/15	14	0	1	0
A001	2017/01/16	0	400	2017/01/01	2017/01/15	15	1	1	0
A001	2017/01/17	0	400	2017/01/01	2017/01/15	16	2	1	0
A001	2017/01/18	0	400	2017/01/01	2017/01/15	17	3	1	0
A001	2017/01/19	0	400	2017/01/01	2017/01/15	18	4	1	0
A001	2017/01/20	0	400	2017/01/01	2017/01/15	19	5	1	0
A001	2017/01/21	0	400	2017/01/01	2017/01/15	20	6	1	0
A001	2017/01/22	0	400	2017/01/01	2017/01/15	21	7	0	0
A001	2017/01/23	0	400	2017/01/01	2017/01/15	22	8	0	0
A001	2017/01/24	0	400	2017/01/01	2017/01/15	23	9	0	NULL
A001	2017/01/25	0	400	2017/01/01	2017/01/15	24	10	0	NULL
A001	2017/01/26	0	400	2017/01/01	2017/01/15	25	11	0	NULL
A001	2017/01/27	0	400	2017/01/01	2017/01/15	26	12	0	NULL
A001	2017/01/28	0	400	2017/01/01	2017/01/15	27	13	0	NULL
A001	2017/01/29	0	400	2017/01/01	2017/01/15	28	14	0	NULL
A001	2017/01/30	0	400	2017/01/01	2017/01/15	29	15	0	NULL
A001	2017/01/31	0	400	2017/01/01	2017/01/15	30	16	0	NULL

9-8-5　検算（データチェック）（2-5）

　　分析用データテーブルが作成できましたら、検算（データチェック）をしましょう。検算の仕方はいくつかあります。正解データが既にある場合は、正解データと値が一致するかを比較します。正解データが無い場合は、データ加工プロセスが問題ないか、各プロセスをチェックします。SQLやプログラミング言語などでデータ加工を行って

いる場合は、プロセスが視覚化されているためチェックがしやすくなります。EXCEL上において手作業でデータをコピー＆ペーストなどをしている場合は、もう一度同じ手順をおこない値が同じになるか確認をするとよいでしょう。

　検算をする時に特に気をつけたいのが、「データ抽出条件が間違っていないか」、「データ結合時に各テーブルに重複レコードが無いか」、「データ結合時の結合キーの条件がおかしくないか」などです。データ抽出条件については、本来除外すべきレコードが入っていないか集計をして確かめたりするとよいです。例えば20代だけのデータで分析をするのであれば、年代別に集計をして20代以外のデータが入っていないか確認します。

　重複レコードがあったまま結合しているかどうかは、データ件数を確認することで判明します。データを結合する際には逐次、データ件数が想定通りになっているかを確認しましょう。データを左結合(left join)するのであれば、結合元のデータ件数より多くなることはありません。また内部結合(inner join)する場合も元テーブルよりもデータ件数は多くなることはありません。

9-9　Ⅲ　分析・視覚化のプロセス

　分析用のデータを作成することができ検算ができましたら、次は分析・視覚化です。

　「3-1分析対象の理解」「3-2データ、基礎統計のチェック」「3-3分析（視覚化、解釈）」「3-4データ不足判定」「3-5分析結果施策実施判定」をし、次の施策・運用ステップに進みます。もし、施策運用に使えない場合は「3-6分析する余地判定」の上で再度分析をするかどうかを決めます。ビジネス系理解・実行担当者と分析・視覚化担当が分かれている場合、分析・視覚化担当はビジネス課題感についてハッキリつかめていない場合が多いですので、この一連の流れは何度かサイクルを回した方がよい分析ができるようになります。分析開始当日から数日以内に分析担当者はビジネス担当者に報告するなどのルールを設けると分析サイクルが早くなります。

9-9-1　分析対象の理解（3-1）

　いきなり分析にとりかかるよりも、**質の高い分析を行うために事前に、分析対象（会社、事業、組織、商品、業務等）について理解**しましょう。このアプローチは特に仮説探索型分析の場合特に重要です。なぜ分析対象の理解が重要なのでしょうか？

第9章「それで？」と言われるデータ分析が抱える問題点と対策

　理由は3つあります。1つ目は、集計、分析する時間を削減できることです。もし分析対象の理解ができていれば、あらかじめ分析すべき組み合わせを絞り込むことができ、集計する時間を削減することができます。

　例えば売上の増減を様々な区分で比較し、何の要因が売上に効いているのか検証したいとします。集計したい軸（ディメンション）の変数が10個（エリア、事業部、カテゴリ、時間軸等）あり、10個の変数の2つの組み合わせで売上の大小を見ようとする場合（エリア×カテゴリ等）最低でも10×9＝90種類のグラフが必要になります。網羅的に全てクロス集計のパターン90個を集計、解釈も含めると膨大な時間がかかります。

　2つ目は分析のストーリーを作りやすくなることです。分析のストーリーを作るには、設計段階で説明したように、ロジックツリー（概念間の構造）の想定、把握が重要になります。例えば、「利益という指標は売上とコストに分解でき、売上は価格と数量に分解でき、数量を上げるには商品、価格、広告、流通というドライバーが存在するという構造」はデータだけから導き出すのは困難です。

　3つ目は足りないデータが何かわかることです。分析対象を理解すると、重要なデータが足りないことが判明することがあります。その場合は、あるべきデータが無い状態での分析結果であると、依頼者に対して分析結果を用いるリスクを正しく伝えることが出来ます。また、足りないデータを収集、追加する選択肢を持つこともできます。

　分析対象の理解を深める方法は、5つほどあります。

> **Note**
>
> 　売上などKGI指標について、どのような変数の違いで差があるのかを知りたい場合、「決定木」という統計解析手法を利用すると、差の大きい変数や変数の組み合わせを抽出してくれます。

①現場の業務プロセスをヒアリング・観察する

　プロジェクトが始まる設計段階に行うのがベストですが、詳細なヒアリングは現場担当者との調整に時間がかかったりしますので、プロジェクト推進が決まった後、データの準備をしている間に行ったりすることもあります。データ分析を日常的におこなう業界はIT化効率化されていることが多いですが、業界、業種によってはIT化効率化されていないところも多く、データ分析やTableauの当たり前が当たり前でないことに気づいたりします。

> ### Column 紙に印刷する
>
> 　私があるプロジェクトで営業同行をして気づいたのは、Tableauデータを元にした提案資料は必ず紙に印刷して配付していたことです。営業に確認をしたところ、お客様の中にはお年の方もいらっしゃりPCファイルを開けなかったりすること、紙にするとモノとして残るので説明がしやすいこと、年配の方がいらっしゃるので文字サイズには気を付けていることなどの発見がありました。そこで、印刷時の文字サイズに気を付けるよう対策をとりました。細かいことですがそのような対策を取っていないダッシュボードは作成したとしても、現場で使われないものになってしまうでしょう。

②ユーザーとして商品、サービス、業務を使う・体験してみる

　ユーザーとして使用、購入しやすい商品・サービス・業務であれば実際に購入したり、使用、体験してみましょう。ユーザーとしてプロセスをリアルに体験ができ、どこでなんの問題があるのか仮説を出すことができます。競合製品がある場合、競合製品と比較すると、優劣を判断しやすくなります。

③その商品利用ユーザーにヒアリングする

　高額な商品やB2Bの商材であり自ら購入しないもの、明らかに自分が購入対象でない場合(男性における生理用品)、その商品を購入したり、利用したりしているユーザーにヒアリングをしましょう。

④既存レポートを確認する

　官公庁の白書、業界団体のレポート、上場企業であればアニュアルレポート、社内の前任者のレポートなどがあれば読んで仮説を作りましょう。

第9章「それで？」と言われるデータ分析が抱える問題点と対策

⑤データから使い方をあぶりだす（カスタマージャーニー分析）

図9-17：購入履歴からユーザー像をあぶりだす

購入履歴からユーザー像をあぶりだす

顧客名	オーダー日の年	オーダー日の日	カテゴリ	製品名	売上	数量
阿久 進	2012年	2012年1月21日	家電	アップル オフィス用電話機, 各種サイズ	¥4,542	1
		2012年12月7日	事務用品	Eaton リーム, プレミアム	¥2,124	2
	2013年	2013年8月20日	家電	HP コピー機, 2 つセット	¥32,492	2
				ノキア オーディオ ドック, フル サイズ	¥67,212	6
		2013年10月15日	事務用品	Green Bar メモ用紙, マルチカラー	¥3,672	3
	2014年	2014年5月31日	事務用品	Kleencut はさみ, 長方形	¥8,862	7
				ハミルトンビーチ 冷蔵庫, 白	¥99,654	3
阿久井 真一	2012年	2012年11月14日	家電	ノキア オフィス用電話機, 各種サイズ	¥8,158	3
	2013年	2013年7月12日	家電	ゼロックス ノート, 12 パック	¥8,543	7
	2014年	2014年3月13日	家電	ロジクール メモリ カード, リサイクル	¥20,238	2
			事務用品	フーバー コンロ, 赤	¥113,694	3
		2014年5月13日	家具	Hon コーヒー テーブル, 長方形	¥117,029	7
	2015年	2015年5月16日	家具	Hon 椅子用マット, 黒	¥3,540	1
			事務用品	Smead 色分けラベル, 高耐久性	¥1,792	2
		2015年9月10日	事務用品	ウィルソン・ジョーンズ バインダー, クリア	¥4,493	9
				クイジナート 冷蔵庫, 黒	¥39,641	3
阿久津 大輝	2013年	2013年10月4日	事務用品	Eldon ファイル カート, 業務用	¥34,232	4
		2013年12月19日	家具	Eldon 時計, 黒	¥11,304	5
	2014年	2014年8月14日	家電	キヤノン ファックス, カラー	¥63,966	5
				ブラザー 家庭用コピー機, 赤	¥47,030	5
			事務用品	Green Bar リーム, プレミアム	¥7,936	4
阿藤 真	2012年	2012年1月31日	事務用品	エナーマックス 事務用品, リサイクル	¥9,402	3
	2013年	2013年4月3日	家具	Advantus 電球, 黒	¥6,690	5
		2013年9月19日	事務用品	Stiletto 裁断機, 青	¥11,400	4
		2013年11月28日	家具	Safco 棚セット, 従来型	¥33,446	3
			家電	パナソニック 計算機, 白	¥11,036	5
			事務用品	GlobeWeis 社内用封筒, リサイクル	¥13,209	5
				Smead ファイル フォルダ ラベル, 高耐久性	¥1,051	2
		2013年12月12日	家電	ベルキン メモリ カード, リサイクル	¥15,016	2
			事務用品	Accos ホチキス, 大容量パック	¥876	2
				Elite 大型のはさみ, 業務用	¥5,836	3
	2014年	2014年5月26日	事務用品	Boston 蛍光ペン, 青	¥2,516	2
	2015年	2015年4月2日	事務用品	Ames 社内用封筒, 赤	¥6,488	5
		2015年6月24日	事務用品	Avery 穴あけパンチ, 高耐久性	¥4,993	3
				Binney & Smith ペン, 大容量パック	¥2,076	3
		2015年8月15日	事務用品	GlobeWeis 業務用封筒, リサイクル	¥2,152	2
				Stanley ペン, 各種サイズ	¥3,087	5
				Stiletto 裁断機, フギール	¥11,240	4

　もし、顧客や営業マンなどの購入履歴、取引履歴データがあるのであれば、それら
を人別・時系列別に視覚化して眺めていくと有力な仮説を発見できることは多いです。
購入履歴であれば、年をディメンションとしていれておくことで、そもそも継続して
いるのか、離脱しているのかが分かります。もし継続しているのであれば、どのよう
な傾向があるのかを見ることに意味があります。

　例えば同じブランドのものを買い続けている、毎年同じ月で買い続けているなどで
す。また買い方のパターンを発見することもあります。まとめ買いをする人、少しず
つ毎月購入する人。時系列に眺めることで、その人その人の購入ストーリーを推察で
きます。

　過去あるWEBサービスで、利用者の利用実態把握をするため、そのサービスの登
録から継続利用・離脱までの過程の行動を1人1人視覚化したこともあります。すると、

利用開始からすぐに利用する利用者や、ゆっくりとなれていく利用者、すぐに離脱する利用者、ある程度してから離脱する利用者がいることが分かりました。それらをクラスター分析を用いセグメント化し、日次でセグメント判別をするモニタリングを継続することで、離脱防止施策に活かすことができました。

9-9-2 データ、データ分布のチェック（3-2）

具体的なデータ分析に入る前に、データ分布のチェックをおこないます。データエンジニアリング担当が設計段階のデータ定義書通りに作られているか確認しますが、分析担当者も分析ミスを減らすため、またデータが正しいか解釈上整合性がとれているかという観点でデータチェックをした方がよいです。

データ件数のチェック

具体的なデータ分析に入る前に、データ件数のチェックをおこないます。このデータ件数は今後データ加工をした際に変化するときのベンチマークとして利用します。全体ベースの値がこれ以上増えたらおかしいという感覚値をつけるとよいです。

今後データを絞り込みしたりすると、その値以上には増えない「データ件数」「購入者数」「企業数」「商品数」など**基礎数値は出して、概算値でも暗記しておくと間違いに気が付きやすくなります。**

また、折れ線グラフでデータ件数が極端に上がったり下がっていたりしていないか、データが抜け落ちていないか確認します。第8章で述べたように、一部データが抜けている期間があれば、システム異常やデータ加工ミスの可能性があります。

図9-18：データ件数チェック

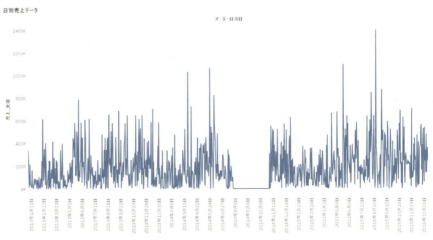

データの中身もチェック

データエンジニアリング段階で、カラム名とカラム内容が大幅にずれてしまっていることもあります（商品名が本来入っているべきところに何らかの数字が入っているなど）。

分析前にざっとでもよいので、カラム名とカラム内容データが整合的か確認しましょう。また本来入らないはずの値が入っていることも問題です。例えば身長がマイナスの値で入っている、0-100点のテストの値に10000点が入っているなどです。欠損値がやたらに多い時などは要注意です。小数点のデータをTableauが整数として自動的に読み込み、欠損値扱いになってしまった時もありました。

図9-19：データチェック（値の表示）

データの表示: サンプル - ストア

10,000 行　☑ 別名を表示(S)

オーダー ID	オーダー日	オーダー日(曜日)	オーダー曜日	カテゴリ	カテゴリ + サブカテゴリ	サブカテゴリ	価格 (ビン)	出荷モード	出荷日	割引率_D	国	地域	市区町村	製品 ID	製品名	赤字_flg (コピー 2)	都道府県	配送遅延?
JP-2012-2593821	2012/01/01	2012-01-01(日曜日)	日曜日	事務用品	事務用品_クリップ	クリップ	500	セカンドクラス	2012/01/03	0.0%	日本	中部地方	豊田	事務用-クリ-10001103	OIC 画鋲, 12 パック	黒字	愛知	予定より早く配送
JP-2012-1036006	2012/01/02	2012-01-02(月曜日)	月曜日	事務用品	事務用品_封筒	封筒	2,500	即日配送	2012/01/03	0.0%	日本	九州	八代	事務用-封筒-10002409	Ames 社内用封筒, リサイクル	黒字	熊本	配送遅延
JP-2012-2452002	2012/01/03	2012-01-03(火曜日)	火曜日	事務用品	事務用品_アプライアンス	アプライアンス	34,500	セカンドクラス	2012/01/06	0.0%	日本	中部地方	小松	事務用-アプ-10004123	ブレビル 冷蔵庫, 黒	黒字	石川	予定通り配送
JP-2012-2452002	2012/01/03	2012-01-03(火曜日)	火曜日	事務用品	事務用品_バインダー	バインダー	500	セカンドクラス	2012/01/06	0.0%	日本	中部地方	小松	事務用-バイ-10002722	カーディナル タブ, 高耐久性	黒字	石川	予定通り配送
JP-2012-2452002	2012/01/03	2012-01-03(火曜日)	火曜日	事務用品	事務用品_バインダー	バインダー	500	セカンドクラス	2012/01/06	0.0%	日本	中部地方	小松	事務用-バイ-10003377	アコ バインダー カバー, エコノミー	黒字	石川	予定通り配送
JP-2012-2452002	2012/01/03	2012-01-03(火曜日)	火曜日	事務用品	事務用品_封筒	封筒	1,000	セカンドクラス	2012/01/06	0.0%	日本	中部地方	小松	事務用-封筒-10000692	Jiffy テープ付き, シルバー	黒字	石川	予定通り配送
JP-2012-2452002	2012/01/03	2012-01-03(火曜日)	火曜日	家電	家電_付属品	付属品	17,000	セカンドクラス	2012/01/06	0.0%	日本	中部地方	小松	家電-付属-10004678	サンディスク ルータ, プログラミング可能	黒字	石川	予定通り配送
JP-2012-1038631	2012/01/03	2012-01-03(火曜日)	火曜日	事務用品	事務用品_ラベル	ラベル	0	通常配送	2012/01/09	40.0%	日本	関東地方	松戸	事務用-ラベ-10001446	Avery 取り外し可能ラベル, 高耐久性	黒字	千葉	予定通り配送
JP-2012-1338137	2012/01/04	2012-01-04(水曜日)	水曜日	事務用品	事務用品_封筒	封筒	1,000	セカンドクラス	2012/01/07	0.0%	日本	関東地方	堺	事務用-封筒-10001589	Cameo 業務用封筒, 50 枚セット	黒字	群馬	予定通り配送
JP-2012-1338137	2012/01/04	2012-01-04(水曜日)	水曜日	家電	家電_コピー機	コピー機	21,000	セカンドクラス	2012/01/07	0.0%	日本	関東地方	堺	家電-コピ-10003558	キヤノン ファックス, 赤	黒字	群馬	予定通り配送
JP-2012-1970523	2012/01/04	2012-01-04(水曜日)	水曜日	事務用品	事務用品_クリップ	クリップ	500	通常配送	2012/01/08	15.0%	日本	関東地方	新宿	事務用-クリ-10001839	Stockwell 輪ゴム, 12 パック	赤字	東京	予定より早く配送
JP-2012-1757617	2012/01/05	2012-01-05(木曜日)	木曜日	事務用品	事務用品_画材	画材	1,500	ファーストクラス	2012/01/08	0.0%	日本	東北地方	鶴岡	事務用-画材-10001487	Boston マーカー, 各種サイズ	黒字	山形	配送遅延
JP-2012-2034412	2012/01/06	2012-01-06(金曜日)	金曜日	事務用品	事務用品_バインダー	バインダー	3,000	セカンドクラス	2012/01/08	0.0%	日本	中国地方	福山	事務用-バイ-10004115	Avery とじ具, 高耐久性	黒字	広島	予定より早く配送
JP-2012-1553749	2012/01/06	2012-01-06(金曜日)	金曜日	事務用品	事務用品_画材	画材	500	セカンドクラス	2012/01/08	30.0%	日本	中部地方	多治見	事務用-画材-10004447	Sanford 蛍光ペン, 青	赤字	岐阜	予定より早く配送
JP-2012-1553749	2012/01/06	2012-01-06(金曜日)	金曜日	事務用品	事務用品_紙	紙	1,500	セカンドクラス	2012/01/08	0.0%	日本	中部地方	多治見	事務用-紙-10002283	Eaton リーム, プレミアム	黒字	岐阜	予定より早く配送
JP-2012-2034412	2012/01/06	2012-01-06(金曜日)	金曜日	家具	家具_本棚	本棚	8,000	セカンドクラス	2012/01/08	0.0%	日本	中国地方	福山	家具-本棚-10003403	Dania コーナー シェルフ, 白	黒字	広島	予定より早く配送
JP-2012-1553749	2012/01/06	2012-01-06(金曜日)	金曜日	家具	家具_椅子	椅子	3,000	セカンドクラス	2012/01/08	0.0%	日本	中部地方	多治見	家具-椅子-10001010	Novimex ビーチ チェア, 2 つセット	黒字	岐阜	予定より早く配送
JP-2012-1553749	2012/01/06	2012-01-06(金曜日)	金曜日	家具	家具_椅子	椅子	4,000	セカンドクラス	2012/01/08	0.0%	日本	中部地方	多治見	家具-椅子-10004785	Office Star 椅子用マット, 黒	黒字	岐阜	予定より早く配送
JP-2012-2034412	2012/01/06	2012-01-06(金曜日)	金曜日	家電	家電_コピー機	コピー機	21,000	セカンドクラス	2012/01/08	0.0%	日本	中国地方	福山	家電-コピ-10003199	ヒューレット・パッカード ファックス, デジタル	黒字	広島	予定より早く配送
JP-2012-1553749	2012/01/06	2012-01-06(金曜日)	金曜日	家電	家電_コピー機	コピー機	9,500	セカンドクラス	2012/01/08	0.0%	日本	中部地方	多治見	家電-コピ-10003469	キヤノン インク, 赤	黒字	岐阜	予定より早く配送
JP-2012-1036650	2012/01/08	2012-01-08(日曜日)	日曜日	事務用品	事務用品_アプライアンス	アプライアンス	20,500	通常配送	2012/01/12	0.0%	日本	四国	松山	事務用-アプ-10002935	フーバー 電子レンジ, シルバー	黒字	愛媛	予定より早く配送
JP-2012-1036650	2012/01/08	2012-01-08(日曜日)	日曜日	事務用品	事務用品_バインダー	バインダー	2,000	通常配送	2012/01/12	0.0%	日本	四国	松山	事務用-バイ-10000961	Ibico 穴あけパンチ, リサイクル	黒字	愛媛	予定より早く配送
JP-2012-3620423	2012/01/08	2012-01-08(日曜日)	日曜日	家具	家具_椅子	椅子	5,500	通常配送	2012/01/13	40.0%	日本	中部地方	沼津	家具-椅子-10000358	Office Star ロッキング チェア, 調整可能	黒字	静岡	予定より早く配送
JP-2012-3620423	2012/01/08	2012-01-08(日曜日)	日曜日	家具	家具_椅子	椅子	3,000	通常配送	2012/01/13	40.0%	日本	中部地方	沼津	家具-椅子-10002294	Hon 折り畳み式の椅子, 黒	赤字	静岡	予定より早く配送
JP-2012-3620423	2012/01/08	2012-01-08(日曜日)	日曜日	家電	家電_コピー機	コピー機	7,500	通常配送	2012/01/13	40.0%	日本	中部地方	沼津	家電-コピ-10004451	ヒューレット・パッカード ファックスとコピー機, カラー	赤字	静岡	予定より早く配送
JP-2012-1055191	2012/01/10	2012-01-10(火曜日)	火曜日	事務用品	事務用品_アプライアンス	アプライアンス	34,500	通常配送	2012/01/14	0.0%	日本	九州	別府	事務用-アプ-10000399	ブレビル 冷蔵庫, 赤	黒字	大分	予定より早く配送
JP-2012-1055191	2012/01/10	2012-01-10(火曜日)	火曜日	事務用品	事務用品_バインダー	バインダー	3,000	通常配送	2012/01/14	0.0%	日本	九州	別府	事務用-バイ-10002170	アコ とじ具, クリア	黒字	大分	予定より早く配送
JP-2012-1055191	2012/01/10	2012-01-10(火曜日)	火曜日	事務用品	事務用品_ラベル	ラベル	500	通常配送	2012/01/14	0.0%	日本	九州	別府	事務用-ラベ-10002779	Smead 取り外し可能ラベル, 高耐久性	黒字	大分	予定より早く配送
JP-2012-1197854	2012/01/11	2012-01-11(水曜日)	水曜日	事務用品	事務用品_保管箱	保管箱	1,000	通常配送	2012/01/15	0.0%	日本	中部地方	松本	事務用-保管-10002523	Eldon フォルダ, 青	黒字	長野	予定より早く配送
JP-2012-1197854	2012/01/11	2012-01-11(水曜日)	水曜日	事務用品	事務用品_文房具	文房具	1,000	通常配送	2012/01/15	0.0%	日本	中部地方	松本	事務用-文房-10002458	Elite 定規, 業務用	黒字	長野	予定より早く配送
JP-2012-1082729	2012/01/11	2012-01-11(水曜日)	水曜日	家具	家具_本棚	本棚	8,000	通常配送	2012/01/15	0.0%	日本	関西地方	西宮	家具-本棚-10004936	Bush コーナー シェルフ, 黒	黒字	兵庫	予定より早く配送
JP-2012-1082729	2012/01/11	2012-01-11(水曜日)	水曜日	家電	家電_付属品	付属品	2,500	通常配送	2012/01/15	0.0%	日本	関西地方	西宮	家電-付属-10002816	メモレックス キーパッド, リサイクル	黒字	兵庫	予定より早く配送
JP-2012-1754955	2012/01/12	2012-01-12(木曜日)	木曜日	事務用品	事務用品_ラベル	ラベル	0	ファーストクラス	2012/01/14	40.0%	日本	関東地方	市原	事務用-ラベ-10001329	Novimex 色分けラベル, 白	赤字	千葉	配送遅延
JP-2012-2034412	2012/01/12	2012-01-12(木曜日)	木曜日	事務用品	事務用品_クリップ	クリップ	500	通常配送	2012/01/16	15.0%	日本	関東地方	新宿	事務用-クリ-10000609	Acco 押しピン, メタル	赤字	東京	予定より早く配送
JP-2012-2034412	2012/01/12	2012-01-12(木曜日)	木曜日	事務用品	事務用品_紙	紙	1,500	通常配送	2012/01/16	15.0%	日本	関東地方	新宿	事務用-紙-10001562	サンディスク ノート, プレミアム	黒字	東京	予定より早く配送
JP-2012-1222461	2012/01/12	2012-01-12(木曜日)	木曜日	事務用品	事務用品_バインダー	バインダー	0	通常配送	2012/01/16	0.0%	日本	関西地方	東大阪市	事務用-バイ-10001844	ウィルソン・ジョーンズ 穴の補強テープ, 高耐久性	黒字	大阪	予定より早く配送

分布チェック

KGI、KPIのデータ分布をチェックせずに分析をすると誤った解釈をする可能性があります。全てを確認する必要はありませんが、KGI、主要指標だけでも確認はしておきましょう。

分布の確認ポイントは3つです。

①単峰型か双峰型か
②左右対称の形（正規分布）か偏りのある形か（べき乗分布）
③はずれ値、異常値はないか

①単峰型か双峰型か

データの山が1つの単峰型の場合平均値に意味はありますが、山が2つの双峰型の場合平均値に意味が無くなることがあります。例えば男女合わせた身長データは山が2つになりますが、その平均値には意味がありません。山が2つ以上の分布の場合は、往々にして裏に分類すべきセグメントが存在していることがあります。その場合は、

分類すべきセグメントが無いか確認し、もしある場合はセグメント別に分析をしていきましょう。

　図9-20の上下2つの分布は、ある2つの家の騒音(デシベル値)を秒単位で取得した数日分のデータです。右に行く程騒音が大きくなることを示しています。1番目の家は音のうるささについて、2つの山があります。定期的に特定の2つの周波数で音が流れている可能性があります。2番目の家の音データは山は1つのきれいな正規分布をしています。

図9-20：データ分布のチェック

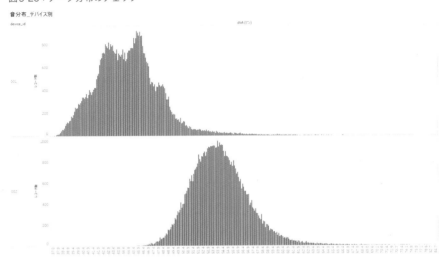

②左右対称の形(正規分布)か偏りのある形か(べき乗分布)
　分布の形が左右対称の形(正規分布)か左右非対称の形(べき乗分布)かで代表値を平均値、中央値どちらにしたほうがよいのか決まります。もし正規分布であれば、平均値と中央値は一致しますので、どちらでもよいです。一方、年収のようなべき乗分布は左右が非対称のため代表値は中央値を採用したほうが適切です。商材にもよりますが、マーケティング系のデータは往々にして**図9-21**の右側：左右非対称のべき乗分布が多くなり、上位顧客の売上が全体に占めることが多いです。

第9章「それで？」と言われるデータ分析が抱える問題点と対策

図9-21：左右対称、左右非対称分布比較

左右対称の場合

顧客ID	売上（万円）
1	200
2	200
3	400
4	400
5	400
6	400
7	400
8	400
9	600
10	600

平均値	400
中央値	400

左右非対称の場合

顧客ID	売上（万円）
11	400
12	400
13	400
14	400
15	400
16	400
17	400
18	600
19	1000
20	4000

平均値	840
中央値	400

③はずれ値、異常値はないか

はずれ値や異常値は、代表値（平均値・中央値）に特に影響を及ぼしますので注意しましょう。そのまま代表値を使用してしまうと、ミスリードする場合は、外れ値、異常値をフィルターで除外して分析しましょう。

9-9-3　分析（3-3）

図9-22：分析の流れ

分析				施策実行、運用
①集計・視覚化 I	②解釈する	③ストーリーを作る	④伝える（視覚化II）	
集計表、グラフ作成 ・簡易設計書を元に集計、グラフ作成を進める ・分析目的によってグラフが異なる	作成した集計表、グラフから読み取れる知見を言語化する	・集まった知見を組み立て、何が言えるかメッセージのストーリーを考える	・グラフを洗練させる ・ダッシュボードを作る ・ストーリーボードを作る	◎行動する ○数値、メッセージを覚えている △見る ×見ない

データチェックが終わりましたら、分析に入ります。分析は以下4つのタスクに分かれます。

①集計表、視覚化 I

簡易設計書を元に集計、グラフ作成を進めます。大小関係を見たい、時系列変化を

みたい、構成比を確認し合い、変数間の関係性を確認したいなど、なにを見たいかでグラフの種類が異なってきます。この時点の視覚化は、分かりやすくなにかを伝えることよりも、データから何が言えるか解釈するためのものです。もし、この時点において、1時間でシンプルなグラフや数表を1分に1枚作成して、試行錯誤をすると60枚のグラフや数表から分析をすることができます。一方同じ1時間で集計をする際に、1つの集計に対して綺麗なグラフを作り1グラフについて5分程度かけてしまうと、12枚のグラフしか分析できません。視覚化の費用対効果を考え、素早くシンプルに視覚化をしていきましょう。

②解釈する

作成した集計表、グラフから読み取れる知見を言語化、つまりメッセージを書いていきます。

③ストーリーを作る

グラフから読み取れる集まった知見を組み立て、何が言えるのかメッセージのストーリーを考えます。基本的には簡易設計書で明らかにしようとしたことの具体化になります。

④伝える（視覚化Ⅱ）

メッセージをより伝えやすくするために、作成したグラフを洗練させます。また、メッセージを伝えやすくするため、複数の数表、グラフをまとめたダッシュボードを作成します。さらに、複数のシートやダッシュボードをまとめたストーリーボードを作成します。

分析フェーズで作成される最終的な分析結果は施策実行、運用段階の状態によって4つに評価することができます。もっともよいものは、分析結果によって何らか「行動する」ことを引き起こしている状態。次に良いのは「数値、メッセージを覚えている」状態。これは意思決定の土台を作り上げています。あまりよくないのは分析結果が「見る」だけの状態になっていること。もっとも悪いのは分析結果を「見ない」状態。4つのステップにおいて行動を引き起こすための分析ができるように意識しましょう。

それでは、各4つのプロセスにおいて、細かく確認をしていきます。

①集計・視覚化Ⅰ

集計・視覚化Ⅰをする際には2つの流れを意識してください。1つは、第8章で説明をした、現状把握⇒課題発見⇒要因発見⇒施策検証という流れ。もう1つは大きい区分から小さい区分へドリルダウンする流れです。

第9章 「それで？」と言われるデータ分析が抱える問題点と対策

　なぜ、ドリルダウンするとよいかの例です。ある企業の売上が減少している場合、どのエリアが問題か特定したいとします。その際、いきなり日本全国、1700程度ある市区町村別に売上を集計してしまうと、1700の市区町村別の売上増減を解釈しなくてはならず、どこに問題があるのか分かりにくくなります。まず、地方単位や自社の管轄している支社単位など大きなくくりで集計をし、大枠の傾向をつかみ、課題のありそうな所については、小さい区分で集計するという流れで分析をしたほうが、真の課題を発見する時間を削減できます。

　分析目的によって適切な集計・視覚化の方法は異なります。各利用目的の代表的なグラフを紹介します。データチェックについては、既に記載済みですので割愛します。

図9-23：分析目的とグラフ対応表

利用目的 ＼ グラフの種類	1 テキスト表	2 ヒストグラム	3 箱ひげ図	4 棒グラフ	5 100%棒グラフ	6 積み上げ棒グラフ	7 折れ線グラフ	8 累積折れ線グラフ	9 散布図	10 2軸のグラフ	11 円グラフ	12 エリアチャート	13 ハイライト表	14 地図	15 ヒートマップ	16 ツリーマップ	17 ガントビュー	18 ブレットグラフ	19 バックバブル
1 分析対象の理解、リスト形式での表現	◎																		
2 データ分布の確認		◎	◎	○			○		○										
3 数値の絶対値比較	○		○	◎		◎							○						
4 構成比の確認			○	◎	◎						◎				○	○			△
5 時系列データの確認				△			◎	○		◎							○		
6 時間割分析	◎												◎						
7 パレート分析(累積分布)								◎		◎									
8 エリア分析	○			○			△							○	◎				
9 ポジショニングマップ									◎										
10 目標値と現状の比較	○			◎			○											◎	
11 変数間の関係性把握				○		◎			◎	○									

1　分析対象の理解

　分析対象の理解をしたい場合は、ある人やある企業など行動の主体者別に時系列にどのような行動をしているのかテキスト表で表現をし確認をしていくと、仮説を発見できることがあります。

　離脱やリピート理由の推測、購入パターンの発見などに向いています。さまざまなデータを同時にプロットすることで、その行動の主体者の顔や気持ちが想像しやすくなります。**図9-17**を参考にしてください。

2　データ分布の確認

　9-9-2 データ、データ分布のチェック(3-2)を参考にしてください。

3　数値の絶対値比較

　KGI、KPIの基礎指標はまず単年など、大きいくくりの時系列単位でまず確認します。このときは、数表や棒グラフなどシンプルなものがよいでしょう。棒グラフは大小関係を比較するのに適しています。

図9-24：数値の絶対値比較

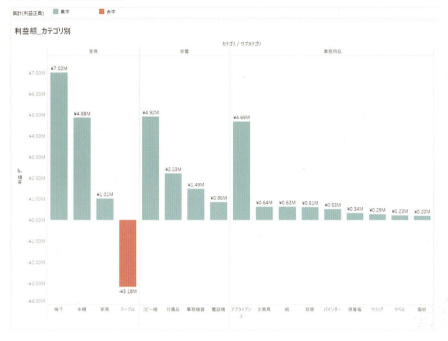

4 構成比の確認

KGI、KPIの構成比を確認し何が重要かを判断するには、100%構成比棒グラフ、棒グラフ、円グラフ、ツリーマップ、ヒートマップなどで把握するのが適しています。円グラフは構成要素が多くなると見にくくなりますので、その場合は棒グラフがよいでしょう。

図9-25：カテゴリ数が少ない場合の構成比グラフ比較

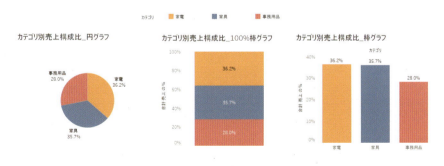

円グラフもまだ数値を見ることが可能です。ただし、大小関係が微差の場合、どちらが大きいか分かりにくいという特徴があります。棒グラフであると、大小関係が微差の場合も違いが分かりやすいのです。

図9-26：カテゴリ数が多い場合の構成比グラフ比較

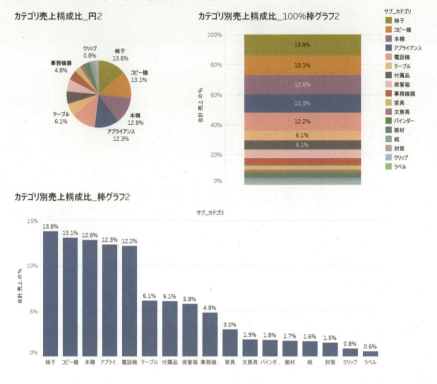

カテゴリ数が多くなってしまうと、円グラフや100%構成比グラフは分かりにくくなるので、その場合は棒グラフが好ましいと言えます。

図9-27：構成比比較

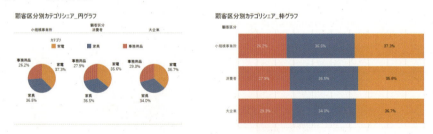

構成比を比較する場合、円グラフであると比較がしにくいため、100%棒グラフが適しています。

図9-28：ツリーマップ

作成方法は、第7章を参照してください。

5　時系列データの確認

　KGI、KPIの時系列変化を確認します。変化は傾きで表現すると増えているのか減っているのかが分かりやすく、折れ線グラフが適しています。折れ線グラフも表現方法がいくつかあります。売上トレンドの同じデータを用いて、3つの表現方法を比較します（**図9-29**）。

・売上トレンド1

　2013年から2015年まで年月別に売上を折れ線グラフで表示。長期的に売り上げが伸びている様子は分かりやすいが、季節変動が分かりにくい。

・売上トレンド2

　横の軸は月、年は色の折れ線グラフで表示。折れ線グラフのため、月別の季節変化が分かりやすい。年が増えてくると見にくくなってくる。

・売上トレンド3

　横は月別の中で年別に棒グラフで売上を表示。各月別にどの年が売上が高かったのが比較しやすい。ただし時系列の変化は追いづらく、年が増えてくると見にくくなってくる。

図9-29：時系列データグラフ化比較

6 時間割分析

時間割分析については、ハイライト表が適しています。列に曜日、縦に時間を配置することで作成することができます。

図9-30：時間割分析

7　パレート分析（累積分布）

　　KGI、KPIが累積でどのような分布になっているのか確認します。**図9-31**の青い棒グラフは、売上の高い顧客をID順に左から右へ並べ、それぞれの売上を表現しています。顧客数が多いので顧客IDは表示していません。オレンジ色の線は、売上の小さい顧客が存在する右に行くにつれて、売上の累積が全体の何%になるかを表現しています。

　　少数の顧客で売上の多くが占められているのか、ロングテール的に多数の顧客で売り上げが占められているかという、主顧客は誰かをさがすために使用します。

図9-31：パレート分析

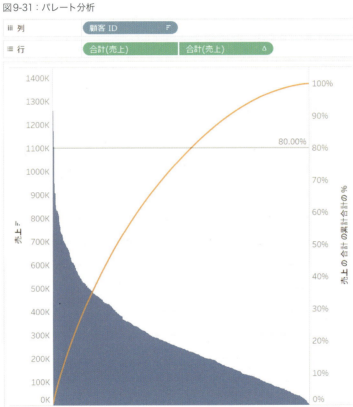

8　エリア分析

　　エリア分析については、表形式、棒グラフ、地図などの表現が適しています。**図9-32**は、県別に利益、売上、カテゴリシェアを示したものです。地図の表現については、パッと見、エリアの位置からエリアの状態についてどうなっているのか確認するのに直感的に把握しやすい反面、色で数値を表現するため、大小関係の差を比較するには分かりにくくなります。

図9-32：地図の二重軸グラフ

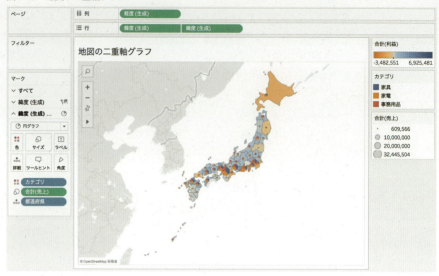

9　ポジショニングマップ

　散布図を用い、縦横2軸の位置において、ポジショニングマップを記載します。本来あるべき位置に存在しているかしていないかで課題を表現します。

図9-33：ポジショニングマップ

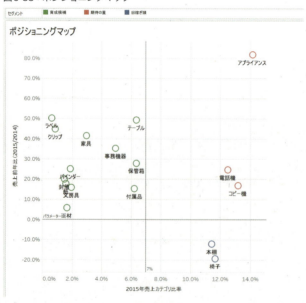

　図9-33は、サブカテゴリマネジメントのためのポジショニングマップです。サブカテゴリごとに、横軸は自社内売上シェア、縦軸は売上の前年成長率を表示し

ています。右上の象限に位置するサブカテゴリは売上のボリュームもあり、成長もしているため「期待の星」です。左上の象限に位置するサブカテゴリは売上のボリュームはないものの、前年比で成長しているため「育成候補」になります。右下の象限は売上のボリュームはあるものの、前年比で売上が減少しているため「旧稼ぎ頭」になる可能性があります。左下の象限にはサブカテゴリが存在していませんが、売上ボリュームも小さく、前年比が下がっているので「撤退候補」になりえます。象限ごとにサブカテゴリの色を分けて直感的にどんなポジショニングにいるのか確認しやすくしています。

10　目標値と現状の比較

　目標値と現状の比較は棒グラフ、ブレットグラフなどが適しています。**図9-34（上）**のように、目標値と現状の値を二重軸の棒グラフを使用して比較すると、分かりやすくなります。灰色が目標値で、黒が実績値です。目標値はグラフのサイズを小さくし、棒を細くしています。下の棒グラフは、目標達成率を棒グラフ化したもので、100%を下回ったときのみ赤くし、課題を分かりやすくしています。

図9-34：対売上目標値進捗の棒グラフ

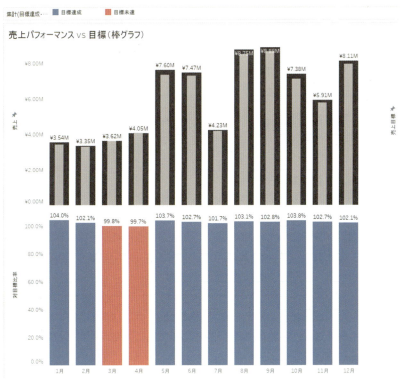

図9-35：対売上目標値進捗のブレットグラフ

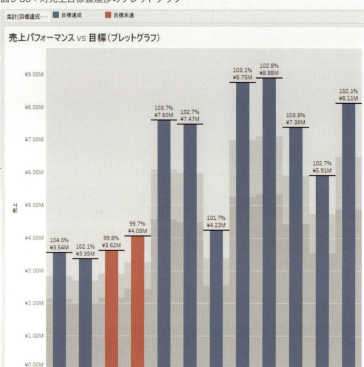

　図9-34と全く同じデータを1つのグラフで表現できるのが、ブレットグラフです。売上の絶対値、対目標達成率を表示しています。

11　変数間の関係性把握

　変数間の関係性把握は、クロス表、散布図、棒グラフなどが適しています。

　図9-36は、割引率が大きい取引ほど、利益総額が赤字になっていること（上）、取引数のうち値引率の高い取引ほど、赤字の取引比率が多くなること（下）を示しています。

　図9-37は、2変数の関係性を散布図で表現しています（訪問回数はサンプルの「スーパーストア」データには含まれていません）。

　散布図を見ることで、正の関係性（右上がりの直線に近い形）、負の関係性（右下がりの直線に近い形）、指数関数的な関係性（急激に右肩上がりに増えていく形）、成長曲線的な関係性（X軸のある値を超えると急激にY軸が増加し、さらにX軸のある値を超えるとY軸は変化しなくなる）、無関係な関係性（一様にデータが点在している。縦一直線、横一直線の形）などを確認できます。散布図で右クリックし、「傾向線」から「傾向線の表示」をクリックすることで、回帰直線の表示を行うことができます。

9-9 Ⅲ 分析・視覚化のプロセス

図9-36：変数間の関係性のクロス集計

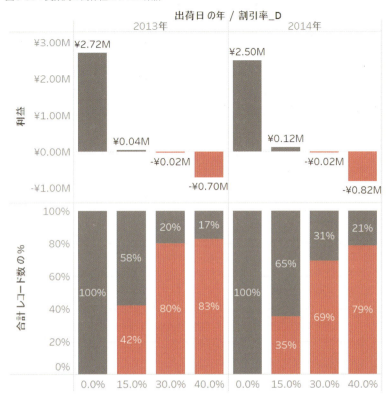

図9-37：変数間の関係性の散布図

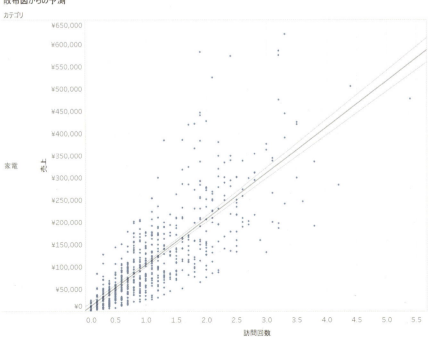

441

第9章「それで？」と言われるデータ分析が抱える問題点と対策

Column グラフを構成する視覚化9つの要素

　視覚化は、9つの要素（形、位置、長さ、面積、角度、傾き、色、密度、数値）で情報を整理しています。棒グラフは長さ、折れ線グラフは長さと角度、ヒートマップは数値と色、散布図は位置などです。グラフ1つ1つにおいて、何の情報をどの要素で表現しているのか意識するようになると、グラフのカスタマイズを効果的にできるようになります。

Column 視覚化初心者の落とし穴

　視覚化初心者がTableauを初めて触り、右上の表示形式、マーク内のアウトプット種類の一覧を見た際に、どんな目的のためにどんなグラフを使えばよいのか迷ってしまうのではないでしょうか。

　そして、表示形式を変えるだけで簡単にグラフを変えることができるため、一見かっこよさげなグラフを作成してしまったりすることが多いでしょう。例えば、1つのグラフに様々な要素を見ることが出来るようにと、色はカラフルに、形も色々なものを使用し、大きさも変え、ディメンションもいくつかの区分を入れてしまうことがあります。そのようなグラフを作成してしまうとかえって情報が多すぎて、何が言いたいのかよくわからなくなります。

　視覚化はあくまでもビジネス課題を解決するための、データから知見を発見したり、なにかメッセージを伝えるか手段です。その点、しつこいようですが忘れないように心がけましょう。

　データによっては表示形式を変えるだけで簡単にグラフを変えることができます。

Column そのほかの分析の落とし穴

・三次元以上情報は理解しにくい

　人間は、3つの要素の情報を提示されると理解しにくくなります。1つのグラフではなるべく2つまでの情報を入れるようにし、最高でも3つまでの情報にとどめるようにしましょう。

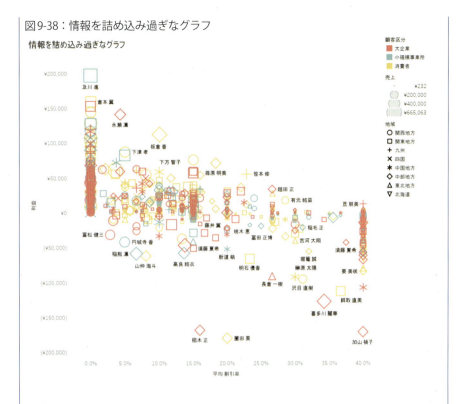

図9-38：情報を詰め込み過ぎなグラフ

- グラフの軸の記載が無い

　グラフの大小のメッセージを伝えたいがために、グラフの軸を見せないことがあります。グラフの軸が無いと、その値が大きいのか小さいのかわからなくなりますので、基本的には記載するようにしましょう。

　上級テクニックとして、あえてトレンドを見て欲しい、または周辺の情報からその軸が明らかな場合に軸を記載しない場合もあります。

- グラフの軸の起点が0でない

　縦棒グラフなどで、比較をする場合、差が見えくいのでグラフの軸の起点を0ではなく、差が見えやすいように変更することがあります。この操作をおこなってしまうとあたかも差が無いものが差があるように印象操作をすることになってしまいます。データの変動が少ししかなく、その少しの差を見ることが重要である時や、気温など0起点で変動しないデータなど以外の場合は、0起点で表現するようにしましょう。

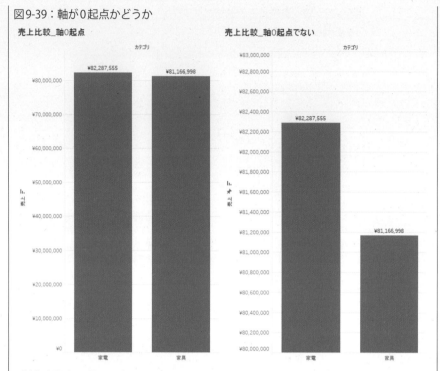

- 単位表記をつけていない
  単位表記がないと、何の数字か分からなくなりますので、表記をつけておきましょう。

- グラフの縦横比が極端
  同じグラフでも縦横比を変えることで、数値の差の大小についての印象を変えることが出来ます。縦横比を極端に操作して、データから伝えられる以上のメッセージを伝えないようにしてください。

②解釈する

　データを視覚化した後は、グラフや数表を解釈し言語化していきます。この時、「空雨傘」フレームワークを意識してください。空-「空は曇っている」（事実認識）。雨-「ひと雨きそうだ」（解釈）。傘-「傘を持っていこう」（判断）。

　このフレームワークにデータ分析結果を当てはめた例です。「売上が昨年よりも10%下がっている」（事実認識）。「売上減少は解決すべき課題である」（解釈）。「売上増加施策を検討しよう」（判断）となります。

　全てコメントをつける必要はありませんが、**視覚化した後のグラフや数表から言えることを一言でもメッセージ化していくと考えがまとまっていきます**。メッセージを言語化することで、その言語化したメッセージを際立たせるようにグラフを洗練させることができます。さらに、この後、作成した複数のグラフ、数表からストーリーを考える際にも、メッセージが言語化されているとそれらを構造化しやすくなります。

相関関係と因果関係の違い

　データ分析において、相関関係と因果関係の違いを理解しておく必要があります。相関関係は2つの変数に正の相関か負の相関か関係性があることのみを示しています。一方因果関係は2つの変数ABのうち、Aが変動するともう一方のBが変動するという一方通行なものです。Bが変動してもAは動きません。例えばA気温とB売上などの場合があります。

　商品別に売上と口コミ数があり、正の関係性（どちらかが増えると片方も増える関係）であるとします。ここから口コミを上げる施策をすれば売上が上がると言えるのでしょうか？　口コミが多いので売上が上がったのか、売上が多いので口コミに上る回数が多いのかこれだけでは判別できません。この状態では、相関関係はありますが、因果関係があるとは言いかねます。

　では、あるWEBサイト上における人別購入時間別商品売上データと人別時間別に口コミをみた回数データがあったらどうでしょうか。口コミを見た後の商品購入有無データを、購入前の口コミ閲覧回数別に集計し閲覧回数が多いほど、購入率が上がるのであれば、口コミ閲覧回数と売上は因果関係がありそうです。

　このようにデータによっては、相関関係しかわからず、因果関係がどうか不明な時もあります。その時は、時系列の関係性やロジックによって因果関係があるかどうかを補完するか、相関関係までしかわからないことを明記しておきましょう。

サンプルサイズが小さいデータを見てしまっている

　分析対象のデータテーブルのデータ件数が少ない場合、ドリルダウン分析をしていくと、分析単位においてサンプルサイズが小さくなってしまいます。サンプルサイズが小さいものの構成比や平均値などを解釈している場合、そのドリルダウンした対象が全体に対してインパクトがあるのかないのかわからなくなります。そのような場合なるべく、分析に使用しているサンプルサイズを明記するようにしましょう。

③ストーリーを作る

　解釈した結果を元に、何を伝えたいのかメッセージのストーリーを作ります。ストーリーの作り方はいくつかありますが、代表的なものは2つあります。

　1つ目は伝えたいメッセージに至るプロセスを伝えるもの。例えば、「利益がドがっているという課題を発見したところ、利益減少要因は値引きが多いことが判明したので、値引をやめる施策を提案します」などになります。

　2つ目は複数の観点からメッセージを補強し、伝えるもの。例えば、「利益が減少するとキャッシュが減り、仕入れができなくなる可能性があります。利益が減少し赤字が続くと、給料を支払えなくなり、企業活動を存続できなくなる課題が発生します。利益が減少していくと製品開発費を支払えなくなり、企業の競争力が落ち売上が落ち

ていく課題が発生します。よって、利益が減少することは短期的、長期的に企業にとって重要な課題です。」というようなものになります。メインメッセージが先に来るか、後に来るかはどちらのパターンもあり得ます。

> **Column　分析シートのメンテナンス**
>
> 　ダッシュボードやストーリーを作成する時点では、分析シートやグラフが増えている状態かと思います。その際に不要なシートが残っていると、ダッシュボードやストーリーが作成しにくくなります。分析が進んできましたら、思い切って不要なシートを削除するか非表示にしていったほうがよいです。
> 　また、シートソーター（シートを一覧化する画面。画面右下の小さい四角が9つ並んでいるアイコンをクリックすると表示される）の表示をし、分析内容によってシート別に色わけをするとシートが整理されていきます。

④伝える（視覚化Ⅱ）

　ストーリーを作成した後、伝えるための視覚化を行います。具体的にはグラフを洗練させる、複数のグラフをまとめた「ダッシュボード」を作成する、「ストーリー」を作成するなどがあります。

グラフを洗練させる

　グラフを洗練させるコツはいくつかあります。主なものとしては、①「伝えたいメッセージ」を色や順番、文字の大きさなどを用いて際立たせる、②メッセージが伝わりやすいグラフを採用する、③伝えなくてよい情報は削除する、などがあります。
　第8章で作成したグラフを例に見てみましょう。

図9-40：洗練化前のグラフ

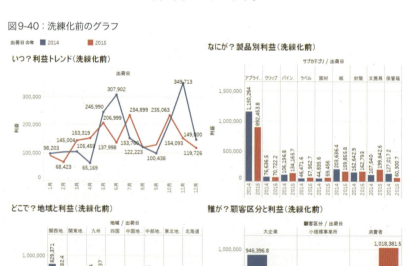

図9-41：洗練化後のグラフ

大きく違うのは色の使い方です。「いつ？」についてのグラフでは、年の色を直近2015年を黒、昨年2014年の色を灰色にし、直近に目が行くようにしています。

「なにが？」と「どこで？」「誰が？」のグラフは、グラフの種類を折れ線にし、2014年、2015年で変化増減を分かりやすくしています。さらに、前年割れしたサブカテゴリについてだけ色を付けることで、課題がどこにあるのか一目で分かるようにしています。「何が」のグラフではサブカテゴリ名がすべて表示できていなかったため、折り返し表示をさせています。「どこで？」のグラフは、エリアの順番を北から順に並び替えています。

また、数値を細かい桁数まで表示させていたため、グラフが見にくくなっていました。どこが課題かだけをシンプルに伝えるため数字を非表示にしています。

洗練化させるために、色について気をつけることは重要です。次のような指針があります。

- 色が多いと情報量も増え、メッセージが読み取りにくくなるので、シンプルな色遣いを心がける。
- 強調したいものに色をつける。
- 色でディメンションの情報を表現するときは、表現するものが一般的に使われている色に合わせる。

最後のポイントは、例えば、性別であれば男性は青、女性は赤。年代であれば若いほど青い色、高齢者ほど赤い色などの決まりをつけます。企業別分析であれば、コーポレートカラーを反映させたりするとよいでしょう。

ダッシュボードを作成する

ダッシュボードとは複数のグラフや数表を一つにまとめたものです。ダッシュボードを作成するメリットは、複数のグラフや数表を見比べたりする手間を省けることや複数のグラフや数表を組み合わせることで伝わるメッセージを伝えられることです。

ダッシュボードを作成する際、ただ単に作成したグラフ・シートをまとめるだけですと総合的な情報量が増え、読み解く人の力や時間が必要になってしまいます。グラフやシートをまとめた後には、**メッセージとして伝えたい内容以外は不要な情報は勇気をもって削除**しましょう。

様々なグラフを載せて見る人がどれを見ればよいのかわからなくなるよりは、必要な数字だけを大きい文字のフォントで並べ構成するだけのもののほうが、伝える手段として有効な場合もあります。

第4部のユーザー事例を、ぜひ参考にしてください。

「ストーリー」を作成する

ストーリーボードは作成したシートを、順をおって、コメント見ながら確認できるようにするものです。伝えたいメッセージのストーリーを表現するには、どのような順番でグラフと数表を見せていくとよいのかを考えて、配置していきましょう。

・プロジェクト概要を記載する

簡易設計書に記載したような、プロジェクトの目的、分析概要を書いておくと、「ストーリー」を読む人が何のための分析か一目瞭然となります。

・データ概要を記載する

そもそも分析の前提であるデータ概要をつけることで、分析結果を確認する人がミスリードしなくなります。社内でも部署によって売上を集計する定義が異なったりすることは往々にしてあります。

データ概要では、「データソース」「データテーブル作成概要」「KGI、重要KPIの定義」「データ抽出条件（期間、エリア等）」「データの正確性」の記載があるとよいでしょう。特に「データの正確性」については検算の度合いによって変わりますので、検算工数がかかるので、現状ではここまでしか検算をしていない、普段見ているデータとかい離がある場合は、その理由は何で、かい離幅は小さいなどの補足をしておくとよいでしょう。

・サマリーをつける

　忙しい人はストーリー全体を確認できないこともありますので、サマリーをつけるとよいでしょう。

9-9-4　データ不足判定(3-4)

　分析を進める過程で、データが不足している可能性がでてきます。その場合は、再度データを収集する、既存のデータを集計し新しいカラムを追加して分析を進めましょう。

　例えば、売上減少の要因分析をしていたのだけれども、要因が発見できず、データとして使用していなかった天気データをマージして分析をする、サービス利用履歴データを集計し、初回登録から1日以内の利用回数のデータをマージして分析をするなどが挙げられます。

9-9-5　分析結果施策実行判定(3-5)

　データ分析の結果から、施策に使えそうかそうでないかを判定します。施策に使えそうであれば、「施策・モニタリング運用要件のすりあわせ」をします。このまま施策に使えそうでなければ、分析する余地があるかの判定をします。

　施策に使えないケースには、次の場合などがあります。

①分析をする過程でデータに致命的な問題があることが発覚。そのデータから意思決定するのは危険。
②分析をする過程で既存のデータ分析環境では、分析・共有する速度が遅すぎることが発覚、この環境のままでは施策運用に耐えられない。
③分析をした結果、新しい発見が何もなかった。
④分析結果が、プロジェクト目的からずれていた。
⑤分析結果から得られた想定施策・運用コストが高すぎて費用対効果に合わない。

9-9-6　分析する余地判定(3-6)

　分析結果が施策にそのまま利用できないと判断された場合、引き続き分析をする余地があるかどうかを判定します。分析する余地があると判定された場合は、再度集計・分析・視覚化をします。もし分析する余地がないと判断された場合、すみやかにこの分析プロジェクトをストップし、他のプロジェクトに取り掛かります。データ分析は実施してみて、意味がないことも往々にしてあります。その場合は、**プロジェクトを早く止める判断**が必要になります。

第9章「それで？」と言われるデータ分析が抱える問題点と対策

分析する余地があるかは、「**分析結果施策実行判定（3-5）**」の結果により対策が変わってきます。

「③分析をした結果、新しい発見が何もなかった。」の場合、新たにデータを追加して分析するか、今まで分析していなかった視点で分析しなおすことになります。「④分析結果が、プロジェクト目的からずれていた」の場合は、改めてプロジェクト目的に立ち返って、正しい集計・分析・視覚化を行います。分析依頼者に分析結果をフィードバックすると、そもそも依頼者の意図を組むことができていなかったことは往々にしてありますので、早めに分析結果をフィードバックすることが重要です。

9-10 Ⅳ　施策・運用のプロセス

9-10-1 モニタリング運用要件のすりあわせ（4-1）

施策、モニタリング運用の具体的な要件をすり合わせていきます。おそらく簡易要件定義書を更新していなければ、要件は幾分かわっていることが多いかと思います。この時点で改めて、簡易要件定義書を更新するとプロジェクト依頼者との齟齬が小さくなります。

モニタリング用にダッシュボードを作成する場合は、ホワイトボードやEXCEL、PowerPointなどにラフスケッチを描き、関係者でイメージをすりあわせておくとよいでしょう。

9-10-2 モニタリング用ダッシュボード修正（4-2）

モニタリング用ダッシュボードのプロトタイプについては、分析フェーズで作成されていることが多いと思いますので、「モニタリング運用要件のすりあわせ（4-1）」にて、決まった要件についてダッシュボードを修正していきます。

9-10-3 施策実行、運用環境構築（4-3）

施策を実行、運用するための環境を構築していきます。環境構築にあたっては、設計時と同じく「データ量と集計速度」「利用者数、利用権限」「セキュリティ」「運用頻度」に加え、「運用環境が障害で止まった時の対応フロー」に留意して、環境構築をしてください。

9-10-4 モニタリング用データ定期更新化（4-4）

モニタリングに使用するためのデータを定期更新化できるようにします。手動で行うのであれば、定期更新手順をマニュアル化するのがよいですし、自動化するのであ

ればシステム化を行います。本著では詳細を記載していませんが、Tableau Server、Tableau Onlineを使用されている場合は、抽出接続でも自動的に更新できるスケジュール機能があります。

9-10-5 利用マニュアル作成、説明会実施(4-5)

　利用者がデータ分析結果やモニタリングダッシュボードをスムーズに利用できるように、利用マニュアルを作成し、説明会の実施をおこないます。

　利用マニュアルや説明会を行ったからと言って、必ずしも分析結果やモニタリングダッシュボードが利用されるわけではありません。定期的に現場で利用されているのかヒアリングをし、自動的にダッシュボードの閲覧状況など視覚化してチェックするなどの運用し、結果がでるまで続ける姿勢が大事です。

9-10-6 分析結果を利用する運用テスト(4-6)

　分析結果・モニタリングツールを本格運用する前に、小規模な形(組織や期間を区切る)で運用テストをします。これはいきなり本格運用をした際に失敗をした時の影響を抑えるためのリスク削減処置です。運用テスト環境はなるべく普段施策をおこなっている同じ環境がよいでしょう。

　運用テストでは現状の運用体制に問題が無いことの確認と、課題を洗い出すことが目的です。次の観点で課題がないか確認をするとよいでしょう。「施策の結果が成果につながっているか」「施策実行者が分析結果をもちいた施策について腹落ちしているか」「施策を運用する手間、コストが大きくないか」「施策自体がやりきられているか」「現場の担当者が施策運用について理解しているか」「忙しくて施策実施の優先度が低くなっていないか」。

> **Note**
>
> 　過去、運用テストをして上がった課題例です。作成したダッシュボードを現場のコールセンターに提供しようとした所、「現場の環境ではデータが重すぎてダッシュボードが開かない」。また、ダッシュボードで様々な指標を用意したが、**「現場では決まったシンプルな指標だけ見られればよい」**。「朝大量のダッシュボードメールが来るので見なくなった」。「部署が変わって不要なメールが来続ける」、などがありました。

9-10-7 実運用判定(4-7)

　運用テストにおいて、分析結果を利用した施策やモニタリングダッシュボードを利用、運用してみた結果、ビジネス上の成果が得られるかを確認し、その結果から今後も利用し続けるのか、他の組織などにも拡大していくのかなどを判定します。もし、課題・修正点がある場合は、施策、モニタリング運用要件を改め、再度施策、モニタリング用ダッシュボードの修正を行います。

第9章 「それで？」と言われるデータ分析が抱える問題点と対策

運用テストの結果、施策、モニタリング用ダッシュボードに課題解決をするための効果が見られなかったり、どう改善しても実運用に耐えられそうにもないことが判明した場合はプロジェクトをストップし、他のプロジェクトに取り掛かります。

9-10-8 実運用（4-8）

実運用することが決まりましたら、テストではなく施策、ダッシュボードの実運用を開始します。実運用がテスト運用通りの結果をだしていれば、ビジネスの成果に結びついていく可能性は高いでしょう。

ただし、実運用が開始されたからと言って、それはゴールではありません。実運用をする上でも課題がでてきます。その課題を解決することの優先度が高ければ、施策やダッシュボード改善をおこなっていきましょう。分析プロジェクトはTableauツールを運用することがゴールではなく、ビジネス上の成果を出すことがゴールであることを忘れないでください。

9-11 データ分析プロジェクトを成功させる要素

最後に、今まで学んできたことと、ほかの章が、どのようにデータ分析プロジェクトを成功させるのに寄与しているのか、ロジックツリーにて整理します。

9-11 データ分析プロジェクトを成功させる要素

図9-42：データ分析プロジェクト総合価値のロジックツリー

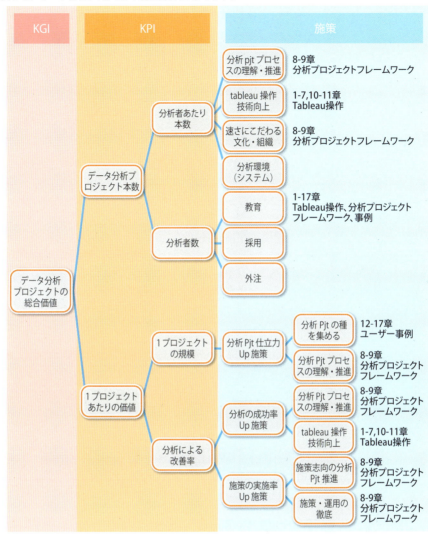

　データ分析プロジェクトの総合価値は、データ分析プロジェクトの本数(量)を増やすか、1プロジェクトあたりの価値(質)を上げることによって決まります。プロジェクト本数を上げるには、分析者あたりのプロジェクト本数を増やすか、分析者数を増やす必要があります。

　分析者あたりプロジェクト本数を増やすためには、第8章-9章「分析プロジェクトプロセスの理解と推進」、第1-7章、第10-11章「Tableau技術向上」「速さにこだわる文化・組織」「分析環境(システム)」になります。

　分析者を増やすには、教育により社内の分析者を増やす、採用する、外注するなどが考えられます。

第9章「それで？」と言われるデータ分析が抱える問題点と対策

1プロジェクトあたりの価値を増加させるためには、1プロジェクトの規模を大きくするか、分析による改善率の向上が必要です。1プロジェクトの規模を大きくするためには、分析プロジェクトの仕立て力向上が求められれます。分析プロジェクトの仕立て力とは、分析プロジェクトの種を集め、それをプロジェクト化・推進する力です。

分析による改善率を向上させるには、①分析の成功率を向上させる方法と、②施策の実施率を向上させる方法があります。分析の成功率を向上させるには、分析プロジェクトプロセスの理解と推進を進めること、Tableau操作技術を向上させることが寄与します。

施策実施率を上げるには、施策志向の分析プロジェクトを推進すること、施策・運用の徹底が寄与します。

第1-7章、第10-11章はTableau操作技術向上について、第8-9章は分析プロジェクトの理解と推進について記載してあり、また第12章以降のユーザー事例は、どのようなところに分析プロジェクトの種があるかの参考になります。それらを学ぶことで、データ分析プロジェクトの総合価値を上げることができます。

データ分析プロジェクトで価値が創出されていない時は、このロジックツリーを元に何が要因であるか分析してみてください。このロジックツリーをさらに細かく見ていくことや、その他の要素で分解することもできるはずです。ぜひ、独自にこのロジックツリーや分析プロジェクト推進のフレームワーク（プロセスマップや簡易設計書等）を改善し、分析プロジェクトを進化させていってください。

9-12　参考：簡易要件書とTableau習熟ステップ

9-12-1 簡易要件書の例

プロジェクト推進のフレームワークとして、簡易要件書の例を挙げておきます。
自社用にカスタマイズをするなりして、お使いください。
簡易要件書は、あらかじめプロジェクトフォルダ内に格納しておくとよいでしょう。
プロジェクトごとに作成するプロジェクトフォルダの構成例は、次のとおりです。

- 01_plan
- 02_data
- 03_program
- 04_output

- 05_tableau
- 06_report
- 07_mtgmemo
- 08_other_document

簡易要件書は、あらかじめ「01_plan」フォルダに格納するとよいでしょう。

図9-43：プロジェクト簡易要件書

No	項目	記入例
プロジェクト名		001_経営指標レポートTableau日次化プロジェクト
事業課題要件		
1	依頼組織、依頼者	
2	目標とする成果/達成条件	
3	背景、課題	
4	施策：課題に対して誰が何をするか	
5	期限：いつまでに解決したいか	
分析要件		
	分析目的	//
6	- 誰に	
7	- どんな情報を	
8	- どれくらいの頻度で提供するか	
9	- どのような行動を引きおこそうとするか	
	アウトプットイメージ	//
10	- 作成・共有ツール	
11	- 表現方法	
12	- 分析手法	
13	アウトプットの詳細情報（分析区分等）	
14	アウトプット作成プロセス（手順）	
データ要件		
15	データの粒度	
16	必要なカラム	
17	データ抽出条件	
18	検算方法	
スケジュール、予算/費用対効果、プロジェクト体制		
19	マイルストーン、スケジュール概要	
20	予算/費用対効果	
	プロジェクト体制	
21	- プロジェクトマネジメント担当者	
22	- 分析担当者	
23	- データエンジニアリング担当者	

第9章「それで？」と言われるデータ分析が抱える問題点と対策

24	- データ、分析基盤担当者	
その他特記事項		
25		

9-12-2 Tableau習熟ステップ

　2015年5月のTableauユーザー会で講演した際の「Tableau習熟ステップ」についての資料について、参考になったといくつか声を頂きましたので参考までに説明します。

　Tableau習熟ステップはTableauを導入してから、どのような順番で機能から学んでいくとよいか指針を示したものです。Tableauは機能も多くどれから学んでいけばよいか分からないユーザー向けに作成しています。必ずしもこのステップがベストプラクティスではありませんので、あくまでも参考として見てください。

図9-44：Tableau習熟ステップ

Tableau習熟ステップ

	Step1 導入初期 2週間以内	Step2 初心者 3週間～1カ月以内	Step3 中級者 2カ月～3カ月以内	Step4 上級者 4カ月～
分析テーマ	ツールの習熟	実戦開始 現状把握	要因把握 モニタリング環境構築	パッケージ作成 高速PDCAの実践 KPI予測
ぶつかる壁	今まで作成していたEXCEL、PPTグラフを再現できない	・無駄なアウトプットを作成 ・tableau内の結合がうまくいかない	・データが重い ・扱うテーブルを増やし過ぎてしまう	・動的なダッシュボードを作成したい ・データ量増加、同時接続
主な解決策	・Input→集計→グラフ、保存の最小限の機能を覚える	・アプトプットは目的に沿った最小限のものに絞る ・レコード数チェック	・分析に必要なテーブルを設計し、事前に集計する ・フラットテーブルを作る	・アクションの使用 ・高度な機能の使用 ・ETLツール使用 ・DB連携
使い始める機能	データインポート ディメンションとメジャーの違い クロス集計、度数分布、棒グラフ、散布図、円グラフ ファイルの保存	クイックフィルター 計算フィールド 2軸のグラフ クロス集計のコピー	データ抽出 ダッシュボード パラメーター PDF化による共有	アクション ストーリー DB連携 R連携 カスタムSQL tableauサーバー

[15]

　導入初期から上級者まで4Stepに分けてそれぞれ「分析テーマ」「ぶつかる壁」「主な解決策」「使い始める機能」について記載をしています。

Step 1導入初期（2週間以内）

　「分析テーマ」は使い始めたばかりですので、とくにはないことが多く、まずはツールの習熟を始めます。Tableauを使い始めて今まで作成していたEXCEL、PowerPointの数表やグラフが作成できないことがはじめての「ぶつかる壁」でしょう。

「主な解決策」としては、アウトプットを作るための流れ(input⇒集計⇒グラフ作成、保存)の最小限の機能を覚えること。EXCELと全く同じものを作るのが難しいと気づくこと。EXCELと同じものを作ろうとするのではなく、伝えたいメッセージ・情報量が同じで異なった数表やグラフで表現すればよいと考えるようになることです。

「使い始める機能」や学ぶことは、データインポート、ディメンションとメジャーの違い、クロス集計、度数分布、棒グラフ、散布図、円グラフ、ファイルの保存などになります。

Step 2 初心者(3週間～1ヵ月以内)

ツールとしてのテストは終わり、実践を始める段階になってきます。「分析テーマ」は現状把握が多いでしょう。Tableauに慣れてきたころですので、「ぶつかる壁」としては、無駄なアウトプットを作成したり、複数のテーブル結合が上手く行かないなどの課題がでてきます。「主な解決策」としては、アウトプットは目的に沿った最小限のものに絞ること、データテーブル結合については、レコード数をチェックしつつ行うことなどがあります。「使い始める機能」としては、フィルター、計算フィールド、2軸のグラフ、クロス集計のコピーなどがあるでしょう。

Step 3 中級者(2ヵ月～3か月以内)

このころになると基礎的な分析はある程度できるようになってきます。「分析テーマ」は要因把握やモニタリング環境の構築などになります。分析に慣れてきて、様々なデータを使用しはじめたりするため、データが重い、扱うテーブルを増やし過ぎてしまうなどが「ぶつかる壁」です。「主な解決策」としては、分析に必要なテーブルを事前に設計し、中間テーブルを集計しておく、結合をさせる必要のない分析用のフラットテーブルを作成するなどがあります。「使い始める機能」はデータ抽出、ダッシュボード、パラメーター、PDF化による共有などが挙げられます。

Step 4 上級者(4ケ月以降)

このころになると、一通りの分析はできるようになり、成果も出始めています。分析テーマとしては、分析パッケージの作成、高速PDCAの実践、KPIの予測などがでてくるかもしれません。「ぶつかる壁」は、動的なダッシュボードを作りたいが作れない。データ量が増加して、集計速度が遅いなどがあります。「主な解決策」として、アクションの使用、高度な機能の使用(LOD等)、ETLツールの使用、DB連携などが挙げられます。「使い始める機能」は、アクション、ストーリー、DB連携、R・Python連携、クラスター分析、カスタムSQL、Tableau Serverなどが挙げられます。

第3部 応用例で見る
Tableauデータ分析

第10章
商品分析

　この章から実際の分析に入ります。今まで説明してきたTableauの機能を実際に使って分析してみましょう。

ここがポイント

　第10章は、実際のデータを用いながら、「商品」の視点でどのように分析するかを段階ごとに解説します。具体的には、次の構成で進めていきます。

①データの理解
②全体感の把握
③データのカスタマイズ
④トレンドの把握（売上推移編）
⑤トレンドの把握（構造把握編）

10-1 〜 10-3節　前処理編

　10-1 〜 10-3節までは、データの準備段階の説明をします。データが手元にあるとすぐ分析を始めたくなりますが、その前にデータの状況を確認します。データの確認、修正、加工は、**前処理**と呼ばれる工程です。

　分析結果自体は、良いものになったとしても、前処理が正しく行われてないと、その分析結果自体が疑われかねません。分析者としては、かなり慎重になるべき部分です。分析のあとに前処理をした場合に、分析結果が全く別のものなってしまう可能性もあります。これは、意思決定を誤った方向に導くので、この章では前処理から説明をしています。

10-4 〜 10-5節　トレンド把握（全体感把握、課題発見）

　10-4 〜 10-5節では、全体感を把握し現状の問題点を洗い出すための分析をおこないます。多くの場合、全体から分析をはじめていきます。はじめから細部の分析をしてしまうと、改善点は見つかったものの実は改善してもあまりインパクトがない部分であったなどの、ケースが起こり得ます。

　そのため、まずは全体感を把握して、本当に問題があるのはどの部分か、改善した時インパクトがあるのはどこか、実際に改善するためのアクションを起こすことは可能か、などの軸でどこを深堀するかを決めます。時間が無制限にあれば、全ての部分を詳細にみることも可能かもしれませんが、分析はスピードが大切です。

　今、分析した結果を基に施策を決めたが、実行は半年後になることもあります。実際に施策を行う頃には、分析結果が全く意味のないものになってしまう可能性もあります。分析と施策の期間がかなり開くのであれば、まず、すぐ動けるところからやるなどの優先順位をつけるためにも全体感の把握からおこないます。

第10章 商品分析

10-1 「商品データ」を理解する

10-1-1 データの理解とは

　データの理解は、データ分析をする前段階で非常に重要な手順になります。分析対象としたデータが、どのような構造になっているか、どんな情報を持っているかを理解することで、分析のミスを減らすことができ、正しい結果を出すことができるようになります。あるECサイトの購買履歴のデータを例にしています。

あるECサイトの購買履歴のデータ

col1	col2	col3	col4	col5
00001	001	2016-10-01	20,000	2
00002	002	2016-10-02	15,000	1
00003	003	2016-10-02	26,000	1
00004	001	2016-10-03	5,000	2

　このデータだけを渡されて、あなたは、どのようなデータか理解できるでしょうか。
　データ分析をすでに何度も行っている方であれば、「ECサイトの購買履歴」と「データ型」の2つの情報で、ある程度類推することは可能かもしれません。ですが、やはり正しくカラムの意味を把握することは難しいでしょう。

　データの理解がこのような曖昧な状況だと、有用な分析をすることは難しいです。したがって、データを分析する前には、データを確認し構造・意味の理解をする必要があります。

①各カラムがどんな意味を持っているか
②データの粒度の確認

　この2つは必ず確認しましょう。

各カラムがどんな意味を持っているか

　手元にあるデータの内容がわからなければ、分析のしようがありません。また、カラム名がついていたとしても、こちらの意図とは異なる定義の場合がありますので、必ず確認しましょう。先ほどのデータの各カラムが次のような意味を持っていることがわかりました。

10-1 「商品データ」を理解する

顧客ID	商品ID	購入日	購入金額	購入個数
00001	001	2016-10-01	20,000	2
00002	002	2016-10-02	15,000	1
00003	003	2016-10-02	26,000	1
00004	001	2016-10-03	5,000	2

　カラム名から、顧客ごとの商品の購入数量と金額のデータであることがわかりました。このデータから、

- 何人の人が買ったか
- どの商品が何個売れたか
- どの商品がいくら売れたか
- 誰が何個買ったか
- 誰がいくら買ったか

などがわかるようになります。
　しかし、データの粒度の確認ができていません。次にデータの粒度を確認してみましょう。

10-1-2 データの粒度

　データの粒度とは、テーブルや表などのデータにおいて、データを一意に特定するための カラムの組み合わせになります。「データを一意に特定する」とは、カラムの組み合わせで、1行を特定できるということです。このカラムの組み合わせを理解することは、非常に重要です。データの粒度を理解することは、そのデータがどんなデータなのかを理解することにつながります。

　例えば、上記であげた「あるECサイトの購買履歴のデータ」では、データの粒度は、**顧客ID × 製品ID × 購入日**になります。**顧客ID × 製品ID × 購入日**ということがわかっていれば、顧客ごとの単価を出すことができる、日次の売上を出すことができるということがわかります。このようにデータの粒度を理解することで、どんな分析ができるかということがわかるようになります。では、実際のデータで、確認していきましょう。

データへの接続

　先ほど述べた手順通り、データを確認してみましょう。Tableau Desktopに標準で

付属しているデータを使います。

使用データ：「/Users/\<username\>/Documents/マイTableauレポジトリ/データソース/\<version\>/サンプル - スーパーストア.xls

> **Note**
> バージョン10.1でも、ダウンロードの時期によって異なるサンプルデータがついてくる可能性があるため、必要に応じて秀和システムのサポートページから、「スーパーストア」のデータをダウンロードしてください。詳しくは巻末をご覧ください。

Tableauで、Excelデータに接続してみましょう。新規にTableauを開いてください。

図10-01-01：Tableau初期画面

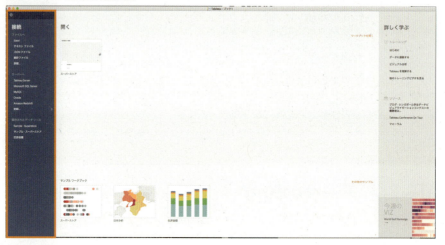

画面左側の青い部分の「接続」から「Excel」を選択して、「/Users/<username>/Documents/マイTableauレポジトリ/データソース/<version>/サンプル - スーパーストア.xls」を選択して下さい。

図10-01-02：データへの接続

図10-01-03：ファイル選択

Excelファイルに存在するシートが表示されるので、シートから「**注文**」を「ここにシートをドラッグ」と書いてある領域までドラッグ＆ドロップします。

図10-01-04：シート選択画面

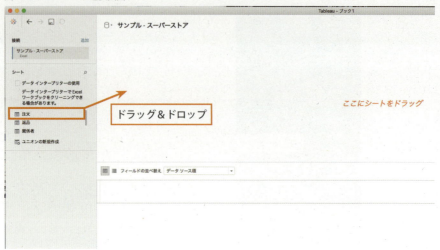

ドラッグ&ドロップすると、データのプレビューが表示されます。ここで、データ型が正しいかどうかの確認をして下さい。

図10-01-05：データ型の確認

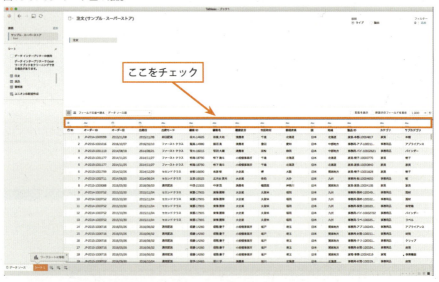

ここで、都道府県が文字列で認識されているので、地理的役割を付与しましょう。Tableauでは、郵便番号、都道府県名などに地理的役割を付与すると、自動で緯度・経度を生成してくれ、Map機能を使用することが可能になります。右下の「シート1」をクリックして、シートに移りましょう。

図10-01-06：地理的役割の付与

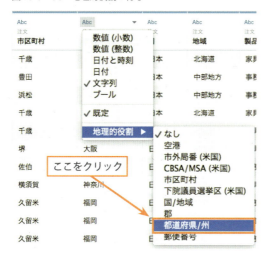

これで、データへの接続は完了です。次に、先ほどの手順通りにデータを確認してみましょう。

10-1-3 データの確認

Tableauでのデータへの接続はできたので、次にデータの意味や構造の理解を進めてみましょう。

各カラムがどんな意味を持っているか

データの1行目にフィールド名が入力されているため、商品の注文履歴のデータであることがわかります。また、商品のカテゴリや、顧客情報、地域などもあるので、様々な分析ができることがわかります。例えば、次のようなことができるでしょう。

- カテゴリごとの売上、利益
- 地域ごとの売上、利益
- 顧客区分ごとの売上、利益

また、別のシートには返品情報もあるようなので、

- 商品ごとの返品分析
- 地域ごとの返品分析

などがわかるようになります。データの意味を理解することで、どのように分析するかの仮説を立てるためのヒントになります。

第10章 商品分析

データの粒度の確認

　データの粒度とは、データを一意に特定できるカラムの組み合わせですが、どのように特定すれば良いでしょうか。一意に特定できるということは、カラムを追加していき、レコード数が1になる過不足がないカラムの組み合わせを探せば良いことになります。Tableauのシートで実際に集計しながら、確認していきましょう。カラムの選択方法ですが、ID、日付などのカラムは、必要になることが多いので、初めに確認してみましょう。

　まずは、行シェルフにオーダーID、製品ID、顧客IDを追加して、マークカードのテキストに「**Number of Records**」（**レコード数**）を追加してみましょう。「**Number of Records**」（**レコード数**）は、Tableauがデータを読み込んだ際に自動で生成してくれるフィールドで、これを使うとデータの件数を数えることができます（このフィールドを編集で開くと、「1」が入っており、これを縦に足すことでレコード数になります）。

図10-01-07：データの粒度確認

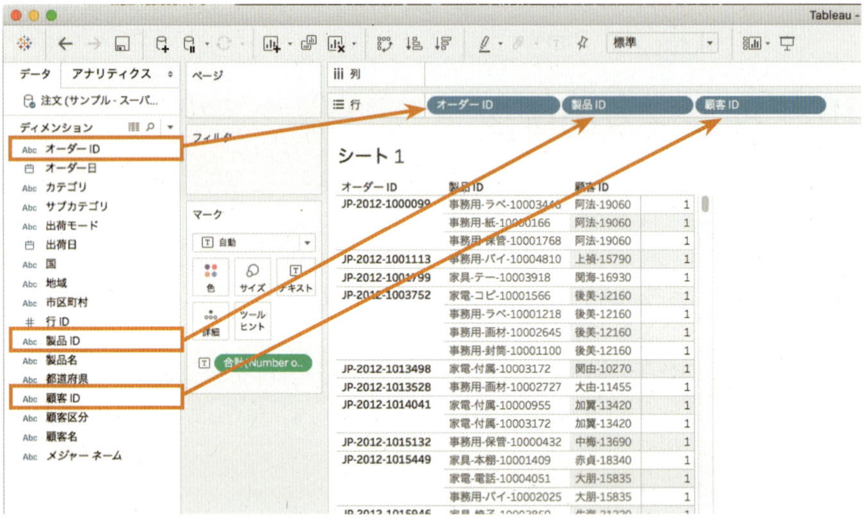

　表示されているデータがかなり多く、レコード数が全て1になっているかどうかをすぐに確認することができません。ここでTableauのサマリー機能を使用してみましょう。ツールバーから、「**ワークシート**」=>「**サマリーの表示**」を選択します。ツールバーからではなく、シートの何もない領域を右クリックして、表示させることも可能です。

10-1 「商品データ」を理解する

図10-01-08：サマリーの表示(1)

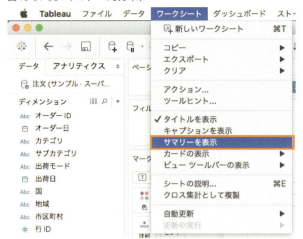

図10-01-09：サマリーの表示(2)

すると、シート内に次のようなパネルが表示されます。

図10-01-10：サマリーの表示パネル

　1番上のカウントは、現在何行あるかを表しています。「**合計(Number of Records)**」以下は、このメジャーバリューについての基本統計量を表示しています。合計に10,000とあり、このデータが全体で10,000件あることがわかります。また、最大値が2であるので、データの最小粒度は特定できていないことがわかります。闇雲にカラムを追加して、特定することは時間がかかるので、重複しているデータをローデータまで確認して、最小粒度を見極めましょう。

重複レコードの確認

　レコード数が2件あるデータをローデータで確認してみましょう。「**Number of Records**」をフィルターに追記し、合計を選択します。最小値を2に設定しましょう。

図10-01-11：重複のフィルター

図10-01-12：重複のフィルターの条件

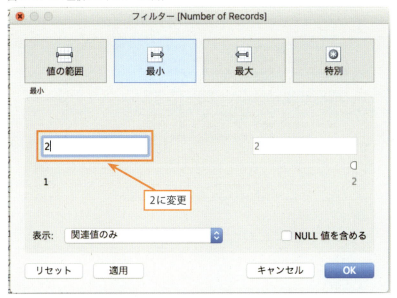

これで、2件存在するデータが特定できたので、ローデータまで確認してみます。ツールバーから、「分析」=>「データの表示」を選択します。

図10-01-13：データの表示

次のような画面が表示されるので、右下のタブから**「サマリー」**ではなく、**「すべてのデータ」**を選択します。

図10-01-14：重複データを見る

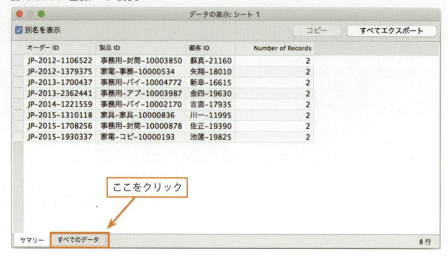

図10-01-15：重複データを1行単位で見る

　このデータを確認すると、同じオーダーID、製品ID、顧客IDがついているのに、行ID/利益/売上/数量が異なるレコードが複数存在していることがわかります。今回は、数量が多い方が正しいデータとします。

　正しいデータは、数量が大きい方なので、数量が小さい方を分析から除く必要があります。

　では、数量の小さい方のデータを分析から除くためには、どうしたら良いでしょうか。小さい方のデータに除外フラグがついていれば、フィルターで除くことができます。計算フィールドで除外フラグを作成してみましょう。オーダーID/製品ID/顧客ID別の数量の最大値をとり、その最大値がローデータの数量と一致しているかどうかを判断できれば、数量が小さいデータを除くことができます。ここで説明した計算フィールドを実際に、作成してみましょう。

オーダーID/製品ID/顧客ID別の数量の最大値

　シートに入っている区分に関係なく、特定の区分で最大値を算出する必要があるので、LOD計算のFIXED関数を使用します。計算フィールドでの書き方は、次のようになります。

FIXED関数の説明

{FIXED [計算したい区分1], [計算したい区分2], ...:集計関数([集計値])}

　LOD計算は、{}でくくり、中に条件を記述していきます。**FIXED**のあとに計算したい区分を"**,(カンマ)**"で区切ります。計算する区分の最後に、"**:(コロン)**"を書き、**集計関数**を追加します。

　この書き方にしたがって、今回の条件にあうように書いてみましょう。次のようになります。

オーダー/製品/顧客の最大数量

{FIXED [オーダー ID], [製品 ID], [顧客 ID] :MAX([数量])}

　先ほど作成したレコード数が2件あるものだけをフィルターしたシートで、「**数量**」と「**作成した関数（オーダー/製品/顧客の最大数量）**」を表示されているNumber of Records(レコード数)の合計(表内の合計の数字の部分)に重ねるようにして追加して下さい。

図10-01-16：作成したフィールド追加

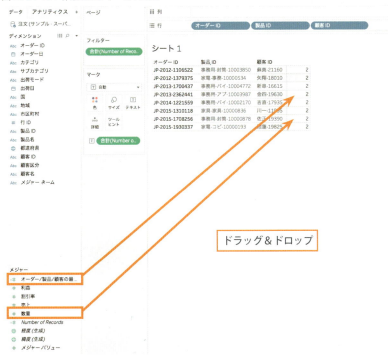

　結果は**図10-01-17**のようになります。

図10-01-17：追加した結果

オーダー ID	製品 ID	顧客 ID	Number of Records	オーダー/製品/顧客の最大数量	数量
JP-2012-1106522	事務用-封筒-10003850	蘇真-21160	2.00	11.00	13.00
JP-2012-1379375	家電-事務-10000534	矢翔-18010	2.00	5.00	7.00
JP-2013-1700437	事務用-バイ-10004772	新皐-16615	2.00	7.00	12.00
JP-2013-2362441	事務用-アプ-10003987	金四-19630	2.00	2.00	3.00
JP-2014-1221559	事務用-バイ-10002170	吉直-17935	2.00	5.00	9.00
JP-2015-1310118	家具-家具-10000836	川一-11995	2.00	6.00	10.00
JP-2015-1708256	事務用-封筒-10000878	佐正-19390	2.00	4.00	7.00
JP-2015-1930337	家電-コピ-10000193	池蓮-19825	2.00	4.00	8.00

オーダー/製品/顧客の最大数量が数量と一致していないのは、数量の集計方法がまだ合計のままなので、重複した2件のデータの合計になっているからです。これでは、オーダー/製品/顧客の最大値との一致を確認することができないので、この関数が正しいかどうかを確認するためには、数量の集計方法を最大値に変更してください。

図10-01-18：集計値を最大値に変更

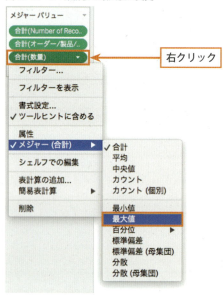

図10-01-19：一致を確認

オーダー ID	製品 ID	顧客 ID	Number of Records	オーダー/製品/顧客の最大数量	最大値 数量
JP-2012-1106522	事務用-封筒-10003850	蘇真-21160	2.000	11.000	11.000
JP-2012-1379375	家電-事務-10000534	矢翔-18010	2.000	5.000	5.000
JP-2013-1700437	事務用-バイ-10004772	新皐-16615	2.000	7.000	7.000
JP-2013-2362441	事務用-アプ-10003987	金四-19630	2.000	2.000	2.000
JP-2014-1221559	事務用-バイ-10002170	吉直-17935	2.000	5.000	5.000
JP-2015-1310118	家具-家具-10000836	川一-11995	2.000	6.000	6.000
JP-2015-1708256	事務用-封筒-10000878	佐正-19390	2.000	4.000	4.000
JP-2015-1930337	家電-コピ-10000193	池蓮-19825	2.000	4.000	4.000

一致しているのが確認できました。次に、**オーダー/製品/製品名/顧客の最大数量**が、ローデータの数量と一致しているかどうかを判断する計算フィールドを作成しましょう。

計算フィールドの作成

集計対象

[オーダー/製品/製品名/顧客の最大数量] = [数量]

この関数で、集計対象外のデータを正しく判別できているか確認してみます。重複しているレコードのみを確認したいので、重複しているデータだけのセットを作成します。顧客IDを全て選択し、選択した部分にカーソルを合わせるとパネルが出てくるので、セットの作成を選択します。

図10-01-20：分析対象外のセットの作成

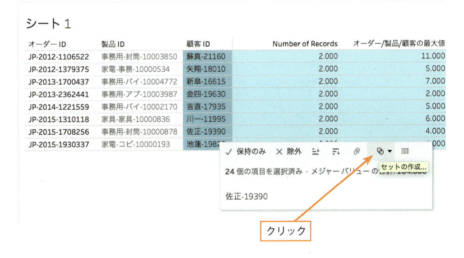

図10-01-21：セットの名称変更

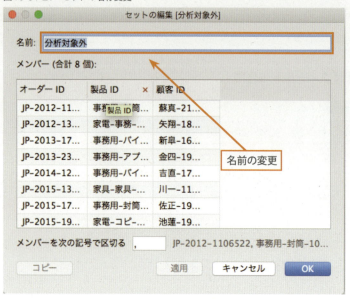

作成したセット（分析対象外）をフィルターに追加し、すでにフィルターに入っている合計（Number of Records）をはずしてください。次に、行シェルフの最後に行IDを、先頭に**集計対象**を追加して下さい。次のような結果になります。

図10-01-22：作成した計算フィールドの確認

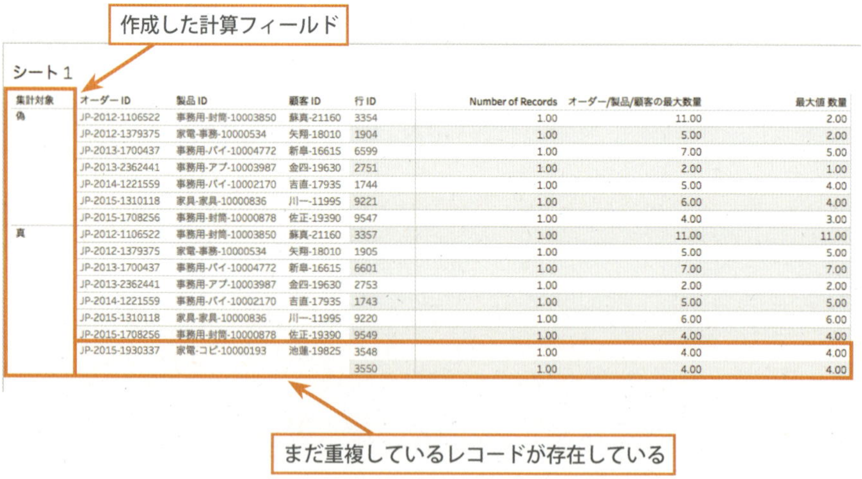

集計対象	オーダー ID	製品 ID	顧客 ID	行 ID	Number of Records	オーダー/製品/顧客の最大数量	最大値 数量
偽	JP-2012-1106522	事務用-封筒-10003850	蘇真-21160	3354	1.00	11.00	2.00
	JP-2012-1379375	家電-事務-10000534	矢翔-18010	1904	1.00	5.00	2.00
	JP-2013-1700437	事務用-バイ-10004772	新阜-16615	6599	1.00	7.00	5.00
	JP-2013-2362441	事務用-アプ-10003987	金四-19630	2751	1.00	2.00	1.00
	JP-2014-1221559	事務用-バイ-10002170	吉直-17935	1744	1.00	5.00	4.00
	JP-2015-1310118	家具-家具-10000836	川一-11995	9221	1.00	6.00	4.00
	JP-2015-1708256	事務用-封筒-10000878	佐正-19390	9547	1.00	4.00	3.00
真	JP-2012-1106522	事務用-封筒-10003850	蘇真-21160	3357	1.00	11.00	11.00
	JP-2012-1379375	家電-事務-10000534	矢翔-18010	1905	1.00	5.00	5.00
	JP-2013-1700437	事務用-バイ-10004772	新阜-16615	6601	1.00	7.00	7.00
	JP-2013-2362441	事務用-アプ-10003987	金四-19630	2753	1.00	2.00	2.00
	JP-2014-1221559	事務用-バイ-10002170	吉直-17935	1743	1.00	5.00	5.00
	JP-2015-1310118	家具-家具-10000836	川一-11995	9220	1.00	6.00	6.00
	JP-2015-1708256	事務用-封筒-10000878	佐正-19390	9549	1.00	4.00	4.00
	JP-2015-1930337	家電-コピ-10000193	池蓮-19825	3548	1.00	4.00	4.00
				3550	1.00	4.00	4.00

この結果を見ると、2件とも真と判断されているデータが存在します。**オーダーID/製品ID/顧客ID**のレコード件数が2件になっているデータを確認した際と同じ手順でデータを確認してみましょう。

10-1 「商品データ」を理解する

図10-01-23：結果の確認

　行ID以外全く同じデータが存在していることがわかります。同じデータが重複しているので、どちらか一方のみを集計対象にしましょう。どちらか一方を選択するための条件は、集計対象外の条件が「真」かつオーダーID/製品ID/顧客IDの区分で、行IDが最大値or最小値と一致するものとなります。オーダーID/製品ID/顧客IDの区分で、数量の最大値を算出する計算フィールドは、先ほど作成したので、これを元にまた計算フィールドを作成してみましょう。
　メジャーにある**「オーダー/製品/顧客の最大数量」**を右クリックし、複製を選択します。コピーした計算フィールドを選択し、編集を選択します。

図10-01-24：計算フィールドの複製

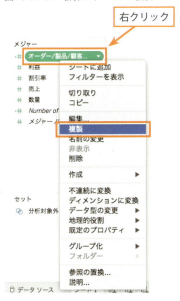

477

図10-01-25：計算フィールドの編集

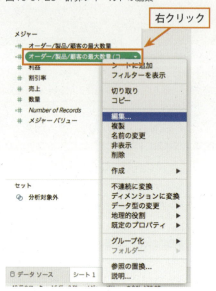

編集画面が出たら、次のように編集して下さい。

オーダー / 製品 / 顧客の最大行ID

{FIXED [オーダー ID], [製品 ID],[顧客 ID], [集計対象]:MAX([行 ID])}

集計対象が「真」かつ行IDが**オーダー/製品/顧客の最大行ID**と一致しているかを判断する計算フィールドを作成しましょう。

重複削除

IF [集計対象] = TRUE and [行 ID] = [オーダー /製品/顧客の最大行ID] THEN '偽' ELSE '真' END

行シェルフの**集計対象**の後ろに、**重複削除**を追加して、条件が正しいかどうか確認しましょう。

図10-01-26：重複削除の確認

結果をみると重複していたデータも正しく除外することができました。作成した計算フィールドを、下記のような条件でフィルターに追加すれば、重複したデータを除外して、分析することができます。

ですが、常にフィルターに入れるとなると、新規にシートを作成した場合などに、フィルターにいれるのをわすれてしまうことがあります。ですので、今回は、データソースフィルターで、元データからフィルターをかけてしまいましょう。

データソースを右クリックし、「データソースフィルターの編集」を選択して下さい。データソースフィルターの条件を設定する画面がでるので、追加からカラムを選択して、フィルターをかける条件を設定して下さい。

図10-01-27：データソースフィルター

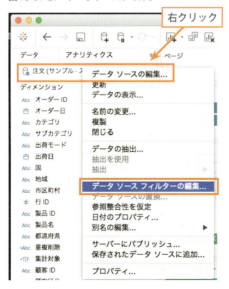

図10-01-28：データソースフィルターの編集

図10-01-29：条件の追加

　これで、分析対象外のデータを除外することができました。重複しているデータの行IDを確認して、フィルターで除外すれば、もっと簡単に除外することができます。ですがなぜこのような手順をとったのでしょうか。それは、行IDはデータの順番などを表すカラムなので、同じ形式の別のデータに置換した際に、必ずしも重複しているレコードに対してフィルターがかかるとは限らないからです。

　Tableauでは、できる限り再利用可能な方法で作成することが望ましいです。一度分析結果を作成してしまえば、データを置換するだけで、分析結果を全て変えることができます。同じビューを何度も作成しないためにも、再利用することを考えて作成すると良いでしょう。
　また、オーダーIDがオーダーを特定するためのIDになっていないので、特定するための「**t_オーダーID**」を作成します。

t_オーダーID

t_オーダーID: [オーダーID] + [顧客ID]

これでデータの理解は終わりです。次は、データの全体像を把握してみましょう。

> **Column** フィルターの順番について
>
> この節では、データソースフィルターを使用しましたが、Tableauにはその他に色々なフィルターの方法があります。次の図をみてください。
>
> 図10-01-30：フィルターの種類

Tableauには、上記のフィルターの種類があり、上から順に処理がかかっていきます。

抽出フィルター	元データソースからTDEを作成する際にのみ使用し、TDEに含むか含まないかを決めるフィルター
データソースフィルター	接続されたデータソースから、実際にそのワークブックで使うか否かを決めるフィルター
コンテキストフィルター	ディメンションフィルターの上位のフィルター
ディメンションフィルター	ディメンションに対するフィルター
メジャーフィルター	メジャーに対するフィルター
表計算フィルター	表計算処理後にかかるフィルター

TDE：Tableau Data Extract、Tableauデータ抽出ファイル

　ディメンション、メジャーフィルターでは、フィルターの結果に関わらず、ワークブックに接続されているデータのすべての行にアクセスするため、効率がよくありません。ですが、コンテキストフィルターを設定すると、コンテキストフィルターを通過したデータのみが、ディメンション、メジャーフィルターの処理を行うため、効率があがります。
　コンテキストフィルターは、FIXED関数よりも前に処理が行われるため、FIXED関数の結果に影響をあたえます。この順番を理解して、あえてコンテキストフィルターを設定することもあります。

第10章 商品分析

> 　今回使用したデータソースフィルターは、ワークブックで使用するデータ自体の絞り込みを行うため、今回のように重複削除などの確実に対象外とするときには、ミスを減らすためにも非常に有効です。
> 参考URL
> https://onlinehelp.tableau.com/current/pro/desktop/ja-jp/order_of_operations.html
> https://onlinehelp.tableau.com/current/pro/desktop/ja-jp/calculations_calculatedfields_lod_filters.html

10-2 Tableauで商品の全体像を把握する

　前節でデータの前処理が終わりました。では、早速分析してみましょう！……とはなりません。まだ、前処理は終わりません。確認できていないことがあります。データの意味・粒度など、データの**構造**については確認しましたが、データの**全体像**については、まだ確認できていません。データの全体像については、次の3つを確認してみましょう。

①データ期間の確認
②各指標の分布
③欠損値

　ここでは、この3つをTableauで確認する方法を説明します。

10-2-1 データ期間の確認

　分析対象とするデータが、どの期間のデータなのかを確認します。期間を確認しないと、鮮度が古いデータであり、意思決定に役に立たない分析になってしまうことがあります。1年間しかデータがないと、前年比などを出すこともできなくなります。また、ある特定の期間のみデータが欠損していないか、増加していないかどうかを確認することも重要です。

日付の期間の確認

　今回使用するデータの期間の確認をしてみましょう。確認するカラムは、**オーダー日**になります。期間の確認は、オーダー日をドラッグ＆ドロップするだけで簡単に確認できます。
　期間を確認する方法がわかったので、実際にTableauで作成してみましょう。まずは、新しくシートを作成しましょう。

第10章

482

オーダー日をデータペインから右クリックしたままドラッグし、シートの行シェルフにドロップして下さい。すると、次のような画面が出てきます。

図10-02-01：ドロップフィールドのメニュー

図10-02-02：日付の確認

シートを見ると、青い横棒が表示されています。この左端が最初のオーダー日、右端が最後のオーダー日です。したがって左端と右端の日付が分かれば、データの期間がわかります。

この画面の一番左と一番右にマウスカーソルを合わせて見てください。

図10-02-03：オーダー日の最小値の確認

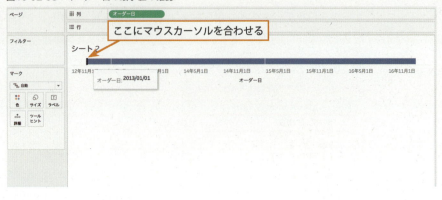

図10-02-04：オーダー日の最大値の確認

　これで、オーダー日の最小値が**2013年01月01日**、最大値が**2016年12月31日**であり、期間が **2013/01/01 〜 2016/12/31** までの **4年分** のデータだとわかりました。次は、月ごとにレコード数を確認してみましょう。

月ごとのレコード数の確認

　月ごとのレコード数を確認してみましょう。データが欠損しているか、レコード数が急減・急増している月が存在するかを確認します。急な変化がある場合は、その期間のデータは安定していないので、分析から除くこともあります。
　また、除くかどうかはそのデータに詳しい担当者や、担当エンジニアに聞いてみるといいでしょう。バグの発生が原因であったり、キャンペーンの影響だったりすることもあるので、なぜデータがそのような振る舞いをしているかの原因を確認してから、除くかどうかを決めた方が良いです。

　新しくシートを作成し、**オーダー日**を**右クリックでドラッグ**し、シートの列シェルフにドロップして下さい。

「フィールドのドロップ」の画面から**月(オーダー日)**を選択して下さい。

図10-02-05：連続、オーダー日の選択

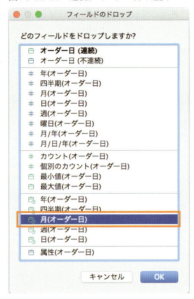

「Number of Records」（レコード数）を行シェルフにドラッグ＆ドロップします。行シェルフに入っている「合計(Number of Records)」を、「Ctrlキー」を押しながら選択し、マークカードのテキストにドラッグ＆ドロップします。

図10-02-06：マークカードへのドラッグ＆ドロップ

アナリティクスペインから、**傾向線**をドラッグし、**線形**の部分にドロップします。これで、傾向線をグラフに表示することができます。この傾向線は、散布図などで相関があるかどうかを確認する時にも役にたちます。

図10-02-07：傾向線の表示

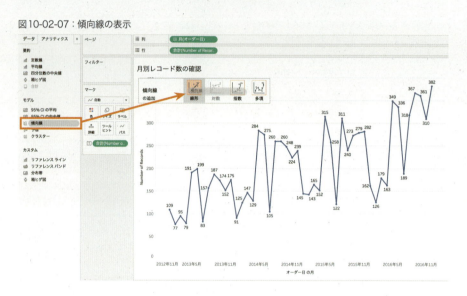

完成したグラフが、**図10-02-08**です。

図10-02-08：月別のレコード数の確認

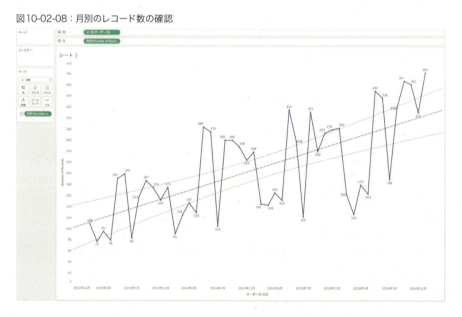

全体をみると、最低でもひと月約70レコードほどは存在しています。また、傾向線をみると年々レコード数は増加しており、今後とも増加することが予想されます。極

端にレコード数が少ないか、レコード数が全くない月は、存在しないことが確認できました。では次に、各指標の分布を確認してみましょう。

10-2-2 各指標の分布(ヒストグラム)

ヒストグラムは、基本的に横軸は**ビン**(階級)、縦軸は**レコード数**(その階級に属するデータの数)を表します。

具体的には、

①データのバラつき
②分布の形
③離れたデータの有無

の3つを確認することができます。

ヒストグラムを使用して、各指標の分布を確認しましょう。

連続のままヒストグラムを作成すると、分布の形が把握しにくくなる可能性があります。ですので、値の範囲でグルーピングをし、階級を作成してわかりやすく可視化してみましょう。ここで使用する機能は、**ビニング**です。ビン(階級)のサイズを指定するだけで、階級を作成してくれます。また、離れたデータが存在している場合は、分析から除く可能性があります。

では、利益、割引率、売上、数量のビンを作成して、ヒストグラムを作ってみましょう。

メジャーから利益を選択し、右クリックをするとでてくるパネルの中から、「作成」=>「ビン」を選択します。

図10-02-09：ビンの作成

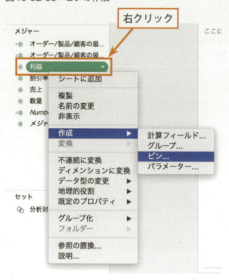

次のような画面が出てきます（**図10-02-10**）。Tableauのビニング機能で初期表示されるビンのサイズは、Tableau側が提案してくれるものです。このまま使用するのでも良いですが、今回はビンのサイズを10000にしてみましょう。

図10-02-10：ビンのサイズの選択

作成すると、ディメンションに「利益（ビン）」が作成されます。これを列シェルフへ追加し、行にレコード数を追加してください。このようなグラフをヒストグラムと言います。

図10-02-11：ヒストグラム

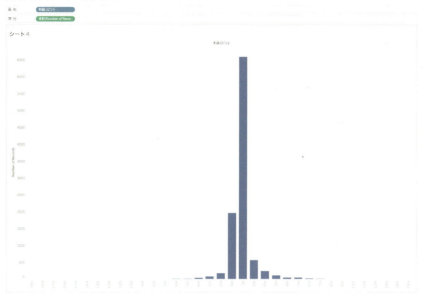

　ここで、「k」は単位です。「1k = 1,000」です。レコード数が一番多いビンは、0以上、10,000未満です。この分布をみると、多くの注文では利益をあげていますが、利益になっていない注文も多くあることがわかります。同じように、売上のヒストグラムも作成してみましょう。ビンのサイズも同じで構いません。

図10-02-12：売上のヒストグラム

売上が0以上10,000未満のレコード数が多く、売上が高くなるに連れて、レコード数が少なくなっていくことがわかります。

割引率と数量のグラフも同様に、ビンを作成してヒストグラムを作成してみましょう。数量のビンは、**1**で作成してみましょう。

図10-02-13:数量のビン

「数量(ビン)」を列シェルフに追加し、行シェルフに**Number of Records**を追加してください。

図10-02-14：数量のヒストグラム作成

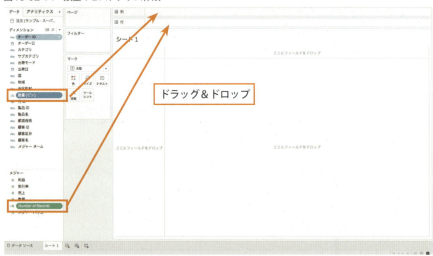

図10-02-15：数量のヒストグラム

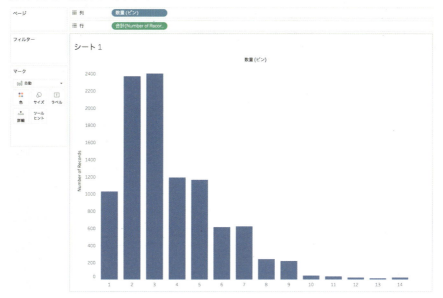

作成した数量のヒストグラムをみると、2、3個まとめて購入される製品が多いようです。

次に、割引率のヒストグラム作成してみましょう。割引率は、パーセント表記になっていないので、**0.1**でビンを作成しましょう。

図10-02-16：割引率のビンサイズ

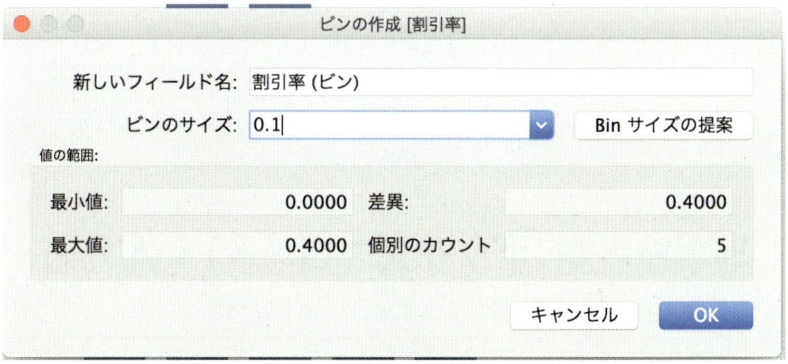

図10-02-17：割引率のヒストグラム

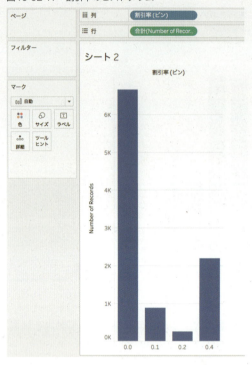

作成したヒストグラムをみてみると、割引をしていない注文が多いですが、割引している注文は、**10% > 20% > 30% > 40%**と割引率が上がれば上がるほどレコード数が少なくなるのではなく、40%割引が一番多いことがわかります。割引率に関しては、少し注意してみていった方が良さそうです。

これで、データにあるメジャーの分布は確認することができました。次は、基本統計量・欠損値・外れ値をみてみましょう。

10-2-3 基本統計量(ボックスプロット)・外れ値・欠損値

指標の基本統計量を算出することで、値の範囲やデータのバラつきを確認することができます。また、これらの値を確認することで外れ値を見つけ、分析から除外するなどの対処が必要になります。

欠損値の確認は非常に重要です。欠損値が多い指標を使用してしまうと、集計をかけた際に、データの傾向を正しく表さないものになることがあります。Tableauでは、合計・平均・最小・最大などの集計では、NULLを除外して計算してくれます。これは非常に便利ですが、このTableauの振る舞いを意識せず、分析を始めてしまうと、誤った結果に導いてしまう可能性があるので、要注意です。

基本統計量と外れ値の確認

　箱ヒゲ図は、ボックスプロット（boxplot）と呼ばれる、データの分布を示す図です。ヒストグラムとは異なり、ボックスプロットは、データの代表値とバラつき具合を同時に確認できます。次に、箱ヒゲ図の例を出します。

図 10-02-18：箱ヒゲ図サンプル

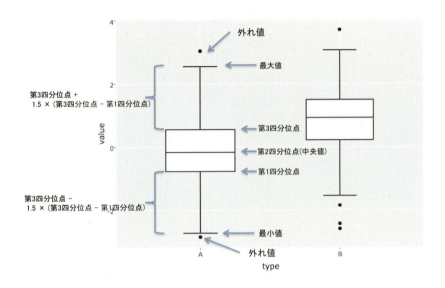

　箱ヒゲ図の構成要素には、次の4つがあります。

①箱の中央付近のヨコ線
②箱のヨコ線
③箱の上下の短いヨコ線
④箱の上下の短い線の外側の点

　この4つの内、線に関しては基本的に、

①箱の中央付近のヨコ線：データの中央値
②箱の下側のヨコ線：データの第1四分位数
③箱の上側のヨコ線：第3四分位数
④箱の下の短いヨコ線：データの最小値
⑤箱の下の短いヨコ線：データの最大値

となっています。

第10章 商品分析

残った一番外側の点だけは、**外れ値**という特別な値がある場合にだけ描かれます。この外れ値は、数式に収まっているかどうかで判断します。外れ値に関しては、四分位点の説明をしたあとに解説します。

四分位数とは？

四分位数は、データを小さい方から並べたときの、データの個数を4分割した点のことです。1/4の点を**第1四分位点**、2/4の点を**第2四分位点**、3/4の点を**第3四分位点**と呼びます。2/4の点は中央値と同義です。文章で説明しても、理解するのは難しいので、図で説明します。

「2、4、6、8、10、12、14、16、30」というデータがあります。

順番	1	2	3	4	5	6	7	8	9
位置	-	-	¼	-	½	-	¾	-	-
データ	2	4	6	8	10	12	14	16	30
四分位点	-	-	第1四分位点	-	第2四分位点	-	第3四分位点	-	-

データの個数が奇数であったので、今回はデータの値自体が四分位点になりますが、データの個数が偶数の場合、四分位点は、前後のデータの平均値になります。

「2、4、6、8、10、12、14、16」で確認してみましょう。

順番	1	2	-	3	4	-	5	6	-	7	8
位置	-	-	¼	-	-	½	-	-	¾	-	-
データ	2	4	○	6	8	○	10	12	○	14	16
四分位点	-	第1四分位		-	-	第2四分位点	-	-	第3四分位点	-	-

データの個数が偶数の場合は、○の位置が四分位点になります。この場合は、次のようになります。

第1四分位点	(4 + 6) / 2 = 5
第2四分位点	(8 + 10) / 2 = 9
第3四分位点	(12 + 14) / 2 = 13

外れ値は、四角の箱の部分の高さ（第3四分位点 - 第1四分位点）の1.5倍の長さを

最大・最小値の範囲とし、この範囲より大きいか小さいデータを外れ値と呼びます。なぜ、このような確認をしているかというと、小学生10人のうち一人だけお小遣いが10万円だったとすると、この一人のせいで平均値が押し上げられてしまうので、外れ値として分析から除く必要があるからです。

では、数量でボックスプロットを作成してみましょう。数量を行シェルフに追加し、連続・ディメンションにしてください。次にマークカードの詳細に行IDを追加してください。右上のアナリティクスペインをクリックし、箱ヒゲ図をシートにドラッグ&ドロップしてください。

図10-02-19：数量の箱ヒゲ図作成

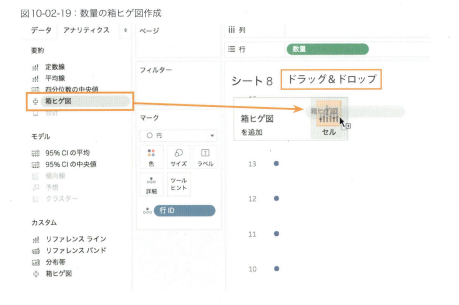

この手順で、簡単に箱ヒゲ図を作成することができます。完成したグラフは次のようになります。グラフの灰色になっている領域にカーソルを当てると、基本統計量をみることができます。

図10-02-20：数量の箱ヒゲ図

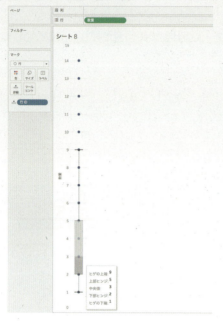

このグラフをみると、10以上の値は外れ値と判断されています。同じ手順で、利益・売上・割引率の箱ヒゲ図も作成してみましょう。

図10-02-21：4メジャーの箱ヒゲ図

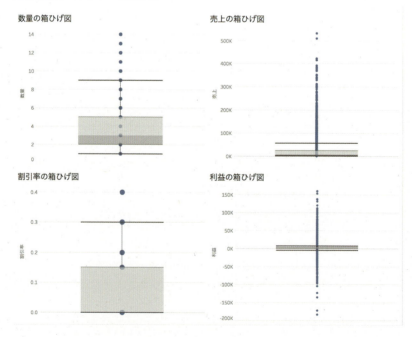

利益と売上のグラフは、データのばらつきがかなり大きいことがわかります。しかし、分析から除くかどうかは、まだ決められません。外れ値と判断されたものがどのぐらいのレコード数あるか、ローデータ単位でみた際に、どのようなデータかを確認した上で、分析の対象外とするか判断します。

今回は、この段階ではデータのバラつきがかなり大きいので、分析から除外することはなく、分析をしていく過程で対象外とするかどうかを判断します。

10-2-4 欠損値の確認

欠損値は、平均などの代表値、計算フィールドでの計算に影響を与えるので、確認しましょう。

例えば、NULLが存在するメジャーでの平均値では、NULLを除外して計算してくれます。しかし、もしNULLに「0」という意味があった場合、この平均値は正しい値とは言えなくなります。また、NULLが多すぎるメジャーでは、正しい結果を出すことができなくなり、比較なども難しくなるので、分析対象から外すことがあります。

では、欠損値が存在するかどうかをTableauで確認してみましょう。Tableauでは、特別な作業なしに今まで作成したグラフから欠損値が存在するかどうかを確認することができます。グラフの右下にこのようなアイコンが出ていれば、欠損値(NULL)が存在することになります。

図10-02-22：欠損値の確認

`1 個の NULL`

先ほど作成した箱ヒゲ図の場合も同じです。ですが今回は、全てのメジャーに対してアイコンが存在していないので、NULLが存在していないことが確認できました。

このように、まずデータを確認することが、今後分析をしていく際に必要になってきます。今回は、分析から除外せずに分析を進めて行きます。

10-3 Tableauで商品データをカスタマイズする

分析を進めていくと、必要に応じてデータのカスタマイズをすることになります。その場でカスタマイズしながら分析を進められるのは、Tableauのいいところです。ですが、ここでは、予め分析に必要となるカスタマイズを行っておきます。

この節では、2つの加工を行います。

①利益率・リードタイムの追加
②配送が遅れているかどうかの区分の作成

これらの手順を、順番に説明して行きます。

10-3-1 利益率・リードタイムの追加

売上と利益は既存のデータに存在していますが、利益率が存在していません。ですので、作成してみましょう。

利益率の作成

利益率は、売上に対する利益の割合のことです。計算式は、**利益÷売上**になります。簡単な計算式ですが、Tableauでこの計算式を計算フィールドに入れて良いでしょうか？ この式を計算フィールドに入れると、Tableauは1レコードごとに割り算をして結果を返してくれます。この計算は、**非集計**の計算になります。Tableauの計算の方法には、集計と非集計が存在するので、その違いをみてみましょう。

図10-03-01：集計と非集計の違い

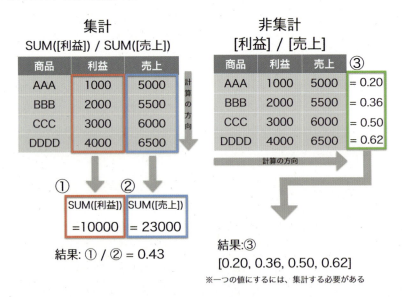

では、**利益÷売上**の計算式で、月ごとに利益率を出そうとすると、どうなるでしょうか？ 実際に例をみてみましょう。先ほど説明した式を計算フィールドに入力すると、次のようになります。

図10-03-02：非集計の利益率

月ごとにこの値を表示してみると、次のようになります。

図10-03-03：非集計の利益率のプロット

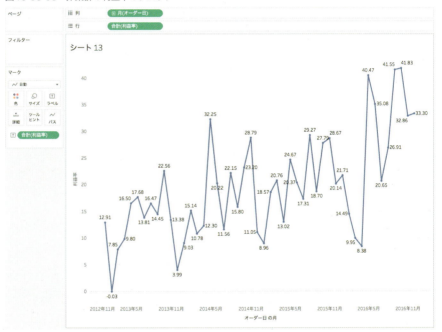

　行シェルフに入っている**利益率**をみてみると、**合計(利益率)**となっています。
　左にある利益率の軸をみると、0〜40の範囲を示しています。パーセント表記にしていないのに、この範囲なので、この値をパーセントと読むのであれば、0%〜4000%となります。データを確認するまでもなく、この計算方法が間違っていることがわかります。合計になっている集計方法を平均にするとそれらしい値になりますが、元の計算式が間違っているので、正しい値は表示されません。なぜこの計算式が間違っているのでしょうか？

これは、**1レコードごとに利益率を算出して、その結果を合計している**からです。本来であれば、その期間ごとの利益の合計÷売上の合計をすべきです。この計算が、**集計**になります。

しかし、先ほどの式では、この結果を実現することができないので、先ほど作成した計算フィールドを次のように修正してみましょう。

図10-03-04：計算方法：集計の利益率

SUMで囲っただけですが、これで正しく利益率を求められるようになります。SUM・MIN・MAX・AVGなどの集計関数で囲むことで、シートに入っている区分に基づいて、自動で集計してくれます。

最後に、**利益/売上の平均**と**(利益の合計)/(売上の合計)**を比較し、どれぐらいの違いがあるかをみて、この間違いがどれぐらい恐ろしいことかみてみましょう。

図10-03-05：集計と非集計の違い

青い線が正しい計算方法で算出した利益率、赤い線が誤った方法で算出した利益率の平均値、オレンジ色が**正しい利益率 - 誤った利益率**となっています。オレンジ色の棒グラフをみると、最大約11%ずれていることがわかります。このように、ほんの少しの間違いが大きな値のずれをうみます。

Tableauは非常に便利ですが、このような挙動を理解しないで使用すると、誤った数値を提示してしまうことなります。Tableauを使って素早く分析できるようになっても、間違った数値を提示しては、なんの意味もないどころか、誤った意思決定を促進してしまう原因になるので、十分に気をつけましょう。

リードタイムの作成

リードタイムは、生産などの工程で、着手してから完成までにかかる期間のことです。今回の分析では、注文を受けてから、実際の出荷までの期間のことを意味します。使用するデータでは、「出荷日 - オーダー日」で計算します。

計算フィールドでは、次のように記述します。

図10-03-06：計算フィールド：リードタイム

では、この関数の解説をしましょう。

DATEDIFF関数

DATEDIFF(date_part, date1, date2, [start_of_week])

DATEDIFF関数は、2つの日付の期間の差を、指定された形式で返します。求めたい期間の始点となる日が**date1**、終点となるのが**date2**になります。求めたい期間をどのような単位で返すかを**date_part**で指定します。date_partの対応表は次のようになります。

date_part	説明
year	4桁の年
quarter	1-4
month	1 〜 12または、"January"、"February"など
dayofyear	年初来日数（1月1日は1、2月1日は32など）
day	1-31
weekday	1 〜 7または"Sunday"、"Monday"など
week	1-52
hour	0-23
minute	0-59
second	0-60

Note

参考URL
https://onlinehelp.tableau.com/current/pro/desktop/ja-jp/functions_
functions_date.html

10-3-2 配送が遅れているかどうかの区分の作成

配送の状況がデータに存在しているので、アイテムごとの配送状況などもみることができます。

配送予定日の作成

現在のデータにある**出荷モード**には、**セカンドクラス**、**ファーストクラス**、**即日配送**、**通常配送**があります。これらのモード別に、配送予定日を算出します。

出荷モード	予定配送日(注文から配達までの日数)
即日配送	0日
ファーストクラス	1日
セカンドクラス	3日
通常配送	6日

出荷モードに対応する予定配送日を、上記のように定義しました。Tableauで予定配送日を作成してみましょう。計算フィールドに、次のように記述してください。

図10-03-07：計算フィールド：予定配送日

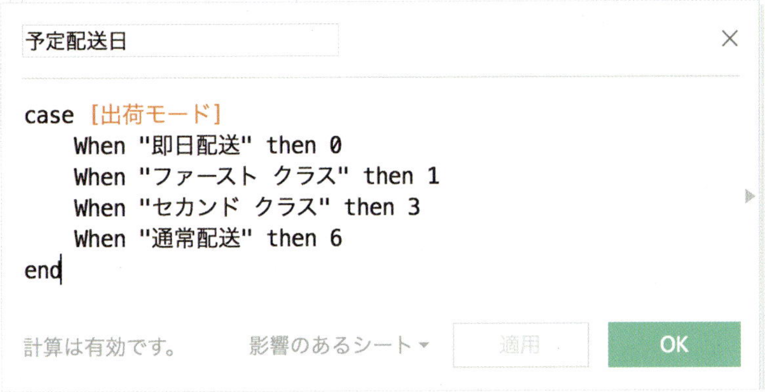

```
予定配送日                                          ×

case [出荷モード]
    When "即日配送" then 0
    When "ファースト クラス" then 1
    When "セカンド クラス" then 3
    When "通常配送" then 6
end

計算は有効です。   影響のあるシート▼   適用   OK
```

ここで、作成した予定配送日と先ほど作成したリードタイムを比較し、リードタイムの方が小さければ、「遅延なし」、リードタイムの方が大きければ、「遅延あり」となります。

この条件をTableauの計算フィールドで表現すると、次のようになります。

図10-03-08：計算フィールド：配送遅延

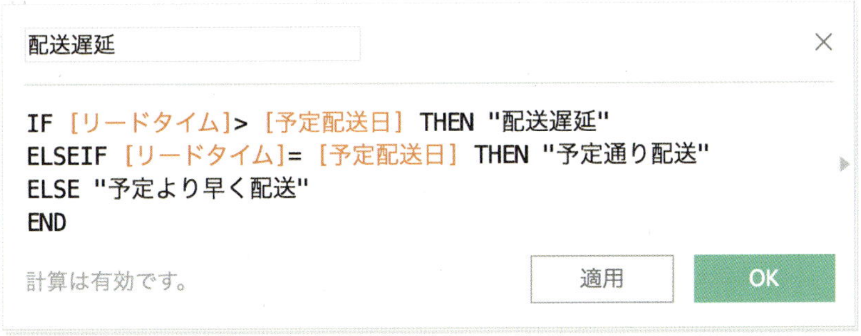

```
配送遅延                                            ×

IF [リードタイム] > [予定配送日] THEN "配送遅延"
ELSEIF [リードタイム] = [予定配送日] THEN "予定通り配送"
ELSE "予定より早く配送"
END

計算は有効です。                   適用      OK
```

これで、分析に必要なカラムが揃いましたので、次の節からやっと分析に入ります。

10-4 Tableauで商品トレンドを確認する（売上推移編）

この節から分析に入りますが、まずは全体の傾向からみていきます。カテゴリや商品ごとに分析を始めてしまうと、間違った結論に至る可能性があるので、分析では、全体感を把握したあとで、一段ずつ分析を深めていきます。

例えば、ある特定のカテゴリから分析を始めたときに、そのカテゴリの売上が前年比成長率＋10％であったことがわかりました。この結果を受けて、このカテゴリは成

長傾向にある判断すると、誤った結論を出しています。なぜかと言うと、実は全体でみたときの前年比成長率が30%であったとしたら、前年比＋10%の成長率は、あまり高いとは言えないからです。

このようなことが起こると、個別の数値としては間違ってはいませんが、その数値の解釈・意味付けにおいて、異なった結果を出してしまうことがあるので、全体感を把握するための分析から始めるのが良いでしょう。

10-4-1 年次で全体の売上と利益の実数の全体感を把握する

上記で説明した通り、全体感を把握することから始めます。まずはシンプルなグラフから作成してみましょう。オーダー日を列シェルフにドラッグ＆ドロップしてください。

図10-04-01：オーダー日のドラッグ＆ドロップ

次に、売上と利益を行シェルフにドラッグ＆ドロップしてください。

図10-04-02：売上と利益のドラッグ＆ドロップ

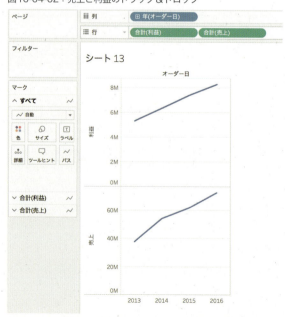

このグラフで、利益と売上の推移を把握することができました。今回は、同時に詳細な金額も把握しておきたいので、数値を表示してみましょう。

マークカードの**すべて**から**ラベル**をクリックしてください。表示された画面で**マークラベルを表示**のチェックボックスにチェックをつけてください。

図10-04-03：マークラベルの表示

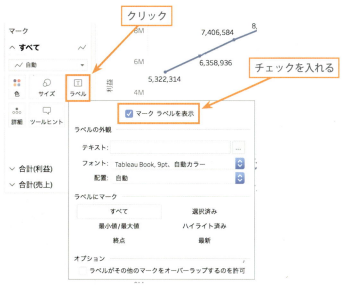

これで、年次での売上・利益のグラフの完成です。このグラフをみてみると、売上も利益を年々上昇しており、好調のように見えます。では次に、前年比成長率のグラフを作成してみましょう。

利益と売上の前年比成長率で全体傾向を把握する

前年比成長率の作成は、Tableauでは非常に簡単です。メジャーを右クリックし、**簡易表計算**にある**前年比成長率**をクリックするだけで、作成することができます。

図10-04-04：前年比成長率

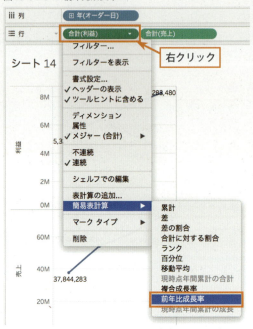

この方法を売上・利益ともに行ってください。すると、次のグラフが作成できます。

図10-04-05：前年比成長率のグラフ

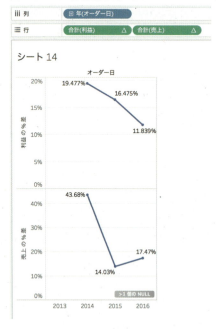

このデータ内で一番古い日付である2013年は、2012年の値がないため計算できず、NULLになります。NULLをそのまま表示させておくのは、少々不恰好なので、「>1個のNULL」ボタンをクリックしてください。

図10-04-06：NULLのフィルター

>1個の NULL

次の画面が出て来るので、データのフィルターを選択してください。これで、2013年が表示されなくなります。

図10-04-07：NULLの除外

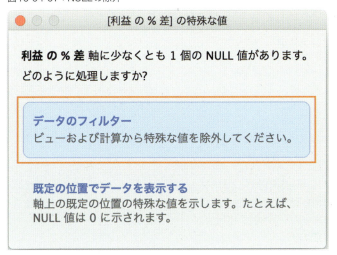

これで前年比成長率のグラフが作成できたので、みてみましょう。

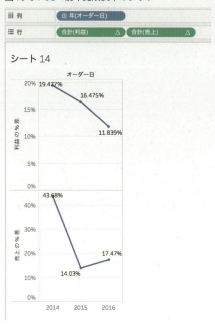

図10-04-08：前年比成長率のグラフ

利益の前年比成長率が、2014年は下がっていることがわかります。また、2016年の売上の前年比成長率は2015年より増加しているのに、利益の前年比成長率は下がっているので、コストに問題がありそうとわかります。次は、カテゴリやサブカテゴリごとにみてみましょう。

10-4-2 カテゴリ、サブカテゴリごとの前年比成長率の傾向

全体傾向の把握はできたので、次はカテゴリごとに前年比成長率を確認してみましょう。

カテゴリごと

カテゴリごとのグラフの作成も簡単です。行シェルフに、カテゴリをドラッグ＆ドロップするだけです。

図10-04-09：カテゴリごとの前年比成長率

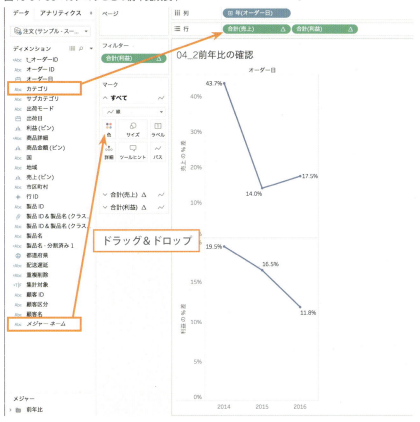

　このグラフでも傾向を把握することはできますが、利益と売上の前年比成長率を比較しやすいように、見せ方を変えてみましょう。利益の前年比成長率と売上の前年比成長率を**二重軸**グラフにしてみましょう。利益の軸を右クリックして、**二重軸**を選択します。

図10-04-10：前年比成長率の二重軸グラフ

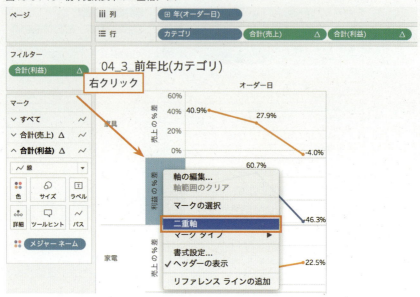

二重軸グラフになり、2つの値の比較がしやすくなりました。ですが、二重軸が同期されていないので、軸を同期しましょう。

図10-04-11：前年比成長率の軸の同期

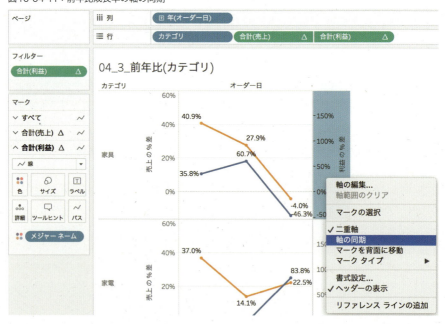

完成したグラフが、**図10-04-12**です。

図10-04-12：カテゴリ別前年比成長率

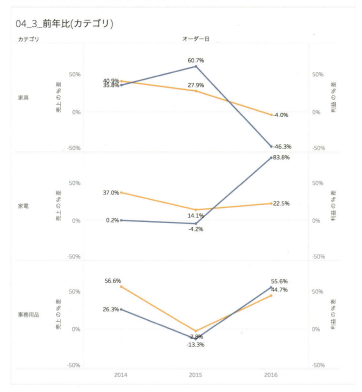

　このグラフをみてみると、家具が、売上・利益ともに前年比成長率で大きく下がっていることがわかります。
　次に、サブカテゴリごとにみてみましょう。面倒に感じるかもしれませんが、このように段階的に、どこに利益の前年比成長率が下がっている原因があるかを、大きい部分から少しずつ把握していくことが大切です。

サブカテゴリごと

　次に、サブカテゴリごとのグラフを作成して、どの部分に原因があるかを確認しましょう。

第10章 商品分析

図10-04-13：サブカテゴリの追加

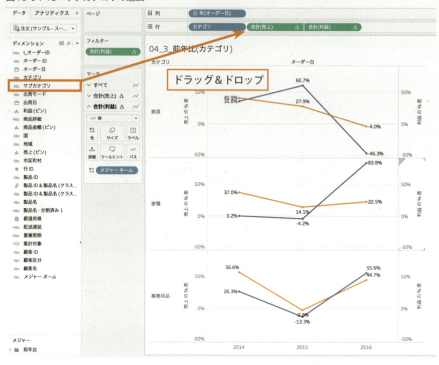

行シェルフのカテゴリの隣にサブカテゴリを追加すると、軸のスケールが「-500%～500%」になります。カテゴリだけの場合に比べてかなり軸のスケールが大きくなってしまい、サブカテゴリごとの傾向がみえにくくなっているので、軸のスケールの編集をおこないます。「利益の%差」の軸を右クリックし、「軸の編集」を押します。

図10-04-14：軸の編集

軸の編集画面で、**各行または列の独立した軸範囲**をクリックします。

図10-04-15：独立した軸範囲

完成したグラフが、**図10-04-16**です。

図10-04-16：サブカテゴリごとの前年比成長率

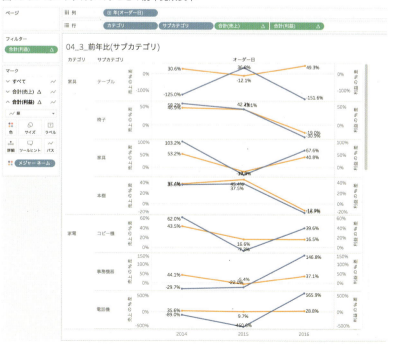

第10章 商品分析

このグラフをみると、家具のテーブルは、売上は上がっているが利益は下がっており、椅子は、売上・利益共に下がっています。このグラフで、家具の椅子とテーブルに原因があることがわかりました。次は、これらの商品のなにが悪かったのかを、構造的に分析していきます。

10-5 Tableauで商品トレンドを確認する（構造把握編）

前節の **10-4** では、時系列で売上と利益の推移を確認し、問題のある商品カテゴリを把握することができました。しかし、原因が売上にあるのか、利益にあるのか、数量にあるのかがわかりません。そこでこの節では、どの数値に問題があるのかを把握するために、数値を構造的に把握します。まずはTableauで分析を始める前に、数値の構造を作成してみましょう。**KPIツリー** と呼ばれるものです。

10-5-1 構造把握

前節までは、年次で売上と利益の増減をみていましたが、次は、どのように分析を進めて行くのが良いでしょうか？　自分の仮説にしたがって、みたい部分を優先的に進めて行くのも一つの方法ではあり、一部分の現状を把握することはできます。

ですが今回は、最終的な目的である「利益に対してどこが悪いか」を分析したいので、利益を分解してどこに問題があるかを確認してから、詳細に分析に入ります。そのためにKPIツリーを作成します。

次の図の利益が、最終的な目標のKGIになります。実際に分解して、KPIツリーを作成してみてください。

図10-05-01：KGI

利益

いかがでしょうか。利益を分解してKPIツリーを作成することができたでしょうか？

今回は、次のように分解しました。商品分析なので、商品視点でツリーを作成していますが、顧客視点で作成することも可能です。KPIツリーの形は、一つだけではないので、目的にあった形で分解することが大切です。

図10-05-02：商品のKPIツリー

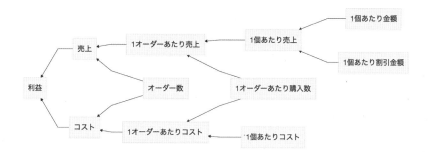

このKPIツリーを基に分析を進めるために、必要な指標のうち、まだ作成できていない指標をみてみましょう。

①コスト
②オーダー数
③割引前売上
④割引金額
⑤1オーダーあたり売上
⑥1オーダーあたりコスト
⑦1個あたり売上
⑧1個あたりコスト
⑨1個あたり金額
⑩1個あたり割引金額

作成できていない指標を、計算フィールドで一気に作成しましょう。

必要な指標

```
コスト：[売上] - [利益]
割引前金額：[売上] / (1 - 割引率)
割引金額：[割引前売上] - [売上]
オーダー数：COUNTD([t_オーダーID])
1オーダーあたり売上：AVG({INCLUDE [t_オーダーID]:SUM([売上])})
1オーダーあたりコスト：AVG({INCLUDE [t_オーダーID]:SUM([コスト])})
1個あたり売上：SUM([売上]) / SUM([数量])
1個あたりコスト：SUM([コスト]) / SUM([数量])
1個あたり金額：SUM([割引前売上]) / SUM([数量])
1個あたり割引金額：SUM([割引金額]) / SUM([数量])
```

第10章 商品分析

10-5-2 指標の計算式の説明

上記で作成した指標を、計算の粒度ごとに説明します。

コスト、割日前金額、割引金額

10-3で解説した**非集計**の計算フィールドになっています。これは、1オーダーあたりの平均値など、非集計で出した値に対して集計する必要があるので、あえて非集計にしています。

オーダー数

既存のオーダーIDは、**10-1**の最後で解説しましたが、オーダーを特定するための一意な値になっていないので、t_オーダーIDのユニークカウントがオーダー数になります。

1オーダーあたり売上、コスト

これらの計算フィールドには、LOD計算のINCLUDE関数が入っています。これは、どんなディメンションで計算をかけても、オーダーごとの値にするためINCLUDEでt_オーダーIDを指定しています。また、オーダーごとの数値なので、平均のAVGで集計しています。

1個あたり売上

10-3で解説をした**集計**の計算フィールドになっています。どのような区分でも、正しく1個あたりの数値を計算させるため、「計算したい数値の合計÷数量の合計」になっています。

10-5-3 指標の確認

ここからは、KPIツリーの売上部分・数量部分・コスト部分と分けてみていきます。

一つのグラフに全ての指標をまとめるとグラフが見づらくなるので、指標の種類ごとにグラフ化して、利益の前年比成長率が下がっている原因を探っていきます。

売上編

ここからは、KPIツリーの売上の部分を見ていきます。グラフの作成手順は以下の通りです。

①フィルターに「メジャーネーム」を追加し、利益・売上・1オーダーあたり売上・1個あたり売上・1個あたり金額・1個あたり割引金額を選択してください。

②列シェルフにオーダー日を追加します。

③行シェルフにカテゴリとメジャーネームとメジャーバリューを追加します。

④色に**メジャーネーム**を追加します。
⑤ラベルに**メジャーバリュー**を追加します。

以上の手順で、次のようなグラフが作成できます。

図10-05-03：KPIツリー売上編(実数)

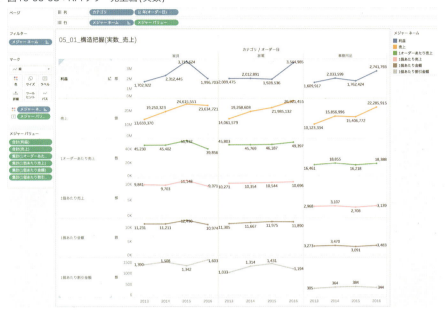

このままでは、数値の傾向がわかりにくいので、表示している指標を前年比成長率にします。実数のグラフもみておいた方が良いので、まずシートをコピーします。コピーしたシートで、メジャーバリューに入っている全ての指標を選択して右クリックし、**簡易表計算**を選択して、前年比成長率を選択します。

グラフの右下にある**6個のNULL**をクリックし、出てきた画面の「**データのフィルター**」を選択してください。**10-4**でやったことと同じなので、詳細は、**10-4**を参考にしてください。

できたグラフが、**図10-05-04**です。

図10-05-04：KPIツリー売上編（前年比成長率）

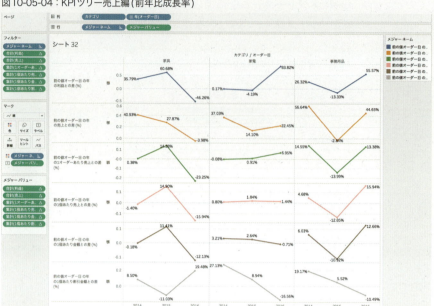

　家具カテゴリで、1オーダーあたりの売上の2016年の前年比成長率が下がっていることがわかります。この原因は、何でしょう。原因を探るために、KPIツリーの深い方を見てみましょう。まず、1個あたりの売上です。これも、2016年の前年比成長率は、下がっています。次に1個あたりの金額と割引金額をみてみましょう。割引金額の前年比成長率は増加、1個あたり金額は減少しています。これらが、1オーダーあたりの売上の前年比成長率が下がった原因でしょう。売上部分の問題点の発見はできました。次に数量をみてみましょう。

数量編

　基本的には、**売上編**と同じ作業で、前年比成長率のグラフを作成することができます。変更点は、手順①の「メジャーネーム」のフィルターを**オーダー数**と**1オーダーあたり数量**にすることです。手順を次に記載しておきますが、手順を覚えてしまった方は、とばしていただいて構いません。

①フィルターに「メジャーネーム」を追加し、**オーダー数**と**1オーダーあたり数量**を選択します。
②列シェルフに**オーダー日**を追加します。
③行シェルフに**カテゴリ**と**メジャーネーム**と**メジャーバリュー**を追加します。
④色に**メジャーネーム**を追加します。
⑤ラベルに**メジャーバリュー**を追加します。

⑥シートをコピーします。
⑦コピーしたシートで**メジャーバリュー**に入っている指標を全て選択して、右クリック。**簡易表計算**を選択して、前年比成長率を選択します。
⑧グラフの右下にある○個のNULLをクリックし、出てきた画面の**データのフィルター**を選択します。

完成したグラフは次のとおりです。

図10-05-05：KPIツリー売上編（実数）

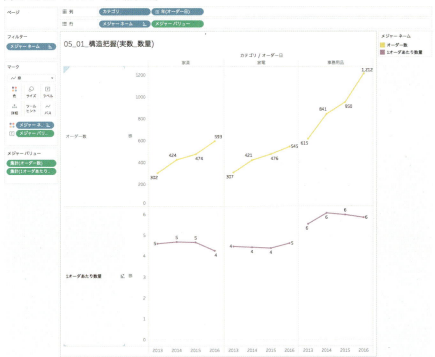

図10-05-06:KPIツリー売上編(前年比成長率)

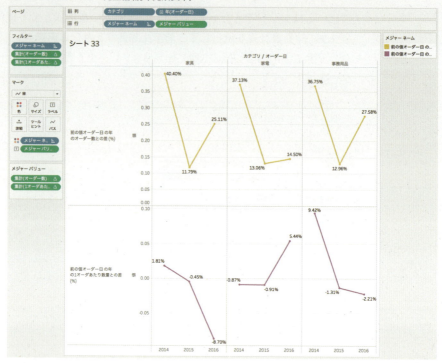

　家具カテゴリの前年比成長率のグラフをみると、2016年のオーダー数は増加、1オーダーあたりの数量は減少しています。ですが、1オーダーあたりの数量は、2015年が5、2016年が4と大きく減少していないことがわかります。比率だけでみてしまうと、差が大きく見えてしまうこともあるので、実数も合わせて確認することをお勧めします。
　これらのグラフから、問題があるのは、家具カテゴリの1個あたり金額と1個あたり割引金額であるとわかります。一旦、売上・数量側の原因を特定することができたので、詳細分析に入る前に、コストの方をみてみましょう。

コスト編

　コストも、売上と数量のグラフの作り方とほぼ同じです。メジャーバリューの指標の部分を**コスト**と**1オーダーあたりのコスト**と**1個あたりのコスト**に替えて、同じ手順で行ってください。

10-5 Tableauで商品トレンドを確認する（構造把握編）

図10-05-07：KPIツリー売上編（実数）

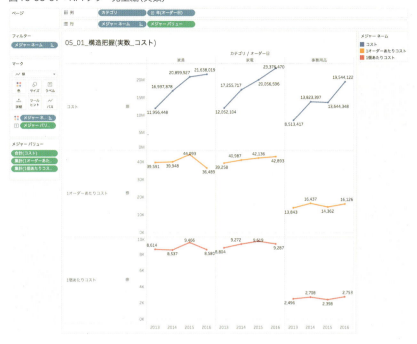

図10-05-08：KPIツリー売上編（前年比成長率）

第10章 商品分析

　コストをみると、カテゴリが事務用品の1個あたりコストの前年比成長率が、2016年、急激に増加しています。ですが事務用品は、2016年のオーダー数の前年比成長率も増加しているので、利益の前年比成長率を下げた原因としては、弱いでしょう。

　ここまで、売上、数量、コストのKPIを確認してきました。利益の前年比成長率が下がった原因となっている要素は、

①家具カテゴリの1個あたり割引金額が増加
②家具カテゴリの1個あたり金額が減少

の2つであることがわかりました。

　では、この2つのうちのどちらが、より利益への影響が大きいでしょうか？　考えてみましょう。
　家具カテゴリの1個あたりの金額を改善したとしましょう。1個あたりの割引金額は、割引率で決まっており、割引率は現状のままだとすると、1個あたりの金額が増加すると、割引金額が増加することになります。これでは改善にならないので、家具カテゴリの割引金額を減らすことが重要でしょう。

　ここまで分析してきて、改善すべき点がみえてきました。このように、分析は、大きな部分から詳細へ潜っておこないます。
　Tableauでは、分析の粒度を簡単に変えることができ、分析者の仮説をすぐに確かめることができるので、問題点の把握を速くすることができます。また、一度作ってしまえば、データを変えることで、アウトプットを変えることもできるので、なんども同じグラフを作成する必要がなくなります。

　商品の視点での分析で問題点は発見できたので、次章では、顧客の分析をしてみましょう。

第11章
顧客分析

"The purpose of the business is to create customers."

ピーター・ドラッカーは「事業の目的とは顧客の創造である」と定義しています。

顧客ニーズを迅速かつ的確にとらえ、顧客体験の向上を目指すためのデータ分析は、企業の成長を大きく左右します。

本章では、仮想のシナリオに沿って、演習を中心とした実践的な顧客分析手法を学んでいきます。

ここがポイント

- 「データ理解」「現状把握」「セグメンテーション」「ターゲティング」の4つのステップで演習を進めていきます。
- 分析の幅を広げるため、計算フィールドを活用して新たなディメンションを開発します。

第11章 顧客分析

11-1 顧客分析のステップ

11-1-1 想定シナリオ

分析を進めるにあたり、以下のような仮想のシナリオを設定しました。
あなたは、

- 全国展開しているスーパーマーケットチェーンの新任マーケティング担当として着任
- 売上は伸びているが成長が鈍化しており改善プランの提案と実行が求められている
- 主に顧客データを分析し顧客の獲得や維持を推進する

というミッションを担当します。最終的に特定顧客に対してキャンペーンを実施することがゴールです。

11-1-2 分析ステップ

顧客分析には様々なアプローチがありますが、本章では「サンプル - スーパーストア」の注文データを用いて、以下のステップで分析をします。

> **Note**
> 本章は演習が多いため、図表番号の付け方が他の章と異なります。ご注意ください。

図11-1-T1：顧客分析のステップ

1	データ理解	分析に必要なデータの準備、メジャーやディメンションの理解を深める
2	現状把握	大きなメジャーやディメンションを中心に数字感をつかむ
3	セグメンテーション	現状把握で得られた考察をもとに顧客をいくつかのグループに分ける
4	ターゲティング	施策実行の対象セグメントを選定し目標を立てる

さっそくステップ1の「データ理解」を進めていきましょう。

11-2 ステップ1：データを理解する

11-2-1 顧客データの例

　顧客分析に利用されるデータは業種業態により多様な種類が存在しますが大まかな特徴は似ています。「誰と、どのような取引を、いつ、どこで、どのように、どれぐらい実施されたのか？」という5W1Hで以下のように分解することができます。

図11-1-T2：顧客データの例

要素	特徴	例
Who	顧客を特定する一意に決まるキーやその属性	・顧客ID(法人／個人) ・性別 ・年齢 ・居住地 ・世帯人数
What	イベントや取引を特定する一意に決まるキー、製品やサービスの属性	・取引ID ・製品ID ・製品カテゴリ
When	イベントや取引が発生した時刻	・会員登録日 ・契約日／解約日 ・購入日／納品日 ・予約日／行使日 ・サイト訪問日 ・レビュー投稿日 ・架電日／受電日 (電話の発着信時刻)
Where	イベントや取引が発生した場所	・購入エリア／店舗 ・行使エリア
How	イベントや取引の量、提供形態やチャネル	・取引額／件数 ・決済方法／デバイス ・認知経路(チラシ／WEB広告)
Why	イベントや取引が発生する動機	・ブランドイメージ ・リピート満足度

　上記のような「顧客」と「その関係において発生するデータ」を正確に記録し、分析す

第11章 顧客分析

ることでCRM（Customer Relationship Management）の戦略立案や施策実行につなげることができます。

> **Note**
>
> Why（取引の動機）を取引データから導くことは困難です。アンケート調査などの定性的なデータを利用することを検討しましょう。

11-2-2 データ構成と加工

ではこれらのデータはどのように記録されデータベースに保持されているのでしょうか?

顧客データはシステムにより生成されデータベースに記録されるため、そのままでは分析に適したテーブル構造になっていません。本演習で利用する「サンプル - スーパーストア.xls」の注文データは既に加工済みですがどのように作成されたのでしょうか? 代表的な顧客データの構成を想定しその加工を考えてみましょう。

代表的な5つのテーブルとその役割

図11-1-T3：代表的な5つのテーブルとその役割

テーブル	ユニークキー	内容
顧客テーブル	顧客ID	顧客ごとに1レコードで構成されるテーブル。「顧客マスタ」と呼ばれることもある
取引テーブル	取引ID	取引履歴を保持するテーブル。顧客や商品の情報はIDのみ記録。「ファクトテーブル」と呼ばれることもある
商品テーブル	商品ID	商品ごとに1レコードで構成されるテーブル。「商品マスタ」と呼ばれることもある
カテゴリテーブル	カテゴリID	カテゴリごとに1レコードで構成されるテーブル。「カテゴリマスタ」と呼ばれることもある
カテゴリ対応テーブル	商品ID	商品とその商品が属するカテゴリの対応表

図11-2-A-1：5つのテーブルの関係

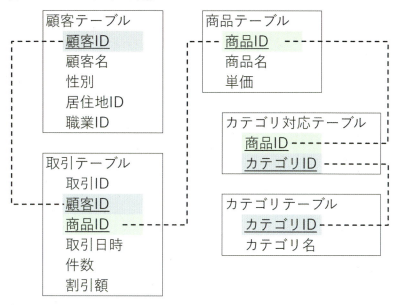

これらのテーブルをIDで結合することで、以下の分析に適したデータに加工することができます。

- 「顧客」と「商品」をどのように「取引」したか？
- 「商品」はどのカテゴリに属するか？

11-2-3 Tableauでデータを準備する

5つのテーブルを結合し、分析用データソースを作成してみましょう。

> **Note**
>
> 演習用データソースのフォルダー[chapter11]から次の5つのファイルを利用します。演習用データソースは、秀和システムのサポートページで入手できます。詳しくは巻末をご覧ください。
>
> - 顧客テーブル.txt
> - カテゴリテーブル.txt
> - 取引テーブル.txt
> - 商品テーブル.txt
> - 対応テーブル.txt

①メニューから 新しいデータソース を選択します。

図11-2-B-1：新しいデータソース

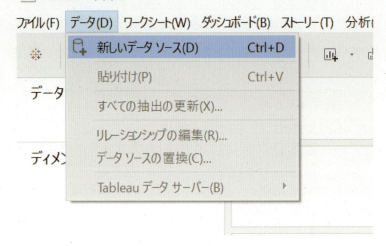

②テキストファイルを選択します。

図11-2-B-2：テキストファイル選択

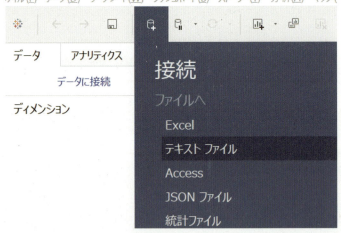

③演習用データソースのフォルダー [chapter11] から対象ファイルを選択します。

④結合するファイルを選択します。

図11-2-B-3：結合ファイル選択

⑤適切なID同士が内部結合されていることを確認します。

図11-2-B-4：結合

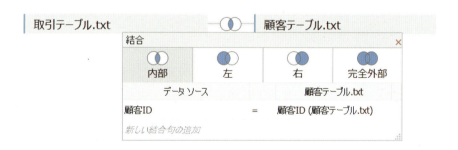

⑥結合対象ファイルをさらに追加します。

図11-2-B-5：結合追加

⑦結合するIDが自動設定されますが、必要に応じて変更します。

図11-2-B-6：結合キー

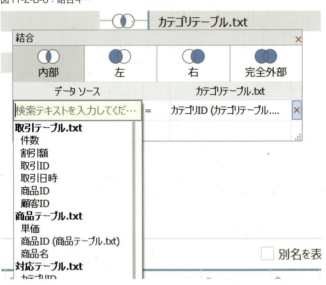

⑧設定例です。

図11-2-B-7：結合ビュー

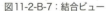

　このように複数のテーブルを結合し、分析に適したデータソースを作成する作業は「データ結合」と呼ばれます。テーブル設計の変更やSQLを書かなくても分析用データソースをスピーディに用意できることは分析の作業効率を大幅に向上させることにつながります。

11-2-4 分析データの確認

　　新しいワークブックを作成し、ダウンロードした演習用データソース「サンプル - スーパーストア.xls」の[注文]シートを開きます。以降はこのデータソースを使用して演習を進めていきます。計算フィールドやVizは、演習用データソースのフォルダー[chapter11]の顧客分析.twbxを参考にしてください。

例：フィールド「顧客区分」の説明をみる

フィールドを選択して右クリック　→　「説明」を選択　→　「読み込み」を選択。

図11-2-B-8：フィールドの説明

図11-2-B-9：フィールドの確認

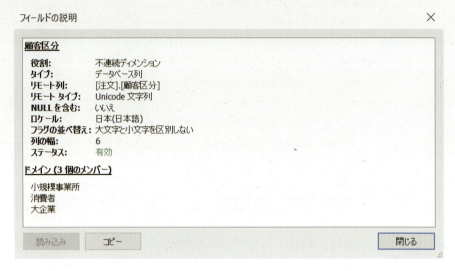

小規模事業所／消費者／大企業の3つの顧客区分があることが分かります。特に「NULLを含む：」はCOUNTやCOUNTDの集計結果に影響があるため注意して確認します。

ほかにも、「Ctrlキー」を押しながらフィールドとNumber of Records（レコード数）を選択し、推奨される表示形式を選択することで、件数を簡単に確認することが可能です。

図11-2-B-10：フィールド選択

11-2-5 重複データに注意する

　実際の分析では複数の過程を経て分析用データが作成されるため、不適切なデータが混入するケースがあります。「Garbage In Garbage Out」と呼ばれるように、不適切なゴミデータからは正しい分析結果を得ることができません。特に「重複データ」は分析精度に大きな影響を与えるため注意が必要です。

重複データを確認する

例：顧客名【A】と顧客ID【B】のユニークな件数は一致するか？
- 同姓同名がいなければ　　　　A=B
- 同姓同名がいる場合　　　　　A<B
- IDに複数の名前がひもづく場合　　　A>B

①ディメンション[顧客名]を 右クリック で選択 → シート中央にドロップ → 個別のカウント を選択。

図11-2-B-11：フィールドのドロップ

②フィールド[顧客ID]も同様にフィールドをドロップし個別のカウントを選択。

図11-2-B-12：重複の確認

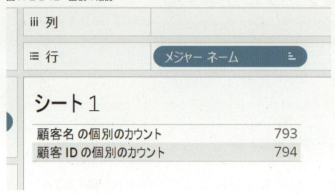

A<Bで、同姓同名がいることが分かります。

③新しいシートを作成し、フィールド「顧客名」をフィルターへドロップ。

図11-2-B-13：顧客名をフィルター

タブ「条件」を選択し、「顧客IDのカウント(個別) >1」を選択します。

④顧客名 と 顧客ID を行へ ドロップ。

図11-2-B-14：顧客名確認

　一つの顧客名に対して二つの顧客IDがあることが分かります。今回は重複を防ぐため[顧客ID]を利用します。

11-3 ステップ2：現状把握

11-3-1 大きなメジャーやディメンションで数字感をつかむ

　Tableauの優れた機能と操作性をもってすれば、より細かな単位で分析することが可能です。しかし着任したばかりのあなたが取り組むべきは全体的な数字の理解です。「木を見て森を見ず」という状況にならないよう、まずは既存のメジャーやディメンションを中心に顧客理解を深めていきましょう。

演習1：顧客数を把握する
　これまでにオーダーのあるユニークな全顧客数を確認しましょう。

①新しいシートを作成 → フィールド[顧客ID]を右クリックで選択し行シェルフにドロップ → 個別のカウント を選択。

第11章 顧客分析

図11-3-1-1：フィールドのドロップ

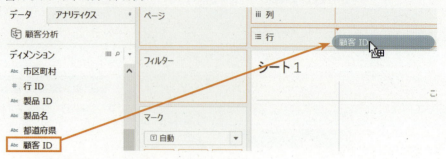

図11-3-1-2：フィールドのドロップ

②マークラベル を 選択。

図11-3-1-3：マークラベル

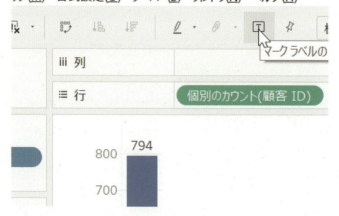

③続いてオーダー年別の顧客数に分けてみる。

図11-3-1-4：年別表示

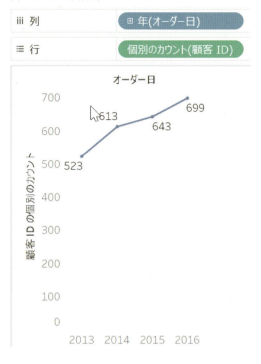

顧客数が増えていることが分かります。では年成長率は何パーセントでしょうか？

演習2：顧客数の成長率を把握する

対前年比の成長率を以下のようなクロス集計で出してみましょう。

図11-3-2-1：完成Viz

	オーダー日			
	2013	2014	2015	2016
顧客数	523	613	643	699
前年比成長率		17.21%	4.89%	8.71%

①「Ctrlキー」を押しながら行シェルフにある[顧客ID]をドラッグし行にドロップしてメジャーをコピー。

第11章 顧客分析

図11-3-2-2：フィールドのドロップ

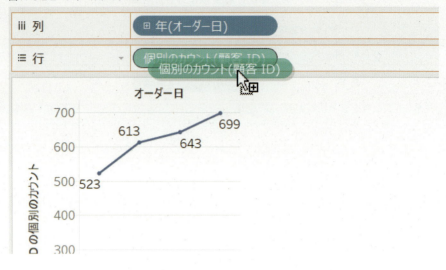

図11-3-2-3：メジャーのコピー

②コピーしたメジャー [顧客ID] を選択 → 簡易表計算 で 前年比成長率 を選択。

図11-3-2-4：前年比成長率

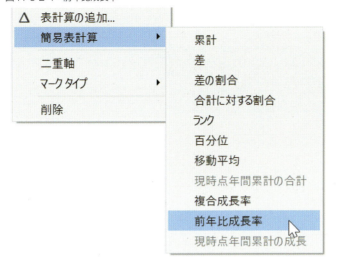

③表示形式 で テキスト表 を選択。

図11-3-2-5：テキスト表

メジャーバリュー をドラッグして順序を入れ替えます。

図11-3-2-6：メジャー順序変更

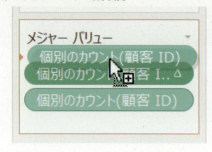

図11-3-2-7：完成

	オーダー日			
	2013	2014	2015	2016
顧客 ID の個別のカウント	523.0	613.0	643.0	699.0
前の値オーダー日 の年 の顧..		17.21%	4.89%	8.71%

2014年が飛躍の年だったことが分かります。では、2013年から2016年 の平均の成長率は何パーセントでしょうか？

11-3-2 年平均成長率（CAGR）とは？

複数年にわたる成長率をはかる指標として、**年平均成長率**（Compound Annual Growth Rate）というものがあります。

図11-3-A-1：CAGRとは

前年比成長率(A) は、(613 – 523) / 523 のように、2013年と2014年の差を2013年の顧客数で除算して求めています。

では、年平均成長率(B) は、どのように求めればよいでしょうか？

(1) 3年分の前年比成長率 を足して3年で割る

(17.21% ＋ 4.89% ＋ 8.71%) ÷ 3 ＝ 10.27%

(2) 2016年と2013年の 差を 2013年の顧客数で除算し、さらに 3年 で除算して平均とする

(699 – 523) ÷ 523 ÷ 3 ＝ 11.22%

残念ながら、いずれも誤りです。(1)は平均の平均で、(2)は単利計算になってしまっています。
前年からの増加分を考慮して以下のような複利計算が必要です。

(699 / 523)^(1 / 3) -1 = 10.15%

なんだか面倒な式ですが、Tableauでは 簡易表計算 の [複合成長率] を選択するだけで求めることができます。

演習3：年平均成長率を把握する
①演習2の続きから → 右クリックでフィールド[顧客ID]を選択 → カウント を選択。

図11-3-3-1：フィールドのドロップ

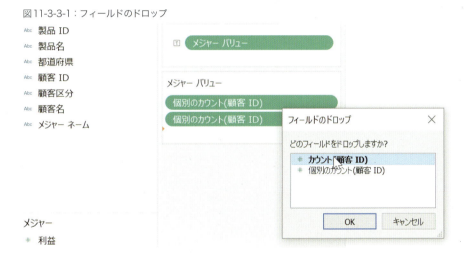

②メジャーバリュー の カウント(顧客ID) を選択 → 簡易表計算 → 複合成長率 を選択。

図11-3-3-2：複合成長率

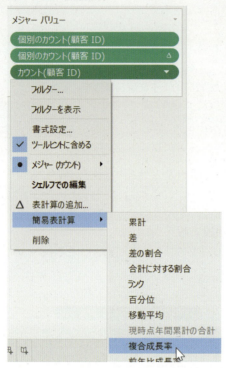

③メジャーバリュー[カウント(顧客ID)]をカウント(個別)に変更。

図11-3-3-3：顧客IDカウント(個別)

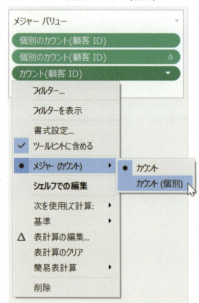

図11-3-3-4：完成

	オーダー日			
	2013	2014	2015	2016
顧客 ID の個別のカウント	523.0	613.0	643.0	699.0
前の値 オーダー日 の年 の顧客 I..		17.21%	4.89%	8.71%
オーダー日 に沿った 最初の値 か..	0.00%	17.21%	10.88%	10.15%

　これで完成です。年平均成長率(B) は 10.15% になります。Tableauの計算フィールドで式を確認してみましょう。

　「Ctrlキー」を押しながら、複合成長率のフィールドをメジャーバリューからディメンション にドロップします。

図11-3-3-5：フィールドのドロップ

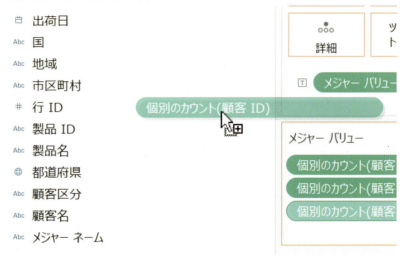

作成されたフィールド[計算1]の式をみてみましょう。

図11-3-3-6：計算の確認

　現在のセルの値を 最初のセルの値で除算し、経過年数を指数として累乗し、算出していることが分かります。

```
(699 / 523) ^ (1 / 3) -1
```

ポイント①

表計算を計算フィールドで確認することで「どのセルをどういう条件で参照し計算しているのか」というパーテーションの理解や、計算式の記述方法に対する理解が深まります。

ポイント②

[複合成長率] は実務でも大変有効な機能ですが、注意が必要です。式を見ても分かるように 最初のセルとの差をもとに計算するため、最初のセルが例外的な値の場合は結果に偏りがでてしまいます。前年比成長率やチャートを併用して時系列全体の成長率を把握するよう心がけましょう。

演習4：ディメンション[顧客ID]からメジャー[顧客数]を作成する

フィールド[顧客ID]はカウント(固有)で集計され、ユニークな顧客数として利用することが増えたので、メジャー化しておきましょう。

①[顧客ID]を右クリック → 作成 → 計算フィールド。

図11-3-4-1：計算フィールド作成

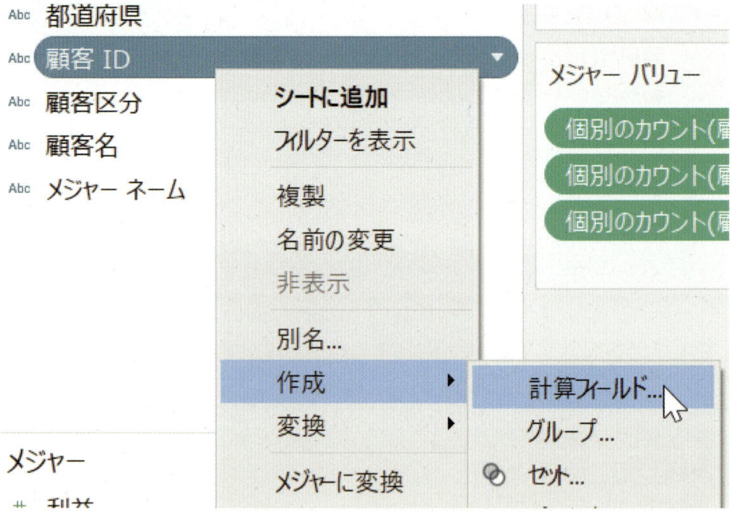

②名前を[顧客数]に変更。

図11-3-4-2：名前変更

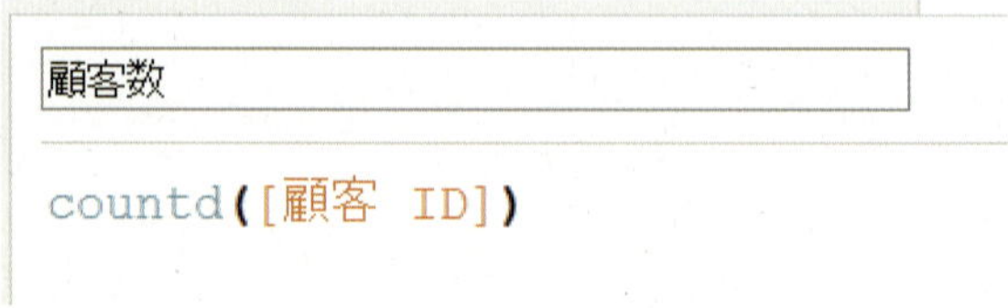

```
顧客数

countd([顧客 ID])
```

ポイント
　ディメンションとメジャーの両方で利用することが想定されるフィールドは、コピーするか、計算フィールドで一方をメジャー化することで効率的に分析をすることができます。

演習5：年平均成長率を地図で把握する

　年平均成長率を都道府県別に視覚化し2016年時点での エリアの規模と成長を 把握しましょう。

円のサイズ＝顧客数　円の色＝年平均成長率

図11-3-5-1：完成Viz

①フィールド[都道府県]の地理的役割を変更。

図11-3-5-2：地理的役割

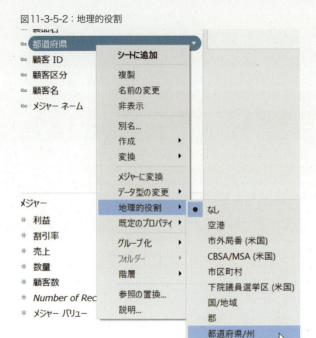

②「Ctrlキー」を押しながらディメンションの[オーダー日][都道府県]メジャーの[顧客数]を選択 → 表示形式[記号マップ]を選択。

図11-3-5-3：記号マップ選択

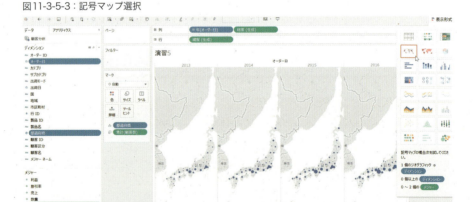

③マークカード[顧客数]を色にコピーして簡易表計算を複合成長率に変更。

図11-3-5-4：マークカード色

図11-3-5-5：複合成長率

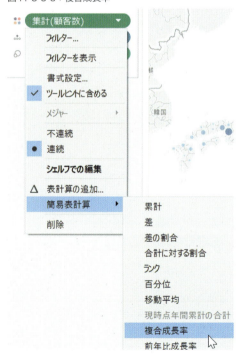

④ 2016年のみを表示し、成長率の差が明確になるよう色を整える。

　　ヘッダー[オーダー日]の2013年から2015年を選択し右クリック → 非表示 を選択。

　　マークカードの色を選択 → 色の編集を選択 → パレットの色や設定値を変更。

第11章 顧客分析

図11-3-5-6：ヘッダーの非表示

図11-3-5-7：色編集

図11-3-5-8：色の設定

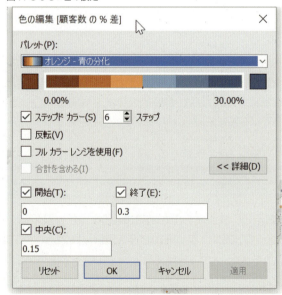

図11-3-5-9：完成

これで完成です。

図11-3-5-10：注釈

顧客数の規模や成長率で大阪の存在感が大きく、広島や北海道の成長率が低めであることが分かります。

第11章 顧客分析

大阪における過去の年の状況も確認するため、クロス集計で検算してみましょう。

①地図を作成したシート を右クリックで選択 →クロス集計として複製 を選択。
②列 の[オーダー日] を 右クリックで選択 → 非表示のデータを表示 を選択。

大阪のメジャーを確認します。

図11-3-5-11：クロス集計として複製

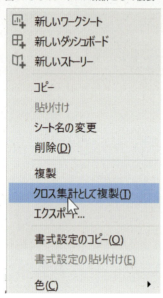

図11-3-5-12：非表示のデータを表示

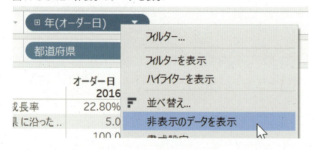

図11-3-5-13：顧客名フィルター

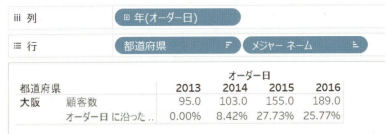

ポイント①
[クロス集計として複製]を活用することで、効率的に検算することが可能です。

ポイント②
[非表示] を活用することで、集計の対象にしながらも強調したい要素のみを表示することが可能です。

演習6：顧客の構成比を把握する（パレート図の作成）

「売上全体の8割は2割の顧客により構成されている」という例のように、ばらつきが「2：8」になるような法則を「パレートの法則」と呼びます。「サンプル - スーパーストア」もこの法則が成り立つのでしょうか？ 確かめてみましょう。

①ディメンション[顧客ID]を列シェルフに、メジャー [売上] を行シェルフにドロップ → 売上の降順にソート → マークタイプを棒に変更。

図11-3-6-1：シェルフにドロップ

図11-3-6-2：ビュー全体を表示

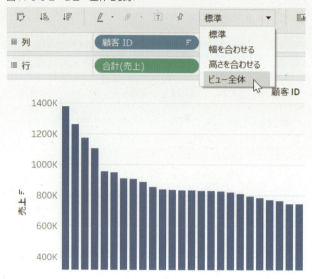

②行シェルフの[売上]フィールドをコピー → 表計算の追加 を選択。
　セカンダリ計算の追加 を選択 → セカンダリ計算タイプ で 合計に対する割合 を選択。

図11-3-6-3：表計算の追加

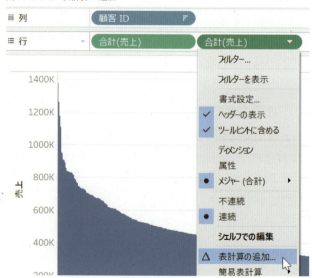

11-3 ステップ2：現状把握

図11-3-6-4：セカンダリ計算の追加

③売上の累計を 二重軸 にして マークタイプ を 線 に変更。

図11-3-6-5：二重軸

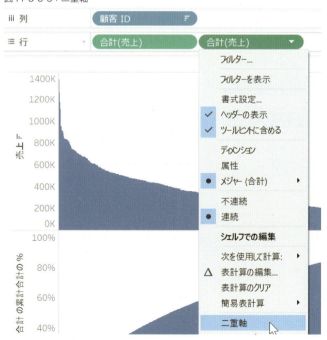

④累計80% にリファレンスラインを追加。

第11章 顧客分析

図11-3-6-6：リファレンスラインの追加

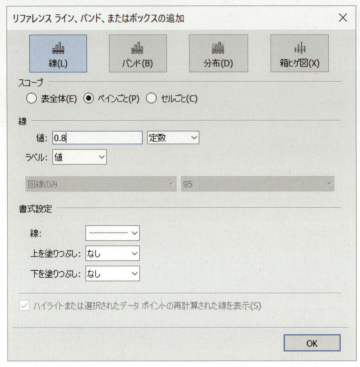

⑤列シェルフの [顧客ID] フィールド を選択 → ヘッダーを非表示に。

図11-3-6-7：ヘッダー非表示

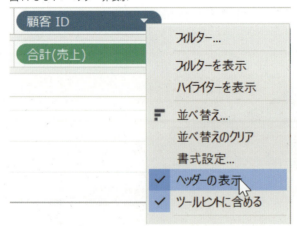

図11-3-6-8：完成

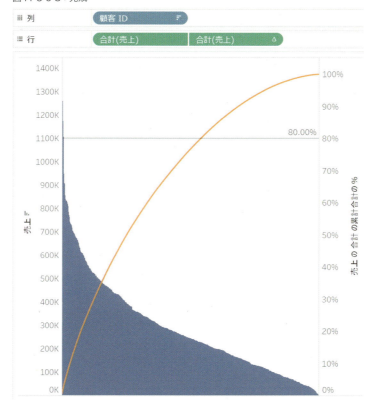

完成しました。80%の売上は半分以上の顧客により構成されており、どうやらパレートの法則は当てはまらないようです。

演習7：パレート図 応用バージョン

では結局、80%の売上を構成しているのは、全体の何パーセントの顧客なのでしょうか？

応用編として、もう少しVizを加工したいと思います。顧客数を売上順に20%ごとに色分けし、売上累計の80%と交差する顧客の割合を表示してみましょう。

図11-3-7-1：完成Viz

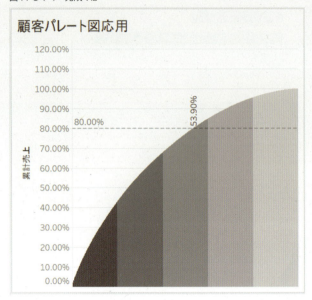

①演習6のシートを複製 → メジャー[顧客数]を行シェルフ[売上]の上にドラッグしてメジャーを入れ替え。

図11-3-7-2：メジャーの入れ替え

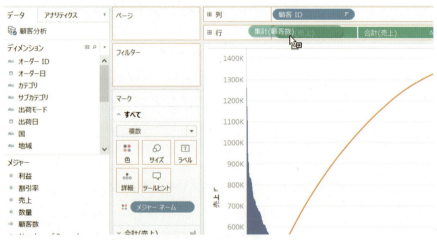

②表計算を追加し顧客数全体に対する割合を求める。
　メジャー[顧客数]を選択 → 表計算の追加 → プライマリ計算タイプ「累計」、セカンダリ計算タイプ「合計に対する割合」を選択。

11-3 ステップ2：現状把握

図11-3-7-3：セカンダリ計算タイプの追加

③行シェルフの[顧客数]をマーク[売上]の色にドロップ。

図11-3-7-4：色にドロップ

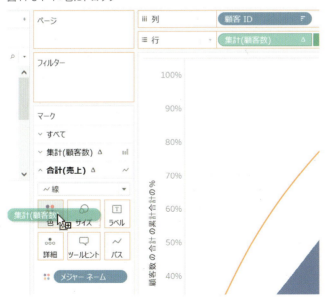

マークタイプを 棒 に変更 → 色 を選択 → 色の編集 を選択。

557

図11-3-7-5：色の編集

図11-3-7-6：色の設定

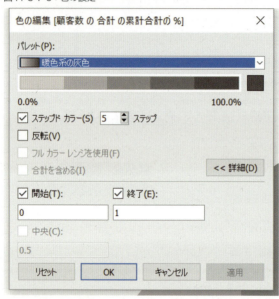

「ステップド カラー」を 5 ステップに分けると、20%ずつ色が変化します。

④売上累計が80%の場合の顧客数割合 を表示する 計算フィールド を作成する。
　行シェルフ[売上]とマークカード[顧客数]のメジャーをダブルクリックして計算式をコピー。

図11-3-7-7：計算式をコピー

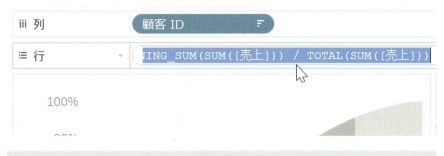

RUNNING_SUM(SUM([売上])) / TOTAL(SUM([売上]))

図11-3-7-8：マークの計算式をコピー

RUNNING_SUM([顧客数]) / TOTAL([顧客数])

⑤新しい計算フィールドを作成し80％以上の場合の条件式を記述し[パレート交差表示]として保存。

図11-3-7-9：計算フィールドの作成

```
パレート交差表示
```

結果は計算された 表 (横) に沿って です。 合計は値 表 (横) から を要約します。
IF
//売上累計が80％以上の場合
RUNNING_SUM(SUM([売上])) / TOTAL(SUM([売上]))>=0.8
THEN
//顧客数累計の割合を表示する
RUNNING_SUM([顧客数]) / TOTAL([顧客数])
ELSE NULL END

第11章 顧客分析

⑥メジャー [パレート交差表示] をマークカードのラベルにドロップ。

図11-3-7-10:ラベルにドロップ

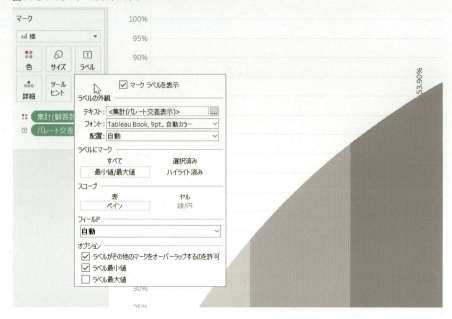

これで完成です。

ポイント①
表計算 の計算式をコピーして時間を短縮しましょう。

ポイント②
条件に一致した場合のみ マークラベル を表示してVizをシンプルにしましょう。

Column 大量の顧客データを取り扱う方法

　演習のサンプルデータは1万行程度なので問題なくパレート図が作成できましたが、実際の業務ではより多くのデータを扱うケースがあります。
　[顧客ID] のような顧客を識別するキーのユニーク件数が多くなると、グラフ表示時間が遅くなる、または表示すらできない場合があります。
　ここでは、カスタムSQLを使った対応方法を考えてみます。

想定ケース
- [顧客ID] のような顧客を識別するキーのユニーク件数が10万を超える
- 「サンプル - スーパーストア」の注文データのように [顧客ID] と [売上] の取引結果がデータベースのテーブルとして保存されている

対応方法

カスタム SQL を用いてデータベース上で 1 次集計した結果を Tableau で利用する。

SQL サンプル

```
select
[顧客 ID],
sum([売上])as sales_total,
ntile(10)over(order by sum([売上])desc,顧客 ID) as sales_decile
from
[顧客テーブル]
group by [顧客 ID]
```

SQL 解説

顧客 ID ごとに、売上 を合計し、合計売上の降順に 10 分割でランクをつける。

> **Note**
> PostgreSQL ／ SQL Server ／ Oracle 以外では ntile 関数が利用できない場合があるので、注意してください。

なぜカスタム SQL を利用すると表示速度が改善されるのでしょうか？
3 つの集計を例に、データベースと Tableau の処理の流れをみてみましょう。

図 11-3-A-2：処理の流れ

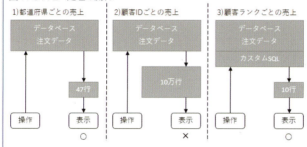

図 11-3-T1：メンバー数とデータベース処理

	データベース処理	Tableau 表示
1) 都道府県ごと	47 行に集約して応答	47 行をレンダリング
2) 顧客 ID ごと	10 万行に集約して応答	10 万行をレンダリング
3) 顧客ランクごと	カスタム SQL で 1 次加工された View を 10 行に集約して応答	10 行をレンダリング

　2)の顧客 ID ごとの集計の場合、集約した結果の行数が 10 万行と大きくなります。
　したがってデータベースから Tableau にデータを転送する時間、Tableau での表示（レンダリング）時間、どちらも長期化するため処理が遅くなってしまいます。

図11-3-A-3：メンバー数の推奨

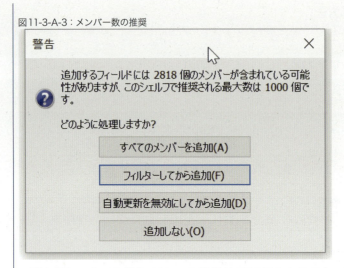

　列と行シェルフの場合Tableauの推奨は1000個のようです。色は20個、詳細は10,000個が推奨です。
　大規模なデータを扱う際は、集約する単位に注意して分析を進め、必要に応じてカスタムSQLを有効に使いましょう（データベース側の処理能力、ネットワーク、Tableauが動作するPCのスペックによっても処理速度は異なります）。

演習8：売上上位の顧客を把握する

売上TOP10の顧客を表示してみましょう。

①フィールド[顧客ID]をフィルターシェルフにドロップ → 上位タブ → 売上合計の上位10をフィルター。

図11-3-8-1：顧客IDをフィルター

②「Ctrlキー」を押しながら ディメンション[顧客ID]とメジャー[売上]を 選択 →
表示形式 テキスト表 を選択 → 売上 降順にソート。

図11-3-8-2：テキスト表

続いて、TOP10%の顧客を抽出してみましょう。

①「Ctrlキー」を押しながらディメンション[顧客ID]とメジャー[売上]を 選択 → 表示形式 テキスト表 を選択 → 売上降順にソート。

②マークカードの[売上]を選択→ 簡易表計算 → 百分位 を選択。
マークカードの[売上]をフィルターにコピー。

第11章 顧客分析

図11-3-8-3：百分位を選択

図11-3-8-4：フィルターにコピー

③フィルターで 最小 0.9 を入力 → 降順でソート。

図11-3-8-5：最小値の設定

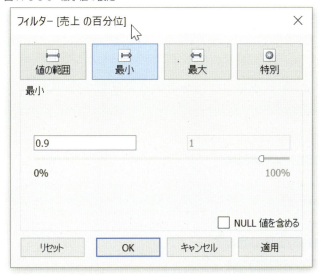

図11-3-8-6：完成

ポイント
　表計算を組み合わせることで、素早くフィルターをかけることができます。

演習9：売上と利益のバランスを把握する

これまでは売上に着目して分析してきましたが、利益とのバランスはどうでしょうか？

収益性の低い商品を多く購入している、大きな割引を受けているなどで、顧客によっては利益がマイナスになる場合もあります。散布図で顧客のばらつきを見てみましょう。

①「Ctrlキー」を押しながらディメンション[顧客ID]、メジャー[利益][売上]を選択 → 表示形式 散布図 を選択。

図11-3-9-1：散布図

②マーク を 円 に変更 → フィールド[顧客区分]を マーク の色にドロップ。

図11-3-9-2：マークと色の変更

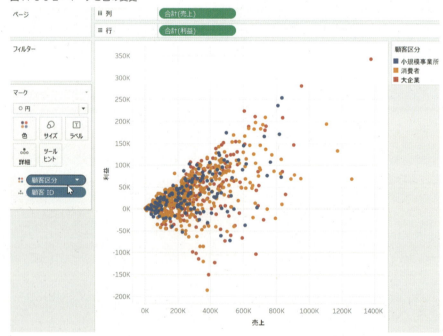

売上400Kあたりに利益がマイナスの顧客群があることが分かります。利益がマイナスの顧客数を調べてみましょう。

③計算フィールド[黒字顧客判定]を作成し行シェルフにドロップ。

図11-3-9-3：計算フィールドの作成

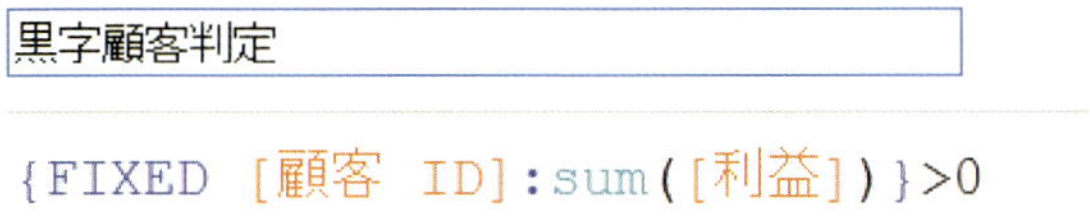

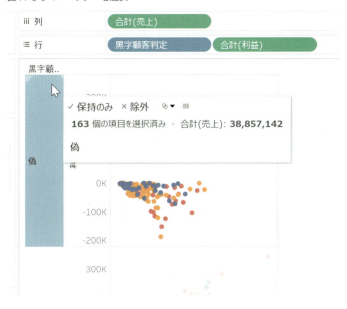

図11-3-9-4：ヘッダーを選択

ヘッダーで「偽」を選択すると、赤字顧客数が163であることが分かります。

11-3-3 「ステップ2：現状把握」を終えて

これまでの分析で分かったことをおさらいしましょう。

①顧客数が、年平均10%伸びている。
②最大の商圏は大阪で、顧客数が年平均25%伸びている。
③パレートの法則は当てはまらず、売上の80%は53%の顧客により構成されている。
④利益がマイナスの赤字顧客が、163存在する。

第11章 顧客分析

成長は続いていますが、改善すべき点もありそうです。施策の実行に向けて、さらに深く分析を進めましょう。

11-4 ステップ3：セグメンテーション

11-4-1 セグメンテーションとは？

セグメンテーションとは、顧客の属性にあわせていくつかのグループに細分化することを表します。性別と年齢で分類した「M1層/F1層」セグメントなどが有名です。M1(Male1)は20際から34歳の男性、F2(Female2)は35歳から49歳の女性、というように定義されています。

残念ながら、本書で利用する「サンプル - スーパーストア」には 性別・年齢 という属性がないため分類できませんが、昨今は市場もライフスタイルも多様化しているため、性別や年齢のようなシンプルな属性でセグメントすることは難しくなっています。データを分析して、顧客の行動や心理的な属性から適切なセグメントを見つけ出すことが、求められているのです。

本節では、それらの属性をディメンションとして開発し、セグメンテーションの材料を増やす方法を学びます。

11-4-2 ディメンションを開発する

これまでは既存のディメンションとメジャー、表計算などを利用して分析してきましたが、いずれも全顧客を対象としたものです。顧客を分類するためには、さらに多くのディメンションが必要です。

ステップ2の「現状把握」から、次のようなディメンションとその用途を考えてみました。

図11-4-T1：ディメンション例

ディメンション	仮説/用途
顧客ランク	・売上と利益のバランスがよくない顧客を分類したい ・一般的な顧客分類手法RFM を使いたい
初回注文時期	・初回注文時期で 売上や利益 に違いがあるのではないか？ ・初回注文時期からの時系列を見ることで顧客の離反状況が分かるのではないか？

| 都道府県 | ・商圏により顧客数に違いがあるため分類に使えるのではないか？
・施策実行はエリアを限定する可能性があるため項目の精度を確認したい |

それでは、データ結合や計算フィールド（特にLOD）を活用して、ディメンションを開発していきましょう。

演習10：ディメンション「顧客ランク（10階級）」を作成する

①顧客IDごとに売上と利益の百分位（パーセンタイルランク）を作成。
「Ctrlキー」を押しながらディメンション[顧客ID]、メジャー[利益][売上]を選択 → 表示形式の テキスト表 を選択。

図11-4-10-1：テキスト表

②メジャーバリュー の[利益]と[売上]に百分位の表計算を追加 → 計算タイプ → 降順 を選択 → 特定のディメンション[顧客ID]を選択。

図11-4-10-2：百分位の追加

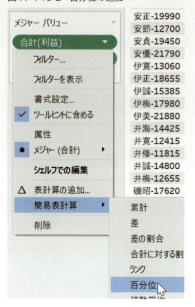

図11-4-10-3：利益の百分位

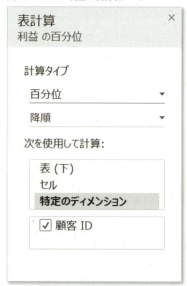

図11-4-10-4：売上の百分位

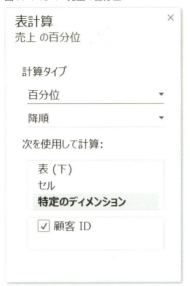

③利益の百分位を昇順でソート。

図11-4-10-5：昇順ソート

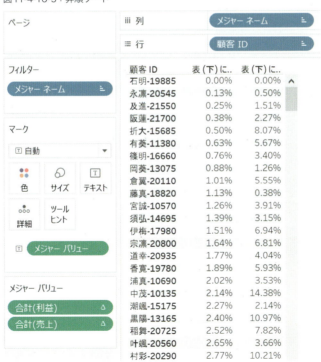

顧客IDの中で[利益]と[売上]において上位0～100の何パーセントに位置するかを表します。

④ワークシートを選択 → コピー → クロス集計 を選択 → Excelにペースト。

図11-4-10-6：クロス集計のコピー

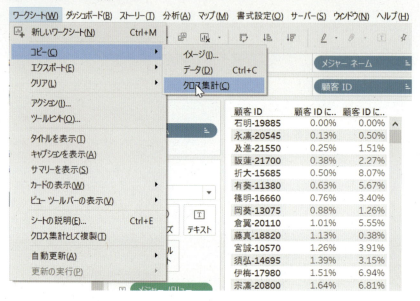

図11-4-10-7：Excelファイルの編集

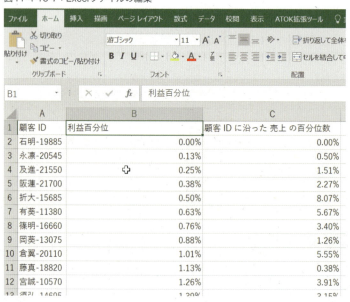

列名	[顧客ID] [利益百分位] と [売上百分位]
シート名	顧客ランク
ファイル名	顧客ランク.xlsx

上記のように変更し、Excelファイルを保存。

⑤データソースを編集し、注文データと顧客ランクデータを結合(演習用データ[chapter11]の顧客ランク.xlsxを利用することも可能です)。

図11-4-10-8:接続の追加

図11-4-10-9:内部結合

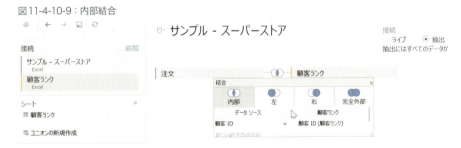

顧客IDをキーにして内部結合。
抽出を選択し、Tableau抽出ファイルを任意のフォルダーに保存。

⑥計算フィールド[利益百分位_ランク10]と[売上百分位_ランク10]を作成。

第11章 顧客分析

図11-4-10-10：計算フィールドの作成

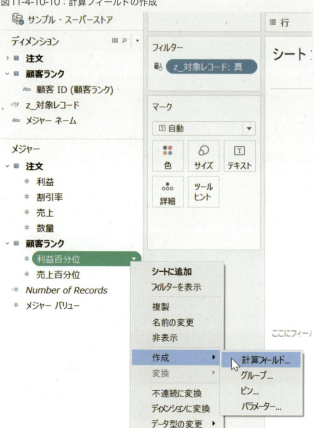

図11-4-10-11：利益ランク

利益百分位_ランク10

```
if[利益百分位]<=0.1 then 1
elseif[利益百分位]<=0.2 then 2
elseif[利益百分位]<=0.3 then 3
elseif[利益百分位]<=0.4 then 4
elseif[利益百分位]<=0.5 then 5
elseif[利益百分位]<=0.6 then 6
elseif[利益百分位]<=0.7 then 7
elseif[利益百分位]<=0.8 then 8
elseif[利益百分位]<=0.9 then 9
elseif[利益百分位]<=1 then 10
else null end
```

図11-4-10-12：売上ランク

```
if[売上百分位]<=0.1 then 1
elseif[売上百分位]<=0.2 then 2
elseif[売上百分位]<=0.3 then 3
elseif[売上百分位]<=0.4 then 4
elseif[売上百分位]<=0.5 then 5
elseif[売上百分位]<=0.6 then 6
elseif[売上百分位]<=0.7 then 7
elseif[売上百分位]<=0.8 then 8
elseif[売上百分位]<=0.9 then 9
elseif[売上百分位]<=1 then 10
else null end
```

⑦作成した計算フィールドをディメンションに変換。

図11-4-10-13：ディメンションに変換

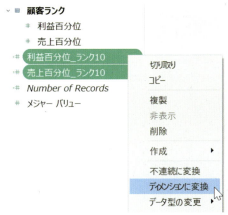

⑧検算

「Ctrlキー」を押しながらディメンション[顧客ID][利益百分位_ランク10] [売上百分位_ランク10]、メジャー[売上][利益]を選択→表示形式のテキスト表を選択。

第11章 顧客分析

図11-4-10-14：テキスト表

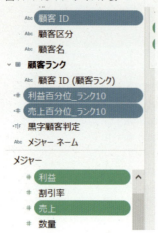

⑨ [顧客ID]を行シェルフの先頭に移動し、メジャー[利益]の降順でソート。

図11-4-10-15：利益降順ソート

利益の上位がランク1に分類されていることを確認します。

図11-4-10-16：検算の例

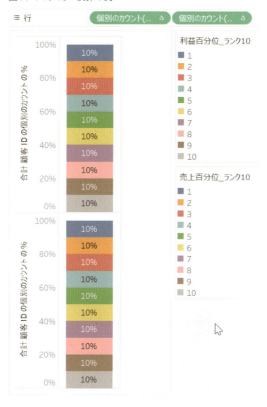

棒グラフなどでも検算してみましょう。

顧客数も10%ずつ、均等にランク分類されています。利益と売上の顧客ランクのディメンション開発、検算が完了しました。

ポイント①

クロス表の結果をファイルに保存し、再利用することで、簡単にディメンションを拡張できます。

ポイント②

ファイル同士をデータソース結合した場合は、データを抽出してTableau抽出ファイルを作成することで、Tableauの集計・表示スピードが高速化します。

演習11：ディメンションRFMを作成する

RFMとは、「Recency(最終注文日)、Frequency(注文回数)、Monetary(売上)」の頭文字からなる、顧客分析手法の一つです。最終注文日からの経過日数で離反傾向を把握し、回数や売上の大小から全体へのインパクトを評価することが可能です。

①Recency ディメンションを作成。

図11-4-11-1：Recency 作成

Recency

```
DATEDIFF('quarter',
{FIXED [顧客 ID]:max([オーダー日])},
[Recency基準日])
```

> **Note**
> 顧客IDごとの最大のオーダー日を取得し、基準日(2016/12/31)と四半期の差を求めます。これにより、最終注文からどれだけの四半期が経過しているか分かります。
> 日付を固定するため、パラメーターを利用しています。実務上は today() になります。

図11-4-11-2：パラメーター [Recency基準日]

②Frequency ディメンションを作成。

図11-4-11-3：Frequency 作成

Frequency

```
{FIXED [顧客 ID]:countd(DATETRUNC('day',オーダー日))}
```

> **Note**
> 顧客IDごとの オーダー日 を ユニークにカウントします。同一日に同じ人が複数オーダーしていることがあるため、オーダー日を日単位で切り捨てた値を個別カウントし、顧客がオーダーした回数を出します。これをFrequencyと定義します。

③Monetary ディメンションを作成。

図11-4-11-4：Monetary作成

Monetary

`{FIXED [顧客 ID]:sum([売上])}`

> **Note**
> 顧客IDごとに売上を合計します。

④作成したディメンションの顧客数分布を表示。

図11-4-11-5：顧客数分布

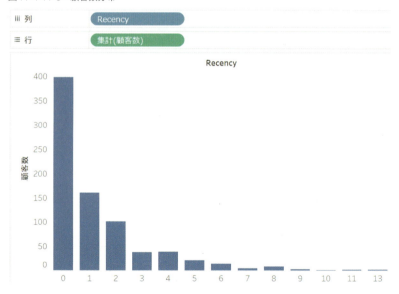

第11章 顧客分析

図11-4-11-6：Frequency分布

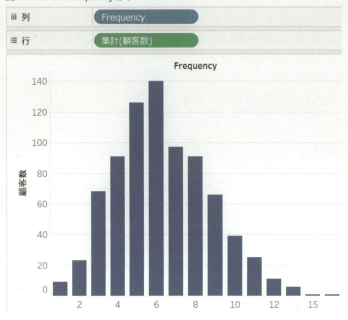

図11-4-11-7：Monetary分布

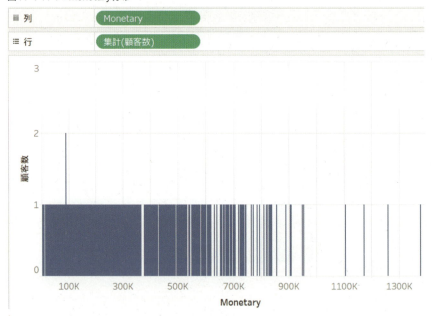

Monetary は顧客ごとにばらつきが多いため、グループ化しましょう。

⑤ディメンション[Monetary]を列シェルフにドロップし、「連続」に変換。

図11-4-11-8：連続に変換

アナリティクス タブ の箱ヒゲ図 を選択して セル にドロップ。

図11-4-11-9：箱ヒゲ図

カーソルを合わせて 箱ヒゲ の値を確認。

中央値、上部ヒンジ、下部ヒンジ の値から グループ化する単位を試算します。50,000 〜 100,000 程度で丸めると良さそうです。

図11-4-11-10：値の確認

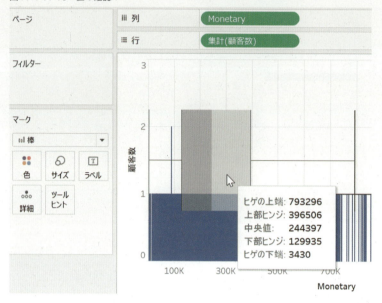

⑥パラメーター[Monetary区分]と計算フィールド[Monetary(group)]を作成。

図11-4-11-11：Monetaryのグループ化

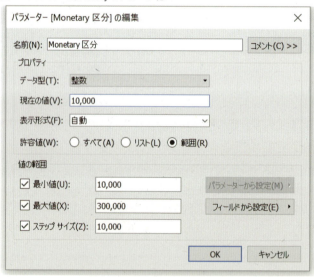

⑦フィールド[Monetary]を丸める計算フィールドを作成。

図11-4-11-12：計算フィールドの作成

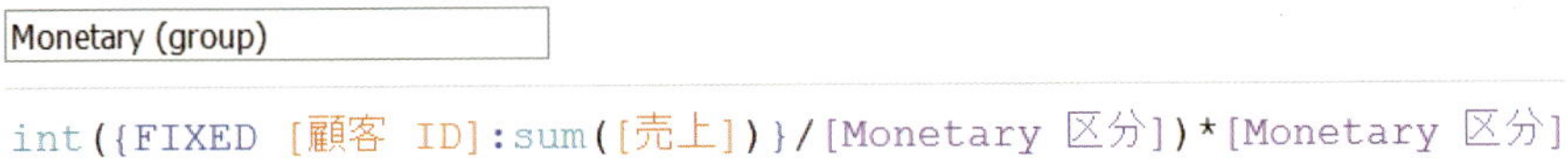

Monetary (group)

int({FIXED [顧客 ID]:sum([売上])}/[Monetary 区分])*[Monetary 区分]

> **Note**
> Monetary を丸めたい単位で除算し、int で小数点を切り捨てた後に乗算します。

⑧パラメーターを操作して適当な分布を探る。

図11-4-11-13：パラメーターの操作

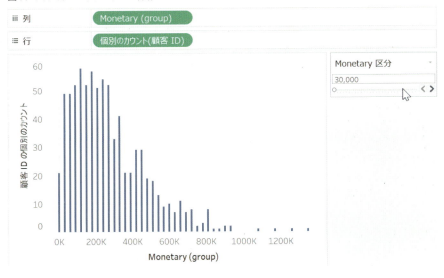

100,000 で丸めるのが良さそうです。

図11-4-11-14：分布の確認

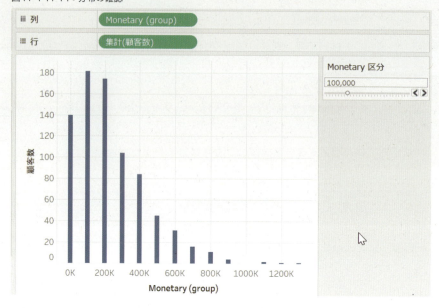

[Recency] [Frequency] [Monetary (group)] 3つのディメンションが完成しました。

ポイント
　除算、int関数、乗算、パラメーターを組み合わせてメジャーを上手にグループ化しましょう。

演習12：ディメンション[初回注文日]を作成する

図11-4-12-1：計算フィールドの作成

初回注文日

{FIXED [顧客 ID]:min([オーダー日])}

続けてディメンション[初回注文からの経過期間]を作成します。

図11-4-12-2：計算フィールドの作成

初回注文からの経過期間

DATEDIFF([初回注文からの経過単位],[初回注文日],[オーダー日])

パラメーターを組み合わせて、期間の単位を動的に変えられるようにします。

11-4　ステップ3：セグメンテーション

図11-4-12-3：パラメーター［初回注文からの経過単位］

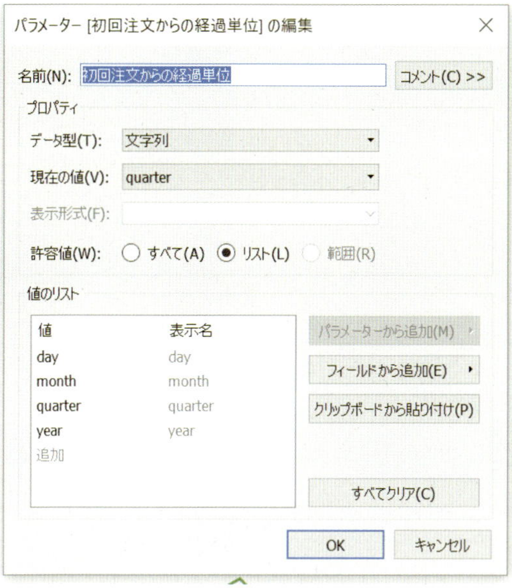

演習13：データ仕様を確認する

　分析やディメンションの開発を進めると、より詳細なデータ仕様の把握が必要になってきます。「そもそもこのデータはどのように記録されているのか？」「欠損していないか？」などの疑問も出てきます。これらはIT部門に問い合わせる方法が確実ですが、データの仕様や制約が正確に管理され、常に情報が更新されているような理想的な環境は、なかなかありません。結果的に仕様調査に時間がかかり、アウトプットのスピードが落ちてしまいます。今回はディメンション［都道府県］を例に、セルフでデータ仕様を確認してみましょう。

　［都道府県］が顧客の居住地 として利用できるかを見極めます。
　［顧客ID]ごとの ［都道府県］のユニーク件数を集計し、その件数別の顧客数を 棒グラフ にしてみます。

①計算フィールド［顧客別_都道府県数］を作成。
　　フィールド［顧客ID]を右クリック→ 作成 → 計算フィールド を選択。

図11-4-13-1：計算フィールドの作成

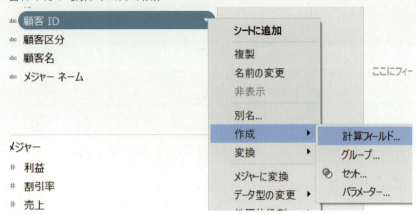

図11-4-13-2：計算式

```
{FIXED [顧客 ID]:COUNTD(都道府県)}
```

②作成した計算フィールドをディメンションに変換 → メジャー[顧客数]を選択
→ 表示形式：棒 を選択 → 行と列を交換。

図11-4-13-3：ディメンションに変換

図11-4-13-4：棒表示(横)

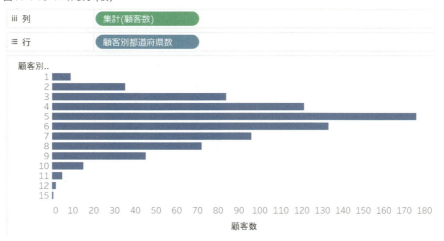

図11-4-13-5：スワップ

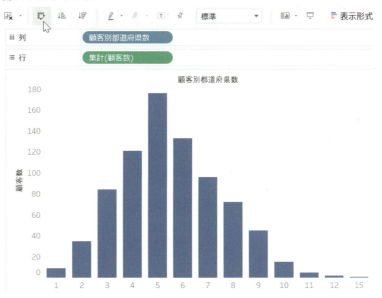

　都道府県数が2件以上の顧客が多いことが分かります。サンプルとして都道府県数が2件の顧客データを見てみましょう。

③2件 の 棒マーク を右クリック → データの表示 を選択 → すべてのデータ を選択。

図11-4-13-6：データ表示

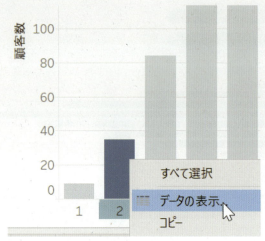

図11-4-13-7：すべてのデータ

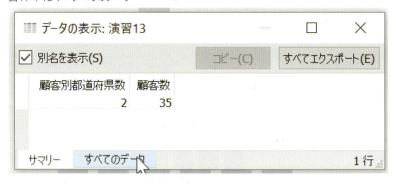

すべてのデータ を選択 → 顧客ID でソート。

図11-4-13-8:データ内容の確認

大阪と大分、それぞれの都道府県で複数のレコードが存在しています。このままでは、居住地として利用できないことが分かりました。最後に注文を受けた時点の都道府県を「居住都道府県」とみなしたディメンションを作成してみましょう。

演習14:ディメンション 居住都道府県 を作成する

顧客ごとに 最新の[オーダー日]の[都道府県]を [居住都道府県] とする 計算フィールドを作成します。

①最新のレコードに都道府県を出力。

図11-4-14-1:計算フィールドの作成

居住都道府県_行

```
IF
//顧客IDごとに最新のオーダー日を集計
[オーダー日]={FIXED [顧客 ID]:max([オーダー日])}
 and
//最新オーダー日に複数の都道府県がある場合を考慮し 行IDの最大値を取得
[行 ID]={FIXED [顧客 ID],[オーダー日]:max([行 ID])}
then 都道府県 else null end
```

②全てのレコードに反映。

第11章 顧客分析

図11-4-14-2：計算フィールドの作成

居住都道府県

```
{FIXED [顧客 ID]:MAX([居住都道府県_行])}
```

③データを確認。
　演習13で作成した[顧客別都道府県数]をフィルターにドロップ → 2件のみ選択。

図11-4-14-3：フィルター設定

④[オーダー日][行ID][都道府県][顧客ID][居住都道府県] を行シェルフにドロップ
　→ オーダー日 でソート。

図11-4-14-4：オーダー日昇順ソート

図11-4-14-5：データの確認

　顧客IDごとに、最新のオーダー日かつ最大の行IDに、都道府県が出力されていることが確認できます。

ポイント①
　分析を進めながら、データの構造や成り立ちについても理解を深めましょう。

ポイント②
　計算フィールドが意図通りに集計されているか確認(デバッグ)しながら進めましょう。

ポイント③

セルフで仕様調査やディメンション開発を進めつつ、IT部門への仕様確認も忘れずに。

11-4-3 ディメンションの整理

開発したディメンションをおさらいしましょう。

図11-4-T2：ディメンション一覧

ディメンション	手順	フィールド名
売上・利益	・売上と利益順に百分位でランクを作成 ・Excelに出力しデータ接続でJOIN ・計算フィールドで10階級に分類	[売上百分位_ランク10] [利益百分位_ランク10]
RFM	・Fixedを使い 合計の売上や最終注文日を作成 ・Monetaryはばらつきが大きいため丸めてグループ化	[Recency] [Frequency] [Monetary (group)] [初回注文日] [初回注文からの経過期間]
都道府県	・Fixedを使い最終注文時点の都道府県に統一	[居住都道府県]

開発したディメンションを、フォルダー[開発ディメンション]にまとめます。

任意のディメンションを選択 → グループ化 → フォルダー を選択。

図11-4-A-1：フォルダーごとにグループ化

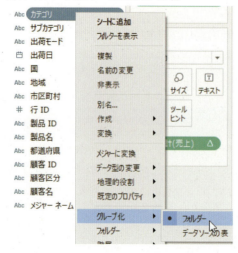

任意のディメンションを選択 → フォルダー → フォルダーの作成 を選択。

図11-4-A-2：フォルダーの作成

図11-4-A-3：名前の付与

まとめたいディメンションを選択 → フォルダー → フォルダーに追加 [開発ディメンション]を選択。

図11-4-A-4：フォルダーに追加

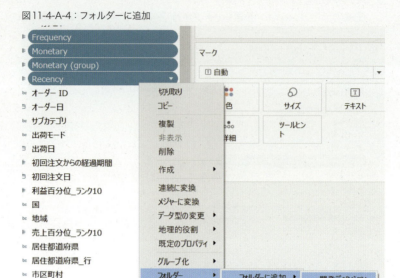

ポイント

フォルダーにまとめる方法に加え、不要なフィールドを非表示にすることで操作性を高めることができます。

Column　セグメンテーションからターゲティングへのプロセス

セグメンテーションは、単に分類することを目的としているわけではありません。顧客属性で細分化したのちに再度いくつかのセグメントに集約させ、最終的に対策を実施するセグメントの的を絞ること、ターゲティングへつなげることがゴールです。

図11-4-B-1：セグメンテーション

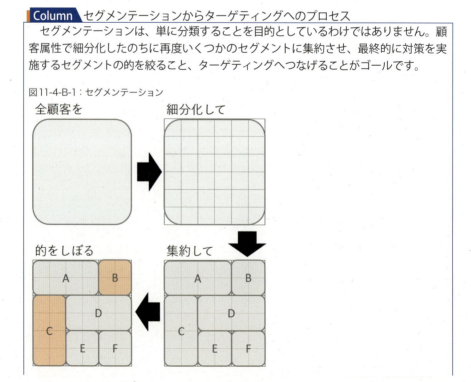

11-4　ステップ3：セグメンテーション

従ってセグメンテーションには、以下のような注意が必要です。

セグメントサイズの規模感

ディメンションが充実すればするほど細分化が進みます。特にTableauは操作性が高くディメンションの追加開発も容易なため、気がつくと極小なセグメントの分析に時間を奪われてしまいます。セグメントサイズの規模感を事前に設定したうえで分析することをお勧めします。

ターゲティングへの接続、施策のリアリティ

セグメンテーションの後は特定のセグメントを設定して施策を実行するターゲティングへと続いていきます。セグメントを定義する段階から「この顧客セグメントは何を求めているのか？」「アプローチは可能か？」「何が訴求できるか？」など施策のイメージを持ちながら進めることが重要です。離反顧客が見つかっても「既に解約済みで接点を持てない」「規模はあるが自社の製品やサービスではニーズを満たせない」など実行性にリアリティがなければ意味がありません。

既存顧客偏重

既に取引のある顧客との関係を維持、強化することに注目するあまり、新規顧客が軽視されるケースがあります。現在は顧客数が少ないセグメントでも、自社の製品やサービスの強みを活かせる場合は、新規顧客の獲得にも積極的に取り組む必要があります。セグメントの育成、新たなセグメントの創出の視点も併せて持ちましょう。

演習15：ディメンションを組み合わせてセグメンテーションする

開発したディメンションを中心に、セグメントを切っていきましょう。

①「Ctrlキー」を押しながらディメンション[売上百分位_ランク10] [利益百分位_ランク10]とメジャー[顧客数]を選択 → 表示形式 ハイライト表 を選択。

図11-4-15-1：ハイライト表

利益百分位_ランク10	1	2	3	4	5	6	7	8	9	10	総計
1	41	22	10	5	2						80
2	12	18	24	15	8	1	1				79
3	8	11	11	20	18	8	3				79
4	5	6	8	6	9	20	15	11			80
5	1	6	3	7	10	7	20	15	10		79
6	1		7	2	5	13	14	17	14	6	79
7	3	1	1	4	8	5	10	19	21		80
8	1	4	2	3	2	5	5	4	18	35	79
9	2	3	3	7	10	8	8	11	10	17	79
10	6	8	10	11	7	9	9	11	8	1	80
総計	80	79	79	80	79	79	80	79	79	80	794

売上百分位_ランク10

アナリティクスタブ → 合計を選択 → 列・行の総計にドロップ。

第11章 顧客分析

②同様の手順で他のディメンションも組み合わせて複数のシートを追加。

Monetary × Recency

図11-4-15-2：Monetary×Recency

Monetary..	0	1	2	3	4	5	6	7	8	9	10	11	13	総計
0	46	25	27	8	12	6	7	2	3	1		1	2	140
100000	88	37	13	11	8	10	5	2	4	1	1	1		181
200000	90	46	22	6	5	1	2		1	1				174
300000	56	17	20	6	4	1								104
400000	47	20	5	4	5	3								84
500000	28	7	5	1	3			1						45
600000	23	4	2	2										31
700000	11	1	3		1									16
800000	5	3	3											11
900000	3				1									4
1100000		1	1											2
1200000	1													1
1300000	1													1
総計	399	161	101	38	39	21	14	5	8	3	1	2	2	794

利益ランク × Frequency

図11-4-15-3：利益ランク×Frequency

利益百分位_ランク10	1	2	3	4	5	6	7	8	9	10	11	12	13	15	18	総計
1			2	5	9	9	13	17	10	7	4	3	1			80
2		1	1	2	6	14	15	15	8	9	6	2				79
3			4	4	14	13	11	13	10	5	3	1	1			79
4		1	6	13	14	15	13	4	3	6	2		3			80
5	1	3	8	7	16	15	7	9	8	1	2	2				79
6	1	2	7	9	13	18	10	9	4	3	2			1		79
7	1	4	13	13	11	12	9	7	7	1	1				1	80
8	4	8	12	16	13	8	6	3	4	1	1	2	1			79
9	2	2	11	10	18	17	4	8	4	2	1					79
10		2	4	12	12	19	9	6	8	4	3	1				80
総計	9	23	68	91	126	140	97	91	66	39	25	11	6	1	1	794

11-4 ステップ3：セグメンテーション

居住都道府県×初回注文日

図11-4-15-4：居住都道府県×初回注文日

居住都道府県	2013年	2014年	2015年	2016年	総計
愛知	36	9	5	1	51
愛媛	23	9	2	1	35
茨城	8		1		9
岡山	12	3	1		16
沖縄	10	1	1		12
岩手県	9				9
岐阜	3	4			7
宮崎	3				3
宮城	5				5
京都	3	2			5
熊本	5	1			6
群馬	6	1		1	8
広島	22	5	2	1	30
香川	2	1			3
佐賀	3				3
埼玉	11	4	2		17
三重	17	6	1		24
山形	9	3	2		14
山口	7	1			8
滋賀	3		1		4
鹿児島	2				3
秋田	5	5			10
新潟	6	3		1	10
神奈川	20	12	2		34
青森	6	5			11
静岡	31	9	3	1	44
石川	6	4			10
千葉	11	7			21

顧客区分×Recency×利益ランク

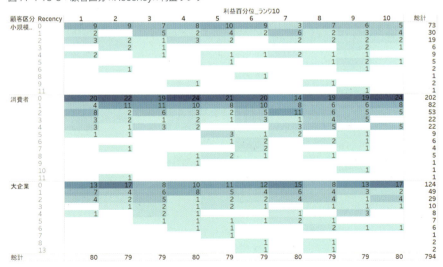

図11-4-15-5：顧客区分×Recency×利益ランク

初回注文日 × Recency

図11-4-15-6：初回注文日×Recency

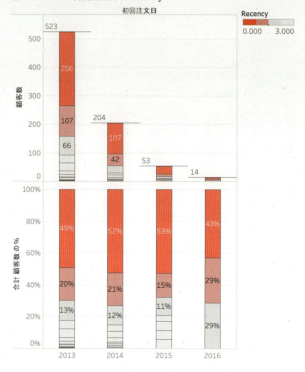

これらのVizから、次のようなことが読み解けます。

①初回注文(新規顧客)が伸びておらず、2013年の既存顧客に依存している(課題)。
②Frequencyは高いが利益が出ていない顧客が多い(課題)。
③Recencyが近い(最近注文があった)顧客数が多く、アクティブな顧客率が高い(強み)。

初回注文、Frequency、Recencyに絞って分析を深めていきましょう。

演習16：コホート分析

ここでは、コホート分析によって初回注文時期ごとの顧客定着を時系列で把握します。

ある属性を持つ顧客の集合を**コホート**と呼びます。コホート間で時系列の推移を比較し、コホートの特徴や性質を明らかにします。今回は初回注文時期でコホートを分け、時系列で顧客数の推移を視覚化します。

11-4 ステップ3：セグメンテーション

①ディメンション[オーダー日]を列シェルフ、メジャー [顧客数]を行シェルフに
ドロップ → オーダー日の四半期に変更。

図11-4-16-1：四半期顧客数

②ディメンション[初回注文日]を色にドロップ → 連続 に変更。

図11-4-16-2：連続に変更

図11-4-16-3：初回注文日別推移

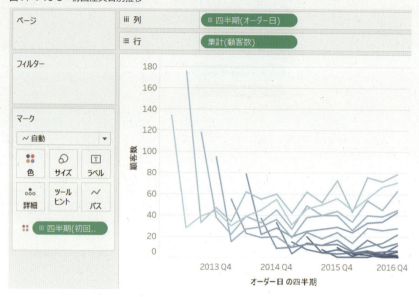

③初回注文顧客数に対する割合を集計。
　　行シェルフ の [顧客数] を選択 → 表計算の追加。

- 計算タイプ：割合
- 特定のディメンション：オーダー日の四半期
- 基準：最初の値

　を選択。

図11-4-16-4：表計算

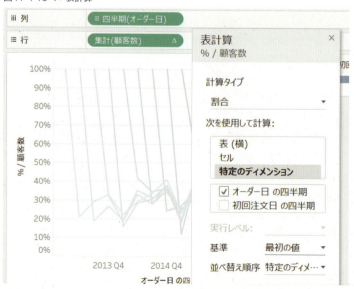

マークカードの色を編集。

- パレット：オレンジ－青の分化
- ステップドカラー：6

図11-4-16-5：色の設定

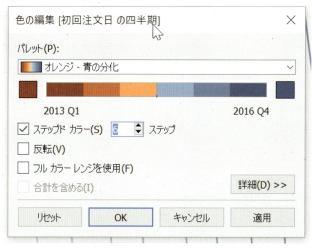

図11-4-16-6：トレンドの把握

初回注文時期が異なるコホートであっても、顧客数の増減トレンドが一致します。
初回注文時期という属性よりも、オーダー日の季節要因の影響が大きいことが分かります。

確認のため、初回注文から3Q後の顧客維持率を追加します。

④行シェルフの[顧客数]の計算式をコピーして、新しい計算フィールド[3Q後顧客維持率]を作成→行シェルフに追加。

図11-4-16-7：計算式のコピー

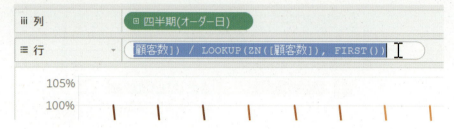

図11-4-16-8：計算フィールドの作成

```
3Q後顧客維持率
```

結果は計算された 表 (横) に沿って です。
```
IIF(
attr([初回注文からの経過期間])=3,
ZN(COUNTD([顧客 ID])) / LOOKUP(ZN(COUNTD([顧客 ID])),FIRST())
,null
)
```

> **Note**
> 初回注文から3Q経過した場合、先頭の顧客数(初回注文の顧客数)に対する割合を集計します。

⑤メジャー[3Q後顧客維持率]を行シェルフにドロップ → サイズや色を調整。

11-4　ステップ3：セグメンテーション

図11-4-16-9：顧客維持率

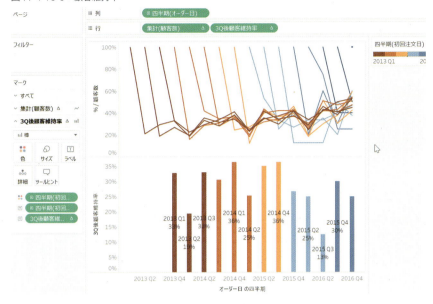

⑥メジャー[顧客数]をマーク[顧客数]のサイズにドロップ。

図11-4-16-10：サイズにドロップ

図11-4-16-11：完成

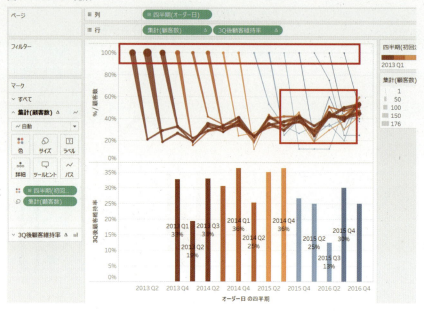

このチャートから、次のようなことが読み取れます。

- 初回注文顧客数が減っている（注文顧客数の年平均成長率でも同様の結果でした）。
- 顧客維持率が回復し、顧客が戻ってきている（Recencyが開いても商品やキャンペーンなどの訴求で回復が可能なのかもしれません）。

演習17：セグメントの要因分析

Frequencyランクが中程度なのに、利益ランクが低い顧客セグメントの要因を探ります。

図11-4-17-1：課題となるセグメント

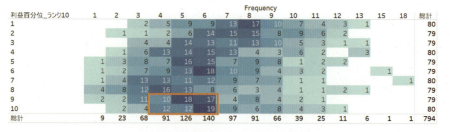

① 演習15の「利益ランク×Frequency」のシートを複製し、Frequency5と6のみをフィルター。

図11-4-17-2：フィルター設定

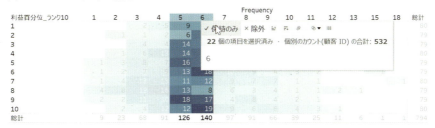

②計算フィールド[顧客単価]を追加して棒グラフを作成。

図11-4-17-3：計算フィールドの作成

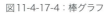

図11-4-17-4：棒グラフ

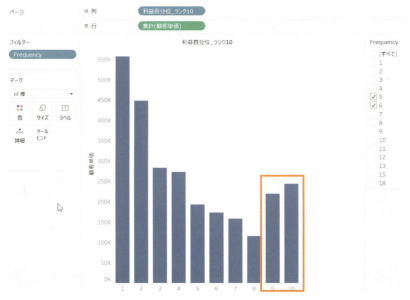

利益ランク1と2の上位と比較すると見劣りしますが、そこまで悪くはなさそうです。割引額はどうでしょうか？

③顧客あたりの平均割引額を求める。

図11-4-17-5：計算フィールドの作成

```
平均割引額
```

```
sum((売上/(1-zn([割引率])))-[売上])
/
[顧客数]
```

> **Note**
> 売上と割引率から元値を算出し割引額を求め、顧客数で除算し、顧客あたりの平均割引額とします。

図11-4-17-6：平均割引額

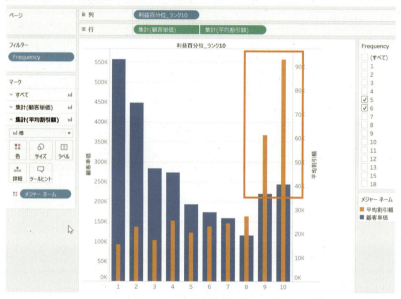

利益ランク9と10の平均割引額が突出して高く、利益を圧迫していることが分かります。ターゲティングの際は、過度な割引を控えることにします。

11-4-4 ドリルダウンして顧客理解を深める

これまでは、顧客属性のディメンションを中心に分析をしてきました。次は、顧客を属性ごとのグループで見るという視点から、顧客IDごとの視点にドリルダウンして分析してみたいと思います。視点を変え、「全体 → 属性グループ別 → 顧客別 → 全体」のように ズームイン とズームアウト を繰り返すことで、顧客理解を深めることができます。

- 累計利益TOP10の顧客は、どのように推移してきたのか？
- 累計売上TOP20の顧客は、どのように推移してきたのか？

——これらを、各顧客IDの単位で見ていきます。

演習18：累計利益TOP10顧客の軌跡

①[顧客ID]を[利益]上位10件でフィルター。

図11-4-18-1：フィルター設定

②「Ctrlキー」を押しながらディメンション[オーダー日][顧客ID]とメジャー[利益]を選択 → 表示形式 ライン を選択。

図11-4-18-2：フィールド選択

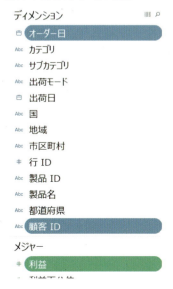

第11章 顧客分析

図11-4-18-3：ラインの選択

③累計利益を作成。

　　　メジャー [利益]を表計算で 累計に変更 → オーダー日 を四半期(不連続)に変更。

図11-4-18-4：累計利益

1位は ID石明-19885 、2位は ID 永凜-20545 になりました。

608

④行シェルフのメジャー[利益]をコピー して 表計算 のセカンダリ計算タイプ に ランク を追加。

今回は、四半期ごとにその時点での累計利益ランクを作成します。

図11-4-18-5：ランク作成

ランク を確認します。

図11-4-18-6：利益累計とQごとのランク

昇順の方が見やすいためランクの軸を編集してスケールを反転します。

図11-4-18-7：スケールを反転

マークタイプ を 円 に変更 → 利益 ランク のラベル に [顧客ID]をドロップ。

図11-4-18-8：マークタイプ変更

図11-4-18-9：ラベルにドロップ

図11-4-18-10：Vizの確認

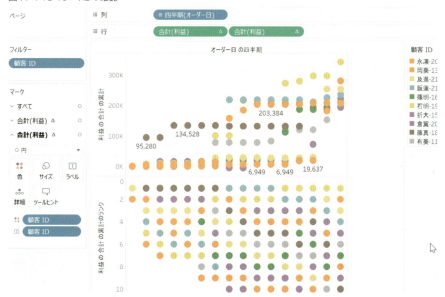

⑤ページシェルフ に オーダー日 をコピー。

図11-4-18-11：ページシェルフにコピー

ページカード の設定 を変更し 履歴 を表示。

履歴を表示するマークは[すべて]、表示は[両方]を選択 → 再生コントロールの「再生」を選択。

図11-4-18-12：ページの設定

図11-4-18-13：アニメーションの再生

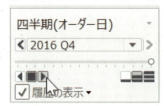

11-4　ステップ3：セグメンテーション

図11-4-18-14：アニメーション

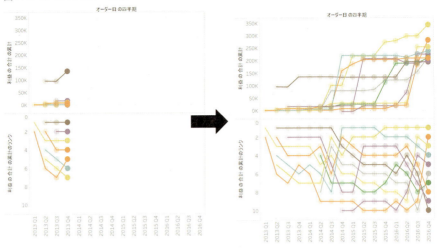

時系列に顧客IDごとの軌跡をアニメーションで把握することができます。

凡例の顧客IDを選択し、軌跡をハイライトすると、より明確に把握できます。

藤真-18820は1位から10位に下降してしまいました。

図11-4-18-15：ランキングの下降

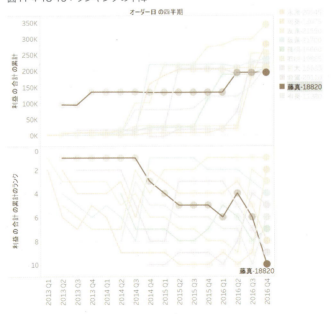

　この顧客をさらに深く分析することで、離反の要因や回避のヒントが得られるかもしれません。

演習19：累計売上TOP20の顧客の軌跡

次は、TOP20の顧客を5行×4列のパネルに並べて一度に表示してみましょう。少し難易度が高いですが、覚えてしまうと非常に有効なVizです（このVizは Panel chart や Trellis chart と呼ばれています）。

図11-4-19-1：完成Viz

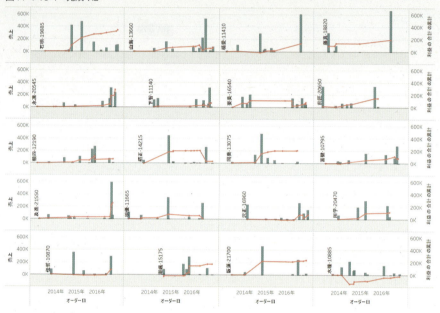

① パネルを並べるための計算フィールド[x]と[y]を作成。

図11-4-19-2：計算フィールドの作成[x]

```
x
```

結果は計算された 表 (横) に沿って です。
(index()-1)%(int(SQRT(size())))

図11-4-19-3：計算フィールドの作成[y]

```
y
```

結果は計算された 顧客名 に沿って です。
int((index()-1)/(int(sqrt(size()))))

② 売上TOP20の[顧客ID]をフィルター。

11-4 ステップ3：セグメンテーション

図11-4-19-4：フィルター設定

③マークの詳細にディメンション[顧客ID]をドロップ。
　　列シェルフに[x]、行シェルフに[y]をドロップ。
　　行シェルフ[y]を選択 → 次を使用して計算[顧客ID]を選択。

図11-4-19-5：表計算の設定

列シェルフ の [x] も同様に 次を使用して計算 [顧客ID] を選択 →顧客ID をラベルにドロップ。

図11-4-19-6：ラベルにドロップ

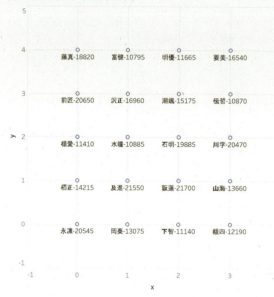

列シェルフ[x]と行シェルフの[y]をそれぞれ不連続に変更。

図11-4-19-7：不連続に変更

図11-4-19-8：クロス表

	x			
y	0	1	2	3
0	永凛-..	岡葵-..	下智-..	額四-..
1	栢正-..	及進-..	阪蓮-..	山海-..
2	楯愛-..	水瞳-..	石明-..	川学-..
3	前匠-..	沢正-..	潮颯-..	伝哲-..
4	藤真-..	富健-..	明優-..	要美-..

④右クリックしながらディメンション[オーダー日]をマークの詳細と列にドロップ。

図11-4-19-9：オーダー日をドロップ

列シェルフのオーダー日は連続かつ属性を選択。

第11章 顧客分析

図11-4-19-10：オーダー日の設定変更

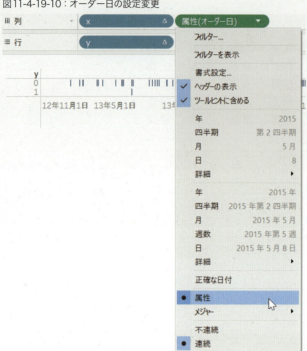

⑤ [x]と[y]の表計算を編集。

　　オーダー日 を追加 → 実行レベル 顧客ID に変更。

図11-4-19-11：表計算の設定 [x]

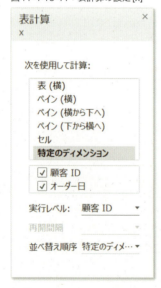

図11-4-19-12：表計算の設定 [y]

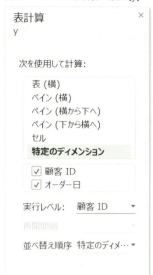

⑥顧客 ID を売上順にソート。

図11-4-19-13：売上降順ソート

図11-4-19-14：並べ替えの設定

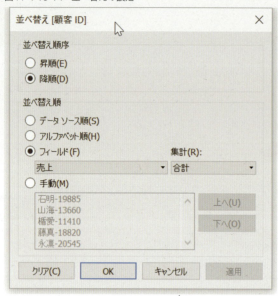

⑦行シェルフにメジャー[売上][利益]を追加→色を調整。
　[利益]を累計に変更して二重軸に。

図11-4-19-15：メジャーの追加

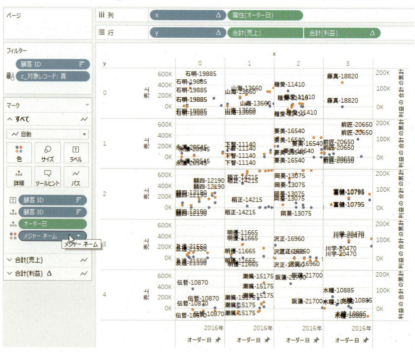

マークカードの色にメジャーネームが設定されると、線がつながらないため、除外します。

⑧不要なヘッダーを 非表示 → 利益ゼロ地点にリファレンスライン を追加 →色やサイズを調整して完成。

図11-4-19-16：完成

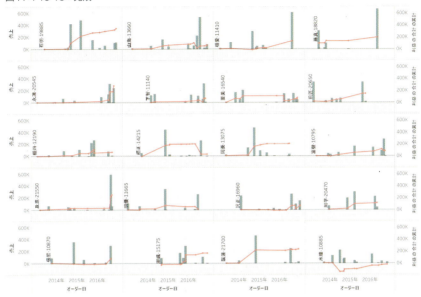

ポイント①
マーク の詳細 に [顧客ID] と [オーダー日] を加えて顧客IDごとにパネルが構成されるよう、計算対象を設定しましょう。

ポイント②
都道府県ごとの売上推移を一覧で表示する場合などにも、応用可能です。

11-4-5 セグメントの決定

これまでの分析を総括します。

- 初回注文顧客が減少している。
- Recencyスコアが高いアクティブ顧客が多い。
- 顧客区分[消費者]の利益規模が最大。
- Frequency 5以上に 割引により利益圧迫している顧客が多い。

第11章 顧客分析

- 初回注文時期による大きな顧客維持率の違いはなく、注文間隔が空いても回復する顧客が多い。

これらのことから、今回のセグメントを次の条件で定義してみました。

Recency	×3	[0],[1-7],[8以上]
Frequency	×3	[1-3],[4-10],[11以上]
顧客区分	×3	[小規模事業所],[消費者],[大企業]

セグメントのサイズ(顧客数)を確認してみましょう。

演習20：セグメント条件をディメンションに追加

①RecencyとFrequencyを条件ごとに分類するディメンション[R区分][F区分]を作成。

図11-4-20-1：計算フィールドの作成

R区分

```
if[Recency]=0 then 'HOT'
elseif [Recency]<8 then 'WARM'
else 'COLD'
end
```

図11-4-20-2：計算フィールドの作成

F区分

```
if[Frequency]<4 then '1-3'
ELSEIF [Frequency]<11 then '4-10'
ELSE'>=11'end
```

②検算

図11-4-20-3：検算

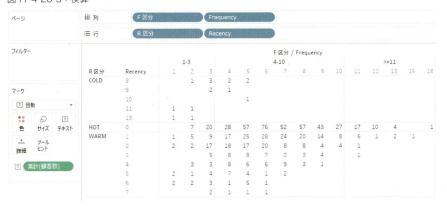

③ディメンション[R区分][F区分][顧客区分]でセグメント表を作成。
　新しいシートを作成 →「Ctrlキー」を押しながらディメンション [R区分] [F区分] [顧客区分] とメジャー [顧客数] を選択 →表示形式 ハイライト表 を選択。

図11-4-20-4：ハイライト表

ディメンションを入れ替えて完成。

図11-4-20-5：完成

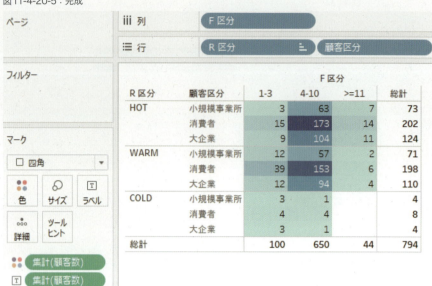

11-4-6 セグメントの集約

作成したセグメントを、いくつかのグループに集約します。

図11-4-B-2：セグメント集約の例

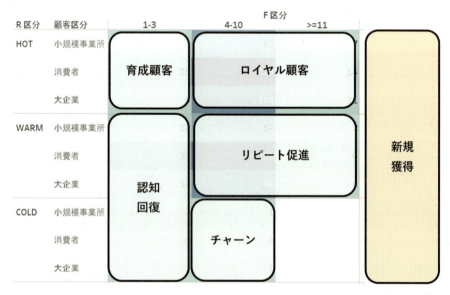

図11-4-T3：セグメント定義

セグメント名	定義
育成顧客	Frequencyは少ないが、直近に購入実績があるため成長が期待される顧客群。Frequency が増えるよう育成に取り組む対象となる
ロイヤル顧客	Recency/Frequency ともに 高スコア。ビジネスを支える最重要顧客群
認知回復	Frequency が上がる前に Recency が空いているため、顧客との関係が浅い可能性が高い。商品やサービスの認知を回復したい（もう一度思い出してもらいたい）顧客群
リピート促進	ロイヤル候補だが Recency が下がっているため、早急に対策が求められる顧客群
チャーン	離反してしまった顧客群
新規獲得	さらなる成長のために必須となる新規の顧客群。新規獲得を急ぎたいが、「育成顧客→ロイヤル顧客へのステップアップ」のプログラムが整備されていない段階ではムダが多いため、注意が必要。育成プログラムとセットで対策を実施したい

ポイント

セグメンテーションは一度きりのプロセスではありません。状勢に合わせて更新し、磨き込むことを前提としています。したがって、セグメント定義ができた段階で積極的に関係者と共有しましょう。異なる視野から新しく有効なディメンションを発見できるはずです。

11-5 ステップ4：ターゲティング

いよいよ、特定のセグメントに的を絞って施策を実行する段階です。ターゲティングセグメントの選定で考慮すべき点を挙げてみます。

- 顧客数の規模はあるか？施策効果にインパクトがあるか？
- 顧客に訴求する商品やサービスが明確になっているか？
- 顧客にアプローチする手段はあるか？時期は適切か？

今回はセグメント[リピート促進]に的を絞り、上記の点を確認しながらキャンペーンの計画を立てましょう。

演習21：ターゲットの規模を確認する

①セグメント定義に合わせてディメンションを集約。
　ディメンション[F区分][R区分]を結合してディメンション[RF]を作成。

図11-5-21-1：計算フィールドの作成

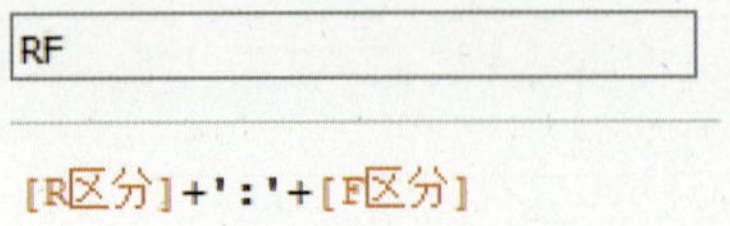

`RF`

`[R区分]+':'+[F区分]`

作成した[RF]を右クリック → 説明 → メンバー をコピー。

図11-5-21-2：メンバーのコピー

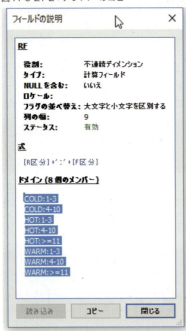

②コピーしたメンバーを使ってディメンション[セグメント定義ver1]を作成。

図11-5-21-3：計算フィールドの作成

セグメント定義ver1

```
case [RF]
when 'COLD:1-3'         then '認知回復'
when 'COLD:4-10'        then 'チャーン'
when 'HOT:1-3'          then '育成顧客'
when 'HOT:4-10'         then 'ロイヤル顧客'
when 'HOT:>=11'         then 'ロイヤル顧客'
when 'WARM:1-3'         then '認知回復'
when 'WARM:4-10'        then 'リピート促進'
when 'WARM:>=11'        then 'リピート促進'
ELSE 'その他'END
```

③検算

新しいシートを作成 → ディメンション[R区分][F区分][顧客区分]、メジャー[顧客数]でハイライト表を作成。

図11-5-21-4：ハイライト表

R区分	顧客区分	1-3	4-10	>=11
HOT	小規模事業所	3	63	7
	消費者	15	173	14
	大企業	9	104	11
WARM	小規模事業所	12	57	2
	消費者	39	153	6
	大企業	12	94	4
COLD	小規模事業所	3	1	
	消費者	4	4	
	大企業	3	1	

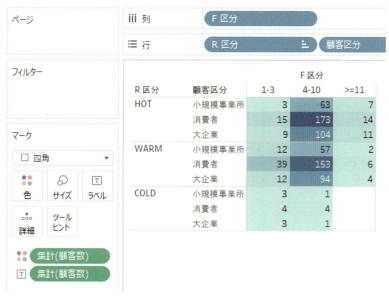

④色にディメンション[セグメント定義ver1]をドロップ。

図11-5-21-5：セグメント定義の確認

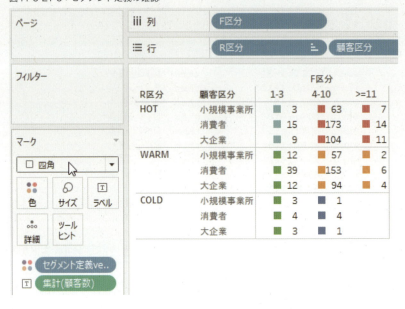

図11-5-21-6：集約セグメント

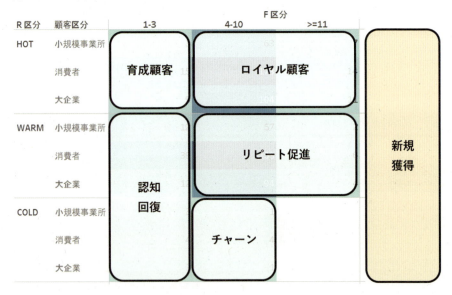

定義通り分類されました。

ポイント
　ディメンション同士の結合は、[結合済みフィールド]を利用することも可能です。

演習22：リピート促進の顧客数を確認する

①新しいシートを作成→「Ctrlキー」を押しながらディメンション[セグメント定義Ver1]、メジャー[顧客数] [利益]を選択 →表示形式ツリーマップを選択。

図11-5-22-1：フィールドを選択

図11-5-22-2：ツリーマップ

②メジャー[顧客ID]と[利益]をラベルにコピー。

図11-5-22-3：ラベル表示

ターゲットである リピート促進 の規模が 顧客数、利益インパクトともに充分であることが分かりました。

11-5-1 キャンペーンを企画する

キャンペーンで訴求する内容は、お得感、限定感、希少性、など様々なケースがあります。

今回は、ロイヤル顧客から支持されている製品を中心に企画したいと思います。次の点を考慮して製品を選定します。

- カテゴリが偏らないようにする（幅広く提案したいため）。
- 直近1年以内に注文実績がある（定番または鮮度の高い製品を提案したいため）。
- 赤字製品は除外する（過度な割引で赤字の顧客群が確認されたため）。
- 注文から出荷まで4日以内に手配できる（早くに製品を届けたいため）。

演習23：ロイヤル顧客の注文実績からキャンペーン対象製品を選定する
①選定の考慮点をフィルター条件に加える。
　　ディメンション[出荷手配期間判定]を作成。

図11-5-23-1：計算フィールドの作成

```
出荷手配期間判定

max(DATEDIFF('day',[オーダー日],[出荷日]))<=4
```

新しいシートを作成し、条件をフィルターに追加する。

図11-5-23-2：フィルターの設定

図11-5-23-3：利益の最小値設定

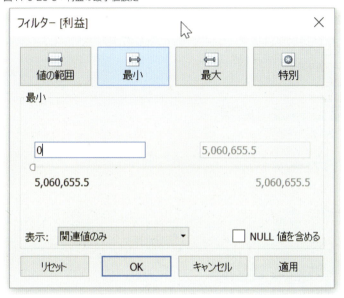

②顧客数と利益の散布図を作成。

「Ctrlキー」を押しながらディメンション[製品名]、メジャー[利益][顧客数]を選択 → 表示形式 散布図 を選択 → フィールド[サブカテゴリ]を 色 にドロップ。

図11-5-23-4：フィールド選択

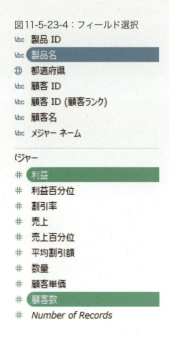

図11-5-23-5：色へドラッグ

　　顧客数が2以上、利益が25K以上 範囲 をドラッグし、製品 を選択（18製品が選択されます）。

図11-5-23-6：製品の選択

範囲選択された製品の中から 1 つ のマークにマウスを合わせて セットの作成。

図11-5-23-7：セットの作成

名前 [キャンペーン対象製品1次] を入力 → フィルターシェルフに追加 を選択。

図11-5-23-8：セットの作成

図11-5-23-9：完成

7つのサブカテゴリ、18製品が選定されました。

演習24:キャンペーン対象製品を絞りこむ

キャンペーン対象となるセグメント[リピート促進]の顧客のうち、キャンペーン対

象製品やそのサブカテゴリを注文したことのない顧客数は、どのぐらいのボリュームになるでしょうか？

①メジャー[セグメント顧客数][セグメント×サブカテゴリ顧客数]を作成。

図11-5-24-1：計算フィールドの作成

セグメント顧客数

{FIXED [セグメント定義ver1]:[顧客数]}

図11-5-24-2：計算フィールドの作成

セグメント×サブカテゴリ顧客数

{FIXED [セグメント定義ver1],サブカテゴリ:[顧客数]}

②ディメンション[セグメント定義ver1]をドロップ→[リピート促進]を選択。

図11-5-24-3：フィルター設定

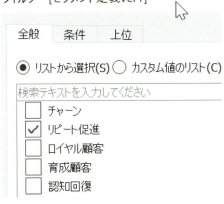

③セット[キャンペーン対象製品1次]をフィルターにドロップ。

図11-5-24-4：フィルター設定(SET)

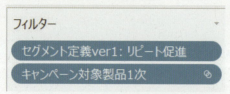

④「Ctrlキー」を押しながら、
　　ディメンション[セグメント定義ver1] [サブカテゴリ] [製品ID]
　　メジャー[セグメント顧客数] [セグメント×サブカテゴリ顧客数] [顧客数] [利益]
を選択 → 表示形式 テキスト表 を選択。

図11-5-24-5：テキスト表の作成

　セグメント顧客数、サブカテゴリごとの注文済み顧客数、対象製品の注文済みの利益、顧客数 を把握できます。リピート促進の顧客（316）のうち、サブカテゴリ椅子が既に（221）顧客に注文されています。

⑤サブカテゴリから利益が高い製品を一つずつ選択。

　「Ctrlキー」を押しながら 製品名 を選択 → セット[キャンペーン対象製品2次]を作成。

11-5　ステップ4：ターゲティング

図11-5-24-6：セットの作成

サブカテゴリ	製品名	セグメント×サブカテゴリ顧...
アプライアンス	キッチンエイド 冷蔵庫, 白	144
	キッチンエイド コンロ, シルバー	144
	ブレビル 冷蔵庫, 黒	144
コピー機	HP ファックス, デジタル	161
	シャープ 家庭用コピー機, 赤	161
	ブラザー ファックス, デジタル	161
	ヒューレット・パッカード コピー機, カラー	161
椅子	Hon 肘掛け椅子, 2つセット	221
	Novimex ロッキング チェア, 赤	221
	SAFCO 肘掛け椅子, 調整可能	221
	Harbour Creations 折り畳み式の椅子, 調整可能	221
電話機	サムスン スマートフォン, 大容量パック	165
付属品	ロジクール ルータ, プログラミング可能	170
本棚	Sauder クラシック スタイルの本棚, 黒	153

図11-5-24-7：セット名の入力

第11章 顧客分析

図11-5-24-8：完成

セグメント定...	サブカテゴリ	製品名	セグメント×サブカテゴリ顧...	セグメント顧客数	顧客数	利益
リピート促進	アプライアンス	キッチンエイド 冷蔵庫, 白	144	316	4	6,658
	コピー機	HP ファックス, デジタル	161	316	2	42,930
	椅子	Hon 肘掛け椅子, 2 つセット	221	316	7	137,783
	電話機	サムスン スマートフォン, 大容量パック	165	316	3	30,420
	付属品	ロジクール ルータ, プログラミング可能	170	316	1	6,136
	本棚	Sauder クラシック スタイルの本棚, 黒	153	316	1	5,830

キャンペーン対象製品が決定しました。あとは実行あるのみです！

Column　分析スループットを高める

　単位時間あたりの処理能力、アウトプット量のことを「スループット」と呼びます。Tableauは、高い操作性とVizQLなどの優れた技術によって分析スループットが圧倒的に高い分析ツールだと思います。売上TOP3の製品を把握するというシンプルなVizならば、1分もかかりません。挑戦してみましょう。
　まず、完成Vizを示します。

図11-5-A-1：完成 Viz

カテゴリ	売上の..	2013	2014	2015	2016
家具	1	Hon 肘掛け椅子, 2 つセット	Novimex 肘掛け椅子, 調整可能	Hon 肘掛け椅子, 調整可能	Office Star 肘掛け椅子, 赤
	2	Barricks 会議机, 長方形	Barricks 会議机, 黒	Sauder クラシック スタイルの本棚, 従来型	Chromcraft 会議机, 長方形
	3	Hon 会議机, 長方形	Hon 肘掛け椅子, 調整可能	Harbour Creations 肘掛け椅子, 赤	Lesro 丸型テーブル, 組み立て済み
家電	1	シスコ 充電器, 青	モトローラ 充電器, 大容量パック	シスコ 充電器, フル サイズ	アップル 充電器, 大容量パック
	2	ノキア 充電器, 大容量パック	アップル 充電器, 大容量パック	アップル 充電器, フル サイズ	ノキア 充電器, 青
	3	ノキア 充電器, 各種サイズ	シャープ 無線ファックス, デジタル	シスコ 充電器, 各種サイズ	モトローラ 充電器, フル サイズ
事務用品	1	フーバー コンロ, シルバー	ブレビル 冷蔵庫, シルバー	クイジナート コンロ, 白	フーバー コンロ, 白
	2	キッチンエイド コンロ, 赤	ハミルトンビーチ 電子レンジ, 白	ブレビル 冷蔵庫, シルバー	キッチンエイド コンロ, シルバー
	3	フーバー コンロ, 赤	ブレビル コンロ, 白	ハミルトンビーチ 冷蔵庫, 白	ブレビル 冷蔵庫, 黒

（オーダー日）

①新しいシートを作成 → 製品名 を 詳細にドロップ。

11-5　ステップ4：ターゲティング

図11-5-A-2：詳細にドロップ

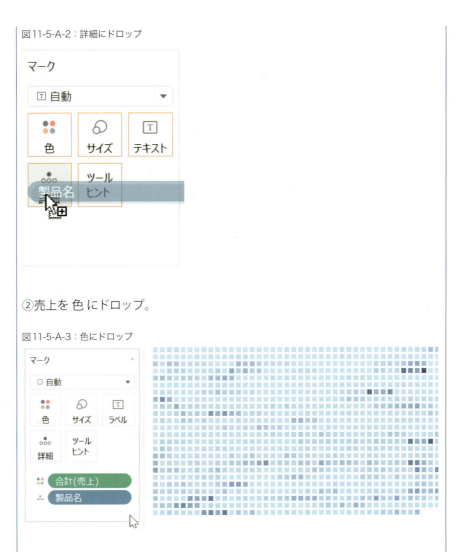

②売上を色にドロップ。

図11-5-A-3：色にドロップ

③売上に表計算を追加。

図11-5-A-4：表計算の追加

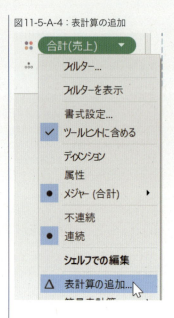

④計算タイプ：ランク 特定のディメンション：製品名 を選択。

図11-5-A-5：表計算の設定

⑤売上 を フィルター にドラッグ → 最大 3 を入力。

11-5 ステップ4：ターゲティング

図11-5-A-6：フィルターの設定

図11-5-A-7：フィルター最大値の設定

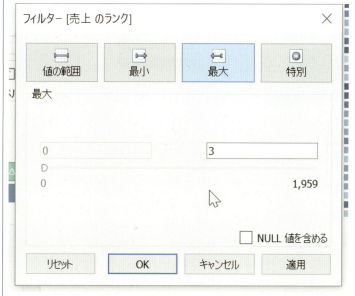

図11-5-A-8：作成途中のViz

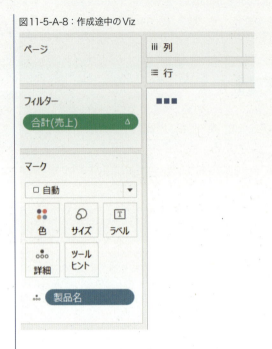

⑥ フィールド[オーダー日]を列シェルフ、[カテゴリ]を行シェルフにドロップ。

図11-5-A-9：ディメンションのドロップ

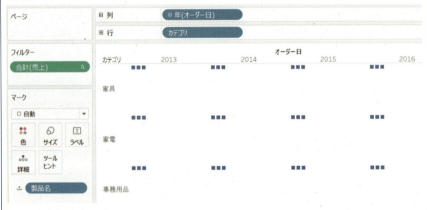

⑦ 「Ctrlキー」を押しながらフィルター [売上] を行シェルフにドロップ → 不連続に変更。

11-5 ステップ4：ターゲティング

図11-5-A-10：メジャーのドロップ

図11-5-A-11：不連続への変更

⑧「Ctrlキー」を押しながら 製品名 を ラベルに コピー。

図11-5-A-12：ラベル表示

第11章

643

第11章 顧客分析

図11-5-A-13：セルサイズの拡大

カテゴリ	売上の..	オーダー日			
		2013	2014	2015	2016
家具	1	Hon ..	Novi..	Hon ..	Offic..
	2	Barr..	Barr..	Sau..	Chro..
	3	Hon ..	Hon ..	Harb..	Lesr..
家電	1	シスコ..	モトロ..	シスコ..	アップ..
	2	ノキア..	アップ..	アップ..	ノキア..
	3	ノキア..	シャー..		
事務用品	1	フー..	プレ..		
	2	キッチ..	ハミル..		
	3	フー..	プレビ..		

✓ 保持のみ ×

カテゴリ:
制品名・

　一つのセルを選択 →「Ctrlキー」を押しながら カーソルの [→] を入力（セル幅
が広がります）→「Ctrlキー」を押しながら カーソルの [↑] を入力（セル高が広が
ります）。

　完成です。四半期やサブカテゴリへのドリルダウンも一瞬です。

図11-5-A-14：応用Viz（四半期ドリルダウン）

| 列 | 日 年(オーダー日) | 田 四半期(オーダー日) | | | |
| 行 | カテゴリ | サブカテゴリ | 合計(売上) △ | | |

カテゴリ	サブカテ..	売上の..	Q1	Q2	Q3	Q4	Q1
					2013	オーダー日	
家具	テーブル	1	Barricks 会議机, 黒	Hon 会議机, 長方形	Barricks 会議机, 長方形	Chromcraft 会議机, 長方形	Hor
		2	Hon 丸型テーブル, 白	Barricks コンピュータ用机, 白	Lesro コンピュータ用机, 長方形	Bevis 木製テーブル, 組み立て済み	Bar
		3	Hon 丸型テーブル, 黒	Barricks コーヒー テーブル, 組み立て済み	Lesro 会議机, 組み立て済み	Chromcraft 木製テーブル, 白	Bev 組み
	椅子	1	Hon 肘掛け椅子,調整可能	Harbour Creations 肘掛け椅子, 黒	Hon 肘掛け椅子, 2つセット	Hon 肘掛け椅子, 黒	Nov
		2	Novimex 肘掛け椅子, 赤	Office Star 肘掛け椅子, 赤	SAFCO 肘掛け椅子, 黒	Novimex 肘掛け椅子, 黒	Off
		3	Hon ロッキング チェア, 黒	Hon スツール, 黒	Office Star 肘掛け椅子, 黒	Office Star 肘掛け椅子, 黒	Hor つセ
			Deflect-O フレーム,				

　Tableau操作を習得することで分析スループットを高め、意思決定のスピードや分析
生産性を高めましょう。

第4部　Tableauユーザー事例

第12章
ドワンゴ

ここがポイント

- 共通基盤開発部 数値基盤セクションという部署が、全社の数字を集めて、ビジネスユーザーが使いやすいように整備し、Tableauによる分析方法までをサポートしている。
- 「Tableau講座」を動画でつくり、「ニコニコ動画」にアップしている。
- Tableau Softwareのトレーニングビデオを見たり、ネットで調べたりしたことを自身で実践することによりTableauをマスターしてきた。

第12章 ドワンゴ

> 「インターネットにおける総合エンターテインメント企業」として、「ニコニコ動画」や「ニコニコ生放送」、オンラインネットワークゲームなどの様々なコンテンツを提供しているドワンゴ。基盤開発本部 共通基盤開発部 数値基盤セクションの吉田美奈子さんにお話をお伺いしました。

吉田さん

Q Tableauを使い始めたきっかけは何ですか？

　　自分が今の仕事についたときには、もうTableauがあったので、当社がどのように使い始めたのかは良く分かりません（笑）。Tableauを導入したのは、2015年4月ではないかと思います。私は入社してから、課金回りのシステム開発をしていたのですが、その年の7月に今の部署に異動してきました。そうしたら、当時の先輩から、「とにかく1ヶ月でTableauを覚えなさい」と言われて。どうやら4月から6月にかけてTableauを社内で広めようとしたのが、うまく行かなかったようです。そこで、チームにあとから入ってきた私にまずは覚えさせようとしたようです。それ以来、私は社内でTableauの利用を広める役割を負っています。

Q 吉田さんのいらっしゃる「共通基盤開発部 数値基盤セクション」というのはどのような部署ですか？

　　ビジネスユーザーなどが使いやすいように、各部門が扱っている数値を収集・蓄積・

加工し、分析や可視化のお手伝いをする部署です。この部署は、エンジニアだけがいる部署で、ログなどのデータを管理する「コア」のグループと、そのデータを活用できるようにする「データフロー」のグループに分かれます。私は後者に属しています。

Q すると、吉田さんはビジネスユーザーを支援する役割のエンジニアということですね。どのような分析案件を扱うことが多いですか？

広告営業や、コンテンツ営業、予算配分、IR（投資家向け広報）関係といったところでしょうか。Excel ユーザーからの相談が多いです。Excel で分析していたけれども、それをさらに可視化したいとか、レポート作成の繰り返しを省力化したいといったことですね。自動で毎日レポートを更新したいという場合は、ある程度、私の部署で対応させてもらっています。個別の分析の場合は、ビジネスユーザーにやってもらっています。

Q 相談を受けて、うまく行かないようなことはありますか？

「データが3つあって、それを統合して分析したい」といったことは、どちらかというと Tableau 以前のデータ整備の問題なので、Tableau だけではなかなか有効に解決できないケースが多いと感じています。また、細かくて手がかかる Excel の分析は、Tableau にしても楽にならないケースがありますね。Tableau は「もう少し軽く」と言いますか、まずはざっとグラフ化して全体の傾向をつかんだりするところから使うツールだと思っています。

Q 吉田さんの仕事はだいぶ認知されてきましたか？

「Tableau というのがあるらしいね」と声をかけられることは増えてきました。技術面の細かいところからサポートしています。当社の場合は、Tableau は完全に草の根で広がっています。利用者が増え、流れが大きくなっていくかがポイントだと思います。

Q Tableau Desktop のライセンスは、吉田さんの部署が一括で買い、ビジネスユーザーに配っているのですか？

ライセンスは各部署で買っていますが、その管理は私の部署でしています。現在、管理しているライセンスは40くらいです。私の部署では多めに買っており、購入前のお試し用として各部署に貸し出しています。余っている限りは貸し出しますが、足りない場合は、待ってもらっています。あとはプロジェクトの優先順位次第です。使っていなければ返してもらうこともあります。Tableau Server のログを見れば、使っているかどうかは明らかに分かりますので。

> **Q** 社内で広めるために頑張っていらっしゃると聞いたのですが、取り組みを紹介していただけますか？

週に一度、「分析者の会」を開いています。出席者の基礎的な力は上がってきたと思うのですが、人数が増えてくると、力の差が出てくるようになりました。

あとは、「Tableau講座」を動画で作り、「ニコニコ動画」にアップロードしています。ある日、KADOKAWAでもTableauを使っているということで、一緒にトレーニングをすることになったのですが、カリキュラムにする必要があったのと、KADOKAWAとドワンゴで共通で見られる基盤がなかったので、動画にしたものを、まとめて「ニコニコ動画」に載せることにしたのです。これは一般の方でも見られます。この動画を作ったら、問い合わせは減りました。「動画を見てください」と答えることもできるようになりました。

図12-1：「ニコニコ動画」の「Tableau講座」

本当は、もっと突っ込んだ内容も網羅したいと思い、盛り込みたい機能のリストは作ってあるのですが、対応できていません。例えば、データ接続の部分で、「Tableau抽出ファイルに行を追加する」といった細かい機能も入れたいです。使いますので。

それから、当社の13階には、Tableauで作ったダッシュボードを大画面で表示している場所があります。一般の人でも見られる場所にあるので、別途用意した対応表を使わないと、何を示しているか分からないようにしていますが。

Q 「Tableauを使うことで仕事がうまく行った」などと言われたことはありますか？

はい。以前、KADOKAWAとドワンゴの合同説明会が両国国技館であったのですが、そのときに資料をTableauで作ったら、ささっとできた、と言われたことがあります。

Q 吉田さん自身は、Tableauをどのようにマスターしましたか？

分からないことがあれば、ネットで調べました。Tableau Publicや、ネット上の記事・ブログ、Tableau Softwareのトレーニングビデオを見たりもしました。英語は得意ではないですが、技術的な用語は大体理解できますので。3週間くらいで中級の「LOD関数」くらいまではたどり着きました。

Q つまずいた点はありましたか？

まず、日付の取り扱いや、「表示形式の設定の仕方」が難しかったです。あとは、「連続」と「不連続」の理解ですね。「LOD関数」でもつまずきました。その何ヵ月かあとには、計算の「詳細」の概念でつまずきました。簡易表計算にも。

Q 簡易表計算はどのようにして克服しましたか？

自分たちが普段扱っているデータで、いろいろ試しました。「ニコニコ動画」の数字であれば、どれくらいの数字が正しいかが肌感覚で分かるので。あとは、別途、Excelで集計した数字とつき合わせて、合っているかを確認しました。

Q 他の会社でも、「私はExcelを使う前にいきなりTableauでの分析を始めました」という方がいて、時代が変わったなあと思いました。大学ユーザー会へのインタビューでも、「学生、特に文系の学生は案外Excelを使っていない」という話が出たのですが、そのようなものですか。

私は理系出身ですが、同じです。PCはプログラミングなどに使っていましたので。

Q 想像以上にユーザーが自分で学んでいって、吉田さんを超えたようなケースはありますか？

あります。その人は、Tableauの使い方も広め方も上手いです。あるセクションのマネージャーで、以前はExcelを使っていたのですが、セクション内での数値報告・共有をすべてTableauにし、それをまとめるようにしたのです。

Q 吉田さんのように、3ヶ月で新しくTableauマスターを育てなくてはいけないとしたら、どうしますか？

まずは自分でつまずかないと分からないと思います。しかし、そのときに手助けし

てあげられるような動画といったものがあればいいのではないでしょうか。

Q Tableauに対する今後の要望はありますか?

「クロスデータベースジョイン」（複数のデータベースなどにまたがってテーブル結合する機能）など、Tableauも進化を遂げていますが、複数のデータを混ぜ合わせて分析するための機能が、一層充実してくれればと思っています。

第13章
Yahoo! JAPAN

ここがポイント

- 社内で内製したダッシュボードツールだけでは、社内のビジネスユーザーやアナリストの細かな分析の要望や、つねに変化する組織やサービスを利用するユーザーのニーズなどに対応するのは難しいと感じ、Tableauの導入を決めた。
- 「Tableauによるデータの可視化」と同時に、社内ユーザーがデータの構造を理解し、分析を効果的に行えるよう、データに対する要件のヒアリングと、目的に合ったデータマートの作成をしている。
- 社内でTableauを広めていくためには、まず内製のツールや表計算ソフトなどで集計やレポートを繰り返し行う業務が苦痛だと考えている人をターゲットにすること、そして可視化や分析のフレームワークなどを学び、Tableauだからこそできる分析を追求することがキーだと考えている。

第13章 Yahoo! JAPAN

> 100以上のサービスを提供しているYahoo! JAPAN。約6,000人の従業員を抱えるインターネットの企業がどのようにTableauを使おうとしているのか、データ＆サイエンスソリューション統括本部 データサービス本部の寺田幸弘さん(リーダー)と平林和也さんにお話を伺いました。

寺田さん(左)と平林さん(右)

Q Tableauを使い始めたきっかけは何ですか？

平林さん 私のいる「データ＆サイエンスソリューション統括本部」では、内製したダッシュボードツールを全社向けに提供していますが、それだけではニーズに応えられなくなってきました。そこで、何かいいツールがないかを探していたところ、Tableauが候補にあがり、数ライセンス買ってみたのが始まりです。

Q 内製したツールでは、どのようなニーズに応えられなかったのですか？

平林さん 当社では、100以上のサービスを提供していますが、サービスごとに、見る指標も、見る人も違います。内製のダッシュボードは、どのサービスでも見るような汎用的な指標を可視化することに特化しているため、ビジネスユーザーやアナリストといった社内ユーザーの「ここを深掘りして見たい」というニーズに応えられませんでした。その都度、「新たに開発してほしい」といった要望に応えていくのは難しく、その後の運用も課題になります。そこで、「ニーズに柔軟に対応できるツールはない

だろうか」ということになったのです。

Q Tableauを導入してみて、どうでしたか？

平林さん　最初は使い方が分からなかったですね。ハンズオン（手を動かしながらのトレーニング）をTableau Softwareに3回ぐらい実施してもらって、「いいかもね」という感じになってきました。ただ、「Tableauで分析するためのデータマート（目的に応じて切り出したデータセット）の整備」と、「Tableauによる可視化」の二つに取り組んではじめて、少しずつ広まるかなと思いました。

Q ということは、データマートは今までと同じで、ダッシュボードだけをTableauに置き換えたのではなく、データマートも作り変えたのですね？

平林さん　そうです。Tableauのいいところは、ユーザーが様々なデータに自分で接続して分析できるところです。しかし、ユーザーが、扱うデータの構造を理解できていなくてはなりません。まず、そこを私たちがお手伝いする必要がありました。ユーザーが「このような分析をしたい」と相談してきたら、データに求められる要件をヒアリングします。そして、必要に応じて情報システムとも連携しながら、データマートを作ります。最初はビジネスについて分からないことも多かったので、ユーザーの中に入り込んで、要件を聞きながら作っていたのですが、最近は私たちから提案できるようになってきました。

Q それでは、寺田さんと平林さんの部署は、情報システムでもなく、ビジネスユーザー側でもないということですね。

平林さん　はい。私たちのミッションは、全社のデータを集めて分析用のプラットフォームを作る仕事と、実際に社内ユーザーとともに分析手法を用いる仕事の両方です。「データサイエンティスト」ともちょっと違いますね。

Q どのような形で相談が持ち込まれて、どう対応していますか？

寺田さん　「このようなデータが見たい」とか、「上の人から依頼されたのだけど」といった形で相談が持ち込まれますので、まずはデータがあるかを確認し、あれば、データマートを作ります。そのあとは「一緒にやりましょう」ということで、可視化まで進めます。

Q ビジネスユーザーがTableau Desktopを使って自分で分析するのですか？

寺田さん　基本的には「ユーザーに分析してほしい」と思っていますが、私たちが分析することもあります。初心者ユーザー向けには勉強会も開いていて、中級者や上級者向けも準備しているところです。

第13章 Yahoo! JAPAN

Q データの準備でつまずいたことはないですか？　様々なシステムのデータに共通のキーがなくて、結び付けられないといった話はないですか？

寺田さん　基本的に社内の分析環境は整備されているので結び付けられないケースは少ないです。ただ、いろいろなサービスのデータを見ていると課題は多いです。よくあるのは、分析に必要な過去のデータが溜まっていないなどです。サービスの運用に必要なデータは最低限しかないことが多いので、それをそのまま分析するのではなく、サービスの分析に必要なデータは何かをきちんと考えてデータを落とす必要があると思います。

Q ほかにTableauも含めて、つまずいたことはありますか？

寺田さん・平林さん　まだTableauの良さを引き出せていないという感じはしています。「表計算ソフトの高級版」という捉え方しかできていない部分があるので、もっと可視化や分析のフレームワークを学んで、ユーザーがTableauならではの分析をできるようにしたいです。いまは個別の分析や可視化の要望に応えているといった感じで、できたものも見た目は表計算ソフトとあまり変わりません。表面的な要望を捉えるのではなく、ユーザーが「本当に何を求めているのか」を理解して、適切な解決法を提示できるようになるといいですね。

Q Yahoo! JAPAN全体では、他のBIやダッシュボードツールも使っているようですが、なぜTableauを使っていこうとしているのですか？

寺田さん　SQLを書かずに、社内のビジネスユーザーやアナリストが簡単にインサイト（気づき）を得られるようなツールが欲しかったのです。SQLを書く必要がある環境だとハードルが高いため、どうしてもエンジニアが依頼を受けて集計するということになりがちです。それではエンジニアのリソースが逼迫しますし、データを見たい人とデータを出す人が異なると必ずコミュニケーションコストが発生してしまいます。要件が固まっていれば、あらかじめエンジニアが既存のツールでダッシュボードを作りこむのでも良いのですが、当社ではそうもいきません。組織も変わりますし、サービスを利用するユーザーのニーズも変わります。突然「隕石が飛んできて」、ビジネス環境が大きく変わってしまったりすると評価指標も変わったりします。なので、臨機応変、つまり「アジャイル」に対応できるようなツールでないと、当社では「PDCAサイクル」を回すのに苦労します。この点が、Tableauが当社に適していると感じる理由です。

Q Tableau Desktopのライセンスはどのように付与していますか？

寺田さん　いくつかライセンスを買ってプールしています。ユーザーから要望があれば、それを振り出してお試しで使ってもらい、3ヶ月や半年経って、それ以上使うようでしたら、ユーザーの部署で買ってもらって、貸したライセンスは返してもらいます。

これを繰り返しながらTableauを利用する部署を少しずつ広めています。ダッシュボードのパブリッシュ（Tableau Serverへのアップロード）のためだけに使っているユーザーもいるようですが。

Q 「社内に広めていくにはどうすればいいのだろう」と困っている他社ユーザーもいるのですが、アドバイスはありますか？

寺田さん・平林さん　単純にTableauを配ってもうまく行かないかもしれないですね。「すごい分析ツールがありますよ」と言うだけではダメです。トレーニングでは「これいいね」となっても、部署に帰ったら、今までどおりの表計算ソフトでの仕事になってしまい、ライセンス料に見合うだけの使用ができないケースは良く聞きますよね。

同じようなレポート業務を繰り返しているような人が、Tableauでそれを効率化し、空いた時間を他のことに使うことに価値を見出してくれればいいのですが。まずは、そのような高い意識を持っていたり、「困っている」と感じていたりする人にどのように広めるかを考えた方がいいと思います。そのような人が半数を超えてくれば、大きな流れになるでしょうね。当社では予算も意思決定もサービスの内容も部門ごとに異なるため、「トップダウンで使わせる」というやりかたは難しいです。なので、時間をかけてやっていくしかないと思います。

それから、正確な情報を伝えていくことも大事だと思っています。社内ユーザーの間で、「Tableauとはこういうもの」という、あまり正確でない解釈がメモとして残っていたり、特定の部門で独自で決めたルールなのに、あたかも「Tableauではこういうことはできない」と誤解されていたりするケースもありました。導入する側はそういったことも気をつける必要があると思います。

Q Tableauに足りないところはありますか？

寺田さん　データの「ガバナンス」についての機能でしょうか。データをもっと安心かつ積極的に活用してもらうためには、どこにどのような構造を持ったデータがあるのか、さらにそのデータがどのように活用されているのか、誰もが分かるような「データカタログ」が必要ですね。また、何でもTableauに処理させるのではなく、ある程度のデータの整理はTableauに行く前の段階で済ませておくなど、負荷分散も必要になります。その点、分析に入る前の「足回り」の部分の製品は、どれが良いのか世の中的にもまだ決着がついていない気がします。2016年のアメリカでのTableau Conferenceで、近い将来「Maestro」というETLツール（データの抽出、変換、ロードを行うツール）が出てくることが発表されましたが、どうなりますかね。

また、今のTableau Serverの管理画面にあるダッシュボードだけではサイト間の利用状況が把握し辛かったので、Tableau Server内にあるデータを利用して独自の管理ダッシュボードを作成しました。いくつか紹介します。

　図13-1は、Tableau Serverのサイトごとに、「何人のユーザーが登録されているか」という「アカウント管理ダッシュボード」です。データはダミーです。

図13-1：アカウント管理ダッシュボード

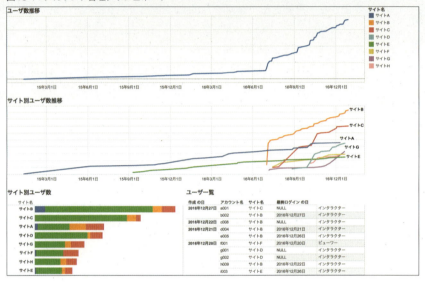

図13-2：アクセス履歴ダッシュボード

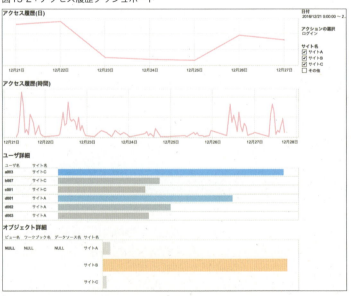

図13-2は、サイトごとのユーザーのアクセス履歴を示したダッシュボードです。日ごと、時間ごとにアクセス数がどのように変化しているか、そして、誰がどのサイトに多くアクセスしているかが分かるようになっています。

図13-3は、Tableau Serverに負担をかける、Tableauの抽出ファイルを作成するタスクが、どのようなタイミングで走っているかを確認するためのダッシュボードです。

図13-3：抽出タスクダッシュボード

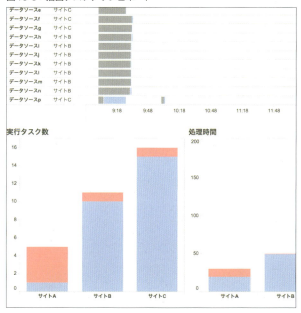

第14章
グッデイ
（嘉穂無線ホールディングス）

ここがポイント

- 社長がデータ分析のための環境整備の必要性を感じ、他のソフトウェアを使って模索していたとき、地元のIT企業からTableauを紹介された。その後、急速にTableauの社内展開を進めている。

- 「経営に積極的にITを活用すべき」という考えで、社長が自らTableauで分析している。土曜日の店舗回りで、Tableau DesktopをインストールしたPCを社長が持ち込み、店長と議論している。店長から挙がってくる疑問やアイデアをその場で取り込み、レポート開発している。

- 会議も、まずデータを示すところから始めることにより、単なる意見の言い合いや対立での場ではなく、本当に議論をする場に変化してきている。

- 取引先とのデータ分析の共有も進めており、データを使って取引先との対面チェックができるような仕組みを作ろうとしている。

- 本格的なシステム開発ではなく、Tableauによって「システムのようなもの」を機動的に使うことで、費用対効果を高めようとしている。

第14章 グッデイ（嘉穂無線ホールディングス）

> 九州でホームセンター・グッデイの展開をしている嘉穂無線ホールディングス。2015年4月に社長（当時は副社長）用にTableau Desktopを1ライセンス購入したところから始まり、その3ヵ月後にはTableau Serverを導入、その後、人事総務部や財務経理部でTableau Desktopを導入したほか、店舗運営や商品に関する報告もTableauで行うようになりました。2016年8月には、Tableau Softwareとのパートナー契約を結び、9月には「GooDay Data Link」という仕入先向けのデータ分析共有システムを対外発表しました。そのように、かなり早いペースでトップダウンでのTableau導入を進めている嘉穂無線ホールディングスですが、代表取締役社長の柳瀬隆志さんとシステム部長の光嶋章さんに、「なぜTableauを導入したのか」、「どのようにして利用を拡大していったのか」、「Tableauを導入して変わったことは何か」といった点について、お話をお伺いしました。

柳瀬さんと光嶋さん

Q Tableauを導入したきっかけは何ですか？

柳瀬さん 嘉穂無線に入社する前、私は商社で働いており、大手のチェーン店などがデータを活用した在庫管理などをしっかり行っているのを見ていました。その後、2008年に入社したのですが、そのときに「ITの活用がかなり遅れている」と思いました。ホームページもインターネットも使っていなかったのです。「なぜインターネットを使わないのか」と社内で聞いたところ、「ウイルスに感染したりしたら大変です」ということでした。また、システムはPOSシステムが導入されていましたが、「業務システム」としてしか使われておらず、データ分析のための仕組みはありませんでした。そのた

め、分析といえば、業務システムからExcelのマクロでデータをダウンロードして、資料作りのためにデータを加工したりしていました。それぞれのシステムでデータの粒度が違ったりしたので、加工には非常に時間がかかっていました。

何とかしたいと思い、システムの構築も考えましたが、当時の自社のシステム担当者に相談しても、「まず業務要件をきっちり決めてほしい」と言われました。もっと手軽にできないものかと、いくつかのソフトウェアも試したのですが、その都度、テーブルを作成しなくてはならなかったり、動作が重かったりで、しっくり来ませんでした。

そんなときに、地元のIT企業から、大手のメーカーがクラウドのデータベースとTableauを組み合わせて分析に使っているという話を聞きました。

Q その後のTableauの展開について教えてください。

光嶋さん 2015年4月に柳瀬社長（当時は副社長）用にTableau Desktopを初めて購入し、5月にはTableauでのデータ分析用のテーブル「Tableau Uriage」を作成しました。7月には、「データ活用推進会議」を発足させ、Tableau Serverを導入しました。9月にデータベースの専門家が入社したことも大きかったです。2016年1月には人事総務部で、2月には財務経理部でTableau Desktopを購入し、人件費や会計データを分析し始めました。5月には部門長会議で店舗運営部長と商品部長がTableauでの報告を始めました。

社内でTableauの使い方や分析について学んでもらうため、「Tableau・統計勉強会」を開いたこともありますし、今では、毎週水曜日の5時に自由参加の社内勉強会として「Tableau道場」を開いています。

図14-1：店舗運営部のダッシュボード例

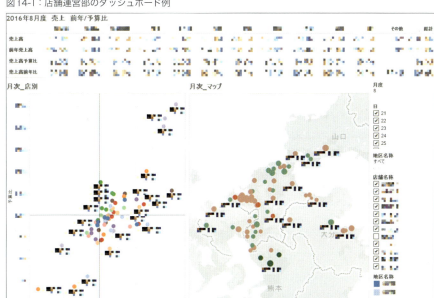

第14章

663

第14章 グッデイ（嘉穂無線ホールディングス）

図14-2：商品部のダッシュボード例

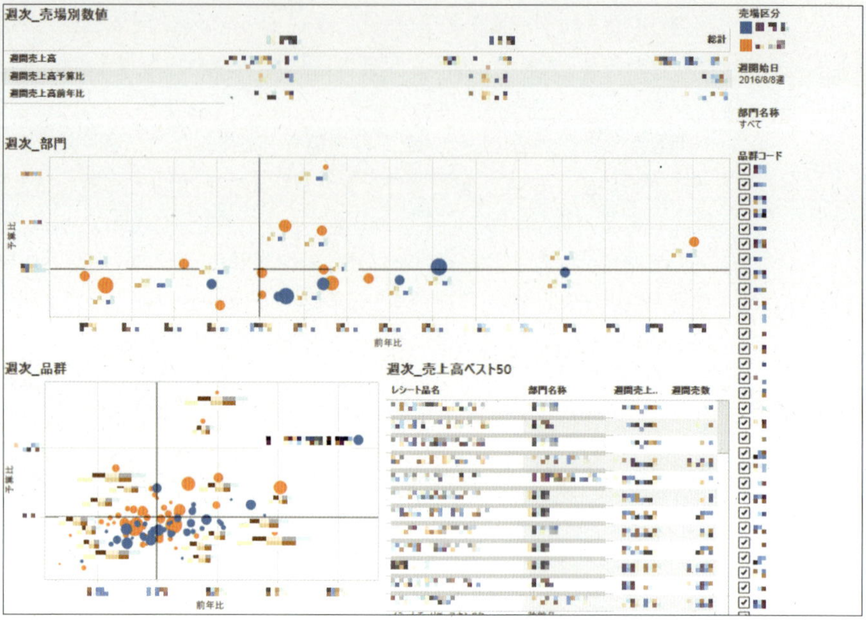

Q Tableauを導入して変わりましたか？

柳瀬さん　最初は、どう使ったらいいのか分からなかったのですが、トレーニングビデオなどを見て学んでいくうちに、使い方が分かるようになりました。Tableauでデータベースにアクセスすれば、テーブル内の項目が一覧で表示されますので、どこに何のデータがあるかがすぐに分かるのも便利だと感じました。

　私は土曜日に店舗回りをしているのですが、自らTableauで作った分析のプロトタイプをそこで見せ、店長に「何を知りたいか」を聞きます。そこで店長から出てきた疑問について、その場でTableauを使って分析します。「Tableauというのを導入したので、みなさん使ってください」ではなかなか使ってもらえませんので。また、社長室にいてもアイデアは思い浮かびません。店舗にPCを持ち込んで、そこで議論すれば、店長からも「こんなことを知りたい、あんなことを知りたい」といったアイデアが出てきます。店長との会話がそのまま要件になり、その場でレポート開発できます。ある店舗で作ったレポートは、大体他の店舗でも役に立ちますので、効率的です。

　G Suite（旧名称 Google Apps）との組み合わせで使うと便利です。Googleフォームで入力したデータをスプレッドシートに展開し、Tableauからつなぎにいきます（Tableau 10になり、Googleスプレッドシートをデータソースとして使えるようになったため、このような使い方ができるようになった）。例えば、台風が来たときに、「店を開ける

か開けないか」の判断をしなくてはならないのですが、各店舗で被害状況を入力してもらい、それを店舗の緯度・経度情報と掛け合わせてTableauで表示すると、状況がすばやく、手に取るように分かります。

また、仕入先からの提案会を開催した際には、当社側の評価者が多数出席していたので、各評価者にGoogle フォームで評価結果を入力してもらうようにしました。そして、仕入先からの提案説明中にTableauのダッシュボードを作成することで、仕入先からの提案説明が終了した直後に、評価の集計結果を関係者にフィードバックすることができました。従来の方法では、評価者がそれぞれExcelや紙に評価結果を記入していたので、集計に数日かかり、非常に手間と時間がかかっていました。TableauとG Suiteを組み合わせて使用することで、大幅な業務効率化を実現できました。

Q 社長が自らTableauを使って分析するのはなかなかすごいですね。普通だったら、部下に「こういう分析を見せてほしい」、と指示しませんか？

柳瀬さん 私は、ITこそ、経営者が勉強すべきものだと考えています。「自分はITが苦手なので、部下にやらせよう」と思うかもしれませんが、経営者は財務や経理の数字が読めないと務まらないように、ITも必須の知識として学ばなければいけなくなってきているのではないでしょうか。私はプログラムを書けませんが、Tableauを使っていくうちにシステムといったものが理解できるようになってきました。何か経営課題があって、状況分析や解決策の検討をする場合、細かい分析や資料の作成に時間を割いてしまいがちですが、経営者が自らBIツールを使って会社全体を見た大きな視点で分析を行うことが出来れば、経営判断をよりスピードアップすることができるのではないでしょうか。

経営者は自社の事業についての問題意識や欲しいデータがはっきりしている。それを部下に伝えてレポートしてもらうと、つい「こんなことをレポートしたら、怒られるのではないか」と考えてしまう人もいますね。でもそれで事実があいまいになってしまうのは良くない。経営者は本当に何が起こっているのかを知りたいだけなのです。ポイントを突いたデータ分析を行うためには、Tableauのように経営者が自ら分析をすることができるセルフサービスBIツールが必須だと思います。

Q 経営者がTableauの使い方を学べる「Tableau経営者ユーザー会」を作ったらいいかもしれませんね。ところで、会議で社長が自分で分析した結果を出してきたら、気まずい雰囲気になりませんか。

柳瀬さん データを見せて気まずくなったことはあまりないです。データを事実として示すということから始めないと、参加者が自分の思った意見を言い合うだけの場になってしまいます。共通言語として、データを見せた方が、意見の対立がなくなり、

第14章 グッデイ（嘉穂無線ホールディングス）

本当の議論ができます。

Q システム部の役割も、分析を頼まれる役割から、データを用意する役割に大きく
変わったのではないですか？　データの用意は大変ですよね。

光嶋さん　当社のデータはそれほど複雑ではないです。Redshift（Amazonが提供して
いるクラウド上の分析用データベース）にテーブルを作成して、データを整備していっ
ています。

柳瀬さん　システム部には分析用のデータベース構築や、データフローの作成など、
システム部の得意なことをやってもらうようになりました。当社では1年くらいでデー
タの整備ができ、ある程度、形になりました。

Q Tableau Softwareとパートナー契約を結び、取引先とのデータ分析共有の仕組み
（GooDay Data Link）も構築しているとのことですが、取引先は、データ分析の習
熟度というか、リテラシーが高くないとついてこられないのではないですか？

柳瀬さん　仕入先の2社にベータ版を使ってもらうところから始めました。従来の
POS分析作業に比べて大幅に時間とコストの短縮が出来るので、問屋さんやメーカー
さんなどに興味を持ってもらえているのではないかと思っています。月額3万円でサー
ビス提供をしていますが、データの提供だけではなく、分析環境も含めて提供するこ
とで、それに見合う価値を出そうとしています。興味を持っている会社に対しては、
一緒にワークシートを作成し、「こんなことが出来ますよ」ということを実際にやって
みせて、より深い議論をしています。

「取引先とデータを共有することはリスクがあるのではないか？」という議論もあ
りましたが、データに基づいた分析を行うことで、お互いにメリットがあると感じま
す。交渉においては、データを見ていなければ、自社に都合が良い提案などをされる
ことがありますが、お互いデータを共有すれば、共通の目標やKPI（Key Performance
Indicators、主要な経営指標）を設定し、取り組みの進捗確認なども効率良く行うこと
ができます。

また、当社以外の市場データを見ておくことも大事です。あるとき、データ分析を
したところ、市場でよく売れている商品を当社で扱っていないのが分かったことがあ
りました。社内の担当者に聞いてもよく分からなかったのですが、調べていくと、メー
カーの在庫不足で当社に供給されていなかったという事実が分かったりしました。

図14-3：取引先との共有ダッシュボード例（月別取引実績）

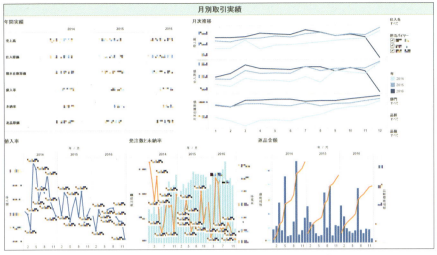

図14-4：取引先との共有ダッシュボード例（主要品目実績）

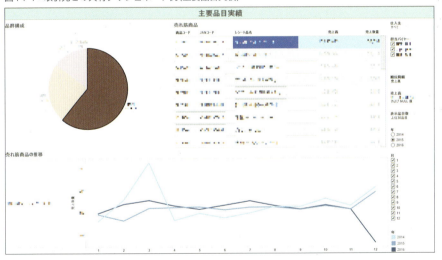

Q 最初、Tableauは使いにくかったということですが、どう克服していきましたか？

柳瀬さん　先ほどお話ししたとおり、Tableau社のサイトにあるオフィシャルトレーニングビデオを見たりして勉強しました。私は、英語がある程度分かるので、英語でのビデオでも学習することが出来ましたが、他の従業員は必ずしもそうではないので、日本語でのトレーニングの資料の充実が待たれますね。あとは、機械学習による予測などが出来れば、より高度な活用が出来ると思います。

第14章 グッデイ（嘉穂無線ホールディングス）

Q IT投資の効果金額をきちんと計算するように求める流れがありますが、どう考えますか？

柳瀬さん　「Tableauの導入は、明らかに費用対効果が高い」という判断をしました。今、実現していることをITベンダーにお願いしてシステム開発したら、膨大な金額がかかるでしょう。それに比べれば、ものすごく安い。また、従来のウォーターフォール型のシステム開発では、現場サイドのヒアリングに基づいて「ひょっとしたら使うかもしれない」といった機能を多数実装したのに、実際にはあまり使われない、ということが多いのではないでしょうか。あくまでシステムは「業務上の課題を明確にし、それを解決するのに役立つツール」なので、本当に業務に必要な仕組みを、柔軟に「スクラップ＆ビルド」で作りあげていく方が良いと考えています。固定的な「システム開発」ではなく、Tableauのようなツールを上手く使うことで、ユーザーが気軽に使える「システムのようなもの」を機動的に構築することが効果を発揮するポイントだと思います。

第15章
パルコ

ここがポイント

- 「WEB/マーケティング部」というユーザー部門が主導でTableauの導入を進めてきた。
- 「POCKET PARCO」というアプリのデータを分析することで、お客様の「来店前」、「来店中」、「来店後」までの行動を分析し、お客様からの評価をテナントに伝えることによって、テナントと店舗全体の売上拡大につなげている。
- WEBを通じて店頭の商品の取り置き、または購入ができるサービス「カエルパルコ」のデータを分析し、店頭以外での販売効果を測定するとともに、商圏を把握し、テナントスタッフの接客を拡張し、売上を拡大することにつなげている。
- Tableauの操作は、カンファレンスやセミナーに出席して自ら学びつつ、社内外の人の協力を仰ぎながらマスターしている。

第15章 パルコ

> ショッピングセンター「PARCO」のほか、様々な事業展開を図るパルコ。ウェブやアプリを使った店舗全体の売上拡大を進めており、Tableauはそのようなビジネス展開での重要なツールになっています。執行役であり、WEB/マーケティング部、メディアコミュニケーション部ご担当の林直孝さんと、WEB/マーケティング部の森山海太さんにお話を伺いました。

林さんと森山さん

Q Tableauを導入した経緯を教えてください。

林さん WEB/マーケティング部ではTableauを導入し、データの可視化を行っています。2015年3月に「POCKET PARCO」という、スマートフォンアプリの全国展開を始めました。そのとき、店舗の担当者とKPI(Key Performance Indicators、主要な経営指標)を共有し、サービスを改善していく必要があったのですが、アプリの開発・運用でご一緒している会社にダッシュボードを作ってもらったのが始まりです。そして、当社でもTableau Desktopのライセンスを買ったのです。なので、当社は、情報システム部門ではなく、ユーザー部門が自分たちのニーズからTableauの導入を進めているパターンになりますね。

図15-1：POCKET PARCO

　担当している森山は、入社してすぐにWEB/マーケティング部に配属され、Tableauを触り始めました。彼が入社したときには、すでにTableauが導入されていて、Excelを使う以前に、データ分析はTableauから入ったのです。今やウチのTableau Jedi（マスター）に近い存在ですよ。

Q Tableauでどのようなデータ分析をしていますか？

　林さん　当社の売上は、図15-2のように「B to C」である店舗売上と、「B to B」であるテナント売上の2つの側面から捉えることができます。これは、パルコのビジネスモデルが、当社の運営する施設へ専門店各社にご出店いただき、パートナーであるテナント（店舗に入居するショップ）の売上を大きくすることをサポートする「不動産と小売りのハイブリット」であることから来ています。「B to C」の方は、PARCOの店舗全体の売上で、これはお客様個々人の商品購入やサービスを受けた際の接客に対する満足感、あるいは共感の和として表されるものです。そして、「B to B」の方は、PARCOにご出店のテナントの売上で、これは、テナントのスタッフの皆様が、店頭やWebで行った接客の結果として表され、接客の結果とお客様の満足の和がイコールであることを示しています。

第15章 パルコ

図15-2：PARCOの売上の構成要素

パルコの売上	
B to C 店舗売上 お客様の 満足（共感）の和 （店頭/Web） 一定期間の個客LTVの和	**B to B** テナント売上 テナントスタッフの 接客結果の和 （店頭/Web接客） 一定期間の接客LTVの和

Note

LTV：Life Time Value（顧客生涯価値）。一人のお客様が取引を始めてから終わるまでにもたらす利益のこと。

パルコでは、POCKET PARCOで集めたデータを分析し、不動産業のように単に区画を貸すだけでなく、「いかにお客様にPARCOに来店していただくか」、そして「どうしたら店頭の売上を上げることができるのか」という視点で、テナントと対等なパートナーシップを形成しながら、店舗全体の売上を上げることに注力しています。そこでTableauを使っているのです。

Q もう少し具体的に教えていただけませんか？

林さん POCKET PARCOの基本機能は、お客様が様々な行動をすることによりコインをためることができ、その結果、優待券がもらえるというものです。そして、そのデータを見ることにより、お客様の「来店前」、「来店中」、「来店後」の行動を分析できます。

図15-3：ユーザーの行動分析

　まず、POCKET PARCOに集められる情報は、テナントスタッフの方々が日々更新するブログ記事です。お客様は、そのブログ記事を閲覧したり、お気に入りに登録（クリップ）したりします。その後、来店時に「チェックイン」し、接客を受け、購入、つまり「コンバージョン」に至ったというお客様の行動を把握することができます。今までは、この接客・購入というところで終わっていたのですね。しかし、POCKET PARCOには、さらに「ショップ評価」というサービス評価の機能があります。ここで、お客様が星の数によって評価をつけたり、コメントを書き込んだりできるようになりました。

　そうすると、「悪い評価をつけた人はどれくらいの割合で再来店してもらえるのか、そしてコンバージョンするのか」という、今まで取れなかったデータが取れます。これをテナントにも共有し、接客の改善や向上に役立てるのです。

　例えば、図15-4でいうと、まず左側で、45.6％の人が接客に星5つをつけています。そして右側で、星5つをつけた人の50.6％がリピートしてくれていることが分かります。それに比べて、星を1つしかつけなかった人は、37.0％のリピートにとどまります。つまり、接客に対する評価が5つの人と1つの人で、リピートに13.6％の開きがある。これは今まで分からなかったことです。

図15-4：ショップ別接客サービス評価

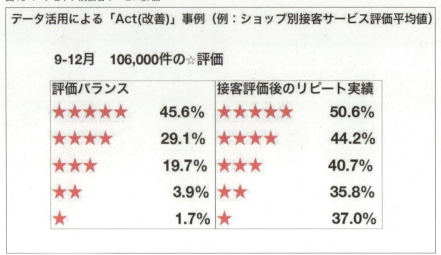

お客様が入力したコメントは、Tableauのダッシュボードにしています。低評価の率がすぐに分かるようにしていますし、コメントが低評価なものほど、赤が濃くなります。評価が落ちたときには、それが全体として落ちているのか、それとも特定の店舗で落ちているのかも分かります。特定のテナントがどのように評価されているかも分かります。これを店舗の営業課に見てもらっています。

図15-5：コメントのダッシュボード

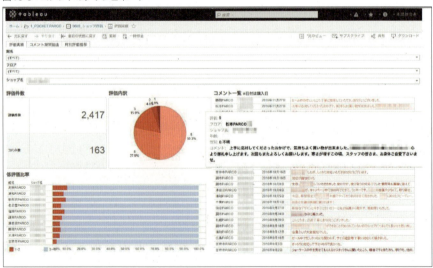

Q 今のお話は、以前は他の方法でされていたものをTableauに替えたものですか、それともTableauがあったから新しく始めたものですか？

林さん 新しく始めたものです。昔は、お客様からのご意見をいただくことはあっても、お褒めの言葉というのは、なかなかなかったのです。やっぱりお褒めの言葉をいただくと、嬉しいですよね。Tableauを使うことによって、様々なお客様の声を個人情報の取り扱いには十分配慮しつつ可視化できるようになりました。

Q ショッピングサイトもありますね。こちらでもTableauを使っていますか？

林さん POCKET PARCOでブログを見て、「この商品を買いたい」ということになれば、「カエルパルコ」に行くことができ、取り置き予約した商品を店頭で買ったり、通販注文した商品を自宅に届けてもらったりすることができます。そこで得られたデータをTableauで分析しています。

図15-6：カエルパルコ

図15-7のグラフは、「カエルパルコ」の実績（青い棒の部分）をTableauで時間帯別に分析したものなのですが、21時から翌朝10時の開店時間までの店舗が閉店している時間帯の注文数が、全体の38％を占めています。「カエルパルコ」により、接客の「時間」を拡大することができ、販売の増加につながっています。また、入店客数（赤い棒の部分）との関係を見ると、入店客数が比較的少ない開店の10時から14時くらいまでが、「カエルパルコ」での販売のピークになっています。店舗に行けるときは店舗に行く、行けないときは「カエルパルコ」で買う、ということかと思います。つまり、時間や場所の制約がなくなっているのです。

第15章

675

図15-7：カエルパルコ実績

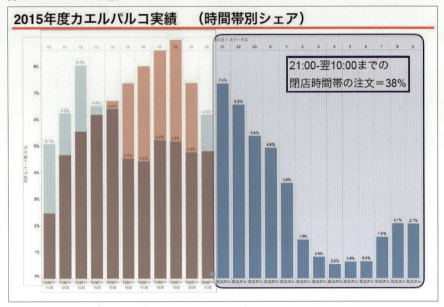

　また、場所の制約がなくなっている例として、広島PARCOの上位テナントへの注文の都道府県別割合を、図15-8のようにTableauのマップ機能を使って示したものがあるのですが、実に88%の注文は広島県外からでした。欲しい商品が広島PARCOにあったとか、広島PARCOのブログの内容が良かったとか、そういう理由からだと思うのですが、こういうデータを見せると、広島PARCOのテナントの方にとても喜んでいただけます。最近はテナントのみなさんも全国にお客様がいることを意識して、オフィシャルのサイトで売り切れると、すぐさま人気商品を「カエルパルコ」で売り出しています。Tableauのマップ機能はすごいです。昔は白地図を一県一県手作業で色塗りしていましたから。

図15-8：広島PARCO上位ショップの都道府県別注文シェア

Q このようなことは誰が思いつかれて始めたのですか？

林さん 10年前にアイデアはありました。私が札幌PARCOにいたとき、テナントから商品を借りて、札幌PARCOのサイトで売るということをしていました。そのときは、情報量も足りていなかったですし、あまりうまく行かなかったのですが。今は、スマートフォンが普及して、どこからでもアクセスできますし、テナントのスタッフさんもSNSとかを使いこなしていますので、やっとそういうものが実現する時代になりました。お客様の買い方も変わり、テナントの売り方も変わったのです。

Q Tableauを使って変わったことは他にもありますか？

森山さん アプリから送信された位置情報をTableauのマップ機能を使い、可視化できるようになりました。この情報をもとに、店舗に近い位置でアプリを閲覧されたお客様にクーポンを配信したりできます。

　そして、そのような施策も短期間で打てるようになりました。従来は、プロモーションをしようとすると、「ハウスカードの会員名簿から、対象のお客様へ、ダイレクトメールをつくり、送る」という手順を踏んでいて、時間も費用もかかっていました。それが、「週の半ばに企画の検討を始め、週末には配信して効果を出す」ということを、ほとんど費用をかけずにできるようになったのです。アプリを使っているお客様は、使っていないお客様に比べて、購入単価は1.1倍、購入頻度は1.7倍、つまり購入金額が1.9倍になるという結果が出ています。また、一般のカード会員の離反率(PARCOでの利用が一定期間以上されないお客様の割合)に対し、POCKET PARCOを使っているお客様の離反率はかなり低く、継続したファンづくりに役立っていることが分かります。

第15章 パルコ

Q 森山さんは、配属2年目にしてTableauを使いこなしているとのことですが、どのようにしてマスターしたのですか？

森山さん　基本的には独学で習得していますが、カンファレンスやセミナーには積極的に参加しています。試行錯誤をしながら日々の業務で活用していると、身についてくるものです。また、データの整備や活用の推進には社内外の人の協力を仰いでいます。

Q 今後取り組んでみたいことはありますか？

林さん　店舗内の様々な情報のデータ化や可視化があまりできていないので、それに取り組みたいと思っています。

Q Tableauに今後期待することは何ですか？

林さん　2016年のアメリカでのTableau Conferenceで将来の新機能として紹介されていましたが、ユーザー同士のコミュニケーションがチャットなどでできるようになるといいですね。

　また、「このグラフからはこのようなことが言える」といった、コメントの自動書き出し機能があるといいと思っています。「グラフの横にはコメントを入れて情報共有する」というのが多いので。とにかくレポート業務をラクにしてもらい、「お客様の満足をいかに高められるか」という本来の業務に集中したいです。

第16章
ANA Cargo・ANAシステムズ

ここがポイント

- ANA Cargoでは、事業計画における戦略の一つとして、「分析業務の強化」を掲げ、実績システムを刷新するビジョンを策定した。また、新実績システムにて採用するBIツールについても、比較検討の結果、Tableauを採用することとした。また、2017年に従来型のBIを廃止する方針とした。

- 現在はまだ過渡期であるため、従来型BIによる現行システムとTableauによる新システムを並行利用している状態ではあるが、新システム稼働に向けて、IT部門が中心となり、ユーザー部門に対し適宜Tableau教育の実施や、よりデータ構造を理解してもらうための取り組みなどを行っている。

- 業務サイドにおいては、販売目標と実績の比較や、自社の実績とマーケットの比較などを行うにあたってTableauを活用している。

- ANAシステムズでも、業務の負荷分散や、会議の効率化などに活用している。

第16章 ANA Cargo・ANAシステムズ

> ANAグループの航空貨物運送事業を担っているANA Cargoと、ANAグループのITを支える企業としてシステムの開発や運用を担っているANAシステムズ。ANA Cargo 総務企画部 イノベーション推進課 マネージャーの喜島賢志さん、ANAシステムズ 貨物・整備システム部 第一チーム シニアエキスパートの林浩三さん、第二チーム チーフエキスパートの松尾泰生さん、そして事業推進室 企画部 経営企画チーム 鹿内拓さんに、Tableauの導入状況についてお話をお伺いしました。

喜島さん（中央右）と林さん（中央左）、松尾さん（右）、鹿内さん（左）

Q Tableauを使い始めたきっかけは何ですか？

喜島さん　まず、ANAの旅客マーケティング部門でTableauを使用したシステムが構築された実績があり、ANA Cargoでも、事業戦略として掲げられた「分析業務の強化」に対する具体的なアクションプランの一つとして、「次期実績システムビジョンの検討」に伴い、いくつかのBIツールを比較評価した結果、最終的にTableauに決めました。そして、2015年4月にTableau ServerとTableau Desktopを導入し、新実績システムを稼働させました。

Q なぜTableauだったのですか？

喜島さん　圧倒的にシェアが高いということ、また、大量のデータを扱うのに長けているという点を評価しました。
　従来型のBIツールを使った旧システムでは、データを集計表（Excel）でダウンロー

ドし、Excelマクロなどで加工するというのが主なやり方で、共有方法はメールでの配信が基本なのですが、Tableauであれば、分析結果をワークブックやダッシュボードとして掲載できるので、その都度メールで周知展開するよりも効率的に共有可視化できます。また、データをより視覚的に捉え、瞬時に把握できるよう、集計表ベースではなく、グラフなどによる可視化もTableauだと容易にできるので、当社の分析業務ビジョンとマッチします。

先ほど申し上げた通り、旧実績システムは今年で廃止し、当社の実績システムはTableau一本となります。それは「Tableauの世界展開」も意味しますので、まさにそこからが本番ですね。

Q Tableauは、ビジネスユーザーが中心になって社内での導入を進めるケースと、情報システムが中心となって進めるケースがあると思いますが、御社では後者ということになりますね。

喜島さん　そうです。導入自体はIT部門主体で実施しました。しかし、導入後の展開、普及については、IT部門とユーザー部門の連携が重要であると考えています。

Q ビジネスユーザーとはどのような形で関わっていますか？

喜島さん　何よりも先ずはTableauに慣れ親しんでもらうこと。そのためには教育が大事だと考えています。そこは林さんが中心となって進めてくれています。例えば、ユーザーがダッシュボードを作成する際に、相談に乗ったり、時にはダッシュボードを提案したりする取り組みも行っています。

Q Tableau教育はどのようなものですか？

林さん　初級者向けは、2時間×4回のカリキュラムとしており、基本的なレポートを作成できるようになるまでの内容となっています。また、中級者向けも用意しています。

Q Tableau教育をしてみて、どうですか？

林さん　現在は、主にデータ分析を主業務にしている本社ユーザーを対象としているのですが、「こんな便利なツールがあるのか！」と好評です。ただ、教育を終わってまた現業務に戻ると、また今までの「集計表ベース」に戻ってしまうようです。新システムからは、ぜひそこを変えていければと思っています。

また、新システムの稼働に伴い、海外ユーザー向けの教育が課題だと思っています。まだアイデアですが、動画やe-Learningによるサポートも検討中です。教育受講者は各業務部門から選抜されてくるのですが、まずは、興味があるかどうかということが大きなポイントだと感じています。例えば、iPhoneでも、興味がある人は、マニュアルなど読まずに自分自身でどんどん研究してマスターしてしまいますよね。

第16章 ANA Cargo・ANAシステムズ

Q 教育にあたって、留意していることはありますか？

林さん 実際の業務データを使うことで、実業務がシミュレーションしやすいように考慮しています。また、集計表(Excel)しか使ったことがないユーザーがほとんどで、最初からグラフ化をやろうとするとやはり戸惑うユーザーが多いので、まずは集計表を作って、それから、次にグラフ化するという段取りでやっています。ただ、集計表が一瞬にしてグラフ化されるのを見ると、ユーザーは衝撃を受けるようですね。慣れてくると、グラフの色や形を変えたりして、皆さん結構楽しんでくれるようになります。

Tableauを使うにあたっては、ちょっとしたクセというか、覚えておかなければならないことがありますよね。例えば「〔連続〕と〔不連続〕はどう違うのか」、「どうしてここは〔SUM関数〕で括らなくてはいけないのか」など。そういったものをどう理解してもらうかが大事な気がします。なかなか分かりやすい説明ができずに、苦し紛れに「そういうものだと理解してください！」と言う場合もあります(笑)。

その他、いろいろと課題はありますが、先ずは「Tableauとはこんなもの」というところをつかんでもらい、あとは、普段の業務の中で「これってTableauでやったら何か分かるかもしれない」という「ヒラメキ」を持ってもらうようになればと思っています。そして、最終的には、ユーザーに「Tableauを活用することによって、実際、増収効果につながった！」などといった実成果を実感してもらえたらと思っています。

松尾さん ユーザーに「データの構造」を理解してもらうのも大事だと思っています。例えば、一つの注文書の中に複数の明細があり、その明細ごとにレコードがあるような場合、間違って注文書全体の金額を集計対象にすると、合計金額が2倍、3倍……となってしまいます。

図16-1：データ構造を知らないことによる間違いの例

1つの注文書の中に複数のアイテムの明細があり、明細ごとのレコードになっている場合、データがそのような構造で保存されているかを知らないと、間違って「注文金額」を合計して全体の注文金額を出してしまう可能性がある。

全体の注文金額の合計を出したいとき

注文書番号	注文金額	アイテムごと明細	アイテムごと明細金額
1	6,000	AAA	3,000
1	6,000	BBB	2,000
1	6,000	CCC	1,000
2	3,500	AAA	3,000
2	3,500	DDD	500
3	700	EEE	700

→こちらを足すのは間違い　　→こちらを足すべき

また、Excelの「vlookup」関数では、重複レコードがあっても、縦に検索していって最初に当たったものだけを結合させますが、Tableauなど、データベースの動きをするソフトは、「n x n」のすべての組み合わせで結合レコードを生成しますので、集計結果がExcelのピボットテーブルとまったく合わないということになります。データ構造を理解するのは、Tableauを理解するのよりも難しいかもしれません。

喜島さん　データ構造の理解も大事ですが、それ以前にデータの精度が悪いと、ユーザーに不信感を持たせてしまうので、実績システムとしては正確な集計結果が出ることが前提で、IT部門はそこをきちんと担保しなくてはいけないと思っています。

Q COE（Center of Excellence、ここでは、分析のエキスパートを揃えたチームを作り、そこである程度分析してしまうという考え方）のような形態と、ビジネスユーザーがあくまでセルフで分析する方法とがありますよね？

林さん　ITのこともユーザーの業務のことも分かった上で、Tableauを活用してセルフで分析できる人というのは、やはりなかなかいないですよね。今は「IT担当とユーザーと一緒にやっていく」ということが現実的な形だと思っています。

Q 「ビジネスユーザーにここまではできるようにしてほしい」といった希望はありますか？

林さん　ユーザー自身がデータ構造を深く理解した上で、ダッシュボードを作成する形が理想ですが、Tableauを一から活用するということにハードルを感じるユーザーも少なくないので、まずはこちらでテンプレートを用意し、ユーザーにはそれをベースにカスタマイズして使ってもらう、という形が現実的だと思っています。

　また、ダッシュボードもあまりに複雑なものを作ってしまうと、別の人が見たときに、「どうやって作ったのか分からない」ということになりかねませんから、ダッシュボードの仕様書みたいなものが必要なのかもしれませんね。ちょっと話がそれましたが。

鹿内さん　それはTableauへの要望でもあります。よく「いいなと思うダッシュボードをTableau Publicなどからダウンロードしてきて、どうやって作っているのかを学ぶ」というのがあるのですが、「一体どうやって作っているのかさっぱり分からない」というケースもあります。そんなときに、逆引きで、「これは、フィールドをこのように配置して、このようにフィルターして作っています」といった形で、自動的に作成方法の説明が出てくるような機能があったらいいのですが。

Q ここまで、なぜTableauにしたか、そして社内での広め方についてのお話を中心にお伺いしてきましたが、実際にTableauでどのような分析をしていますか？

松尾さん　二つほど主な例を挙げます。

第16章 ANA Cargo・ANAシステムズ

　一つは、外部から購入したマーケットデータをベースに、自社とマーケットの販売実績をさまざまなメッシュで比較し、マーケット全体の貨物輸送量（供給量）の分析を行うものです。販売実績の比較では、自社の実績が伸びていたとしても、マーケットの方が高い伸び率をグラフが示していれば、それは結果としては良くないことに気づけますし、貨物の輸送先や、フォワーダー（荷主から荷物を預かり、他の会社の輸送手段を使った輸送を引き受ける会社）別などメッシュを変えて分析していくことで、どこに対して営業活動を強化していくべきかのアクションにつなげていくことができます。Tableauでは分析のメッシュを容易に変更できるのが大きなメリットかと思います。また、貨物の輸送区間をマップ機能で表現すると視覚的に分析できるのもTableauならではだと思います。

　もう一つは、販売目標に対する日々の実績をグラフ化したダッシュボードを用意し、毎朝、昨日までの実績が目標に対してどのくらいだったかをチェックできるようにしています。

喜島さん　あと、実績システムに携わるようになって最近感じていることですが、実績システムで見ているのは、もちろんあくまでも実績データです。貨物事業は経済動向に大きく影響を受けますので、例えば「なぜ販売目標が達成できなかったのか」などの結果に対して、実績データを分析することによって、その要因（外的、内的）をどこまで的確に導き出すことができるのか、またさらにいかにその先の予測を立てていくかということが、当社としての次の課題な気がしています。

鹿内さん　もともと航空業界は、SARSなどの病気や国際情勢なども含めて、外部要因に業績を左右されやすいのです。なので、前年の実績だけではなく、5年、10年分ぐらいのデータを分析し、そこから機械学習などを使ってこの先を予測し、予測が外れたときに、何が要因だったのかを突き詰めていく、といったことができればいいと思っています。

Q ここまでのお話はANA Cargoでの取り組みでしたが、ANAシステムズでもTableauを活用しているそうですね。

鹿内さん　はい。ANAシステムズでは、事業計画の取り組みの一つとして、「マネジメントの強化」や「生産性の向上」といったことを挙げており、その観点でTableauの活用を進めています。例えば、次のダッシュボードは、社員の負荷分散の取り組みとして作成したものです。

図16-2：社員負荷分散のためのダッシュボード

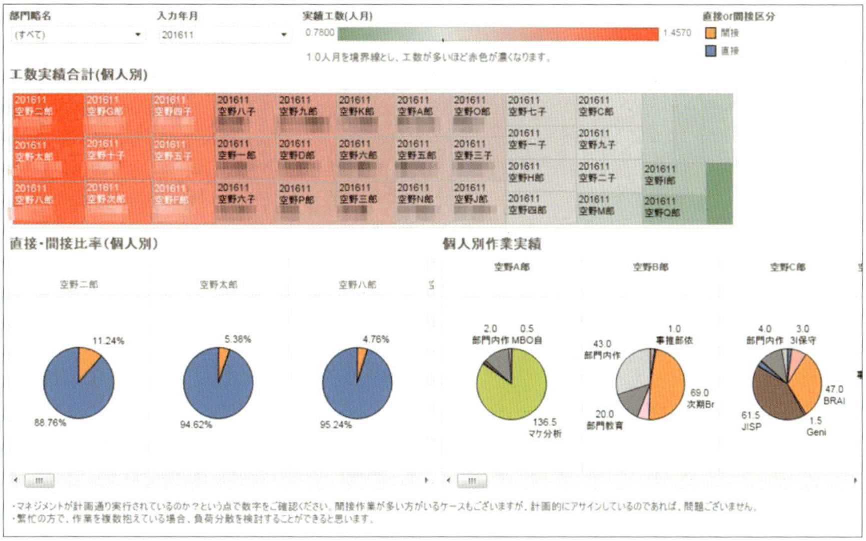

当社では、従業員全員が「自分は何の業務に何時間費やしたか」をシステムに記録していますので、そのデータをTableauで集計し、可視化しています。役員には、すべての部署の状況が見えますし、各部署のマネジメント層は、自分の部署の状況が見られます。上の「工数実績合計（個人別）」では、残業を重ねて仕事をしている人が「赤」、比較的時間があいている人が「緑」で示され、下の「直接・間接比率（個人別）」では、それぞれの人が直接、間接業務のそれぞれにどれくらいの時間を費やしているかが分かります。

以前、各部署の部門長にヒアリングした結果では、「特定の人に業務が集中する状況にどう対処しているか」という質問に、「把握して、手は打っている」という答えが返ってきていたのですが、実際には、各部、課、個人レベルの繁忙度や作業内容を可視化して示したデータがすべての部門にあるわけでなく、社員満足度調査でも、低いスコアがついていた部分でした。このダッシュボードを作ることによって、「繁忙度が俯瞰的に分かって重宝している」といった声や、「作業負荷の低い課から高い課へ一時的に人員を振り替えるきっかけになった」という声ももらっています。一方で、「月次ではなく、日次で状況を捉えてタイムリーに負荷分散したい」という声もあります。

もう一つの例は、会議時間削減の取り組みのために作成したダッシュボードです。図16-3は、Googleカレンダーから会議の記録データを作成し、Tableauで可視化したものです。

図16-3：会議時間削減のためのダッシュボード(その1)

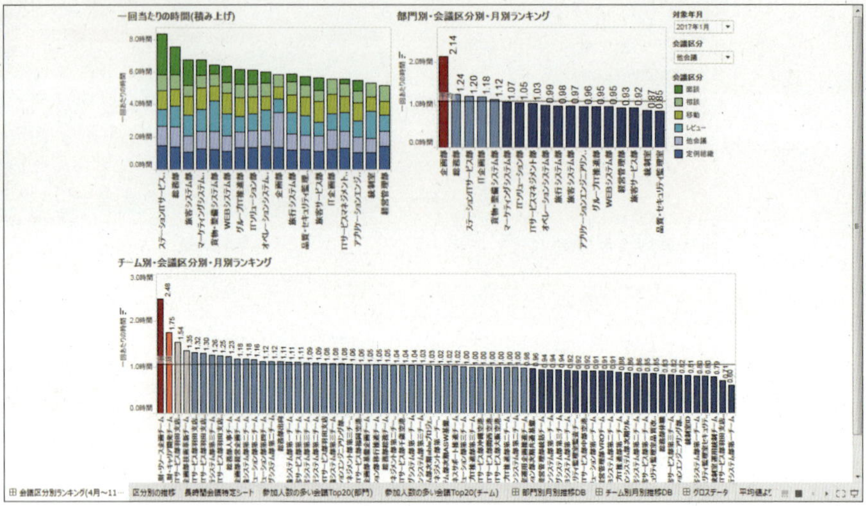

このダッシュボードでは、どの部署が、会議時間が多いか、そしてどのような内容の会議が多いのかが示されています。

さらに次の**図16-4**では、会議を時間の長い順に並べて、短縮が図れないかを提案しています。

図16-4：会議時間削減のためのダッシュボード(その2)

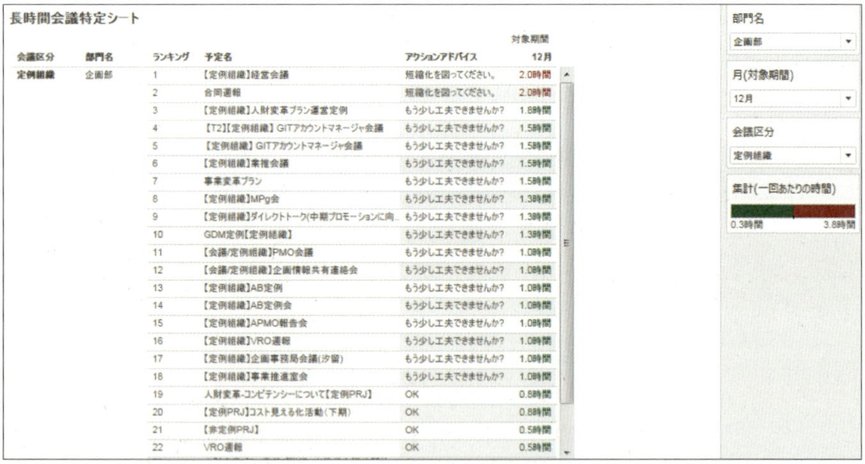
長時間会議特定シート

会議区分	部門名	ランキング	予定名	アクションアドバイス	対象期間 12月
定例組織	企画部	1	【定例組織】経営会議	短縮化を図ってください。	2.0時間
		2	合同週報	短縮化を図ってください。	2.0時間
		3	【定例組織】人財変革プラン運営定例	もう少し工夫できませんか?	1.8時間
		4	【T2】【定例組織】GITアカウントマネージャ会議	もう少し工夫できませんか?	1.5時間
		5	【定例組織】GITアカウントマネージャ会議	もう少し工夫できませんか?	1.5時間
		6	【定例組織】業推会議	もう少し工夫できませんか?	1.5時間
		7	事業変革プラン	もう少し工夫できませんか?	1.5時間
		8	【定例組織】MPg会	もう少し工夫できませんか?	1.3時間
		9	【定例組織】ダイレクトトーク(中期プロモーションに向…	もう少し工夫できませんか?	1.3時間
		10	GDM定例【定例組織】	もう少し工夫できませんか?	1.3時間
		11	【会議/定例組織】PMO会議	もう少し工夫できませんか?	1.0時間
		12	【会議/定例組織】企画情報共有連絡会	もう少し工夫できませんか?	1.0時間
		13	【定例組織】AB定例	もう少し工夫できませんか?	1.0時間
		14	【定例組織】AB定例会	もう少し工夫できませんか?	1.0時間
		15	【定例組織】APMO報告会	もう少し工夫できませんか?	1.0時間
		16	【定例組織】VRO週報	もう少し工夫できませんか?	1.0時間
		17	【定例組織】企画事務局会議(汐留)	もう少し工夫できませんか?	1.0時間
		18	【定例組織】事業推進室会	もう少し工夫できませんか?	1.0時間
		19	人財変革-コンピテンシーについて【定例PRJ】	OK	0.8時間
		20	【定例PRJ】コスト見える化活動(下期)	OK	0.8時間
		21	【非定例PRJ】	OK	0.5時間
		22	VRO週報	OK	0.5時間

また、**図16-5**では、参加人数の妥当性をチェックしています。例えば、月間で35人も参加している定例会議がありますが、そのような会議では参加者を減らすことができないか、または時間を短縮化できないかなどを検討してもらっています。

第16章

図16-5：会議時間削減のためのダッシュボード（その3）

対象期間 の月	会議区分	部門名	部門＆チーム名
11月 ▼	定例組織 ▼	企画部 ▼	(すべて) ▼

参加人数の多い会議Top10(部門)

部門名	ランキング	予定名	対象期間 11月
企画部	1	企画部会 毎週52会議室とします【定例組織】	35人/月間
	2	【定例組織】MPg会	15人/月間
	3	【組織定例】事業推進室上期活動報告会（決定）	7人/月間
	4	障害情報共有（業推終了後）【その他会議】	7人/月間
	5	.【定例組織】経営会議	6人/月間
	6	経営会議	5人/月間
	7	【定例組織】事業推進室会	4人/月間
	8	【定例組織】業推会議	3人/月間
	9	【定例PRJ】【CAP3_Ph1】週報	2人/月間
	10	【定例組織】IS部会	2人/月間

参加人数の多い会議Top10(チーム)

部門＆チーム名	ランキング	予定名	対象期間 11月
企画部経営企画チーム	1	企画部会 毎週52会議室とします【定例組織】	15人/月間
	2	【定例組織】MPg会	5人/月間
	3	【組織定例】事業推進室上期活動報告会（決定）	3人/月間
	4	障害情報共有（業推終了後）【その他会議】	3人/月間
	5	【定例組織】経営会議	3人/月間
	6	【定例組織】業推会議	3人/月間
	7	【定例PRJ】【CAP3_Ph1】週報	2人/月間
	8	【定例組織】IS部会	2人/月間
	9	【定例組織】経営会議(15分前倒しで開始致します)	1人/月間
	10	3.22pj 週報 A案件 殿町517E	1人/月間

　今まで、このような「なるべく会議は効果的・効率的にしましょう」といったことは、「心がけ」にとどまっていて、現状を数字で把握し、仮説を立てて、改善に向けた施策を打っていくということはできていませんでした。これらのダッシュボードで可視化することにより、原因をヒアリングしながら、粘り強く会議の改善のための活動をしていきたいと思っています。

　また今後は、「会議時間と労働時間の相関性」や、「有給休暇の取得率と生産性との関係」など、突っ込んだ分析もするようにトップから言われています。

Q 最後に、ご自身はどのようにしてTableauをマスターされましたか？

林さん　私は、Tableau Softwareの有料トレーニングの「Fundamental」と「Advanced」の両方に出ました。それから、分からないことがあると、外部のSI会社の有識者に聞いたり、Tableauの営業担当に聞いたりしています。質問は、関数や、複数のグラフを組み合わせるといった表現についてのものが多いでしょうか。

鹿内さん　私は、Tableau Softwareの無料のトレーニングビデオをまず見ました。ただ、内容が濃くて、実際に途中でビデオを止め、手を動かしながら練習することが必要でした。Tableau Softwareの有料トレーニングの「Fundamental」は、基礎的な部分が学べる上、「データの中身に応じてどのように見せるのが効果的なのか」という視点も学べたので、良かったです。マニュアルは何度も読み返して、学んでいきました。

第17章
電通デジタル

ここがポイント

- BIツールの中で外部評価が高かったことや、「データの収集・蓄積」、「加工・集計」、「分析」ごとにシステムをゆるやかに結びつけて配置したい、というシステム構想に合っていたこと、操作感、優れた可視化機能、バージョンアップの早さ、社内標準のPCでもそれなりに高い性能を発揮することなどを評価し、Tableauを採用した。

- 「Dentsu.io」という、デジタルマーケティングの統合プラットフォームの中核機能として、「Dentsu Data Platform」を構築し、「データ管理」や「データ処理」、「データ分析」の3つの観点をカバーした統合的なデータ基盤としている。

- 電通グループ内のレポート提供が早くなったほか、クライアントに対するコンサルティングから運用にいたるまでのソリューション提供がワンストップでできるようになり、会社に新たな収益をもたらした。

第17章 電通デジタル

> 電通デジタルは、2016年7月に設立された会社です。デジタルマーケティングにおけるリーディングカンパニーを目指すべく、「コンサルティング」、「開発・実装」と「運用・実行支援」の3つの側面から、クライアントにソリューションを提供しています。テクニカル・ディレクターの山崎 茂樹さんにお話をお伺いしました。

山崎さん

Q　Tableauを使い始めたきっかけは何ですか？

　2013年から、他のBIツールとの比較も含めて、PoC（Proof of Concept、コンセプトの実現性の検証）を行い、2014年3月にTableauを本格導入しました。

　採用の決め手だったのは、まず、外部評価が高かったことです。業界では有名な、ガートナー社の「マジック・クアドラント」という調査で、2013年から2014年にかけて大幅に評価が変わったのですが、それ以降、Tableauが「リーダー」の位置にいます。また、Apple社のデータアナリストの募集要項で、求められる能力に「Tableauが使えること」とあったことが、「今後、Tableauがスタンダードになっていくな」と感じさせました。ちなみに今では、Apple社は、ファイナンス、開発部門、運用部門などの様々な職種の募集で、「Tableauが使えること」を求められる能力に掲げています。

　Tableauが当社グループのシステムに適していたということもあります。当社では、「データ収集・蓄積」、「加工・集計」、「分析」というプロセスごとにシステムを疎結合（お互いをゆるやかに結び付けること）に配置しており、Tableauの「様々なデータに直接接続しにいき、可視化する」というコンセプトがマッチしやすかったのです。実際に

使ってみても、インタラクティブにデータと「対話」しながら、柔軟にダッシュボードを作れますし、クリエイティブな表現にも優れているので、「データからアイデアが生まれやすい」と思いました。

　バージョンアップのスピードが速いというのもポイントでした。Tableau Softwareは現在、利益の2、3割を研究開発に費やしていて、技術の進歩や市場の変化、ユーザーニーズの変化などにスピード感を持って応えていると感じています。

　また、メモリなどのハードウェア構成を特別なものにしなくても、一般のユーザーが持っているPCで、それなりの高いパフォーマンスが出るというのも良かったです。

Q 実際に導入してみてどうでしたか？　つまずいた点はありましたか？

　Tableauでのアウトプットに問題があったときに、「データ収集・蓄積」、「加工・集計」、「分析」というプロセスごとに様々なシステムを経由してデータが流れてきていると、どこに問題があったのかを特定するのが難しくなります。これについては、それぞれのプロセスで「データがどう変化しているのか」を捉えられるような仕組みを作ることで対応しています。

　また、Tableau Serverが、「Tableau抽出ファイル」の作成や、ダッシュボードに表示される画像などの静的コンテンツの生成など、複数の処理を行う仕組みになっているため、Tableau Serverのリソースが逼迫しがちという問題がありました。これについては、「Tableau抽出ファイル」の作成をTableau Serverの外で行う仕組みをつくり、負荷分散を図りました。具体的には、「Tableau抽出ファイル」をつくるプログラムをTableau Serverとは別サーバに用意しました。

　新規ツール導入に際しては、「学習コスト」の問題があります。これについては、社内の勉強会を開いたり、社内外に成果物を出す際に必ずレビューしたりすることで、品質の向上に努め、それに必要なスキルを磨いていきました。

　さらに、だんだんデータの統合を進めていくと、データの種類が膨大になり、「データの山」ができます。これについては、「Wiki（共有ドキュメント管理アプリケーション）」で「データカタログ」を作り、それぞれのデータの仕様をまとめ、整理しました。

　また、ダッシュボードの作成を進めていくと、今度はダッシュボードが乱立し、「ダッシュボードの山」ができます。これについては、「データギャラリー」という、レポートのポータルサイトを作り、レポートの概要や使用上の注意とともに、業界別や目的別にまとめました。

　ちなみに、当社ではTableauのダッシュボードを作るにあたって、データ接続は「ライブ接続」よりも「Tableau抽出ファイル」にすることが多いです。レポートの更新頻度として、月1回、日1回などの「Tableau抽出ファイル」のバッチ更新で対応すれば十分なことも多いからです。ダッシュボードも同じで、すべての人がTableau Serverで見る必要があるとは必ずしも言えません。ときには、PDFやグラフの画像ファイルなど

で十分なことさえあります。つまり、ユーザーや、その環境、用途により、出力方法を使い分けているということです。

Q Tableauの広め方として、ビジネスユーザーにTableauの使い方を習得してもらって、セルフで分析してもらうやり方と、ある程度、どこかで集中して分析するやり方があると思うのですが、どちらですか？

どちらでもできるようにしています。ただし、先ほども言ったとおり、データは「データカタログ」としてこちらでまとめていますし、ダッシュボードも「データギャラリー」としてまとめています。データは網羅的にニーズに応えるものを最初にまとめてしまい、個別の要望になるべく応える必要がないようにしています。

図17-1：Dentsu Data Gallery

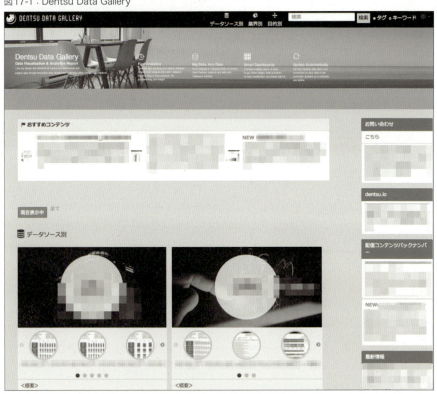

Q Tableauを導入して、変わりましたか？

四つほど変わった点があると思います。
一つ目は、先ほど言った「データ収集・蓄積」、「加工・集計」、「分析」という、それ

それのプロセスに対応したシステムを疎結合で持つことにより、データやシステムの共有資産化が可能になったことです。目的別にシステムを開発すると、ある特定の目的に最適化されたシステムはできるのですが、追加の要件が出てきたときに、それぞれのシステムで開発コストがかかりますし、どこまでも特定の目的に対応したものになってしまいますので。

二つ目は、あらかじめデータを網羅的な状態で統合して提供することにより、クライアントのニーズにスピーディーに応えられるようになったことです。クライアントにとっても、「こんなデータがあったのか」という新たな発見があったりして、分析の幅が広がったように思います。

三つ目は、定常的にレポートを得られるようになり、それが「数値を見る文化」の浸透につながったことです。すると、「売上が変化したな」、「ウェブ上での行動が変化しているな」など、クライアントやブランド別まで追いかける形で、課題にいち早く気づくことができるようになりました。

四つ目は、今後のセルフBIツールの利用拡大に備えてプラットフォームを整備したので、開発部門のみならず、営業部門やマーケティング部門へと利用者が拡大し、全社的なスキル向上につながりつつあることです。

Q そのプラットフォームについて、詳しく教えていただけませんか？

まず、「Dentsu.io」について紹介したいと思います。「Dentsu.io」は、大小様々なデータを格納（in）すると、価値ある情報がアウトプット（out）される、電通がトレジャーデータ社やクラスメソッド社、インティメート・マージャー社、データアーティスト社との協業で作ったクラウドプラットフォームです（次ページの**図17-2**）。

図17-2：「Dentsu.io」

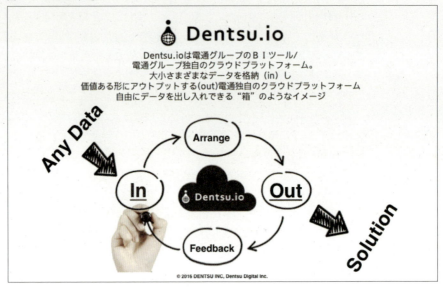

「Dentsu.io」は、「1.0」から「4.0」まで進化を遂げています。「1.0」では、「データの収集・蓄積」から「データ加工・集計」、「データ出力」までの機能（図17-3の左側）をトレジャーデータ社の「Treasure Data」を使って実現しました。そして、「データ更新」から「データ分析」、「データ可視化」のまでの機能（右側）をTableauを使って実現しました。

図17-3：「Dentsu.io 1.0」でのシステムユースケース（システム利用シナリオ）

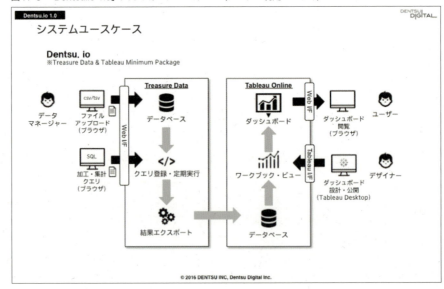

図17-4：「Dentsu.io 1.0」でのシステムユースケース（各プロセスで実現する機能）

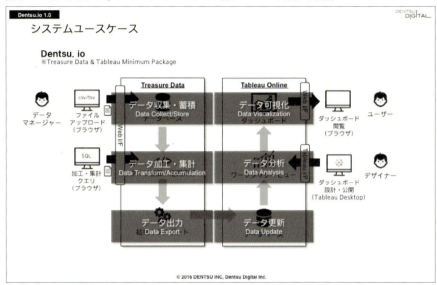

　つまり、「データマネージャー」はブラウザを使ってデータベースにデータを収集、蓄積し、それを加工・集計するクエリを組み、出力します。ここまでが左側です。次に、左側で出力されたデータで更新をかけ、「デザイナー」がTableau Desktopを使って分析したり、「ユーザー」が可視化されたデータをブラウザで見られたりするようにするのが右側です。

　その後、「Dentsu.io」は進化していき、現在では、メディア・広告データやアクセスログ、視聴ログデータ、購入データ、ロケーションデータなどのあらゆるデータを扱うようになりました。そして、その中核となるのが「Dentsu Data Platform」です。

図17-5：「Dentsu.io 4.0」

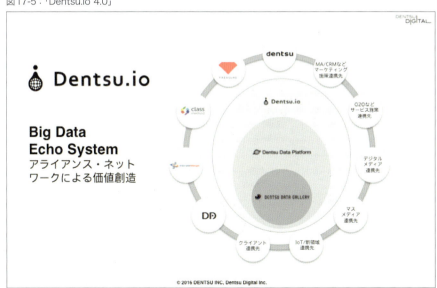

「Dentsu Data Platform」は、電通内のあらゆるデータを統合管理し、「データ管理」や「データ処理」、「データ分析」の3つの観点で、ビッグデータの活用にあたって生じる課題を解決するインフラとなることを目指しています。

図17-6：「Dentsu Data Platform」が目指すところ

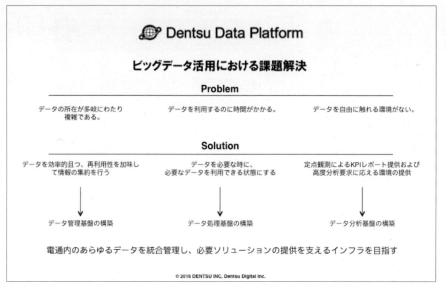

「Dentsu Data Platform」の構成は次のスライドのようになっています。左側でデータを収集し、「Data Management Platform」というデータ管理基盤を作っています。その後、右側で「Hadoop」や「Treasure Data」を使ってデータ処理を行い、Tableauなどを使ったデータ分析基盤へとデータを渡します。分析結果は「Dentsu Data Gallery」で見られます。

図17-7：「Dentsu Data Platform」の構成

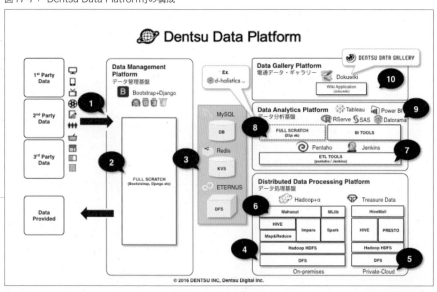

図17-8：「Dentsu Data Platform」の各ポイント

🌐 Dentsu Data Platform

1. セキュアで信頼性高いハイブリット環境の構築
2. データを集める/貯める機能およびビジネスロジックの集約
3. データ利用をよりスピーディーに実現(HDFS PUT/GETのタイムロス削減)
4. ビジネスロジック排除による、機能追加開発コストを削減
5. アドホック/外部アライアンスによるデータ授受を柔軟且つスピーディーに実現
6. 利用シーンに合わせた機械学習エンジンの提供
7. Non Engineer UserもターゲットにWeb I/F(Hue, Pentaho, Jenkins)を提供
8. データ可視化/機能提供として自由度の高いライブラリの採用
9. ニーズに合わせたセルフBIツールの提供
10. メンテナンス性を考慮したツール採用ライセンスのコスト削減およびデータドリブン文化の醸成・啓蒙

© 2016 DENTSU INC, Dentsu Digital Inc.

Q これだけの仕組みを作られていて、すごいですが、どのようにして業務の改善、ひいては会社の売上や利益に貢献しているのでしょうか？

　社内の側面で言えば、レポートの提供速度が向上したということがまず挙げられます。データが到着次第、更新されたレポートが提供されますので。また、ポータルサイトのアクセスログを解析すると、社内のほぼすべての部署からのアクセスがありますので、その効果はほぼ全社に渡っているのではないかと思います。

　社外の側面で言えば、今までITやSI会社が収益を上げていた領域に入っていき、新たな収益を会社にもたらしています。クライアントに対して、コンサルティングから始まり、運用に至るまで、当社の統合的なデータ環境をクライアントの環境に合わせる形でご提供するのです。今まではこのようなことをしようとすると、マーケティングコンサルティング会社とSI会社、実施・運用会社の三者が関わらなくてはいけませんでしたが、「Dentsu.io」は、それを広告代理店だけのワンストップで提供することを可能にしています。

図17-9：「Dentsu.io」が社外に提供する統合的なデータ環境のメリット

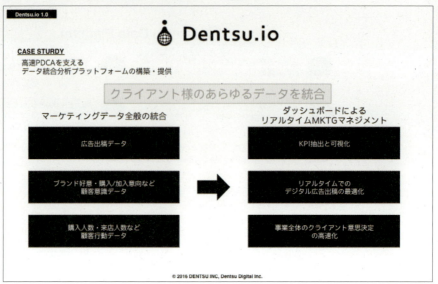

　また、データ分析の費用対効果を提示する一番の近道は、コスト削減ですね。データを統合することにより、広告配信やプロモーションの最適化が図れますし、計数報告やレポート、「PDCAサイクル」関連の業務におけるコスト削減も大きいです。

Q　「データ分析にお金をかける意味はあるのか」と上司に聞かれ、困っている他社ユーザーもいると思うのですが、そのような人が相談してきたら、何と答えますか？

　三つあると思います。
　一つ目は、「間接的な貢献も含めたP/L（損益計算書）を作成する」ということです。データ分析は、基本的には間接的に売上・利益に貢献します。「データ分析結果のレポートを提供することで、クライアントからの広告取り扱いなどの案件獲得につながった」など、ケースごとの貢献度に応じた段階を設定し、その段階による貢献率から間接貢献額を決め、P/Lに加えます。また、統合的なデータ環境の提供やコスト削減など、売上拡大やコスト削減の直接貢献額もあれば加えます。なかなかはっきりした数字の計算は難しく、概算になることも多いですが、それでも、基準を決め、経営層にP/Lを提示するのはもっとも重要です。
　二つ目は、「時代の潮流に乗り遅れることの危機感を煽る」ということです。Tableauが、ガートナーで「リーダー」に位置づけられている製品で、Appleが採用していて、スタッフの採用条件にも加えているといったことであれば、特にグローバル展開をしているような、先進的なクライアントがTableauを導入して、当社がついていけなくなってしまうということも考えられるわけです。
　三つ目は、「社内教育・啓蒙・浸透のロードマップを示し、定期的に進捗状況を報

告する」ということです。どの部門が、どの程度、何を使ってどう展開するのか、勉強会やセミナーの実施概要や参加者の状況、ツールの利用状況などを報告することが大切です。

Q 社内での広め方の話が出ましたが、具体的にどのようにTableauの利用を広めていますか？

基本的には勉強会を開催したり、新しいレポートをメールで案内したり、社内掲示板に情報を掲載したりというところでしょうか。

Q Tableauの教育を効果的にするコツはありますか？

まずはマスターが育たないと始まりません。何人か適性のありそうな人に張り付いて教えることです。ハンズオントレーニング（実際に手を動かしてのトレーニング）がいいと思います。また、Tableauだけでなく、データのことも理解しないと、成長は止まってしまいます。その上で、ダッシュボードの表現などのクリエイティブなスキルを鍛えます。

マスターは、まず自分でダッシュボードを作り、「なぜ」、「どうやって」このようにしているかといったマインドを、日々の運用の中で周りの人に伝えることが大事です。また、データ分析は単調で泥臭い作業も多いですから、いくらクリエイティブでも、その前段階の苦労を面倒に思うような人は向いていないです。

Q いくつかダッシュボードを紹介していただけませんか？

二つほどお見せします。ご参考になればと思います（次ページの**図17-10**と**図17-11**）。

第17章

図17-10：ダッシュボードの例（その1）

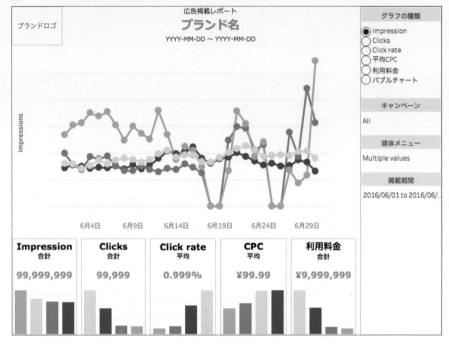

図17-11：ダッシュボードの例（その2）

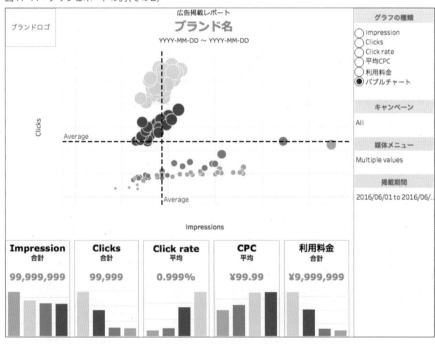

Q Tableauに足りないと思う機能はありますか？

　当社が自分たちで作っているポータルサイトやデータカタログの機能があるといいですね。また、Tableau Server上の分析を見るためだけのフリーライセンスが欲しいです。

Q 御社はかなり進んでいる事例で、少数派だと思います。〔Excelでのレポート〕や〔帳票〕があふれているような会社が、業務改善のために「まずは、Tableau 1ライセンスから始めてみようか」と思っているとします。そんな会社がTableauを使ったデータ分析を成功に導くためには、どんなことを意識すればいいですか？

　三つあると思います。
　一つ目は、「Tableauのアウトプットの質を高めるための手段を検討すること」です。当社では、作ったダッシュボードをレビューして、評価する体制を組んでいます。一例ですが、下のスライドにあるように、ダッシュボードを作る際には、2人のデザイナーが分担して作り、「使用しているデータソースやメトリクスが正しいか」、「操作性やパフォーマンスに問題ないか」といった観点でお互いにチェックしあうか、一人のデザイナーがもう一人の作ったダッシュボードを同じ観点でチェックします。

図17-12：ダッシュボード開発体制

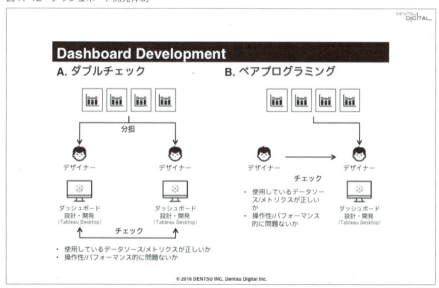

　二つ目は、「データを過信しないこと」です。Tableauに行く前のデータの整備がもっとも重要です。当社で言うと、前に出てきた「データ管理」であり、「データ処理」の部分です。「この数値はどこからどのようにして出したものなのか」をきちんと整理する必要があります。Tableauを導入するのであれば、まずはそれ以前にデータの統合をちゃんと考えてください。

三つ目は、「Tableauを使ってどこまで行きたいのか考えること」です。私の考える Tableau導入は次の4段階です。自分たちは今どこにいて、どこまで行きたいのか、そしていつまでに行きたいのかにより、必要とされるリソースが大きく異なりますので、しっかりと見極める必要があります。

＜段階1：導入期＞「データ統合・ダッシュボード導入」

導入部門：　1部門

ゴール：　　データ統合と可視化

展開内容：　Tableau Desktopを数台にインストールし、PoCでの展開用にTableau Onlineを数アカウント契約する。「パッケージドワークブック」で分析をデータとともに出力し、無料のReaderにて閲覧することで、導入評価を行う。

＜段階2：啓蒙活動期（国内）＞「データドリブン（主導型）組織の始まり」

導入部門：　複数部門

ゴール：　　統一KPI・レポーティング効率化

展開内容：　Tableau Desktopの導入部署を増やし、レポート閲覧可能範囲を大幅に拡大し、社内でのレポーティング業務を統一化する。

＜段階3：発展期＞「データの民主化」

導入部門：　複数部門

ゴール：　　ファインディング、セルフBI

展開内容：　統合されたデータソースへのアクセス者数を増やし、現場主導でダッシュボードを公開する文化を浸透させる。

＜段階4：啓蒙活動期（グローバル）＞「グローバル展開」

導入部門：　全部門

ゴール：　　グローバル統一KPI

展開内容：　1000〜数万人規模で各国拠点のセールスが、同じ指標で、同じレポートをもとに営業活動・報告をする。そのためには、大規模サーバの構築が必須。

Tableau 大学ユーザー会

Tableau 大学ユーザー会

> 2016年12月9日、「第1回Tableau大学ユーザー会」が開かれると聞き、執筆メンバーの小野と清水がお邪魔してきました。
> 大学では最近、インスティテューショナルリサーチ（IR）を推進する流れが強まっています。IRとは、大学の教育や研究、経営・財務などに関するデータを分析して、教育内容の改善や大学の経営などに役立てることを目的とした活動です。その動きの中で、日本国内でTableauを導入する大学が増えてきています。
> 当日は、上智大学や清泉女子大学におけるTableau活用事例が紹介されたほか、大学データを使った実践トレーニングも行われました。この会を立ち上げた、上智大学情報システム室 兼 IR推進室チームリーダーの相生芳晴さんにお話を伺いました。

相生さん

Q IRについて、もっと教えてください。

大学の中の様々なデータを活用していこうという動きが活発になっています。入試や成績、奨学金や財務など、それぞれの部門や業務に分散していたデータをつなげて分析し、大学を改善していこうという流れとも言えます。

少子化の進行や、アジア諸国をはじめとした世界の国々との大学間競争など、日本の大学は生き残りをかけた時代を迎えています。昔は単に大学を「運営」していれば良かったのですが、いまは「経営」をしなくてはいけない時代になっていると思います。そこで、多くの大学では学長や法人の下に、専門的な組織をつくってIRを推進しようとしています。

IRについては米国の大学がかなり進んでいて、高額な予算をかけてシステムやデータウェアハウスを構築している事例を聞きますが、日本の大学の場合は、システムによってデータの定義がバラバラだったり、組織や学部間の壁があったりと、データ分析活動に難しい側面があるのが現実です。

Q 上智大学では、どのような取り組みをしていますか？

2013年に、学長の下に「IR推進委員会」が発足し、既存データや調査データの収集・分析をしました。業務システムからダウンロードしたデータや、アンケートの結果、各種調査データなどを使い、いくつかのテーマに取り組んでいたのですが、当時利用していたExcel 2003では16ビット「65535行の壁」があり、分析活動に限界を感じていました。そのような中、2014年の夏にTableauの存在を知り、その後の分析の生産性は飛躍的に増大しました。

なお、2015年8月には、「IR推進室」が発足し、上智学院（法人）の下で、法人と教学の双方を視野に入れた体制を整備しています。

図1：上智学院IR推進体制

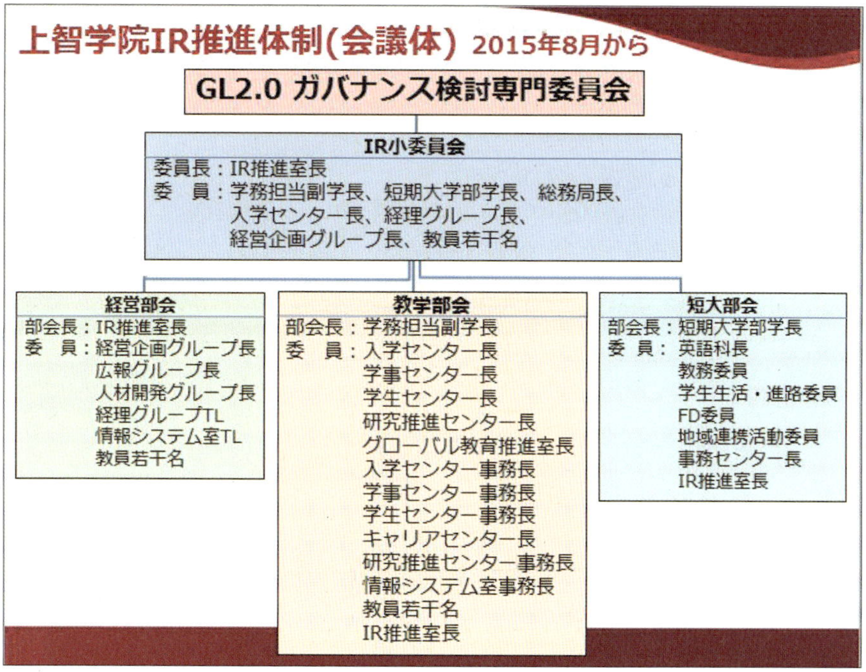

Q Tableauをどれくらい使っていますか？

今では、入学センターや学事センターをはじめとした教学部門、財務局や経営企画

グループといった法人部門など、様々な部門でTableau Desktopを使っています。
　Tableauでデータ分析している分野は、入試、学事（履修・成績・休退学等）、語学スコア、国際・留学、奨学金、就職、研究、ICT、財務、人事、およびこれらに関する他大学ベンチマークなど、多岐に渡ります。
　今後はTableau Serverを活用し、学長・副学長や理事をはじめとした役員向けにも、ダッシュボードを展開していく予定です。

図2：上智大学でのTableau利用状況

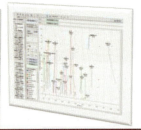

Q 相生さんご自身は、どのような経歴をお持ちですか？

　前職はIT企業に在籍していて、営業や経営企画・マーケティング、SE、人材開発などの仕事を経験してきました。一時、品質管理の手法を用いてデータ分析をしていて、そのときに使っていた「QC7つ道具」を、今のIR活動に活かしています。
　上智大学には2011年に転職後、学事センターで学籍・学費業務を担当し、2012年に情報システム室に異動、2016年よりIR推進室を兼務しています。

Q 大学ユーザー会について聞かせてください。どうして立ち上げられたのですか？

　率直に言いますと、大学のデータを使ったトレーニングがないということがあります。Tableauのトレーニングというと、企業のデータ分析を前提としたもので、よく「売

上」や「利益」などを分析しようという事例が出てくるのですが、大学の人間からすると、ピンと来ないのです。こうした経緯があり、今回はダミーデータを使った「成績データ分析」と、公開されている情報を使った「入試データ分析」を題材として、ハンズオントレーニングを実施しました。

トレーニングの様子

Q 今日はどのような方が集まりましたか？

　Tableauを購入したは良いけれど、使い方が分からない方や、現在導入を検討している大学の方々が多かったと思います。定員は30名を設定していたのですが、告知から一週間で、北海道から九州まで28名の方々から申込があり、反響の大きさに驚きました。

　大学関係者でネットワーキング（他の組織の人とのつながり）を求めている方、そして情報が欲しい方が多いのだと思います。

　Tableauは1ライセンス10万円くらいから買えますから、予算が少なくても導入はできます。ただ、あくまでもツールなので、使いこなせないと意味がありません。

　2016年9月に発行された「大学時報」という業界誌に、「BIツール〔Tableau〕を活用したIR推進について」を寄稿し、具体的な取組事例について紹介したところ、広く反響がありました。今回のユーザー会は、Tableauの使い方をマスターして具体的な活動に繋げていきたい、という目的をもった方々が多く参加されていたとも思います。

707

Q 学内ではどのようにTableauを広めていますか？

トレーニングは、Tableau Japanの講師に来てもらい、2015年3月と2016年3月に実施しました。自前の研修は2015年5月から何回も何回もやっています。

Excelのデータを扱うことが多いので、Tableau Softwareが提供しているExcelデータのReshapeアドインがかなり重宝しています。

図3：Tableau Excel Reshapeアドイン

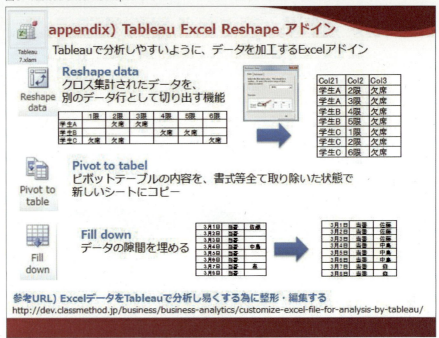

Q ダッシュボードを紹介していただけませんか？

今日のユーザー会では、ダミーデータを用いて成績データの分析をしました。

図4：成績データ分析

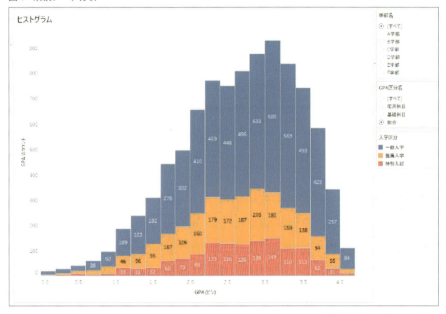

　また、公開されている情報をもとに、世界大学ランキングや、日本の大学の入試・就職状況を可視化したダッシュボードをTableau Publicにアップロードしていますので、参考になればと思います。

　https://public.tableau.com/profile/yoshiharu.aioi#!/

図5：世界大学ランキングの可視化

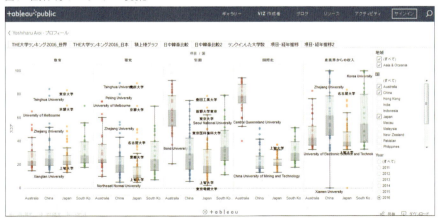

Tableau 大学ユーザー会

Q 学生にもTableauを使おうという動きはありますか？

理工学部や経済学部の教員から相談があり、Tableau Softwareの「Academic Programs」を使って、学生（ゼミ生）には無料で、Tableau Desktopを利用してもらっています（学内のPC教室にはインストールしづらい制約がありますので、学生個人所有のパソコンにインストールしています）。

ただ、学生によってExcelの習熟度に差があるなど、いろいろと課題もあるようです。

Q 大学ユーザー会に参加したい場合は、どうすればいいですか？

まだ始めたばかりの取組みなので、先については何とも言えないところはありますが、次回は関西でやりたいと考えています。

「大学ユーザー会」を開催する際は、Tableau Softwareのホームページや、大学関係者のメーリングリストで告知をしますので、それに対して参加表明をいただければと思います。

Tableau Ladies User Group

Tableau Ladies User Group

> 2016年11月24日、第8回目のTableau Ladies User Groupが開催されました。執筆メンバーの小野と清水が、男が2人だけでかなり浮いていましたが、取材にお邪魔しました。業種も職種も様々な40人ほどが集まり、熱気にあふれていた会場の様子をレポートします。

熱気あふれる会場

　まずは早速、皆さんはいくつかの班に分かれて、「訪日外国人が日本のツアーガイドと一緒に行った場所・そこで使用した金額など」のデータを使い、ダッシュボードを作り始めました。PCを囲んで、意見交換をしたり、立ち上がって話し合ったり、真剣そのものでした。

ダッシュボード作成の様子

その後、順番に発表です。「Tableauを触り始めて数日しか経っていない」という方もいました。皆さん、地図なども使いながら、それぞれ個性のあるダッシュボードを作っていました。

分析結果の発表

幹事インタビュー 「全国のTableau女子、どこからでも待っています。」

　幹事のうち、安西 麻里子さん（株式会社電通デジタル）、迫屋 奈津美さん（株式会社電通国際情報サービス）、山下 加世子さん（大塚倉庫株式会社）にお話をうかがいました。

幹事の皆さん

713

Tableau Ladies User Group

Q なぜ女子ユーザー会を作ったのですか？

そもそもの始まりは、Tableau Softwareの人に声をかけられた飲み会でした。その後、ユーザー会ということで、ユーザー主体に変わりました。女子だけなら、幹事と参加者の距離も近く、こぢんまりとした会を開けるかなと。本家のユーザー会だと緊迫感があるけれど、女子会なら、ライトニングトーク（短い時間でのちょっとしたプレゼン）やハンズオン（手を動かしながらのトレーニング）も気軽にできます。もちろん、飲みも（笑）。世の中に女子会というものが浸透してきましたし、それにTableauの話題を足せたら楽しいよね、ということで。

Q どんな人が参加していますか？

業種はSIや、広告、流通、食品、大学など幅広いです。100人くらいかと思いますが、毎回必ず来てくれる人は20人くらいです。まだまだ来ていただける人がいると思っています。全国のTableau女子、どこからでも待っています。

Q 女子会に参加すると良いのはどのようなところですか？

会社によってはTableauを使っている人が一人だったりします。今は様々な情報が出てくるようになっているけれど、以前は分からないことがあったときは、本当にインターネットでワード検索するしかありませんでした。困ったことがあったとき、気軽に聞くことができるコミュニティがあれば助かるし、周りに話せる人がいて、Tips（ヒント）の共有があったりすると、Tableauを好きになります。女子ユーザー全体のレベルが上がれば、日本のTableau利用のレベルが上がるのではないかなと思います。

Q Tableauの場合、頼まれてもいないのにユーザーが自発的に動きますよね。その「Tableau愛」はどこから来ると思いますか？

幹事の一人は、データ関係の仕事を始めたときからTableauを使っています。Tableauを覚えるのが、データに関わるより先でした。「とりあえず何かあれば、Tableauに入れる」という思考になっています。Tableauがなくなると、仕事ができない。

ご飯を食べていても、いろいろな話をTableauに置き換えています。ハロウィンのときにも、「散布図のコスプレ」を思いついたりとか、「バーチャート（棒グラフ）ドレス」を考えたりとか（笑）。

別の一人は、ジョブローテーションで、右も左も分からないままに情報システムの部署に来て、BIツールの導入が仕事になりました。今までExcelを使ってきていましたが、Tableauのビジュアルを見て、「今まで原始的に火を起こしていたところに、ライターを見せられたような驚き」がありました。

その後、のめり込みました。カンファレンスに出たりして、友達もできました。大学の研究から派生していて、直感で使えるというソフトはなかなかないと思います。海外の人がつくっている様々なビジュアルを見るのも、参考になります。

Q 求めているのは、Tableauの使い方のTipsですか、社内での広め方とかですか？

会を進めていくうちに、参加者が求めるものが変わっている気がします。初めてのころは、「使い方が分からない」という意見が多かったのですが、前々回のテーマは「ビジュアライゼーション（可視化）」でした。そういうところは女性が感性を生かせる、得意な部分だと思います。Excelとか、帳票とか、昔からの文化にとらわれずに考えられる。プリクラとかデコレーションとか、もともと「女子の文化」ですよね。

とはいえ、もう少し分析寄りのことや、社内でTableauを広めている人の話とかにも広げていかないといけないと思っています。できるだけ幅広いニーズに応えていき、女子会代表として話ができる人が増えればいいな、と思います。

Q 「Tableau Ladies User Group」に参加したい場合は、どうすればいいですか？

Facebookにアクセスするか、dots.（ドッツ）にイベントの案内を載せていますので、そこで参加申し込みをしてください。

Tableau ユーザー会の発展に向けて

> ユーザーのコミュニティが活発であることは、Tableauの最も大きな魅力の一つです。「Tableauユーザー会」について、執筆メンバー同士ではありますが、会長の前田にインタビューしました。

「Tableauユーザー会」の執筆メンバー（中央が会長の前田、その右が聞き手の清水、一番右は山口、一番左から三好、小野）

Q Tableauユーザー会は、そもそもどのような組織なのでしょうか？

　ユーザー同士でナレッジを共有し、切磋琢磨してTableauの活用レベルを上げていくための組織です。Tableauのウェブサイトに「Community」というタブがあり、そこにアクセスしていただくと、世界中のユーザーグループを見ることができます。地域、業種、トピックなどで分かれており、それぞれのグループで、Webフォーラムでの Q&Aやオフラインでのイベントを開催しています。その一つである日本のユーザーグループは、2014年1月に発足し、これまでに7回の全体会を開催しています。

Q 日本でのTableauユーザー会発足のきっかけは何ですか？

　すごくラフな感じで発足しました。2013年の日本法人設立のパーティーに、Tableau Softwareの創業者で、当時CEOだったChristian Chabot氏が来日していて、私が「Tableauのコミュニティは素晴らしいですね！」と伝えたところ、「それでは、日本のコミュニティのリーダーをやりませんか？」という感じで言われたのです。その後、有志で集まって、2014年1月に第1回目のユーザー会を開催しました。私は2010年頃、Tableauのバージョンで言うと6の時から利用していて、壁にぶつかるたびに、海外の

Webフォーラムに助けられていたので、自分も少しでも貢献できればと思って、お引き受けしました。

Q ユーザー会ではどのような活動をしているのか、具体的に教えてもらえますか？

まず、根幹のイベントとして、年に2回のユーザー会（全体会）を開催しています。この会では、各ユーザーの活用事例や、年に一度アメリカで開かれる「Tableau Conference」の参加報告をしたりしています。ナレッジ共有の場であり、ユーザー同士がつながる「ミートアップ」の場でもあります。

Q ナレッジを共有できる場があるというのは、非常に貴重なことですよね。私自身もユーザー会を通じてたくさんの企業のユーザーと知り合うことができました。参加者は毎回増え、今では200名近くになっていますね。

そうですね。海外は小～中規模のユーザーグループが多く作られていますが、日本は短期間で一気にユーザー数が増えたので、グループの規模が大きいという特徴があります。小回りが利かなくなってきたので、業種別の分科会なども開催されています。分科会は発足したばかりなので、今後、活動を促進していきたいです。

Q 少人数だから話せることがあったり、コミュニケーションがとりやすかったりしますからね。人数が増えることは歓迎しつつ、目的に沿った会をそれぞれ運営するということですね。Tableau Ladies User GroupやTableau大学ユーザー会のように活発な事例も出てきていますね。

ユーザー会では、事例共有を行うだけではなく、ユーザーのスキルを向上させる取り組みも行われています。「Vizコンテスト」は、提供されるデータを用いて、各々がTableauでViz（ここでは、Tableauで可視化されたダッシュボードやチャートなどのこと）を作成して応募するというものです。「Vizコンテスト」の優勝者は「ラスベガスでのTableau Conferenceにご招待」という企画もありました。

Q Tableau Softwareもユーザーコミュニティを重要視しているようですが、ソフトウェアメーカーの視点ではなく、ユーザー自身にとってコミュニティはどのような存在なのでしょうか？

大変重要な存在だと思います。我々ユーザーは、何らかの課題解決のために様々なソフトウェアを利用しています。一方で、技術に優れたソフトウェアがすべてを解決できるわけではありません。「どうやってソフトウェアの操作を習得するのか？」、「組織全体で活用レベルを上げるためには？」、「活用の前提となる技術的環境は？」、「活用事例は？」など、課題解決のためのアプローチの多くをユーザーコミュニティで得られてこそ、課題解決に役立ちますし、大きな価値につながると思います。ユーザー同

士がつながり、課題や悩み、アイデアや事例を持ち寄って、課題解決に活かしていく。そのような活発なコミュニティがあることがTableauの大きな魅力の一つです。

Q Tableau Softwareも、「Ideas」というWebフォーラムでコミュニティからの開発要望を取り入れ、製品開発に反映していますね。

そうですね。世界中のユーザーが「Ideas」に要望をアップしていますね。日本からもぜひ要望を出していきたいです。Tableau製品の成長や、自らの成長のためにも、ユーザーコミュニティを活用し、活性化につなげていけるかどうか、これがTableauユーザーの醍醐味であり、使命であるように感じています。

Q 前田さんは、世界中のユーザー会の会長のみが集まる場にも参加されていますが、海外のユーザー会はどのような状況でしょうか？

残念ながら、歴史もあるので、日本より進んでいます。業種に特化した専門的なテーマや、ビッグデータ基盤の技術のトピックに絞ったディスカッションなど、成熟度の高さを感じます。オンラインチャットを利用してリモートからも参加できるなど、運営面でもいろいろな工夫をしていますね。各リーダーはTableau歴も長く、「バージョン3であの機能が入ったのは大きかったね」というような、昔を懐かしむ会話も聞かれました。私はバージョン6から利用していますが、まだまだ「ひよっこ」という感じですね。彼らの中には、Tableauのスキルを活かして転職し、キャリアアップしている人も多く、そのような人は、複数の会社でのTableau活用経験を持っています。ある人は、「自動車メーカーと飲料メーカーで共通する課題と、業界固有の課題、それらの違いは何なのか？ そしてどう取り組んで解決したのか？」という知見を共有してくれました。また別の人は、「組織でのTableau立ち上げ期におけるQuick Win（迅速な成果）の重要性とアンチパターン（作成してはいけないダッシュボード）」について話してくれました。いずれも高い経験値から得られる知見で、大変参考になりましたし、何よりみなさんの「Tableau愛」の熱量の高さに圧倒されました。こういったユーザーがTableau製品とそのコミュニティを支えていることに感銘を受けました。

Q 今後のユーザー会の活動について教えてください。

年2回の全体会に加え、分科会を充実させていきたいと考えています。先ほども話したように、ユーザー会の規模が大きくなり過ぎたために、参加者によってトピックやレベル感が合わず、有効な機会にできていないという課題感を持っています。今回、ユーザー会として本を出版したのも、Tableau Desktopの習得レベルのばらつきを少しでも改善できれば、と考えたからです。分科会によりトピックのばらつきも改善し、各ユーザーのニーズに合わせた場作りを推進していきたいです。

Q ユーザー会に興味を持っていただいた読者の皆さんが参加するためには、どのような手続きが必要でしょうか？

ユーザー会への参加は自由です。特に申し込みなどもありません。イベントによっては、会場費や飲食費をまかなうために会費が発生することがありますが、基本的にすべて無料です。各種イベントやトピックなどの案内が受け取れるので、以下の2つのフォーラムに登録していただくとよいと思います。

フォーラム1：Tableau Japan User Group

　　https://community.tableau.com/groups/japan

フォーラム2：FacebookのTableau掲示板(Tokyo Bay Area)

　　https://www.facebook.com/groups/tableau.tokyobay/

これを読んでいただいている皆さんがユーザー会に参加していただくことで、より活動が活性化され、Tableauの品質向上にも繋がります。皆さんの参加を大いに歓迎します。ぜひ、ユーザー同士でつながっていきましょう。

INDEX

数字

3C 分析	406
4P 分析	406

A

AIDMA モデル	406
AISAS モデル	406
Amazon Redshift	85

B

BI ブログ	76

D

DATEDIFF 関数	501

E

EXCLUDE 関数	343

F

FIXED 関数	333, 472

G

Google Analytics	85
Google BigQuery	85
Google スプレッドシート	86

H

How ツリー	407

I

Ideas	77
INCLUDE 関数	341
ISAI（異才）基準	418

K

KGI	408
KPI	408, 514

L

LOD	332
LOD 計算	473

M

MECE（Mutually Exclusive Collectively Exhaustive）	373
Microsoft SQL Server	85
MySQL	84

O

ODBC（Open Database Connectivity）	86
Oracle	85

R

Reshaper	68

S

Salesforce.com	86
STP 分析	406

T

Tableau Community	76
Tableau Desktop	8
Tableau Drive	399
Tableau Mobile	9
Tableau Online	8, 82
Tableau Public	75
Tableau Reader	8, 65

Tableau Server	8, 82
Tableau Viz ギャラリー	74
Tableau 習熟ステップ	456
Tableau データソース	79
Tableau パッケージドデータソース	79
Tableau ワークブック（*.twb）	39

U

URL アクション	360

V

Viz	72
VizQL	5

W

Web データコネクタ	86
WHAT ツリー	406
WHY ツリー	406

あ行

アクション	347
アクティブ化	16
アクティベート	14
アナリティクス	262
アナリティクスペイン	136
色の編集	57
因果関係	445
インストール	14
エリア分析	437
オブジェクト	177

か行

カード	140
会計年度の開始	231
階層	215

外部結合	95
カウント（個別）	27
カスタマージャーニー分析	426
カスタマージャーニーモデル	406
カスタマーポータル	10, 13
カスタム SQL	130
カスタム分割	113
仮説検証型分析	372
仮説探索型分析	372
簡易設計書	403
簡易表計算	314, 333, 505, 517
簡易要件書	454
関連値のみ	49
既定のプロパティ	228
基本統計量	493
キャプション	165
行	140
クラスター	276
グループ化	200
クレンジング	420
クロス集計として複製	41
クロス集計表	40
クロスデータベースジョイン	100
傾向線	262
計算フィールド	6, 115
ケース（Case）	13
結合	95
欠損値	492, 497
言語の選択	10
合計	270
コンテキストフィルター	481

INDEX

さ行

サマリー	165, 468
散布図	249
シート	170
シートのコピー・ペースト	38
シェルフ	33, 140
時間割分析	436
軸の同期	245
軸の編集	512
自動アップデート	15
四分位数	494
集計と非集計	498
集計方法	235
修復	15
詳細レベル（Level of detail）	36
数値形式	232
ステップド カラー	57, 275
ストーリー	184, 448
接続の編集	88
セット	249, 294, 297
説明	29
前年比成長率	505
相関関係	445

た行

タイトル	159
タイル	181
ダッシュボード	20, 60, 171, 448
単軸グラフ	237
地図	319, 327
抽出	124
抽出ファイル	24
抽出フィルター	126, 481

（右段）

地理的役割	320, 466
通貨	232
ツールバー	134
次を使用して総計	236
ツリーマップ	284
ディメンション	7, 25, 26, 67
ディメンションフィルター	481
データインタープリター	68, 117
データ型	28, 94
データ型の変更	29
データソースフィルター	479, 481
データの粒度	36, 463
データブレンド	89
データペイン	25, 36, 136
データベース内のすべての値	49
データリスト形式	6, 66
ドリルアップ	218
ドリルダウン	34, 215

な行

内部結合	95
並べ替え	200
二重軸	241, 327

は行

ハイライトアクション	354
ハイライトテーブル	270
箱ヒゲ図	493
外れ値	494
パッケージドワークブック	65
パブリッシュ	65
パラメーター	255, 300
パラメーターコントロール	306
パレート分析（累積分布）	437

非アクティブ化	16
ビジュアライゼーション	381
ビジュアルグループ	209
ヒストグラム	487
ビニング	487
日のフィルター	286
ピボット	117
ビュー	159
表計算フィルター	481
表示形式	161
ピル	32
ビン	487
ビンのサイズ	488
ファイルの保存	194
フィールド	111
フィルター	20, 42, 146
フィルターアクション	348
フィルターとして使用	63
フィルターの順番	481
フィルターを表示	47
浮動	181
フラットファイル	78
プレゼンテーションモード	65
ブレットグラフ	440
不連続	28, 34, 221, 286
プロダクトキー	12
プロダクトキーの管理	16
分割	112
分析区分	408
平均線	262
ページ	144
ポジショニングマップ	438
保存されたデータソースに追加	79

ボックスプロット（boxplot）	493

ま行

マーク	20, 53, 150
マージ処理	109
マイナーバージョンアップ	10
メジャー	7, 25, 26, 67
メジャーに変換	26
メジャーネーム	60
メジャーバージョンアップ	10
メジャーバリュー	60
メジャーフィルター	481
メンテナンスリリース	10
元に戻す	25

や行

ユニオン	103
予想	262

ら行

ライブ	124
ランク	308, 312
リファレンスライン	263
レイアウトコンテナー	177
列	140
連続	28, 34, 221, 286
ロケール	11
ロジックツリー	373

わ行

ワークシート	24, 25
ワークスペース	134
ワークブック ロケール	11

著者紹介

◆小野 泰輔（第1部第1章〜第2章、第4部第12章〜第17章、コラム）
日本キャタピラー 計画管理部

国際電話会社や、インターネットプロバイダのプロダクト担当、法人営業、投資家向け広報（IR）を経て、キャタピラージャパンに入社。その後、キャタピラーのディーラである日本キャタピラーに移り、事業計画の策定やレポーティング業務に携わる。2013年にTableauを使ったデータ分析プロジェクトを立ち上げ、情報システム部門や米国キャタピラー社のBIチームと連携しながら、レポートの開発や情報分析の基盤構築、本社・支社・関連会社のスタッフへのトレーニングを進めている。今回の出版の発起人。

◆清水 隆介（第1部第3章〜第7章、コラム）
株式会社リクルートテクノロジーズ ビッグデータ部

2004年からSIerにてBI導入に携わり、その後もユーザー企業、SIerを経験するが、ほぼBIを中心とした分析基盤の構築運用を経験。2014年にリクルートテクノロジーズに入社し、自らTableauのユーザーになると共に、Recruit Tableau User Groupを立ち上げ、ユーザー会の開催や勉強会の開催を通じ、リクルートグループ内での知見の共有、スキル向上活動をする。

2015年Tableau conference on Tourにて登壇、2016年Tableau 10ロードショーにてキーノートを担当。精力的に活動。2016年からはTableauユーザー会の幹事メンバーとしても活動開始。

◆前田 周輝（第3部第11章）
株式会社リクルートライフスタイル

ベンチャー企業、大手ERP企業で営業とプロダクト開発を担当。2006年リクルート（現リクルートホールディングス）入社。WEB解析ツールの全社導入、ビッグデータ基盤構築、BIプロジェクトの責任者としてデータ活用を推進。2014年よりTableauユーザー会代表をつとめる。

◆三好 淳一（第2部第8章〜第9章）
株式会社イノヴァストラクチャー（代表取締役）

ベンチャー、大手市場調査会社にて、データ分析、商品開発、事業開発を担当。2014年、データ分析コンサルティング会社イノヴァストラクチャーを創業。2016年、ハード・ソフト双方のデータから価値を創出すべくIoT事業会社クリエタを創業。事業課題解決のため、様々なデータ（Webログ、購買、営業、センサー、調査等）に対して、Tableauと統計解析・機械学習等を組み合わせコンサルティングを行っている。

◆山口 将央（第3部第10章）
DATUM STUDIO株式会社 データアナリスト

2015年、新卒でスタートアップのデータ分析コンサルティング会社にて、データ分析に従事。テレビ視聴率データの分析パッケージの開発などを行う。

2016年12月から、DATUM STUDIO株式会社に転職。ビジュアライズツールの作成、センサーデータの解析に従事。Tableau Ladies User Groupに対抗して、男子会をいずれ設立したいと考えている。

おすすめサイト・書籍

　Tableauによるデータ分析を学ぶにあたって、役に立ちそうなサイトや書籍をまとめましたので、Tableau Softwareのトレーニング動画などとともに、ぜひ参考にしてください。

- **「Tableau（タブロー）で実践！ビジネスユーザのためのデータ集計・視覚化・分析　基礎編・応用編」（NTTデータ）**

　Tableauの基本操作から高度な分析、データビジュアライゼーションのコツまで、一つひとつ丁寧に説明されています。オンライントレーニングサイトUdemy（https://www.udemy.com/）で、「Tableau」と検索してください。

- **『できる100の新法則 Tableau タブロー ビジュアル Web分析 データを収益に変えるマーケターの武器』（木田和廣＆できるシリーズ編集部、インプレス）**

　本文でも触れているとおり、Web分析の目的に絞って書かれた本ですが、Tableauの一般的な操作をはじめ、異なる目的でTableauを使われる方にも参考になる情報が多く掲載されています。

- **Developers.IO（クラスメソッド）**

　Tableauについてのブログ記事が掲載されており、執筆メンバーも参考にさせていただいています。サイトのURLは以下のとおりです。

http://dev.classmethod.jp/referencecat/business-analytics-tools-tableau/

- **Tableau-id（truestar）**

　Tableau関連では老舗のブログで、実践的なテクニックなどが紹介されています。サイトのURLは以下のとおりです。

http://www.ts-activation.co.jp/tableau-id/

- **Tableau Padawan's Tips & Tricks（Tableau Software）**

　日本でふたりしかいない「Tableau Desktop Certified Professional」認定資格者である、Tableau JapanのKaori & NanaeによるTableau Tipsブログです。サイトのURLは以下のとおりです。

http://tableaujpn.blogspot.jp/

- **interworks**

　interworks社によるTableauブログです（英語）。

https://www.interworks.com/blog/data

- **The Information Lab**

　The Information Lab社によるTableauブログです（英語）。

https://www.theinformationlab.co.uk/category/blog/

- **VizWiz**

　Andy Kriebel氏によるTableauブログです（英語）。

http://www.vizwiz.com/

- **過去のTableau Conferenceのサイト（Tableau Software）**

　例えば、「Tableau Conference 2016」と検索してください。登録すると、無料でアメリカでの過去のTableau Conferenceのセッションの録画や資料を見ることができます（英語）。どれも大変ためになる内容です。

- **認定試験**

　サイトや書籍ではありませんが、Tableau Softwareではいくつかの認定試験を実施していますので、この認定を取得することを目標に頑張るのもいいかと思います。詳しくは、認定試験のサイト（https://www.tableau.com/ja-jp/support/certification）をご覧ください。

■**本書で使われているサンプルデータなどのダウンロードについて**
　本書で使われているサンプルデータや、第10章および第11章で行った分析のダッシュボードは、秀和システムのサポートページに掲載されています。
　　　　http://www.shuwasystem.co.jp/support/7980html/5026.html
　また、このページには、皆さまからのご意見・ご感想を受け付けるページへのリンクも掲載されていますので、ぜひフィードバックをお寄せください。

■カバーデザイン・紙面デザイン　高橋　サトコ

Tableauデータ分析
～入門から実践まで～

発行日	2017年　3月25日	第1版第1刷
	2018年　8月29日	第1版第3刷

著　者　小野　泰輔／清水　隆介／前田　周輝／
　　　　三好　淳一／山口　将央

発行者　斉藤　和邦
発行所　株式会社　秀和システム
　　　　〒104-0045
　　　　東京都中央区築地2丁目1-17　陽光築地ビル4階
　　　　Tel 03-6264-3105（販売）　Fax 03-6264-3094
印刷所　図書印刷株式会社

©2017 Taisuke Ono, Ryusuke Shimizu, Hiroki Maeda, Junichi Miyoshi, Masachika Yamaguchi　　Printed in Japan
ISBN978-4-7980-5026-3 C3055

定価はカバーに表示してあります。
乱丁本・落丁本はお取りかえいたします。
本書に関するご質問については、ご質問の内容と住所、氏名、電話番号を明記のうえ、当社編集部宛FAXまたは書面にてお送りください。お電話によるご質問は受け付けておりませんのであらかじめご了承ください。